计算机基础及MS Office高级应用（立体化教材）

主　编 邹山花 陈国俊 孙雪凌
副主编 严　磊 徐燕华

内容提要

本书以MS Office 2016为基础，基本覆盖全国计算机等级考试二级考试大纲，同时结合应用型本科教学的实际要求，着重提高学生的实际操作能力和高级办公自动化水平。本书为立体化教材，扫描书中对应章节的二维码，可获取相关习题、微课视频及操作实验等内容。全书分为12章，第1章和第2章介绍计算机的基础知识；第3章至第5章介绍Word 2016的基础应用、文档的美化和丰富、Word的视图及多窗口操作、邮件合并的编辑与管理；第6章至第8章主要介绍Excel的基本操作和应用、Excel公式和函数、数据分析与处理等；第9章至第11章主要讲述演示文稿的创建及幻灯片的基本操作，介绍演示文稿的交互和优化及幻灯片的放映和共享设置等进阶和高阶应用。第12章主要介绍Office操作中的易错点。

本书既可作为各类应用型高等院校的教学用书，也可作为全国计算机等级考试二级——MS Office高级应用的培训教材。

图书在版编目(CIP)数据

计算机基础及MS Office高级应用/邹山花，陈国俊，孙雪凌主编. —上海：上海交通大学出版社，2020

立体化教材

ISBN 978-7-313-23420-9

Ⅰ.①计… Ⅱ.①邹…②陈…③孙… Ⅲ.①电子计算机-教材②办公自动化-应用软件-教材 Ⅳ.①TP3

中国版本图书馆CIP数据核字(2020)第107842号

计算机基础及MS Office高级应用(立体化教材)
JISUANJI JICHU JI MS Office GAOJI YINGYONG(LITIHUA JIAOCAI)

主　　编：邹山花　陈国俊　孙雪凌
出版发行：上海交通大学出版社　　地　　址：上海市番禺路951号
邮政编码：200030　　电　　话：021-64071208
印　　制：苏州市越洋印刷有限公司　　经　　销：全国新华书店
开　　本：787mm×1092mm　1/16　　印　　张：21.25
字　　数：516千字
版　　次：2020年9月第1版　　印　　次：2020年9月第1次印刷
书　　号：ISBN 978-7-313-23420-9　　ISBN 978-7-89424-243-3
定　　价：68.00元

前　　言

为适应教育信息化发展的需要，大力促进信息产业的发展，我国需要在全民中普及计算机基本文化知识，培养大批能熟练应用计算机和软件技术的各行各业的应用型人才。本教材围绕教育信息化 2.0 时代的数字化教学特征，在研究与分析了国内现有同类教材的基础上，针对应用型本科高校的人才培养目标，为改革传统教学模式，实现线上线下混合式教学而全新打造。

本教材的突出特点是教材内容模块化，将知识点以面向对象（字节、行、段落、页等）的思维方法重新封装成若干个"知识元组"，再以"知识图谱"的组织形式重新整合，以此打破原有的线性教学结构，为个性化教学的实施创造条件；教材案例项目化，按照"案例贯穿、项目驱动"设计教学内容，由浅入深、循序渐进，体现了"能力为本，任务驱动，自主学习"的应用型本科教学特色；教考内容一体化，教材内容与全国计算机等级考试（MS Office 高级应用）大纲紧密衔接；教材资源立体化，充分利用了现代信息技术手段融合多种教学资源，打破传统教材体系架构，应用数字化、混合式教学场景所需的泛在学习环境，让教师容易教、学生容易学。

通过本教材的学习，读者不仅能对信息技术基础知识进行全面的了解，还能在静态非结构化数据处理工具（Word）、结构化数据处理工具（Excel）和动态非结构化数据处理工具（PPT）的操作方面达到高阶水平，并能在实际生活和工作中进行综合应用，提高计算机应用水平和解决问题的能力。

本教材可作为应用型本科高校及其他各类院校的计算机应用技术以及信息化素养能力类课程的教学用书，也可作为计算机爱好者的自学参考书。

本书由无锡太湖学院邹山花、陈国俊、孙雪凌主编，严磊、徐燕华、杨小艳、丁艳秋、王慧玲、施晓倩、郑雅倩、王荣秀等参与编写。编写中也得到无锡太湖学院物联网工程学院的教师们的大力协助与支持，谨此表示衷心感谢。

尽管经过了反复斟酌与修改，但因时间仓促、能力有限，书中存在的疏漏与不足之处，敬请广大师生指正。

Contents

目　　录

第1篇　计算机应用基础

第 1 篇

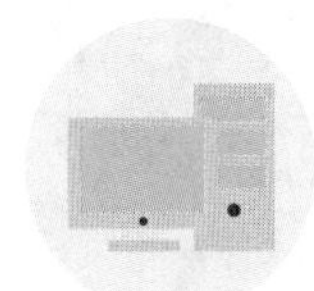

计算机应用基础

第1章

计算机基础知识

计算机(computer)俗称电脑,是具有存储记忆功能,能够按照程序运行,自动、高速处理海量数据的现代化智能电子设备。计算机的出现和广泛应用对现代社会的发展产生了巨大影响。目前,计算机的应用已渗透到社会生活的各个领域,形成了规模巨大的计算机产业,并以强大的生命力飞速地发展。掌握计算机知识并具备较强的计算机应用能力,已经成为人们必须具备的文化素质。

1.1 概　　述

在人类文明发展的历史长河中,计算工具经历了从简单到复杂、从低级到高级的发展过程,出现了多种多样的计算工具,如绳结、算筹、算盘、计算尺、手摇机械计算机、电动机械计算机、电子计算机等。它们在不同的历史时期发挥了各自的作用,也孕育了电子计算机的设计思想和雏形。

1.1.1 计算机的发展

世界上第一台电子计算机 ENIAC(Electronic Numerical Integrator and Calculator,电子数字积分计算机)于 1946 年 2 月 14 日在美国宾夕法尼亚大学诞生,是美国军方为了计算弹道轨迹而研制的。

ENIAC 重达 30 吨、占地 170 平方米、有 18 000 个电子管、运算速度是每秒 5 000 次加法,俨然一个庞然大物。这个庞然大物被认为是世界上第一台真正的计算机,它的出现意义非凡,它使科学家从奴隶般的计算中解放出来,ENIAC 的问世标志着计算机时代的到来。

继第一台计算机 ENIAC 之后,美籍匈牙利数学家冯·诺依曼和他的同事研制了人类历史上第二台电子计算机 EDVAC(Electronic Discrete Variable Automatic Computer,离散变量自动电子计算机),EDVAC 计算机首次采用了二进制思想和存储程序控制原理进行工作,这是现代电子计算机最显著的特征和工作原理。冯·诺依曼提出"存储程序"的概念,即计算机的程序和程序运行所需要的数据以二进制形式存放在计算机的存储器中。计算机能自动连续地执行程序,并得到预期的结果,无须人工干预。

冯·诺依曼的原理决定了计算机必须由 5 个部分组成:运算器、控制器、存储器、输入设备和输出设备。

冯·诺依曼的这些理论的提出,解决了计算机运算自动化和速度配合的问题,对后来计算机的发展起到了决定性的作用。直至今天,绝大部分的计算机还是采用冯·诺依曼方式工作。

计算机硬件性能与所采用的元器件密切相关,因此,元器件更新换代也是现代计算机换代的主要标志。按所采用的逻辑元器件划分,将计算机的发展分为 4 个阶段,如表 1-1 所示。

表 1-1 计算机发展的 4 个阶段

时代	电子元器件	辅助存储器	系统软件	应用领域
第一代 1946—1958 年	电子管	阴极射线管、汞延迟线	没有系统软件,使用机器语言和汇编语言	科学计算
第二代 1959—1964 年	晶体管	磁芯、磁鼓	出现了监控管理程序,使用高级语言	科学计算、数据处理、自动控制
第三代 1965—1970 年	中、小规模集成电路	磁芯、磁鼓、半导体存储器	出现了操作系统、编译系统,使用更多的高级语言	进一步扩展到文字处理、信息管理等
第四代 1971 年至今	大规模和超大规模集成电路	半导体存储器	操作系统不断完善,出现网络操作系统、分时操作系统等	应用领域延伸到社会生活的各个方面及各行各业

1.1.2 计算机的应用和分类

1. 计算机的应用

最初的计算机是为了满足军事上大数据量的计算的需要,现今的计算机几乎和所有学科相结合,在经济社会各方面起着越来越重要的作用。

1) 科学计算

科学计算也称数值计算,是指计算机用于数学问题的计算,是计算机应用最早的领域。计算机最开始是为了解决科学研究和工程设计中遇到的大量数值计算而研制的,随着现代科学技术的发展,数值计算在现代科学研究中的地位不断提高,在尖端科学领域显得尤为重要。目前,计算机主要应用于高能物理、工程设计、地震预测、气象预报、航天技术等计算。

2) 事务处理

事务处理又称为信息管理或数据处理,它是指用计算机对信息进行收集、加工、存储和传递等工作,其目的是为有各种需求的人们提供有价值的信息,作为管理和决策的依据。据统计,在计算机的所有应用中,数据处理方面的应用占全部应用的 3/4 以上。数据处理是现代管理的基础,广泛应用于情报检索、统计、事务管理、生产管理自动化、决策系统、办公自动化等方面。数据处理的应用已全面深入当今社会生产和生活的各个领域。例如,人口普查资料的分类、汇总,股市行情的实时管理等都是信息处理的例子。

3) 过程控制

计算机过程控制也称实时控制,是指用计算机对工业生产过程或某种装置的运行过程进行状态检测并实施自动控制。在日常生活中,有一些繁重或危险的控制问题是人们无法亲自操作的,如核反应堆。计算机由于具有体积小、成本低和可靠性高的特点,在过程控制中得到了广泛应用。生产过程的计算机控制,不仅可以大大提高生产率,减轻人们的劳动强

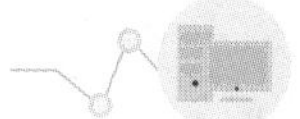

度，更重要的是可提高控制精度，提高产品质量和合格率。钢铁、石油、化工等工业生产领域都需要进行实时控制，以提高生产效率和产品质量。

4）辅助工程

计算机辅助是计算机应用的一个非常广泛的领域。几乎所有过去由人进行的具有设计性质的过程都可以让计算机承担部分或全部工作。计算机辅助（或称为计算机辅助工程）主要有：计算机辅助设计（Computer Aided Design，CAD）、计算机辅助制造（Computer Aided Manufacturing，CAM）、计算机辅助教育（Computer-Assisted/Aided Instruction，CAI）、计算机辅助技术（Computer Aided Technology/Test/Translation/Typesetting，CAT）、计算机集成制造系统（Computer/Contemporary Integrated Manufacturing Systems，CIMS）、计算机仿真模拟（Simulation）等。

5）人工智能

人工智能（Artificial Intelligence，AI）是指用计算机来模拟人类的智能。虽然计算机的能力在许多方面远远超过了人类，如计算速度，但是真正要达到人的智能还是非常遥远的事情。目前有些智能系统已经能够替代人的部分脑力劳动，获得了实际的应用，尤其是在机器人、专家系统、模式识别等方面。

6）网络应用

随着计算机网络的飞速发展，网络应用已成为计算机技术最重要的应用领域之一。如电子邮件、万维网（WWW）服务、资料检索、IP电话、电子商务、电子政务、电子公告系统（BBS）、远程教育等，不胜枚举。计算机网络已经并将继续改变人类的生产和生活方式。近几年，研究人员又提出了云计算、网格计算、物联网、无线传感器网络等新概念，并开始应用到生产、生活中。

7）多媒体应用

目前，多媒体的应用领域正在不断拓宽。在文化教育、技术培训、电子图书、观光旅游等方面，已经出现了不少深受人们欢迎的、以多媒体技术为核心的电子出版物，它们以图片、动画、视频片段、音乐及解说等易接受的媒体素材将所反映的内容生动地展现给广大读者。多媒体技术与人工智能技术的有机结合还促进了虚拟现实、虚拟制造技术的发展。

8）嵌入式系统

许多计算机用于如大量的消费电子产品和工业制造系统等设备时，都是把处理器芯片嵌入其中，完成特定的处理任务。这些系统称为嵌入式系统。在智能家电的远程控制，水、电、气表的远程自动抄表，车辆导航，流量控制，信息监测与汽车服务方面，都应用了嵌入式系统技术。

9）大数据

大数据（Big Data）是指无法在一定的时间范围内用常规软件工具进行捕捉、管理和处理的数据集合。从某种程度上说，大数据是数据分析的前沿技术。简言之，从各种类型的数据中，快速获得有价值信息的能力，就是大数据技术。大数据最核心的价值就在于对海量数据进行存储和分析。

2. 计算机的分类

随着计算机及相关技术的迅速发展计算机类型也不断进行着分化，形成了各种不同种类的计算机。依照不同的标准，计算机有多种分类方法，常见的分类有以下几种：

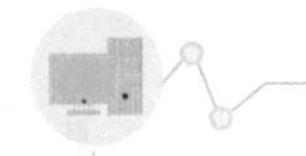

1) 按信息的形式和处理方式划分

(1) 数字计算机。数字计算机处理的是离散的数据,输入是数字量,输出也是数字量,其基本运算部件是数字逻辑电路,因此具有运算精度高、通用性强的特点。我们现在所使用的一般都是数字计算机。

(2) 模拟计算机。模拟计算机处理和显示的是连续的物理量,其基本运算部件是由运算放大器构成的各类运算电路。一般说来,模拟计算机不如数字计算机精确,通用性不强,但解题速度快,主要用于过程控制和模拟仿真。

(3) 数模混合计算机。数模混合计算机兼有数字和模拟两种计算机的优点,既能接收、输出和处理模拟量,又能接收、输出和处理数字量。

2) 按使用范围划分

(1) 通用计算机。通用计算机指适用于各种应用场合,功能齐全、通用性好的计算机。

(2) 专用计算机。专用计算机指为解决某种特定问题而专门设计的计算机,一般用在过程控制中,如智能仪表、飞机的自动控制、导弹的导航系统等。

3) 按计算机的性能、规模和处理功能划分

(1) 巨型机。巨型机又称超级计算机,它是所有计算机类型中速度最快、功能最强的一类计算机,其浮点运算速度已达每秒亿亿次,主要应用在国防尖端技术、空间技术、大范围长期性天气预报、石油勘探等方面。并行处理是巨型机技术的基础。如图 1-1 所示为我国研发的巨型机“神威·太湖之光”,它由 40 个运算机柜和 8 个网络机柜组成。每个运算机柜比家用的双门冰箱略大,其中有 4 块由 32 个运算插件组成的超节点。每个插件由 4 个运算节点板组成,一个运算节点板又含 2 块“申威 26010”高性能处理器。一台机柜就有 1 024 块处理器,整台“神威·太湖之光”共有 40 960 块处理器。

图 1-1 “神威·太湖之光”巨型计算机

(2) 大型通用机。大型通用机的特点是通用性强,具有较高的运算速度、极强的综合处理能力和极大的性能覆盖,运算速度为 100 万次每秒至几千万次每秒,可同时支持上万个用户、几十个大型数据库。大型机系统可以是单处理机、多处理机或多个子系统的复合体,一般在政府部门、大企业、银行、高校和科研院所等单位使用,通常被人们称为“企业级”计算机。

(3) 微型机。微型计算机是使用微处理器芯片的计算机,是微电子技术飞速发展的产物。微型机具有执行结果精确、处理速度快捷、性价比高、轻便小巧等特点。现在,微型计算

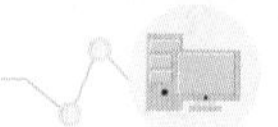

机的应用已经遍及社会各个领域：从工厂生产控制到政府办公自动化，从商店数据处理到家庭的信息管理，几乎无所不在。随着社会信息化进程的加快，便携机更是以使用便捷、无线联网等优势越来越多地受到移动办公人士的喜爱，一直保持着高速发展的态势。

根据微型计算机是否由最终用户使用，又可分为独立式微机和嵌入式微机。嵌入式微机一般是单片机或单板机。因此，微型计算机的结构有单片机、单板机、多芯片机和多板机。

个人计算机又称为 PC 机，主要有台式微机、笔记本微机、平板微机及掌上微机（PDA）等众多种类。它的出现使得计算机真正面向个人，真正成为大众化的信息处理工具。

（4）工作站。工作站是一种高档微型机系统，主要面向专业应用领域。它相对于微型机具有更高的运算速度和更大的存储容量，兼有大型机多任务、多用户的处理能力，以及微型机的操作便利和良好的人机界面。其最突出的特点是具有很强的图形交互能力。常见的工作站有计算机辅助设计（CAD）工作站、办公自动化（OA）工作站、图像处理工作站等。

（5）服务器。服务器是一个管理资源并为用户提供服务的计算机软件，运行该软件的计算机也被称为服务器，其通常分为文件服务器、数据库服务器和应用程序服务器。相对于普通 PC 机来说，服务器在处理能力、稳定性、可靠性、安全性、可扩展性和可管理性等方面都有更高的要求。服务器是网络的结点，存储和处理网络上 80％的数据、信息，因此也被称为网络的灵魂。

1.1.3　未来计算机的发展趋势

从第一台计算机的诞生至今的半个多世纪里，计算机的应用得到不断拓展，其强大的应用功能，催生了巨大的市场需求，未来计算机应向着多样化的方向发展。

1. 电子计算机的发展方向

当今计算机正在向巨型化、微型化、网络化和智能化这 4 个方向发展。

1）巨型化

巨型化计算机是具有极高的运算速度、大容量的存储空间、更加强大和完善的功能，主要用于航空航天、军事、气象、人工智能、生物工程等学科领域。

2）微型化

随着微型处理器（CPU）和大规模集成电路出现，计算机的体积缩小了，成本降低了。微型计算机从台式机向便携机、掌上机、膝上机发展，价格低廉、方便使用，软件丰富，受到越来越多用户的喜爱。

3）网络化

计算机网络化是指利用现代通信技术和计算机技术，把分布在不同地点的计算机互联起来，按照网络协议互相通信，以共享软件、硬件和数据资源。随着互联网的飞速发展，网络广泛应用于政府、学校、企业、科研、家庭等领域，在社会经济发展中发挥着极其重要的作用。

4）智能化

智能化是指让计算机模拟人的感觉和思维过程。智能化的计算机可以利用已有的和不断学习到的知识，进行思维、联想推理，并得出结论、解决复杂问题。目前已研制出的机器人有的可以代替人在危险环境中劳动，有的能与人下棋等。

2. 未来新一代的计算机

从电子计算机的产生及发展可以看到，目前计算机技术的发展都是以电子技术的发展为基础的,集成电路芯片是计算机的核心部件。随着高新技术的研究和发展,下一代计算机无论是从体系结构、工作原理,还是器件及制造技术,都会进行颠覆性变革,未来可能会出现模糊计算机、生物计算机、光子计算机、超导计算机、量子计算机等。

1)模糊计算机

1956 年,英国人查德创立了模糊信息理论。依照模糊理论,判断问题不是用是、非两种绝对的值或 0 与 1 两种数码来表示,而是取许多值,如接近、几乎、差不多及差得远等模糊值来表示。这种用模糊的、不确切的判断进行工程处理的计算机就是模糊计算机。模糊计算机是建立在模糊数学基础上的计算机,除具有一般计算机的功能外,还具有学习、思考、判断和对话的能力,可以立即辨识外界物体的形状和特征,甚至可帮助人从事复杂的脑力劳动。

例如,把模糊计算机装入吸尘器里,吸尘器就可以根据灰尘量以及地毯的厚实程度调整功率。模糊计算机还能用于地震灾情判断、疾病医疗诊断、发酵工程控制、海空导航巡视等方面。

2)生物计算机

生物计算机又称仿生计算机,是以生物芯片取代在半导体硅片上集成的数以万计的晶体管而制成的计算机,其存储量可以达到普通计算机的 10 亿倍。生物计算机最大的优点是生物芯片的蛋白质具有生物活性,能够与人体的组织结合在一起,特别是可以与人的大脑和神经系统有机地连接,使人机接口自然吻合,免除了烦琐的人机对话。这样,生物计算机就可以听人指挥,成为人脑的外延或扩充部分,还能够从人体的细胞中吸收营养来补充能量,不要任何外界的能源。由于生物计算机的蛋白质分子具有自我组合的能力,从而使生物计算机具有自我调节能力、自修复能力和自再生能力,更易于模拟人类大脑的功能。现今科学家已研制出了许多生物计算机的主要部件——生物芯片。

3)光子计算机

光子计算机是一种由光信号进行数字运算、逻辑操作、信息存储和处理的新型计算机,它由激光器、光学反射镜、透镜、滤波器等光学元件和设备构成,靠激光束进入反射镜和透镜组成的阵列进行信息处理,以光子代替电子,光运算代替电运算。由于光子比电子速度快,光子计算机的运行速度可高达一万亿次/秒,此外它的存储量是现代计算机的几万倍,还可以对语言、图形和手势进行识别与合成。

目前,许多国家都投入大量资金进行光子计算机的研究。随着现代光学与计算机技术、微电子技术相结合,在不久的将来,光子计算机将成为人类普遍使用的工具。

4)超导计算机

超导计算机是利用超导技术生产的计算机,其开关速度达到几微微秒,运算速度比现在的电子计算机快,电能消耗量少。1911 年,昂内斯发现纯汞在 4.2K(−268.95℃)低温下电阻变为零的超导现象,超导线圈中的电流可以无损耗地流动。可是,超导现象发现以后,超导研究进展一直不快,这是因为实现超导的温度太低,要制造出这种低温,消耗的电能远远超过超导节省的电能。在 20 世纪 80 年代后期,科学家发现一种陶瓷合金在−238℃时出现了超导现象。我国物理学家找到了一种材料,在−141℃出现超导现象。目前,科学家还在为此奋斗,企图寻找出一种“高温”超导材料,甚至一种室温超导材料。一旦这些材料找到后,人们就可以利用它制成超导开关器件和超导存储器,再利用这些器件制成超导计算机。

5)量子计算机

量子计算机的概念源于对可逆计算机的研究。研究可逆计算机的目的是为了解决计算机中的能耗问题。2009年,美国国家标准技术研究院的科学家们研制出一台可处理2量子比特数据的量子计算机。由于量子比特可以比传统计算机中的"0"和"1"比特存储更多的信息,因此量子计算机的运行效率和功能将大大突破传统计算机。据科学家介绍,这种量子计算机可用于各种大信息量数据的处理。

我国于2016年8月16日成功发射以"墨子号"命名的世界首颗量子科学实验卫星,它将结合地面已有的光纤量子通信网络,初步构建一个天地一体化的量子保密通信与实验体系,在世界上率先实现全球化的量子保密通信。

1.1.4 电子商务

电子商务是以信息网络技术为手段、以商品交换为中心的商务活动;也可理解为在互联网(Internet)、企业内部网(Intranet)和增值网(Value Added Network, VAN)上以电子交易方式进行交易和相关服务的活动,是传统商业活动各环节的电子化、网络化、信息化。

从本质上讲,电子商务是一组电子工具在商务中的应用,如电子数据交换(EDI)、电子邮件(E-mail)、电子公告系统(BBS)、博客(blog)、条码(barcode)、智能卡等。商城、消费者、产品、物流是电子商务的四要素。

电子商务涵盖的范围很广,一般可分为代理商、商家和消费者(Agent、Business、Consumer, ABC);企业对企业(Business-to-Business, B2B);企业对消费者(Business-to-Consumer, B2C);个人对消费者(Consumer-to-Consumer, C2C);企业对政府(Business-to-Government, B2G);线上与线下结合的电子商务(Online-to-Offline, O2O)等。随着计算机网络技术和社会需求的发展,新电子商务模式将层出不穷。

1.2 信息的表示与存储

1.2.1 信息与数据

信息是对客观事物的反映,从本质上看信息是对社会、自然界的事物特征、现象、本质及规律的描述。数据是对客观事物的符号表示。如数值、文字、语言、图形、图像等都是不同形式的数据。信息必须进行数字化编码,才能传送、存储和处理,它具有针对性和时效性。

信息和数据是有区别的,数据是信息的载体,信息是数据处理之后产生的结果。信息有意义,而数据没有。例如:数据2,4,8,16,32是一组数据,本身是没有意义的,但对它进行分析后,从中可以得到一组等比数列,从而很清晰地得到后面的数字,便赋予了其意义,这就是信息,是有用的数据。

1.2.2 计算机中的数据

在日常生活中,人们最习惯使用十进制,当然还有一些其他的进制存在,如7进制、12进制、60进制等。但是在计算机中,所有数据均使用二进制来进行存储。无论是指令还是数据,若想存入计算机中,都必须采用二进制编码形式,即使是图形、图像、声音等信息,也必须转换成二进制,才能存入计算机中。

二进制只有"0"和"1"两个数字,相对十进制而言采用二进制表示不但运算简单、易于物理实现、通用性强,更重要的是所占用的空间和所消耗的能量小得多,机器可靠性高。

计算机内部均用二进制数来表示各种信息,但计算机与外部交往仍采用人们熟悉和便于阅读的形式,如十进制数据、文字显示以及图形描述等。其间的转换,则由计算机系统的硬件和软件来实现。

1.2.3 计算机中的数据单位

计算机中数据的最小单位是位,存储容量的基本单位是字节。

位(bit, b)也称为二进位,它是 binary digit 的缩写,是计算机存储数据的最小单位,代码只有 0 和 1,采用多个数码(0 和 1 的组合)表示一个数,其中每一个数码称为 1 位。

字节(Byte, B)是信息组织和存储的基本单位,一个字节由 8 个二进制位组成(1 B=8 b)。字节也是计算机体系结构的基本单位,计算机中的数据统一以字节为单位。

存储器的容量大小是以字节数来度量的,常见的存储单位如表 1-2 所示。

表 1-2 常见的存储单位

单位	名称	含义	说明
KB	千字节	1 KB=1 024 B=2^{10} B	适用于文件计量
MB	兆字节	1 MB=1 024 KB=2^{20} B	适用于内存、软盘、光盘计量
GB	吉字节	1 GB=1 024 MB=2^{30} B	适用于硬盘计量
TB	太字节	1 TB=1 024 GB=2^{40} B	适用于硬盘计量

字长(Word)是指处理器(CPU)能够同时处理的二进制位数目。字长通常是字节的整数倍,如 8 位、16 位、32 位、64 位、128 位等。它是衡量计算机性能的一个重要指标,标志着计算机的计算精度和表示数据的范围,字长越长,数据处理速度越快。

提示

日常生活中,商家对外存储容量是以 10 的幂次方来计算的。例如,某个 32 GB 的 U 盘,其容量约是 31 943 770 112 B。在计算机中进行单位转换时,31 943 770 112/(1 024×1 024×1 024) 约为 29. 7 GB。实际使用时,我们说这是 32 GB 的 U 盘,因为 31 943 770 112/(1 000×1 000×1 000)约为 32。所以 32 GB 的 U 盘绝对不可能装下 32 GB 的数据,必须注意存储的度量单位差异。

1.2.4 数制转换

计算机是信息处理的工具,信息必须转换成二进制形式的数据后,才能由计算机进行处理、存储和传输。为了书写的方便,常采用八进制或十六进制。

1. 进位计数制

用一组固定的数字(数码符号)和一套统一的规则来表示数值的方法称为数制(Number System)。

十进制是日常的计数方法，由数字 1，2，3，4，5，6，7，8，9，0 组成，逢十进一。数字符号又称数码，数码处于不同的位置（数位）代表不同的数值。从对十进制计数制的分析可以得出，任意 R 进制计数制同样有基数 R、权 Ri 和按权展开式。其中 R 可以是任意的正整数，如二进制的 R 为 2，十进制的 R 为 10，十六进制的 R 为 16 等。

（1）基数。基数是指计数制中所用到的数字符号的个数。例如，基数为 10 的计数制称为十进制。十进制（Decimal）数包含 0，1，2，3，4，5，6，7，8，9 十个数字符号，它的基数 $R=10$。由此可以得知，在基数为 R 的计数制中，包含 0，1，…，$R-1$ 共 R 个数字符号，进位规律是“逢 R 进一”，称为 R 进位计数制，简称 R 进制。

为区分不同数制的数，书中约定对于任意 R 进制的数 N，记作 $(N)_R$。例如，$(10101)_2$、$(7034)_8$、$(AE06)_{16}$ 分别表示二进制数 10101、八进制数 7034 和十六进制数 AE06。不用括号及下标的数默认为十进制数，如 256。

（2）权（位值）。在进位计数制中，一个数码处在数的不同位置时，它所代表的数值是不同的。每一个数码位置上对应的固定值称为权。例如，十进制的基数是 10，整数部分从低位到高位数字的权分别为 10^0，10^1，10^2，…，小数部分从高位到低位数字的权依次为 10^{-1}，10^{-2}，10^{-3}，…。二进制的基数是 2，整数部分从低位到高位数字的权分别为 2^0，2^1，2^2，…，小数部分从高位到低位数字的权依次为 2^{-1}，2^{-2}，2^{-3}，…。其他进制，同理。

（3）数值的按权展开。任意 R 进制数的值都可表示为各位数值与其权的乘积之和。

任意一个具有 n 位整数和 m 位小数的 R 进制数 N 的按权展开如下：

$$
\begin{aligned}
(N)_R &= a_{n-1}\times R^{n-1}+a_{n-2}\times R^{n-2}+\cdots+a_2\times R^2+a_1\times R^1+ \\
&\quad a_0\times R^0+a_{-1}\times R^{-1}+\cdots+a_{-m}\times R^{-m} \\
&= \sum_{i=-m}^{n-1} a_i\times R^i
\end{aligned}
$$

式中，a_i 为 R 进制的数码；R 是基数；R^i 是数位的权值；n 为整数部分的位数；m 为小数部分的位数。

例如，将十进制数 576.23 和二进制数 1101.01 按权展开的表示分别为

$$(576.23)_{10}=5\times 10^2+7\times 10^1+6\times 10^0+2\times 10^{-1}+3\times 10^{-2}$$

$$(1101.01)_2=1\times 2^3+1\times 2^2+0\times 2^1\times 1\times 2^0+0\times 2^{-1}+1\times 2^{-2}$$

2. 计算机中的常用数制

1）二进制

二进制只有 0 和 1 两个数字符号，其基数为 2，遵循“逢二进一”的进位规则，其按权展开时，各数位的权是以 2 为底的幂次方。

二进制技术实现简单、可靠，运算规则简单，适合逻辑运算。但是当使用二进制表达一个比较大的数值时，数字冗长，书写麻烦且容易出错，不方便阅读。所以在计算机技术文献的书写中，常用八进制和十六进制作为二进制的简化表示方式。

2）八进制

八进制使用 0，1，2，3，4，5，6，7 共 8 个数码符号来表示，其基数为 8，遵循“逢八进一”的进位规则，按权展开时，各数位的权是以 8 为底的幂次方。

例如，八进制数 216.87 按权展开的多项式为

$$(216.87)_8 = 2\times8^2+1\times8^1+6\times8^0+8\times8^{-1}+7\times8^{-2}$$

3) 十六进制

十六进制使用 0、1、2、3、4、5、6、7、8、9、A、B、C、D、E、F 共 16 个数码符号来表示,其中 A~F 分别表示 10~15。其基数为 16,遵循“逢十六进一”的进位规则,按权展开时,各数位的权是以 16 为底的幂次方。

例如,十六进制数 5AF3.E2 按权展开的多项式为

$$(5AF3.E2)_{16} = 5\times16^3+A\times16^2+F\times16^1+3\times16^0+E\times16^{-1}+2\times16^{-2}$$

为了书写方便,除了使用下标来表示数制外,通常还会在一个数的后面加上后缀字母来表示,用 D 来表示十进制,用 B 来表示二进制,用 O 或 Q 来表示八进制,用 H 来表示十六进制。例如,二进制数 10101 可以写成为$(10101)_2$或 10101B;八进制数 7034 可以写成$(7034)_8$或 7034Q;十六进制数 AE06 可以写成$(AE06)_{16}$或 AE06H。

3. 数制之间的转换

在计算机内部,使用二进制来表示和处理数据,而计算机的输入、输出常常采用十进制数表示。计算机自动完成各种数制之间的转换。

1) R 进制数转换成十进制数

任意 R 进制数按权展开、相加即可得到相应的十进制数。

例 1.1 将二进制数 1110.101 转换成十进制数。

$1110.101B=1\times2^3+1\times2^2+1\times2^1+0\times2^0+1\times2^{-1}+0\times2^{-2}+1\times2^{-3}=8+4+2+0.5+0.125=14.625D$

例 1.2 将八进制数 476.5 转换成十进制数。

$476.5Q=4\times8^2+7\times8^1+6\times8^0+5\times8^{-1}=256+56+6+0.625=318.625D$

例 1.3 将十六进制数 2BF 转换成十进制数。

$2BFH=2\times16^2+B\times16^1+F\times16^0=512+176+15=703D$

2) 十进制数转换成 R 进制数

十进制数转换成 R 进制数,须将整数部分和小数部分分别进行转换。

(1) 整数转换。采用除 R 取余法,即用十进制数整数部分除以 R,余数作为相应 R 进制数整数部分的最低位;用上一步的商再除以 R,余数作为 R 进制的次低位;……;一直除到商为 0 为止,最后一步的余数作为二进制的最高位。

例 1.4 将十进制整数 53 转换成二进制整数。

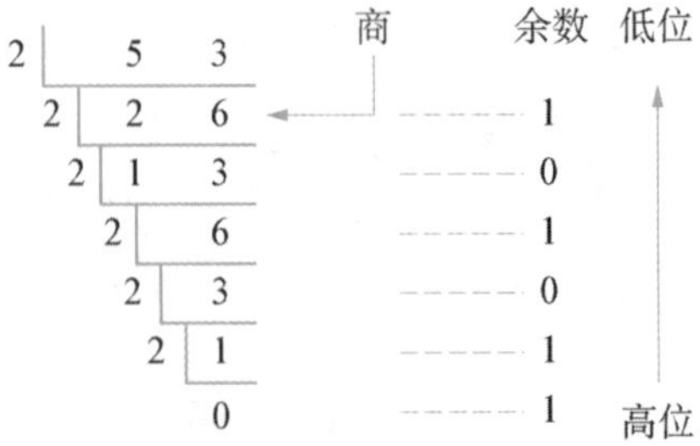

除数	商	余数	
2	53		低位
2	26	1	↑
2	13	0	
2	6	1	
2	3	0	
2	1	1	
	0	1	高位

计算出来的结果,其余数部分由高位到低位记为 110101,所以 53D=110101B。

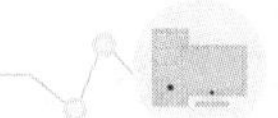

(2) 小数转换。采用乘 R 取整法规则，即用 R 去乘给出的十进制数的小数部分，取乘积的整数部分作为转换后 R 进制小数部分的最高位；再用 R 去乘上一步乘积的小数部分，然后取新乘积的整数部分作为转换后 R 进制小数部分的次高位；……；重复第二步操作，一直到乘积为 0，或已得到要求的精度数位为止。

例 1.5　将十进制小数 0.625 转换成二进制小数。

计算	取整	
0.625		
× 2		高位
1.250	1	↓
0.25		
× 2		
0.5	0	↓
0.5		
× 2		
1.0	1	低位

计算出来的结果，其取整后的数字由高位到低位记为 101，所以 0.625D＝0.101B。

掌握十进制整数转换成二进制整数的方法，再学习十进制整数转换成八进制、十六进制整数的方法就很容易了。十进制整数转换成八进制的方法是“除 8 取余法”，十进制转换成十六进制整数的方法是“除 16 取余法”。

3) 二进制数与八进制、十六进制数之间的相互转换

用二进制数编码存在这样一个规律：n 位二进制数最多能表示 2^n 种状态，分别对应 0，1，2，3，…，2^{n-1}。$2^3=8$，$2^4=16$，所以 3 位二进制数对应 1 位八进制数，4 位二进制数对应 1 位十六进制数。

(1) 二进制整数转换成八进制整数。从小数点开始分别向左或向右，将每 3 位二进制数分成 1 组，不足 3 位数的补 0，然后将每组用 1 位八进制数表示即可。

例 1.6　将二进制整数 1111101011001B 转换成八进制整数。

将值从右往左分组得 001，111，101，011，001。在所划分的二进制数中，第一组不足 3 位，是经高位补 0 而得到的。再以 1 位八进制数字符替代每组的 3 位二进制数字得

001	111	101	011	001
1	7	5	3	1

故得结果：1111101011001B＝17531H。

(2) 二进制整数转换成十六进制整数。从小数点开始分别向左或向右，将每 4 位二进制数分成 1 组，不足 4 位数的补 0，然后将每组用 1 位十六进制数表示即可。

例 1.7　将二进制整数 1111101011001B 转换成十六进制整数。

将值从右往左分组得 0001，1111，0101，1001。在所划分的二进制数中，第一组不足 4 位，是经高位补 0 而得到的。再以 1 位十六进制数字符替代每组的 4 位二进制数字得

0001	1111	0101	1001
1	F	5	9

故得结果：1111101011001B＝1F59H。

(3) 八进制整数转换成二进制整数。将每位八进制数用 3 位二进制数表示即可。

例 1.8　将 375Q 转换成二进制数。

3　　7　　5

011　111　101

结果：375Q＝11111101B。

(4) 十六进制整数转换成二进制整数。将每位十六进制数用 4 位二进制数表示即可。

例 1.9　将 3FCH 转换成二进制数。

3　　F　　C

0011　1111　1100

结果：3FCH＝1111111100B。

1.2.5　字符编码

计算机除了用于数据计算外，还要处理大量的非数值数据，其中字符数据占有很重要的成分。字符数据包括西文字符(英文字母、数字、各种符号)和汉字字符，它们也需要进行二进制编码后，才能存储在计算机中进行处理。

1. 西文字符的编码

西文字符数据在计算机内也是用二进制形式表示的，目前普遍采用的美国标准信息交换码(American Standard Code for Information on Interchange，ASCII)被国际标准化组织指定为国际标准。ASCII 码有 7 位码和 8 位码两种版本，国际通用的是 7 位 ASCII 码，采用 7 位二进制数表示一个字符的编码，共有 2^7 ＝128 个不同的编码值，相应可以表示 128 个不同字符的编码，标准 ASCII 码字符集如表 1－3 所示。

表 1－3　标准 ASCII 码字符集

$b_3b_2b_1b_0$	$b_6b_5b_4$							
	000	001	010	011	100	101	110	111
0000	NUL	DLE	SP	0	@	P	`	p
0001	SOH	DC1	!	1	A	Q	a	q
0010	STX	DC2	"	2	B	R	b	r
0011	ETX	DC3	#	3	C	S	c	S
0100	EOT	DC4	$	4	D	T	d	t
0101	ENQ	NAK	%	5	E	U	e	u
0110	ACK	SYN	&	6	F	V	f	v
0111	BEL	ETB	‘	7	G	W	g	w
1000	BS	CAN	(	8	H	X	h	x
1001	HT	EM	)	9	I	Y	i	y
1010	LF	SUB	*	:	J	Z	j	z
1011	VT	ESC	+	;	K	[	k	{

（续表）

$b_3b_2b_1b_0$	$b_6b_5b_4$							
	000	001	010	011	100	101	110	111
1100	FF	FS	,	<	L	\	l	|
1101	CR	GS	—	=	M	]	m	}
1110	SD	RS	.	>	N	^	n	～
1111	SI	US	/	?	O	_	o	DEL

表 1-3 中对大小写英文字母、阿拉伯数字、标点符号及控制符等特殊符号规定了编码，表中每个字符都对应一个数值，称为该字符的 ASCII 码值。其排列次序为 $b_6b_5b_4b_3b_2b_1b_0$，b_6 为最高位，b_0 为最低位。例如，大写字母“A”的编码是 1000001，十进制值为 65。

ASCII 码表中共有 34 个非图形字符（控制字符），其余 94 个为可打印字符，也称为图形字符。

计算机的内部用一个字节（8 个二进制位）存放一个 7 位 ASCII 码，最高位置为 0。

2. 汉字的编码

ASCII 码只对英文字母、数字和标点符号进行了编码。为了使计算机能够处理、显示、打印、交换汉字字符，同样也需要对汉字进行编码。

1）国标码

我国于 1980 年发布了国家汉字编码标准 GB 2312—80，它的全称是《信息交换用汉字编码字符集・基本集》，简称国标码。国标码把最常用的 6 763 个汉字分成两级：一级汉字有 3 755个，按汉语拼音字母的次序排列；二级汉字有 3 008 个，按偏旁部首排列。由于一个字节只能表示 256 种编码，是不足以表示 6 763 个汉字的，所以一个国标码用两个字节来表示一个汉字，每个字节的最高位为 0。

2）区位码

区位码将 GB 2312—80 中的 6 763 个汉字分为 94 行、94 列，组成一个矩阵。在此矩阵中，每一行称为一个“区”，每一列称为一个“位”，因此这个方阵实际上组成了一个有 94 个区（区号分别为 1 到 94）、每个区内有 94 个位（位号分别为 1 到 94）的汉字字符集。一个汉字所在的区号和位号简单地组合在一起就构成了该汉字的“区位码”。在汉字的区位码中，高两位为区号，低两位为位号。在区位码中，01～09 区为特殊字符，10～55 区为一级汉字，56～87 区为二级汉字，88～94 区是保留区，可用来存储自造字代码。实际上，区位码也是一种输入法，其最大优点是一字一码，无重码，最大的缺点是难以记忆。例如汉字“中”的区位码为 54　48，即它位于第 54 行、48 列。

为了与 ASCII 码兼容，汉字输入区位码与国标码之间有一个简单的转换关系。具体方法：将一个汉字的十进制区号和十进制位号分别转换成十六进制，然后再分别加上 20H，就成为汉字的国标码，即区位码＝国标码＋(2020)H。

3）其他编码

我国制订的 GBK 码（扩充汉字内码规范），对 2 万多的简、繁汉字进行了编码，是 GB 2312—80 码的扩充。这种内码仍以 2 个字节表示一个汉字，第一个字节为(81)16～(FE)

16,第二个字节为(40)16～(FE)16。简体中文 Windows 系统使用的是 GBK 内码。

UCS 码是国际标准化组织(ISO)为各种语言字符制定的编码标准。ISO/IEC 10646 字符集中的每个字符用 4 个字节唯一地表示,第一个平面称为基本多文种平面,包含字母文字,音节文字以及中、日、韩(CJK)的表意文字等。

Unicode 编码是另一个国际编码标准,它最初是由 Apple 公司发起制定的通用多文种字符集,后来被多家计算机厂商组成的 Unicode 协会进行开发,并得到计算机界的支持,成为能用双字节编码统一地表示几乎世界上所有书写语言的字符编码标准。目前,Unicode 编码可容纳 65 536 个字符编码,主要用来解决多语言的计算问题,在网络、Windows 系统和很多大型软件中得到应用。

BIG5 码是目前中国台湾、香港地区普遍使用的一种繁体字的编码标准。中文繁体版 Windows 系统使用的是 BIG5 内码。

3. 汉字的处理过程

计算机内部只能识别二进制,任何信息(包括字符、汉字、声音、图像等)在计算机中都是以二进制形式存放的。而汉字需要经过一个处理过程才能输入计算机中,并在计算机中存储,在屏幕上显示或在打印机上打印。

从汉字编码的角度看,计算机对汉字信息的处理过程实际上是各种汉字编码间的转换过程。这些编码主要包括汉字输入码、汉字内码、汉字地址码、汉字字形码等。

1) 汉字输入码

汉字输入码是为了使用户能够使用西方键盘输入汉字而编制的编码,也叫外码。好的输入编码应该编码短,可以减少击键的次数;重码少,可以实现盲打,便于学习和掌握,但目前还没有一种符合上述全部要求的汉字输入编码方法。

汉字输入码有许多种不同的编码方案,大致分为 4 类:音码(如搜狗拼音输入法)、音形码(如自然码输入法)、形码(如五笔输入法)、数字码(如区位码)。

2) 汉字内码

汉字内码是为了在计算机内部对汉字进行处理、存储和传输而编制的汉字编码。不论用何种输入码,输入的汉字在机器内部都要转换成统一的汉字机内码,然后才能在机器内传输、处理。

在计算机内部为了能够区分是汉字还是 ASCII 码,将国标码每个字节的最高位由 0 变为 1,变换后的国标码为汉字内码(即汉字内码的每个字节都大于 128)。汉字的内码和国标码之间存在这样的一个转换关系:汉字的内码 = 汉字的国标码 + (8080)H。

3) 汉字地址码

汉字地址码是指汉字库中存储汉字字型信息的逻辑地址码。在汉字库中,字形信息都是按一定顺序连续存放在存储介质中的,所以汉字地址码也大多是连续有序的,而且与汉字机内码有着简单的对应关系,从而简化了汉字内码到汉字地址码的转换。

4) 汉字字形码

汉字字型码是存放汉字字形信息的编码,它与汉字内码一一对应。每个汉字的字形码是预先存放在计算机内的,常称为汉字库。

汉字编码及转换、汉字信息处理中的各编码及流程如图 1 - 2 所示。

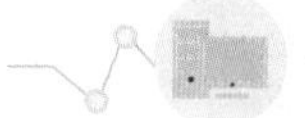

图 1-2　汉字信息处理模型

1.3　计算机硬件系统

一个完整的计算机系统应当包括两大部分，即硬件系统和软件系统，如图 1-3 所示。

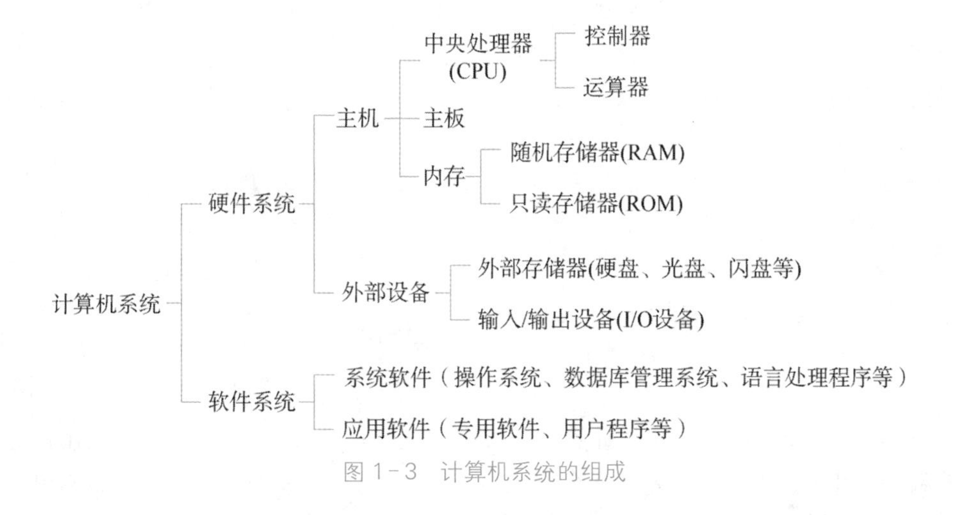

图 1-3　计算机系统的组成

计算机硬件系统包括组成计算机的所有电子、机械部件和设备，是计算机工作的物质基础。计算机软件系统包括所有在计算机上运行的程序及相关的文档资料。只有配备完善及丰富的软件，计算机才能充分发挥其硬件的作用。

计算机硬件是计算机中的物理装置，是看得见、摸得着的实体。计算机的组成都遵循冯·诺依曼结构，由控制器、运算器、存储器、输入设备和输出设备 5 个基本部分组成，如图 1-4 所示。

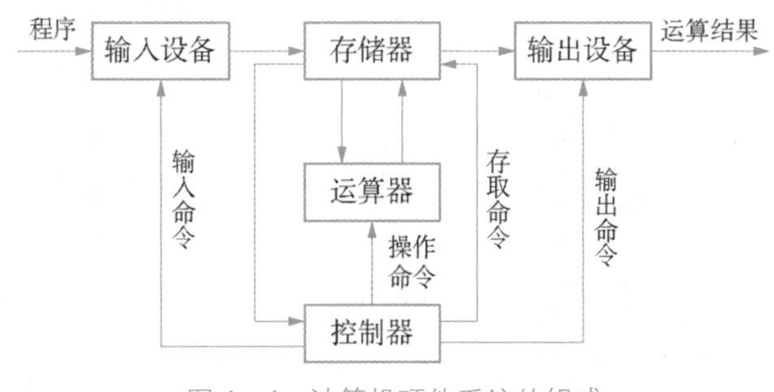

图 1-4　计算机硬件系统的组成

1.3.1 运算器

运算器又称算术逻辑单元(Arithmetic and Logical Unit, ALU),是对数据进行加工、运算的部件,它可以按照算术运算规则进行加、减、乘、除等算术运算,还可以进行与、或、非等逻辑运算。

计算机之所以能完成各种复杂操作,最根本的原因是运算器的运行。参加运算的数据全部是在控制器的统一指挥下从内存储器中读取到运算器里,由运算器完成运算任务。

运算器的性能指标是衡量整个计算机性能的重要因素之一,与运算器相关的性能指标包括计算机的字长和运算速度。

(1) 字长是指计算机运算部件能够同时处理的二进制数的位数。作为存储数据,字长越长,计算机的运算精度就越高,所能处理数的范围越大,处理速度越快。早期的微型计算机的字长一般是 8 位或 16 位,后来 Intel Pentium 系列的 CPU 字长为 32 位。当前的 CPU 字长大多为 64 位,如 Core i7 900、AMD A10 - 5800K 均为 64 位 CPU。

(2) 运算速度通常是指计算机每秒钟所能执行加法指令的数目,常用百万条指令每秒(Million Instructions per Second, MIPS)来表示。微型计算机一般采用主频来描述运算速度,如 Core i3 550 3.2 GHz 的主频为 3.2 GHz。一般来说,在核心数、缓存等其他参数相同或相近的情况下,主频越高,其运算速度就越快。

1.3.2 控制器

控制器(Control Unit, CU)是计算机的指挥中心,它按照从内存储器中取出的指令,向其他部件发出控制信号,使计算机各部件协调一致地工作;此外,它又不停地接收由各部件传来的反馈信息,并分析这些信息,决定下一步的操作,如此反复,直到程序运行结束。

控制器主要由指令寄存器(Instruction Register, IR)、指令译码器(Instruction Decoder, ID)、程序计数器(Program Counter, PC)和操作控制器(Operation Controller, OC)4 个部件组成。IR 用以保存当前执行或即将执行的指令代码;ID 用来解析和识别 IR 中所存放指令的性质和操作方法;OC 则根据 ID 的译码结果,产生该指令执行过程中所需的全部控制信号和时序信号;PC 总是保存下一条要执行的指令地址,从而使程序可以自动、持续地运行。

1. 机器指令

机器指令是一个按照一定格式构成的二进制代码串,用于描述一个计算机可以理解并执行的基本操作。计算机只能执行指令,它被指令所控制。机器指令通常由操作码和操作数两部分组成。

操作码指明指令所要完成操作的性质和功能。操作数指明操作码执行时的操作对象。指令的基本格式如图 1 - 5 所示。

操作码	源操作数(或地址)	目的操作数地址

图 1 - 5 指令的基本格式

2. 指令的执行过程

计算机的工作过程就是按照控制器的控制信号自动、有序地执行指令的过程。指令是计算机正常工作的前提，所有程序都是由一条条指令序列组成的。一条机器指令的执行过程需要读指令、分析指令、生成控制信号、执行指令、重复执行等，直至执行到指令结束。

控制器和运算器是计算机的核心部件，这两部分合称中央处理器(Central Processing Unit，CPU)在微型计算机中通常也称为微处理器。

时钟主频是指 CPU 的时钟频率，是微机性能的一个重要指标，它的高低一定程度上决定了计算机速度的高低。主频以吉赫兹(GHz)为单位。一般说来，主频越高，速度越快。由于微处理器发展迅速，微机的主频也在不断提高。

1.3.3　存储器

存储器(memory)是计算机的记忆装置，主要用来保存程序和数据。计算机中的全部信息，包括输入的原始数据、计算机程序、中间运行结果和最终运行结果都保存在存储器中。存储器分为两大类：一类是设在主机中的内部存储器(简称内存)，也称主存储器，用于存放当前运行的程序和程序所用的数据，属于临时存储器；另一类是属于计算机外部设备的存储器，称为外部存储器(简称外存)，也称辅助存储器。外存属于永久性存储器，存放暂时不用的数据和程序。中央处理器只能直接访问存储在内存中的数据，外存中的数据只有先调入内存后，才能被中央处理器访问和处理。通常所说的内存指内存条，如图 1-6 所示。

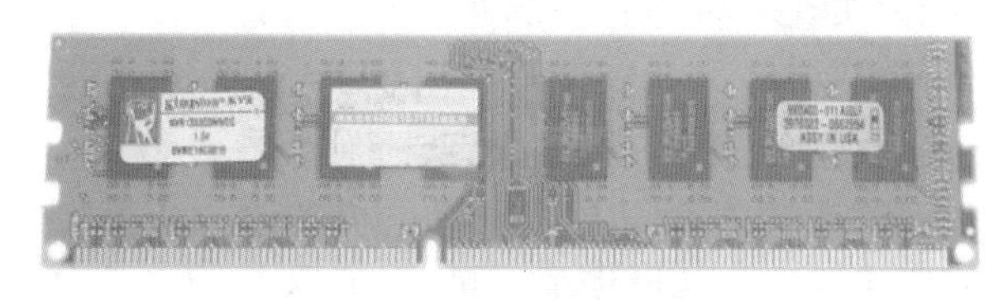

图 1-6　内存条

1. 主存储器

主存储器(Main Memory)分为随机存取存储器(Random Access Memory，RAM)和只读存储器(Read Only Memory，ROM)两类。

随机存取存储器也称读写存储器，存储单元的内容可按需随意取出或存入，且存取的速度与存储单元的位置无关。这种存储器在断电时将丢失其存储内容，故主要用于存储短时间使用的程序。按照存储信息的不同，随机存储器又分为静态随机存储器(Static RAM，SRAM)和动态随机存储器(Dynamic RAM，DRAM)。

ROM 是只能读出事先所存数据的固态半导体存储器，所存数据一般是装入整机前事先写好的，整机工作过程中只能读出，而不像随机存储器那样能快速、方便地加以改写。ROM 所存数据稳定，断电后所存数据也不会改变，其结构较简单，读出较方便，因而常用于存储各种固定程序和数据。

内存储器的主要性能指标有两个：容量和速度。存储容量指一个存储器包含的存储单元总数，它反映了存储空间的大小。内存容量越大，系统功能就越强大，数据处理速度也就越快。存取速度一般用存储周期(也称读写周期)来表示，即 CPU 从内存储器中存取(读出或写入)数据所需时间之间的最小时间间隔。半导体存储器的存取周期一般为 60～100 ns。

主存工作速度低于 CPU 的速度，直接影响了计算机的性能。为了缓解它们之间速度不匹配的矛盾，人们在 CPU 和主存之间增设了容量不大但速度很快的高速缓冲存储器(Cache)。当 CPU 访问程序和数据时，首先从 Cache 中查找，如果 Cache 中没有，则到主存中查找,主存中没有,再到外存中查找。因此,Cache 的容量越大,CPU 在 Cache 中找到所需数据或指令的概率就越大,这个概率称为命中率。为了提高命中率,从而提高 CPU 运行效率,人们运用一些替换算法来调整 Cache 中的内容,如最近最少使用法(Least Recently Used, LRU)、先进先出法(First In, First Out, FIFO)等。

2. 外部存储器

与内存相比,外部存储器的特点是存储量大、价格较低,而且在断电的情况下也可以长期保存信息,所以又称为永久性存储器。目前,常用的有硬盘、光盘、U 盘、移动硬盘等。

1) 硬盘

硬盘是最重要的外存储器,用以存放系统软件、大型文件、数据库等大量程序与数据,它特点是存储容量大、可靠性高、存取速度快。

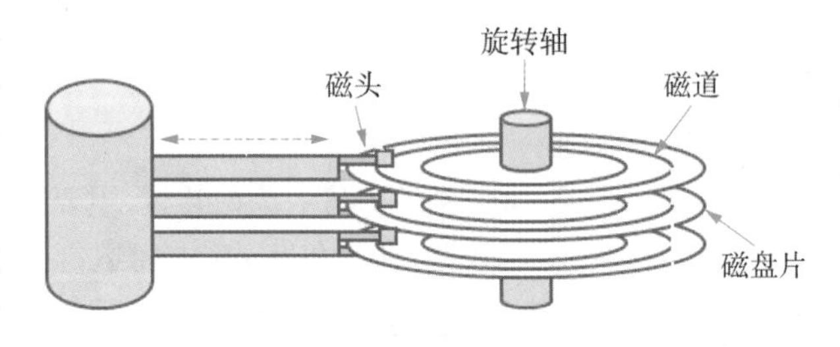

图 1-7　硬盘内部结构

硬盘一般由一组相同尺寸的磁盘片环绕共同的核心组成。这些磁盘片是涂有磁性材料的铝合金盘片,质地较硬,质量较好。每个磁面各有一个磁头,磁头在驱动马达的带动下在磁盘上做径向移动,寻找定位点,完成写入或读出数据的工作。硬盘驱动器通常采用温彻斯特技术,将硬盘驱动电机和读写磁头等组装并封装在一起,也可称之为“温彻斯特驱动器”。硬盘内部结构如图 1-7 所示。

硬盘由一组盘片组成,所有盘片的同一磁道共同组成了一个圆柱面,称为“柱面”。由此可知,硬盘容量＝每扇区字节数×扇区数×磁道数×记录面数×盘片数。

硬盘的技术指标如下:

(1) 容量。硬盘用于存储数据,容量是硬盘最主要的参数。硬盘的容量一般以吉字节(GB)为单位,1 GB=1 024 MB。但硬盘厂商在标称硬盘容量时通常取 1 GB=1 000 MB,因此在 BIOS 中或在格式化硬盘时看到的容量会比厂家的标称值要小。目前硬盘中一般有 1～5 个存储盘片,其所有盘片容量之和为硬盘的存储容量。

(2) 转速。转速是指硬盘盘片每分钟转动的圈数,单位为 r/min。目前市场上主流硬盘的转速一般已达到了 7 200 r/min 的转速,而更高的则达到了 10 000 r/min。

(3) 平均寻道时间。硬盘的平均寻道时间是指硬盘的磁头移动到盘面指定磁道所需的时间,该时间越小,硬盘的工作速度就越快。目前硬盘的平均寻道时间通常在 8～12 ms 之间。

(4) 平均等待时间。硬盘的平均等待时间是指磁头已处于要访问的磁道,等待所要访问的扇区旋转至磁头下方的时间。平均等待时间为盘片旋转一周所需时间的一半。

(5) 数据传输率。硬盘的数据传输率是指硬盘读写数据的速度,单位为兆字节每秒(MB/s)。硬盘数据传输率又包括内部数据传输率和外部数据传输率。内部传输率反映了硬盘在盘片上读写数据的速度,主要依赖于硬盘的旋转速度;外部传输率与系统总线、硬盘缓冲区的大小有关。

硬盘接口：常见的有ATA、SATA和SCSI接口。采用ATA和SATA接口的硬盘主要应用在个人计算机上。ATA并口线的抗干扰性差，故其逐渐被SATA取代。SATA又称串口硬盘，采用串行连接方式，传输速率为150 MB/s。SATA总线使用嵌入式时钟信号，具备更强的纠错能力，还具有结构简单、支持热插拔等特点。目前最新的SATA标准是SATA 3.0，传输速率为6 GB/s。

2）闪速存储器

闪速存储器(Flash)是一种新型非易失性半导体存储器。U盘、存储卡、基于闪存的固态硬盘都以闪存作为存储介质。

U盘采用闪存作为存储介质，通过通用串行线接口(USB)与主机相连，可以像使用硬盘一样在U盘上读写文件。U盘之所以被广泛使用是因为它具有许多优点：

(1) 体积小、重量轻，便于携带。

(2) 采用USB接口，无须外接电源，支持即插即用和热插拔，不用安装驱动程序就可以使用。

(3) 存取速度快，数据至少可保存10年，擦写次数可达10万次以上。

(4) 抗震防潮性能好，还具有耐高低温等特点。

存储卡是闪存做成的另一种固态存储器，形状为扁平的长方形或正方形，可热插拔。

基于闪存的固态硬盘采用Flash芯片作为存储介质，这也是通常所说的SSD固态硬盘，可用来在便携式计算机中代替常规的硬盘。

3）光盘

光盘是利用光学和电学原理进行读/写信息的存储介质，它是由反光材料制成的，通过在其表面上制造出一些变化来存储信息。当光盘转动时，上面的激光束照射已存储信息的反射表面，根据反射光的强弱变化识别出存储的信息，从而达到读出光盘上信息的目的。衡量光盘驱动器传输速率的指标是倍速，单倍速为150 kB/s。

常用的光盘存储器可分为下列几种类型：

(1) CD光盘。CD(Compact Disk)是最早出现的光盘存储器，容量约为650 MB，可分为CD-ROM、CD-R和CD-RW。

CD-ROM(CD-Read Only Memory)光盘是一种只读型光盘。它由生产厂家预先写入数据和程序，使用时用户只能读出，不能修改或写入新内容。

CD-R(CD-Recorder)光盘又称“只写一次型光盘”，这种光盘存储器的盘片可由用户写入信息，但只能写入一次，写入后的信息将永久地保存在光盘上，可以多次读出，但不能重写或修改。

CD-RW(CD-Rewritable)光盘又称“可擦写光盘”，可以重复读写。

(2) DVD(Digital Video Disk)光盘存储器。最早出现的DVD是一种只读型光盘，必须由专门影碟机播放。随着技术的不断发展，数字通用光盘取代了原先的数字视频光盘。DVD的基本类型有DVD-ROM、DVD-R、DVD-RW、DVD-RAM等。DVD单面单层容量为4.7 GB，双面双层容量可达17 GB。

(3) BD光盘。这是目前先进的大容量光盘，利用波长更短的蓝色激光来读写信息，一个单层的蓝光光碟的容量为25 GB(读写速度为4.5～9 MB/s)，可用于存储高品质的影音以及高容量的数据。BD光盘可分为BD-ROM、BD-R和BD-RW。

1.3.4 输入设备

输入设备(Input Devices)用来向计算机输入数据和信息,其主要作用是把人们可读的信息(命令、程序、数据、文本、图形、图像、音频和视频等)转换为计算机能识别的二进制代码输入计算机,供计算机处理,是人与计算机系统之间进行信息交换的主要装置之一。例如,用键盘输入信息时,敲击它的每个键都能产生相应的电信号,再由电路板转换成相应的二进制代码送入计算机。

目前常用的输入设备有键盘、鼠标、扫描仪、数码相机、数码摄像机、游戏操作杆、麦克风、触摸屏、手写笔、条码阅读器、光学字符阅读器等。

1.3.5 输出设备

输出设备(Output Devices)将各种计算结果数据或信息以数字、字符、图像、声音等形式表示出来,其主要功能是将计算机处理后的各种内部格式的信息转换为人们能识别的形式(如文字、图形、图像和声音等)表达出来。例如,在纸上打印出印刷符号或在屏幕上显示字符、图形等。

输出设备是人与计算机交互的部件。常用的输出设备除了显示器、打印机外,还有绘图仪、影像输出系统、语音输出、磁记录设备等。

1.4 计算机软件系统

软件系统是为运行、管理和维护计算机而编制的各种程序、数据和文档的总称。软件是计算机的灵魂,没有软件的计算机毫无用处。软件是一种特殊的商品,它的内容不是实物,而是信息,它也同其他商品一样具有设计、生产、销售及售后服务等属性。由于它的易复制性,往往使人们忽略了它也是人类智慧的结晶,因此我们要在使用软件的同时提高软件保护意识。

按软件的功能来分,软件可分为系统软件和应用软件两大类。

1. 系统软件

系统软件是指控制和协调计算机及外部设备,支持应用软件开发和运行的软件。系统软件是软件系统的基础,所有应用软件都要在系统软件上运行。系统软件又可分为操作系统、语言处理程序、数据库管理系统和系统辅助处理程序等,其中最主要的是操作系统,它提供了一个软件运行的环境。

1) 操作系统

操作系统是为了控制和管理计算机的各种资源,以充分发挥计算机系统的工作效率和方便用户使用计算机而配置的一种系统软件。操作系统是直接运行在计算机上的最基本的系统软件,是系统软件的核心,任何计算机都必须配置操作系统。

操作系统的主要作用是提高系统资源的利用率,为用户提供方便友好的用户界面和软件开发与运行环境。

2) 语言处理程序

程序设计语言是一种人们为了描述解题步骤而设计的具有语法语义描述的记号。按其发展分为机器语言、汇编语言和高级语言。

用机器语言编写的程序能被计算机直接识别并执行,但用汇编语言或高级语言编写的程序要经过翻译以后才能被计算机执行,这种翻译程序称为语言处理程序,包括汇编程序、

解释程序和编译程序。

3）数据库管理程序

数据库管理程序是应用最广泛的软件。建立、使用和维护数据库，把各种不同性质的数据进行组织，以便能够有效地进行查询、检索并管理这些数据是运用数据库的主要目的。各种信息系统，包括从一个提供图书查询的书店销售软件，到银行、保险公司这样的大企业的信息系统，都需要使用数据库。

4）系统辅助处理程序

系统辅助处理程序主要是指一些为计算机系统提供服务的工具软件和支撑软件，如调试程序、系统诊断程序、编辑程序等。这些程序的主要作用是维护计算机系统的正常运行，方便用户在软件开发和实施过程中的应用。

2. 应用软件

应用软件是为满足用户不同领域、不同问题的应用要求而开发的软件。应用软件可以拓宽计算机系统的应用领域，扩大硬件的功能。应用软件可以根据应用的不同领域和不同功能划分为若干子类，如财务软件、办公软件、CAD 软件、QQ 软件、微信等。

需要指出的是，计算机软件发展非常迅速，新软件层出不穷，系统软件和应用软件的界线正在变得模糊。一些具有通用价值的应用软件，可以纳入系统软件之中，作为一种资源提供给用户。

1.5　多媒体技术

多媒体技术是一门跨学科的综合技术，它是利用计算机对文本、图形、图像、声音、动画、视频等多种信息进行综合处理，建立逻辑关系和人机交互作用的技术。

1.5.1　多媒体的特征

在日常生活中，媒体是指文字、声音、图像、动画和视频等内容。多媒体是指能够同时对两种或两种以上的媒体进行采集、操作、编辑、存储等综合处理的技术。多媒体技术集声音、图像、文字于一体，集电视录像、光盘存储、电子印刷和计算机通信技术之大成，将把人类引入更加直观、更加自然、更加广阔的信息领域。

多媒体技术具有交互性、集成性、多样性、实时性等特征，这也是它区别于传统计算机系统的显著特征。

1）交互性

交互性指用户可以与计算机实现复合媒体处理的双向性和互动性，是多媒体应用区别于传统信息交流媒体的主要特点之一。交互特征使得人们更加注意和理解信息，同时也增加了有效控制和使用信息的手段。交互性是多媒体技术的关键特征。

2）集成性

多媒体技术中集成了许多单一的技术，如图像处理技术、声音处理技术等。多媒体能够同时表示和处理多种信息，但对用户而言它们是集成一体的，这种集成包括信息的统一获取、存储、组织和合成等方面。

3）多样性

多媒体信息是多样化的，同时也指媒体输入、传播、再现和展示手段的多样化。这些信息媒体包括文字、声音、图像、动画等,它扩大了计算机所能处理的信息空间,使计算机不再局限于处理数值、文本等,使人们能得心应手地处理更多种信息。

4) 实时性

实时性是指当多种媒体集成时,对其中与时间密切相关的声音和运动图像的处理速度要求快速、及时,使这些信息在显示过程中不出现延迟现象。例如,视频会议系统和可视电话等要求音频和视频信息的传递保持流畅,不出现停滞现象。

1.5.2 媒体的数字化

多媒体信息可以从计算机输出界面向人们展示丰富多彩的图、文、声信息,而在计算机内部,都是以转换成 0 和 1 数字化信息后进行处理,然后以不同文件类型进行存储。

1) 声音

计算机系统通过输入设备输入声音信号,通过采样、量化将其转换成数字信号,然后通过输出设备输出。采样是指每隔一段时间对连续的模拟信号进行测量,每秒钟的采样次数即为采样频率。采样频率越高,声音的还原性就越好。量化是指将采样后得到的信号转换成相应的数值,转换后的数据以二进制的形式表示。

(1) 声音的数字化。声音的主要物理特征包括频率和振幅。最终产生的音频数据量按照下面公式计算:

$$\text{音频数据量(B)} = \text{采样时间(s)} \times \text{采样频率(Hz)} \times \text{量化位数(b)} \times \text{声道数} / 8$$

例如,计算 3 min 双声道、16 b 量化位数、44.1 kHz 采样频率声音的不压缩的数据量为

$$\text{音频数据量} = 180 \times 44\,100 \times 16 \times 2/8 = 31\,752\,000\ \text{B} \approx 30.28\ \text{MB}$$

(2) 音频文件格式。常见的数字化音频文件的格式有 WAV、MP3、WMA、MID 等。

WAV 文件是微软公司和 IBM 共同开发的计算机标准声音格式,以“.wav”作为文件的扩展名。它按声音的波形进行存储,其文件通常较大,多用于存储简短的声音片段。

MP3 即 MPEG Layer-3 的缩写,MPEG 是指采用 MPEG 音频压缩标准进行压缩的文件,根据压缩质量和编码复杂程度的不同可分为多个层次,分别对应 MP1、MP2、MP3、MP4 等多种音频文件。MP3 格式的音频具有体积小、音质高的特点,网络中的大多音乐文件采用了这种格式。

WMA 即 Windows Media Audio 的缩写,是微软公司定义的一种流式声音格式。采用 WMA 格式压缩的音频文件比 MP3 文件要小得多,但在音质上却毫不逊色。

MID 是通过数字化乐器接口输入的音频文件的扩展名。MID 文件并不是一段录制好的声音,而是记录声音的信息,然后再告诉声卡如何再现音乐的一组指令,所以这种格式的音频体积较小,是所有音频格式中最小的,主要用于合成音乐。

2) 图像

(1) 图形与图像的概念。在计算机中,图形和图像是一组既相似又不同概念。两者虽然都是一幅图,但计算机对于图形和图像的表示方式和产生方法均不同。

图形是矢量图(Vector Drawn),它是根据几何特性来绘制的。图形的元素是一些点、直线、弧线等。矢量图常用于框架结构的图形处理,应用非常广泛,适用于直线以及其他可以用角度、坐标和距离来表示的图,如计算机辅助设计(CAD)系统中常用矢量图来描述十分复杂的几何图形。图形任意放大或者缩小后,清晰依旧。

图像是位图(Bitmap),它所包含的信息是用像素来度量的。就像细胞是组成人体的最小单元一样,像素是组成一幅图像的最小单元。对图像的描述与分辨率和色彩的颜色种数有关,分辨率与色彩位数越高,占用存储空间就越大,图像越清晰。

图形是人们根据客观事物制作生成的,它不是客观存在的;图像是可以直接通过照相、扫描、摄像得到,也可以通过绘制得到。

(2) 图像的数字化。要得到计算机能表示的数字图像,要经过扫描、分色、取样、量化和压缩编码 5 个步骤。

① 扫描。将画面划分为 $M\times N$ 个网格(取样点),具体方法是:对图像在水平方向和垂直方向上等间隔地分割成矩形网状结构。所形成的矩形微小区域,称之为像素点。若被分割的图像水平方向上有 M 个间隔,垂直方向上有 N 个间隔,则一幅图像画面就被采样成 $M\times N$ 个像素点构成的离散像素的集合,$M\times N$ 表示采样图像的像素尺寸。

② 分色。将每个点分成 R、G、B 三个基色。如果是灰度或者是黑白图像就不必分色了。分色简单理解就是将上一步骤的点分成 3 层,即 3 个矩阵表示。

③ 取样。测量每个取样点的每个分量的亮度值,其基本思想是:将图像采样后的灰度或颜色样本值划分为有限多个区域,把落入某区域中的所有样本的同一层用同一值表示,用有限的离散数值来代替无限的连续模拟量,从而实现样本信息的离散化。

④ 量化。对每个分量进行 A/D 转换,再用数字量表示。量化时所确定的离散取值个数称为量化级数,表示量化的色彩(或亮度)值所需的二进制位数,称为量化字长。一般可用 8 位、16 位、24 位或更高的量化字长来表示图像的颜色。图像分辨率越高,图像深度越深,数字化后的图像效果就越逼真,图像数据量也越大。估算数据量的公式为

$$\text{图像数据量}=\text{图像的水平像素数}\times\text{图像的垂直像素数}\times\text{图像深度}/8\ \text{B}$$

例如,一架数码相机,一次可以连续拍摄 65 536 色的 1 024×1 024 的彩色相片 40 张,如不进行数据压缩,则它使用的 Flash 存储器容量是多少?

解:能拍摄 65 536 色,所以其图像深度为 16,因为 $2^{16}=65\,536$。

一张图像数据量 $=1\,024\times1\,024\times16\times40/(1\,024\times1\,024\times8)=80(\text{MB})$

所以 Flash 存储器容量为 80 MB

⑤ 压缩编码。数字化后得到的图像数据量十分巨大,必须采用编码技术来压缩其信息量。在一定意义上讲,编码压缩技术是实现图像传输与存储的关键。已有许多成熟的编码算法应用于图像压缩。常见的有图像的预测编码、变换编码、分形编码、小波变换图像压缩编码等。

(3) 图像的压缩。为了节省数字图像所需的存储空间,对图像数据进行压缩是很有必要的。数据压缩可分成两类:无损压缩和有损压缩。

① 无损压缩。无损压缩利用数据的统计冗余进行压缩,又称可逆编码。其原理是统计被压缩数据中重复出现的次数来进行编码。解压缩是对压缩的数据进行重构,重构后的数据与原来的数据完全相同。无损压缩能够确保解压后的数据不失真,即在数据压缩和还原过程中,图像信息没有损耗,图像还原时可以完全恢复。

无损压缩的优点是能够较好地保存图像,音质好,不受信号源的影响,而且转换方便。但是其占用空间大,压缩比不高,压缩率比较低,一般用于文本、程序和重要的图形图像的压缩。

常用的无损压缩格式有 LZW 压缩编码、霍夫曼编码、增量调制编码、行程长度编码等。

② 有损压缩。有损压缩又称不可逆编码,是指压缩后的数据不能够完全还原成压缩前的数据但是非常接近压缩前的数据的压缩方法。有损压缩也称破坏性压缩,以损失文件中某些信息为代价来换取较高的压缩比,其损失的信息多是对视觉和听觉感知不重要的信息,但压缩比通常较高。常用于音频、图像和视频的压缩。

有损压缩的优点是可以减少内存和磁盘中占用的空间,在屏幕上观看也不会对图像的外观产生不利影响,但若把经过有损压缩技术处理的图像用高分辨率打印出来,图像质量会有明显的受损痕迹。

典型的有损压缩编码有预测编码、变换编码、基于模型编码、分形编码及矢量量化编码等。

(4) 常见图形、图像文件的格式。常见的图形、图像文件有 BMP 格式、GIF 格式、TIF(TIFF)格式、JPEG 格式、PNG 格式、PSD 格式和 EPS 格式。

BMP 格式:Microsoft 公司为其 Windows 操作系统所创建的一种 Windows 标准的位图文件格式。

GIF 格式:Compuserve 公司制订的一种图形图像交换格式,也是互联网上广泛使用的一种图像文件格式,它的颜色数目较少(不超过 256 色),文件特别小,适合网络传输。

TIFF 格式:使用 RLC、LZW 等方法对图像数据进行无损压缩,是一种工业标准。

JPEG(JPG)格式:一种高效的压缩图像文件格式,其优点是所占硬盘空间较小,但不适合放大观看。

PNG 格式:20 世纪 90 年代中期开发的图像文件存储格式。这种格式是为了替代 GIF 和 TIFF 文件格式而开发的,同时还增加了一些 GIF 文件格式所不具备的特性。

PSD 格式:Photoshop 软件专用的文件格式。

EPS 格式:常用于绘图或者排版软件。

3) 视频和动画

视频与图像是两个既有联系又有区别的概念。静止的图片称为图像,所以静态图像的信息是不随时间变化的,只是像素的颜色随位置变化。运动的图像称为视频。运动的图像实际上就是图像的内容在随时间变化,也就是说视频信息实际上是由许多幅静止图像在时间上连续显示形成的,每一幅画面称为一帧。一般情况下视频信息中还同时包含音频数据。

动画是将静态的图像、图形及图画等按一定时间顺序显示而形成连续的动态画面。计算机动画是采用连续播放静止图像的方法产生景物运动的效果,即使用计算机产生图形、图像运动的技术。动画的本质是运动。计算机动画通常使用 Flash、3ds Max 等软件制作。这些软件目前已成功地用于网页制作、广告业和影视业、建筑效果图、游戏软件等,尤其是将动画用于电影特技,使电影动画技术与实拍画面相结合,真假难辨,效果明显。

对模拟视频信息进行数字化可采取如下方式:①先从复合彩色电视图像中分离出彩色分量,然后数字化;②先对全彩色电视信号数字化,然后在数字域中进行分离,以获得 YUV、YIQ 或 RGB 分量信号。

常见的视频的文件格式如下。

Quicktime:苹果公司的 QuickTime 产品采用的面向最终用户桌面系统的低成本、全运动视频的格式。

AVI:微软公司的一种桌面系统上的低成本、低分辨率的视频格式。

MPEG:MPEG 的平均压缩比为 50∶1,最高可达 200∶1,压缩效率非常高。

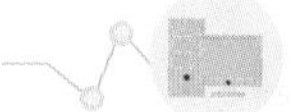

RM：Real Networks 公司的一种视频流媒体格式，采用 Real Networks 公司所制订的音频视频压缩规范。

ASF：微软公司开发的一种视频流媒体文件格式。它的视频部分采用了 MPEG-4 压缩算法，音频部分采用了 WMA 压缩格式。

Flic 文件：Flic(FLI/FLC)是 Autodesk 公司在其出品的 Autodesk Animator/Animator Pro/3D Studio 等 2D/3D 动画制作软件中采用的彩色动画文件格式。

SWF 文件：SWF(Shock Wave Flash)是 Macromedia(现已被 Adobe 公司收购)公司的动画设计软件 Flash 的专用格式，是一种支持矢量和点阵图形的动画文件格式，广泛应用于网页设计、动画制作等领域。

1.6　计算机病毒及其防治

当前，计算机安全的最大威胁是计算机病毒。计算机病毒与医学上的“病毒”不同，计算机病毒不是天然存在的，是人利用计算机软件和硬件所固有的脆弱性编制的一组指令集或程序代码。它能潜伏在计算机的存储介质(或程序)里，条件满足时即被激活，把自身复制到其他程序体内，影响和破坏程序的正常执行和数据的正确性。计算机一旦感染病毒，病毒就可能迅速扩散，这种现象和生物病毒侵入生物体，并在生物体内传染一样。

在《中华人民共和国计算机信息系统安全保护条例》中，对病毒的定义如下：计算机病毒是指编制或者在计算机程序中插入的破坏计算机功能或者毁坏数据，影响计算机使用，并能自我复制的一组计算机指令或者程序代码。

1.6.1　计算机病毒的特点和分类

1. 计算机病毒的特点

计算机病毒一般具有传染性、隐蔽性、破坏性、寄生性、潜伏性几个特点。

1) 传染性

传染性是计算机病毒最基本的特征，是判断一段程序代码是否为计算机病毒的重要依据。病毒可以附着程序上，通过磁盘、光盘、计算机网络等载体将自身的复制品或变种传染到其他未染毒的程序上，被传染的计算机又成为病毒的生存环境及新传染源。

2) 隐蔽性

计算机病毒进入系统后，不到发作时机，整个计算机系统看上去一切如常，很难被察觉。由于不易被发现，其隐蔽性往往会使用户对病毒失去应有警惕。

3) 破坏性

计算机系统被计算机病毒感染后，一旦满足病毒发作条件，就在计算机上表现出一定的症状，如破坏系统，删除、修改数据，甚至格式化整个硬盘，给用户带来极大损失。

4) 寄生性

计算机病毒是一种特殊的寄生程序。它不是通常意义下的完整的计算机程序，而是寄生在其他可执行的程序中，当执行这个程序的时候病毒就起破坏作用。

5) 潜伏性

计算机病毒的发作是由触发条件来决定的，在不满足触发条件时，病毒可以长时间潜伏在计算机中,系统没有异常症状。病毒的潜伏性越好,它在系统中存在的时间就越长,病毒传染的范围就越广,其危害性就越大。

2. 计算机病毒的分类

计算机病毒的分类方法有很多种,按感染方式可以分为引导型病毒、文件型病毒、混合型病毒、宏病毒和 Internet 病毒。

1) 引导型病毒

引导型病毒主要通过 U 盘、光盘及各种移动存储介质在操作系统中传播,并能感染到硬盘中的"主引导记录"。

2) 文件型病毒

文件型病毒是文件感染者,主要感染扩展名为.COM、.EXE、.DRV、.BIN、.OVL、.SYS等可执行文件。

3) 混合型病毒

混合型病毒综合引导型和文件型病毒的特性,这类病毒既可以感染磁盘的引导区,也感染可执行文件,兼有上述两类病毒的特点。

4) 宏病毒

宏病毒是指用 BASIC 语言编写、病毒程序寄存在 Office 文档上的宏代码。宏病毒影响对文档的各种操作。

5) Internet 病毒

又称为网络病毒,通过网络传播。黑客是危害计算机系统的源头之一。

3. 计算机感染病毒的常见症状

(1) 磁盘文件数目无故增多。

(2) 系统的内存空间明显变小。

(3) 文件的日期/时间值被修改成新近的日期或时间(用户自己并没有修改)。

(4) 感染病毒后的可执行文件的长度通常会明显增加。

(5) 正常情况下可以运行的程序却突然因内存区不足而不能装入。

(6) 程序加载时间或程序执行时间比正常的明显变长。

(7) 计算机经常出现死机现象或不能正常启动。

(8) 显示器上经常出现一些莫名其妙的信息或异常现象。

1.6.2 计算机病毒的预防

计算机病毒技术与反病毒技术是两种以软件编程为基础的技术,它们交替发展,势均力敌。因此,在相当长一段时间内,计算机系统将依然与"毒"相伴,杜绝计算机病毒需要技术人员、法律保障和社会的共同努力,所以,对计算机病毒仍然需要坚持"预防为主,诊治结合"的战略方针,防止病毒入侵要比病毒入侵后再去发现和排除要好得多。

计算机病毒主要通过移动存储介质(如 U 盘、移动硬盘)和计算机网络两大途径进行传播,预防计算机病毒一般应注意以下几点:

(1) 安装有效的杀毒软件并根据实际需求进行安全设置。同时,定期升级杀毒软件并经常全盘查毒、杀毒。

(2) 扫描系统漏洞,及时更新系统补丁。

(3) 未经检测是否感染病毒的文件、光盘、U 盘及移动硬盘等在使用前应先用杀毒软件查毒后再使用。

(4) 定期对重要数据进行备份。

(5) 不要随意打开来历不明的电子邮件及附件。

(6) 不要随意打开陌生人传过来的页面链接，谨防其中隐藏的木马病毒。

(7) 安装防火墙工具，过滤不安全的站点访问。

1.7　计算机网络基础与应用

当今社会是一个以计算机、网络、通信和智能终端等为标志的信息化社会。"互联网+"的方式影响着人们生活的方方面面，在知识经济条件下，移动互联网、物联网等技术被广泛地应用。全球网络经济已成为现代生产力发展的核心部分，通过网络人们可以快速地了解世界发生的事情，运用各种社交软件如微信、QQ 进行交流，甚至经济、教育等都需要通过网络实现资源共享。

1.7.1　计算机网络的概念

1. 计算机网络与数据通信

计算机网络是利用数据通信设备和通信线路的硬件设备，采用功能完善的网络操作系统、网络管理软件和网络通信协议，将地理位置不同、功能独立的计算机或智能终端连接起来，实现网络中的数据信息传递、资源共享。简而言之，计算机网络是一组互相连接的、自治的计算机和智能终端的集合。

本节主要介绍关于数据通信的相关术语。

(1) 信道：用来表示向一个方向传送信息的媒体，又称为传输介质。由于传输技术和传输质量不同，传输的效果是有差别的。有线的传输介质有双绞线、同轴电缆、光纤等；无线的传输介质有无线电波、微波、红外线等。同时，信道传输的数据容易受到外界的干扰，称为噪声。

(2) 信号：指数据的电磁或电子编码。信号有模拟信号(信号连续取值，如语音信号)和数字信号(信号取值是离散的，如计算机二进制代码)两种形式。

(3) 调制与解调：在电话交换网中，普通电话线是用于传输模拟信号的模拟信道，而在数据通信中使用的双绞线等是用于传输数字信号的数字信道。因此，要利用电话交换网传输数字信号，就必须将数字信号转换为模拟信号。将发送端数字脉冲信号转换成模拟信号的过程称为调制(modulation)；将接收端模拟信号还原成数字信号的过程称为解调(demodulation)。将调制和解调两种功能结合在一起的设备称为调制解调器。

(4) 带宽：模拟信道的带宽 $W=f_2-f_1$，式中 f_1 是信道能通过的最低频率，f_2 是信道能通过的最高频率，两者都是由信道的物理特征决定的。为了使信号传输中的失真小些，信道要有足够的带宽。

数字信道的带宽为信道能够达到的最大数据速率。单位时间内在信道上传送的信息量(比特数)称为数据速率，其单位为比特。数据速率也称比特率。无噪声的信道的极限数据速率为 $R=B\text{lb}N=2W\text{lb}N$，式中 W 为信道带宽，B 为波特率($B=2W$)，N 为码元的种类数(一个数字脉冲称为一个码元)。

(5) 误码率：二进制比特在数据传输系统中被传错的概率是通信系统的可靠性指标。

数据在通信信道传输中一定会因某种原因出现错误,传输错误是正常的和不可避免的,就是一定要控制在某个允许的范围内。在计算机网络系统中,一般要求误码率低于 10^{-6}。

2. 计算机网络的分类

计算机网络的分类标准有很多种,按网络覆盖的地理范围分类是最常用的分类方法,它能较好地反映出网络的本质特征。依据这种分类标准,可以将计算机网络划分为局域网(Local Area Network, LAN)、城域网(Metropolitan Area Network, MAN)和广域网(World Area Network, WAN)。

(1) 局域网。局域网覆盖的地理范围通常局限在一个房间、一幢建筑物或一个园区内,一般在几十米到 10 千米左右。它传输距离短,因此传输延迟小、传输速率高,而且传输可靠。目前,常见的局域网技术有以太网(Ethernet)、令牌环网(Token Ring)、光纤分布式数据接口(Fiber Distribution Data Interface, FDDI)和异步传输模式(Asynchronous Transfer Mode, ATM)等,其中以太网技术是当前应用最为普遍的局域网技术。

(2) 城域网。城域网的覆盖范围介于局域网和广域网之间,主要用于将一个城市内不同地点的多个局域网连接起来实现资源共享。目前,城域网建设主要采用 IP 技术和 ATM 技术。

(3) 广域网。广域网又称远程网,它所能覆盖的地理范围通常为几十千米到几千千米,通常能跨越很大的地理区域,如一个国家、地区或者一个大陆。它的目的是实现不同地区的不同网络的互联,其传输速率比较低。广域网技术主要有公共电话网(Public Switched Telephone Network, PSTN)、非对称数字用户线路(Asymmetric Digital Subscriber Line, ADSL)、综合业务数字网(Integrated Services Digital Network, ISDN)、帧中继(Frame Relay, FR)等。

3. 网络拓扑结构

计算机网络拓扑是将构成网络的节点和连接节点的线路抽象成点和线,用几何关系表示网络结构,从而反映出网络中各实体的结构关系。常见的网络拓扑结构主要有星型、环型、总线型、树型和网状等,如图 1-8 所示。

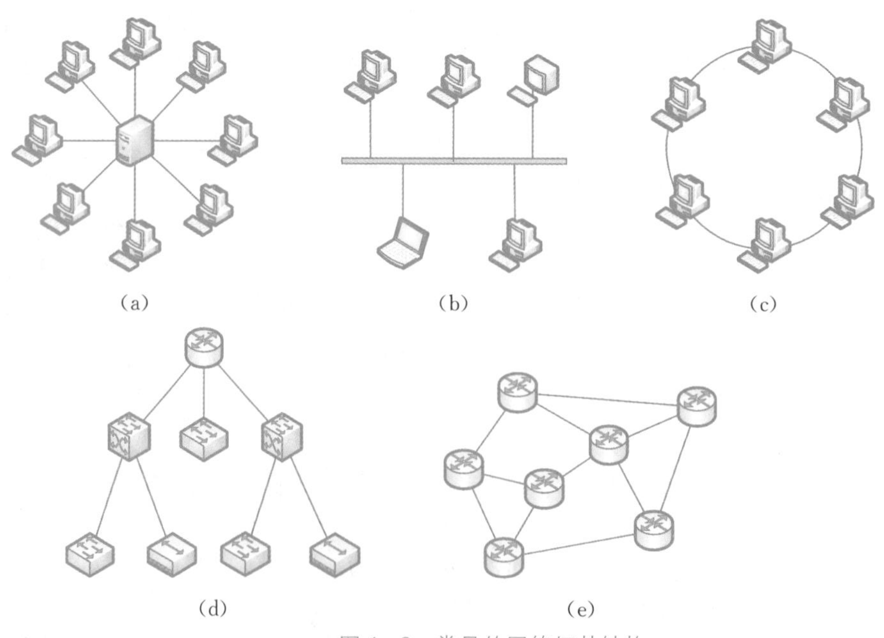

图 1-8 常见的网络拓扑结构

(a) 星型;(b) 总线型;(c) 环形;(d) 树型;(e) 网状

4. 网络硬件

与计算机系统类似，计算机网络系统也由网络软件和硬件设备两部分组成。下面主要介绍常见的网络硬件设备。

(1) 传输介质。传输介质是连接网络上各个节点的物理通道。局域网中所采用的传输介质主要有同轴电缆、双绞线、光纤以及无线传输介质。无线传输介质传输的电磁波形式有微波、红外线和激光。

(2) 网络接口卡。简称网卡，是构成网络必需的基本设备，用于将计算机和通信电缆连接起来，以便经电缆在计算机之间进行高速数据传输。每台连接到局域网的计算机(工作站或服务器)都需要安装一块网卡。通常网卡都插在计算机的扩展槽内。网卡的种类很多，它们有自己适用的传输介质和网络协议。

(3) 交换机。目前，在交换式局域网中最为常见也最核心的设备是以太网交换机(switch)，以太网交换机通常有几个到几十个端口，每个端口都直接与主机相连，各端口速率可以不同，工作方式也可以不同，如可以提供 10 Mb/s、100 Mb/s 的带宽，提供半双工、全双工、自适应的工作方式等。此外，以太网交换机能同时连通许多对端口，使每一对相互通信的主机都能像独占通信媒体那样，进行无冲突地传输数据。

(4) 无线 AP。无线 AP(Access Point)也称为无线访问点或网络桥接器，是有线局域网络与无线局域网络之间的桥梁。利用无线 AP，装有无线网卡的主机可以连接有线局域网络。无线 AP 含义较广，可以是单纯的无线接入点，也可以是无线路由器等类设备的统称，兼具路由、网管等功能。不同型号的无线 AP 具有不同的功率，可以实现不同程度、不同范围的网络覆盖，一般无线 AP 的最大覆盖距离可达 300 m，非常适合于在建筑物之间、楼层之间等不便于架设有线局域网的地方构建无线局域网。

(5) 路由器。路由器(router)是实现局域网与广域网互联的主要设备，如将校园网等局域网接入 Internet。路由器检测数据的目的地址，对路径进行动态分配，根据不同的地址将数据分流到不同的路径中。如果存在多条路径，则根据路径的状态，选择一条最佳路径，动态平衡通信负载。

(6) 无线局域网。随着笔记本电脑、掌上电脑等各种移动便携设备迅速普及和无线通信技术的迅速发展，无线局域网(Wireless Local Area Networks, WLAN)应运而生。无线局域网是计算机网络与无线通信技术相结合的产物，它利用射频(Radio Frequency, RF)技术取代双绞线构成的传统有线局域网络，并提供有线局域网的所有功能。由于无线局域网络的基础设施无须埋藏在地下或隐藏在建筑物里，并且可以随时移动或变化，因此非常适用于需要灵活组网和广泛使用移动便携设备的环境，如家庭、学校、办公室、公共场所等。

针对无线局域网，美国电气和电子工程师协会(Institute of Electrical and Electronics Engineers, IEEE)制定了一系列无线局域网标准，即 IEEE 802.11 家庭。随着协议标准的发展，无线局域网的覆盖范围更广，传输速率更高，安全性、可靠性等也大幅提高。

1.7.2　因特网基础知识

Internet 也称"国际互联网"，它把全球数万个计算机网络以及数千万台主机连接起来，为用户提供资源共享、数据通信和信息查询等服务。

1. Internet 的起源与发展

1969 年,美国国防部高级研究计划局(Advanced Research Projects Agency, ARPA)开始建立一个命名为 ARPANET(阿帕网)的网络。当时建立这个网络的目的是出于军事需要,将美国军方的计算机主机同科研机构的计算机连接起来,人们普遍认为这就是 Internet 的雏形。

1972 年,为解决不同计算机网络之间通信的问题,美国成立了 Internet 工作组,负责建立一种能保证计算机之间通信的标准规范,并最终开发出了 IP 和 TCP,合称 TCP/IP 协议。随后,美国国防部宣布向全世界无条件免费提供 TCP/IP。TCP/IP 的公开极大地推动了 Internet 的大发展。

1986 年,美国国家科学基金会(National Science Foundation, NSF)投资建立了 NSFNET 广域网。NSF 规划建立了 15 个超级计算中心及国家教育科研网,用于支持科研和教育的全国性规模的计算机网络 NFSNET,并以此作为基础,实现同其他网络的连接。NSFNET 成为 Internet 上主要用于科研和教育的主干部分,代替了 ARPANET 的骨干地位。但 NSFNET 依然采用了通过 ARPANET 开发出来的 TCP/IP 通信协议。

20 世纪 90 年代初,商业机构开始进入 Internet,使 Internet 开始了商业化的新进程,也成为 Internet 大发展的强大推动力。

2. TCP/IP 协议工作原理

接入 Internet 的计算机必须遵从一致的约定,即当前最流行的商业化协议 TCP/IP 协议。TCP/IP 协议是一系列网络协议的总和,包括 IP 协议、TCP 协议,以及 HTTP、FTP、POP3 协议等。

TCP/IP 协议采用 4 层结构,分别是应用层、传输层、网络层和链路层。

应用层:负责处理特定的应用程序数据,为应用软件提供网络接口,包括 HTTP(HyperText Transfer Protocol,超文本传输协议)、Telnet(远程登录)、FTP(File Transfer Protocol,文件传输协议)等协议。

传输层:为两台主机间的进程提供端到端的通信。主要协议有 TCP(Transmission Control Protocol,传输控制协议)和 UDP(User Datagram Protocol,用户数据报协议)。

网络层:确定数据包从源端到目的端如何选择路由。网络层主要的协议有 IPv4(Internet 协议版本 4)、ICMP(Internet Control Message Protocol, Internet 控制报文协议)以及 IPv6(Internet 协议版本 6)等。

链路层:规定了数据包从一个设备的网络层传输到另一个设备的网络层的方法。

而传输层的 TCP 协议和互联层的 IP 协议是众多协议中最重要的两个核心协议。TCP 协议:即传输控制协议,TCP 协议向应用层提供面向连接的服务,以确保网上所发送的数据包可以完整地接收,依赖于 TCP 协议的应用层协议主要是需要大量传输交互式报文的应用。IP 协议即互联网协议,它将不同类型的物理网络互联在一起。

3. IP 地址和域名

Internet 通过路由器将成千上万个不同类型的物理网络互联在一起,是一个超大规模的网络。为了使信息能够准确地到达 Internet 上指定的目的节点,必须给 Internet 上的每个节点(主机、路由器等)指定一个全局唯一的地址标识,就像每一部电话都具有一个全球唯一的电话号码一样。在 Internet 通信中,可以通过 IP 地址和域名实现明确的目的地指向。

1) IP地址

IP地址由两部分组成：网络号和主机号，网络号用来表示一个主机所属的网络，主机号用来识别处于该网络中的一台主机，因此IP地址的编址方式明显地携带了位置信息。若给出一个具体的IP地址，就可以知道它属于哪个网络。

IP地址由32位的二进制数组成(4个字节)，为了方便用户记忆，将每个IP地址分为四段(1字节/段)，每段用一个十进制数表示，表示范围是0～255，段和段之间用“.”隔开，这种书写方法称为点分四段十进制表示法。例如，32位的二进制IP地址：11001010.11001010.00101100.01110001转化为十进制为202.202.44.13。

IP地址由各级因特网管理组织进行分配，根据地址的第一段分为A、B、C、D、E共5类，详细结构如图1-9所示。

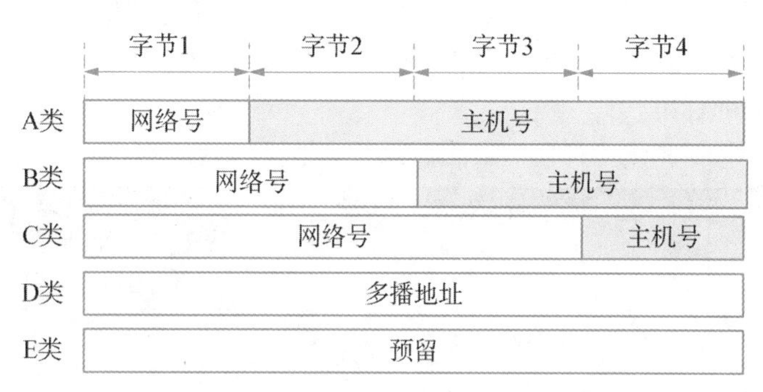

图1-9 IP地址分类

A、B、C类地址是基本的Internet地址，是用户使用的地址，为主类地址。如表1-4所示，列出了A、B、C三类IPv4地址的使用范围。

表1-4 IP地址的使用范围

网络类型	二进制前几位	十进制第一段	举例
A	0	1～127	126.10.10.10
B	10	128～191	130.100.0.1
C	110	192～223	195.10.10.10

D类地址用于多播，多播就是同时把数据发送给一组主机，只有那些已经登记可以接收多播地址的主机，才能接收多播数据包。D类地址的范围是224.0.0.0～239.255.255.255。

E类地址是为将来预留的，也可用于实验目的，它们不分配给主机。

由于近年来，因特网上的节点数量增长速度太快，IP地址逐渐匮乏，很难达到IP设计初期希望给每一台主机都分配唯一IP地址的期望。因此，又可以通过增加子网号来灵活分配IP地址，减少IP地址浪费。20世纪90年代又出现了无类别域间路由技术与NAT网络地址转换技术等IPv4地址的改进方法。

为了解决IPv4协议面临的各种问题，新的协议和标准IPv6诞生了。在IPv6协议中包括新的协议格式、有效的分级寻址和路由结构、内置的安全机制、支持地址自动配置等特征，其中最重要的就是长达128位的地址长度，可能的地址有2^{128}个。可以说有了IPv6，在今后因特网的发展中,几乎可以不用再担心地址短缺的问题了。

2) 域名

用数字方式表示的 IP 地址标识因特网上的节点,对于计算机来说,是合适的。但是对于用户来说,记忆一组毫无意义的数字相当困难。为此,TCP/IP 引进了一种字符型的主机命名制,就是域名。

域名的实质就是用一组由字符组成的名字代替 IP 地址,为了避免重名,域名采用层次结构,各层次的子域名之间用圆点“. ”隔开,从右至左分别是第一级域名(或称顶级域名)、第二级域名……直至主机名。其结构如下:

主机名. …….第二级域名.第一级域名

国际上,第一级域名采用通用的标准代码,分组织机构和地理模式两类。由于 Internet 诞生在美国,所以其第一级域名采用组织机构域名,美国以外的其他国家则采用主机所在地的名称作为第一级域名,如 CN(中国)、JP(日本)、KR(韩国)、UK(英国)等。如表 1-5所示为常用的一级域名的标准代码。

表 1-5 常用国际顶级域名的标准代码

域名代码	意义	域名代码	意义
COM	商业组织	NET	主要网络支持中心
EDU	教育机构	ORG	其他组织
GOV	政府机构	INT	国际组织
MIL	军事部门		

根据《中国互联网络域名注册暂行管理办法》规定,我国的第一级域名是 CN,次级域名也分为类别域名和地区域名,共计 40 个。其中,类别域名有 AC(科研院及科技管理部门)、GOV(国家政府部门)、ORG(各社会团体及民间非营利组织)、NET(互联网络,接入网络的信息和运行中心)、COM(工商和金融等企业)、EDU(教育单位),共 6 个;地区域名包括 34 个“行政区域名”,如 BJ(北京市)、SH(上海市)、TJ(天津市)、CQ(重庆市)、JS(江苏省)、ZJ(浙江省)、AH(安徽省)等。

例如,pku. edu. cn 是北京大学的一个域名,其中 pku 是北京大学的英文缩写,edu 表示教育机构,cn 表示中国。

域名和 IP 地址都是表示主机的地址,实际上是同一个事物的不同表示。用户可以使用主机的 IP 地址,也可以使用它的域名。从域名到 IP 地址或者从 IP 地址到域名的转换由域名服务器(Domain Name Server, DNS)完成。

域名系统的提出为用户提供了极大方便,但主机域名不能直接用于 TCP/IP 协议的路由选择。当用户使用主机域名进行通信时,必须首先将其映射成 IP 地址,这个过程称为域名解析。在 Internet 中,域名服务器中有相应的软件把域名转换成 IP 地址,从而帮助寻找主机域名所对应的 IP 地址。

4. Internet 接入方式

Internet 接入方式通常有专线连接、局域网连接、无线连接和电话拨号连接四种,其中,使用 ADSL 方式拨号连接对众多个人用户和小单位来说是最经济、简单和采用最多的一种

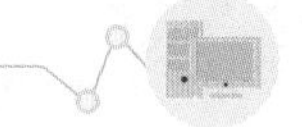

接入方式。无线连接也成为当今一种流行的接入方式，给网络用户提供了极大的便利。

1) ADSL

目前电话拨号接入 Internet 的主流技术是 ADSL(非对称数字用户线路)。这种接入技术的非对称性体现在上、下行速率不同，高速下行信道向用户传送视频、音频信息，速率一般为 1.5～8 Mb/s，低速上行速率一般为 16～640 kb/s。

采用 ADSL 接入因特网，除了要有一台带有网卡的计算机和一条直拨电话线外，还需向电信部门申请 ADSL 业务。由相关服务部门负责安装话音分离器、ADSL 调制解调器和拨号软件。完成安装后，就可以根据提供的用户名和口令拨号上网了。使用 ADSL 技术接入 Internet 对使用宽带业务的用户是一种经济、快速的方法。

2) ISP

ISP 是 Internet Service Provider 的缩写，即 Internet 服务供应商。ISP 是用户接入 Internet 的入口。ISP 提供的功能主要有分配 IP 地址和网关及 DNS、提供联网软件、提供各种 Internet 服务、接入服务。

除了 CHINANET、CERNET、CSTNET、CHINAGBN 这四家政府资助的 ISP 之外，还有大批 ISP 提供因特网接入服务，如中国移动、中国联通、中国电信等。

3) FTTX+LAN 接入方式

目前，比较有前景的以太网接入方式是骨干网采用光纤到达大楼或小区，用户采用以太网接入，即所谓的 FTTX+LAN 的接入方式。网络由三级设备组成，即主干交换机、小区机房汇聚交换机和楼宇交换机。主干交换机主要实现网间路由，提供上层 IP 城域网和各服务器接口；汇聚交换机由若干台带有多个光纤接口的交换机组成，主要汇接楼宇交换机数据流量，以节省上级主干交换机端口数；楼宇交换机直接连接用户。

4) 无线连接方式

无线接入方式很多，如 DBS 卫星接入技术、CDMA 接入技术、WLAN 接入技术等。在小型办公室及家庭用户中常用到的是 WLAN(Wireless Local Area，无线局域网)接入方式。其主要是利用 AP 将装有无线网卡的计算机和支持 Wi-Fi 功能的手机等设备组建成 WLAN，然后将 AP 与 ADSL 或有线局域网连接，从而接入 Internet。当然现在市面上已经有一些产品，如无线路由器，只要网线接入无线路由器，就可享受无线网络和 Internet 的各种服务了。

1.7.3 因特网简单应用

1. WWW 服务

WWW(Word Wild Web)译为万维网，简称 Web，它是目前 Internet 上发展最快、应用最广泛的服务类型。

WWW 服务采用客户机/服务器工作模式(C/S 模式)，为用户提供一种友好的信息查询接口，即用户仅需提出查询要求，而到哪里查询及如何查询则由 WWW 服务器自动完成。

Web 服务器可以处理超媒体(hypermedia)文档，即在超文本文档中包含有文字、图形、音频、视频等多媒体信息，该文档称为网页，也称为 Web 页。WWW 网页通过超文本链接(hyperlink，超链接)连接到其他网页。超链接由统一资源定位器(Uniform Resource Locator，URL)表示，在网页上一般突出显示，用鼠标单击它就可以跳到超链接指示的站点。

用户可以利用浏览器(browser),如 Netscape Navigator、Microsoft Internet Explorer 等,访问 Web 服务器上的超文本信息。浏览器是 WWW 系统的客户机,浏览器和 Web 服务器之间按照 HTTP 通信。为了支持不同客户机与不同 Web 服务器之间超文本的格式传输,超文本信息使用超文本标记语言(Hyper Text Markup Language, HTML)书写。

2. FTP 服务

文件传输服务 FTP 允许 Internet 上的用户将一台计算机上的文件和程序传送到另一台计算机上,允许从远程主机上得到想要的程序和文件,就像一个跨地区、跨国家的全球范围内的复制命令。这与 Telnet 有些类似(Telnet 允许在远程主机上登录并使用其资源),它是一种实时的联机服务,工作时首先要登录到对方的计算机上。与远程登录不同的是,文件传输服务在用户登录后仅可进行与文件检索和文件传输有关的操作,如改变当前工作目录、列文件目录、设置传输参数、传送文件等。通过 FTP 可以获取远方的文件,同时也可以将文件从自己的计算机中复制到别人的计算机中。

FTP 采用客户机/服务器模式,客户机与服务器之间利用 TCP 建立双重连接:一个控制连接和一个数据连接,如图 1-10 所示。

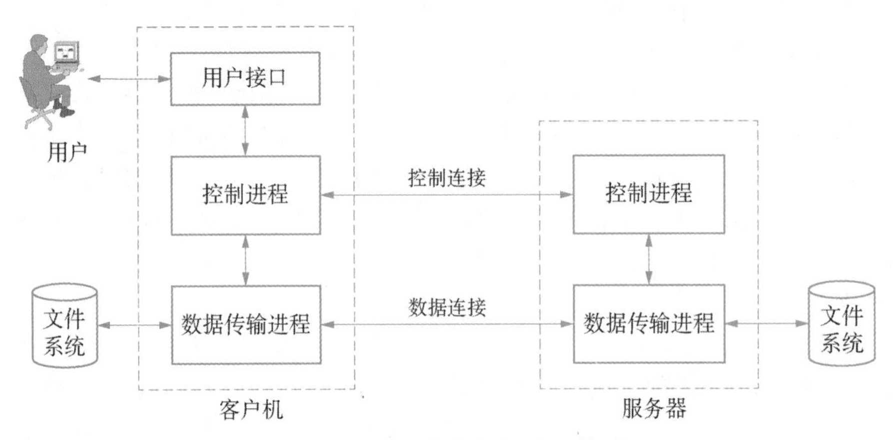

图 1-10　FTP 客户机/服务器模型

目前,大多数浏览器软件都支持 FTP 文件传输协议。用户只需在地址栏中输入 URL 就可以下载文件,也可以上载文件。例如,要从上海交通大学匿名 FTP 服务器的 pub/CPAN 目录中下载一个文件 robots. txt,可在浏览器的地址栏中输入:

ftp://ftp. sjtu. edu. cn/pub/CPAN/robots. txt

其中,ftp 表示用 FTP 方式访问服务器,ftp. sjtu. edu. cn 是上海交通大学匿名 FTP 服务器的主机名,pub/CPAN/robots. txt 是要下载的文件的目录和名字。

FTP 服务是一种实时的联机服务,利用账号来控制用户对服务器的访问。用户在访问 FTP 服务器之前必须进行登录,登录时要求用户给出在 FTP 服务器上的合法账号和口令。只有成功登录的用户才能访问该 FTP 服务器,并对授权的文件进行查阅和传输。FTP 的这种工作方式限制了 Internet 上一些公用文件及资源的发布,为此 Internet 上的多数 FTP 服务器都提供了一种匿名 FTP 服务。

匿名 FTP 服务器可以提供免费软件(Freeware)、共享软件(Shareware)及应用软件的测试版等。匿名 FTP 服务器的域名一般由 ftp 开头,如 ftp. pku. edu. cn 是北京大学匿名 FTP 服务器的主机名。对于提供了匿名 FTP 服务的 FTP 服务器,Internet 用户可以随时访问这些服务器而不需要预先向服务器申请账号。匿名账户和密码是公开的,如没有特殊说明,通常用 anonymous 作为账号,以用户自己的电子邮件地址作为口令(也可省略)。匿名 FTP 服务器一般只允许用户查看和下载文件,不能随意修改、删除和上传文件。

3. 电子邮件

电子邮件是目前 Internet 上使用最频繁的服务之一,它为 Internet 用户之间发送和接收信息提供了一种快捷、廉价的通信手段,特别是在国际之间的交流中发挥着重要的作用。

电子邮件(E-mail),它是利用计算机网络与其他用户进行联系的一种快速、简便、高效、价廉的现代化通信手段。电子邮件与传统邮件大同小异,只要通信双方都有电子邮件地址即可以电子传播为媒介,交互邮件。可见电子邮件是以电子方式发送传递的邮件。

Internet 上电子邮件系统采用客户机/服务器模式,如图 1-11 所示。信件的传输通过相应的软件来实现,这些软件要遵循有关的邮件传输协议。传送电子邮件时使用的协议有 SMTP(Simple Mail Transport Protocol)和 POP(Post Office Protocol),其中 SMTP 用于电子邮件发送服务,POP 用于电子邮件接收服务。当然还有其他的通信协议,在功能上它们与上述协议是相同的。

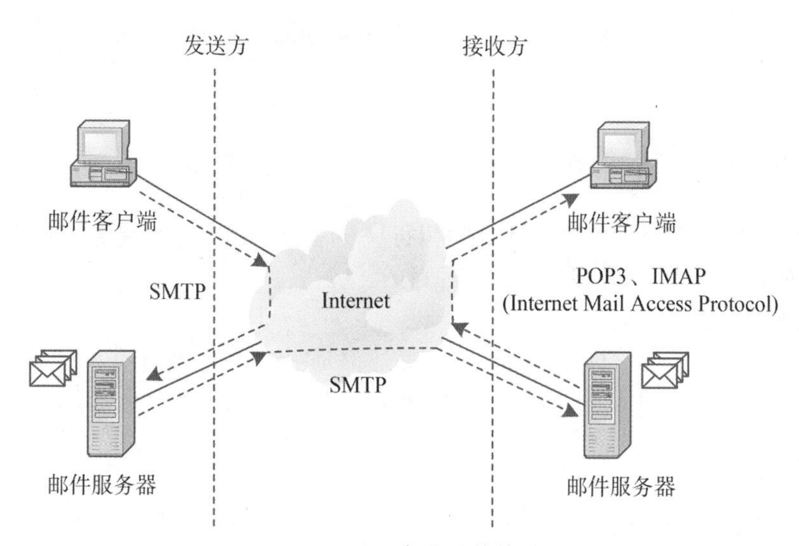

图 1-11 电子邮件的传输过程

用户在 Internet 上收发电子邮件,必须拥有一个电子信箱(mailbox),每个电子信箱有唯一的地址,通常称为电子邮件地址(E-mail Addresses)。地址的格式是固定的:〈用户标识〉@〈主机域名〉。地址中间不能有空格或逗号。例如,xyzz@163. com 就是一个电子邮件地址,它表示在“163. com”邮件主机上有一个名为 xyzz 的电子邮件用户。

扫描二维码
获取习题

用户不仅要有电子邮件地址,还要有一个负责收发电子邮件的应用程序。电子邮件应用程序很多,常见的有 Foxmail、Outlook 等。

第 2 章

公共基础知识

本章主要介绍算法与数据结构、程序设计基础、软件工程基础以及数据库设计基础等知识。通过学习本章内容，读者不仅可以理解和掌握全国计算机等级考试（二级）大纲中关于计算机公共基础知识的内容，而且可以为学习其他计算机类课程，尤其是与理工科专业结合的计算机类课程打下良好的基础。

2.1 算法与数据结构

2.1.1 算法的基本概念及复杂度

算法是指一组有穷的指令集，是对解题方案准确而完整的描述。算法不等于程序，也不等于计算方法。

1. 算法的基本特征

一个算法一般应具有 4 个基本特征：

1）可行性

可行性是指算法在特定的执行环境中执行应当能够得出满意的结果，保证每一个步骤必须能够实现，保证结果要能够达到预期的目的。

2）确定性

算法的确定性表现在对算法中每一步的描述都是明确的，不允许有模棱两可的解释，也不允许有多义性，只要输入相同，初始状态相同，则无论执行多少遍，所得的结果都应该相同。

3）有穷性

算法的有穷性是指算法能够在有限时间内完成，即执行有限步骤后能够终止。

4）拥有足够的情报

一般来说，算法只有在拥有足够的输入信息和初始化信息时，才是有效的；当提供的情报不够时，算法可能无效。例如，$a=1$，$b=2$，求 $a+b+c$ 的值，显然由于 c 没有进行初始化，无法计算出正确的答案。在特殊情况下，算法也可以没有输入。因此，一个算法有零个或多个输入。

综上所述，算法是一个动态的概念，是一组严谨地定义运算顺序或操作步骤的规则，并且每一个规则都是有效的、明确的、能够在有限次执行后终止的。

2. 算法的基本要素

一个算法通常由两种基本要素组成：一是对数据对象的运算和操作；二是算法的控制

结构，即运算或操作间的顺序。

1）算法中对数据对象的运算和操作

算法主要是指计算机算法。计算机算法就是计算机能执行的操作所组成的指令序列。不同的计算机系统，指令系统是有差异的，但一般的计算机系统都包括 4 类基本运算和操作：算术运算（＋、－、×、÷）、逻辑运算（与、或、非）、关系运算（＞、＜、＝、≠）和数据传输（赋值、输入、输出）。

2）算法的控制结构

一个算法所能实现的功能不仅取决于所选用的操作，而且还与各操作步骤之间的执行顺序有关。在算法中，操作的执行顺序又称算法的控制结构。算法控制结构一般有三种：顺序结构、选择结构和循环结构。

3. 算法设计的基本方法

算法设计的基本方法有列举法、归纳法、递推法、减半递推法、递归法和回溯法等。

1）列举法

列举法是指针对待解决的问题，列举所有可能的情况，并用问题中给定的条件来检验哪些是必须的，哪些是不需要的。其特点是原理比较简单，只能适用于存在的可能比较少的问题。例如，汽车行经十字路口，只有左拐、右拐、直行或调头 4 种可能情况。

2）归纳法

归纳法是从特殊到一般的抽象过程。通过分析少量的特殊情况，从而找出一般的关系。归纳法比列举法更能反映问题的本质，并且可以解决无限列举量的情况，但是归纳法不容易实现。

3）递推法

递推，即是从已知的初始条件出发，逐次推出所要求的各个中间环节和最后结果。其中初始条件或问题本身已经给定，或是通过对问题的分析与化简而确定。递推的本质也是一种归纳，递推关系式通常是归纳的结果。例如，裴波那契数列就是采用递推的方法解决问题的。

4）减半递推法

减半是指在不改变问题性质的前提下，将问题的规模减半；而递推则是不断重复减半的过程。例如，一元二次方程的求解。

5）递归法

递归法就是将一个复杂的问题逐层分解成若干个简单的问题，直接解决这些简单问题后，再按原来分解的层次逐层向上，把简单的问题综合以解决复杂的问题。

递归法分为直接递归和间接递归两种方法。如果一个算法直接调用自己，称为直接递归调用；如果一个算法 A 调用另一个算法 B，而算法 B 又调用算法 A，此种递归称为间接递归调用。

6）回溯法

回溯法就是把一个问题逐层分析，从上到下逐步去“试”，若成功，则得到问题的解；若失败，就逐步退回，换个路线再行试探，直到彻底解决问题。例如，人工智能中的机器人下棋。

4. 算法复杂度

一个算法复杂度的高低体现在运行该算法所需要的计算机资源的多少，所需的资源越多,就说明该算法的复杂度越高;反之,所需的资源越少,则该算法的复杂度越低。

算法复杂度包括算法的时间复杂度和算法的空间复杂度。

1) 算法的时间复杂度

算法的时间复杂度是指执行算法所需要的计算工作量。值得注意的是:算法程序执行的具体时间和算法的时间复杂度并不是一致的。算法程序执行的具体时间受到所使用的计算机、程序设计语言以及算法实现过程中的许多细节所影响。而算法的时间复杂度与这些因素无关。

算法的计算工作量是用算法所执行的基本运算次数来度量的,而算法所执行的基本运算次数是问题规模(通常用整数 n 表示)的函数,即算法的工作量 $=f(n)$,其中 n 为问题的规模。所谓问题的规模就是问题的计算量的大小。例如,$1+2$,这是规模比较小的问题,但 $1+2+3+\cdots+n$,这个问题的计算规模就将随着 n 的取值的变化而变化。通常情况下,可以用以下两种方法来分析算法的工作量:

(1) 平均性态:用各种特定输入下的基本运算次数的加权平均值来度量算法的工作量。

(2) 最坏情况:执行算法的基本运算的次数最多的情况。在设计算法时,一定要认真全面地考虑最坏的情况,才能最大限度地预防问题的出现。

2) 算法的空间复杂度

算法的空间复杂度是指执行这个算法所需要的内存空间。算法执行期间所需的存储空间包括 3 个部分:

(1) 输入数据所占的存储空间。

(2) 程序本身所占的存储空间。

(3) 算法执行过程中所需要的额外空间。

为了降低算法的空间复杂度,主要应减少输入数据所占的存储空间以及额外空间,通常采用压缩存储技术。算法的空间复杂度和时间复杂度是相对独立的两个概念,它们之间没有直接或间接的关系。

2.1.2 数据结构基本概念及图形表示

数据结构作为计算机的一门学科,主要研究和讨论以下三个方面:

(1) 数据集合中各数据元素之间所固有的逻辑关系,即数据的逻辑结构。

(2) 在对数据进行处理时,各数据元素在计算机中的存储关系,即数据的存储结构。

(3) 对各种数据结构进行的运算。

1. 什么是数据结构

数据结构是指相互有关联的数据元素的集合。而数据元素具有广泛含义,一般来说,现实世界中客观存在的一切个体都可以是数据元素,它可以是一个数字或一个字符,也可以是一个具体的事物,或者其他更复杂的信息。例如,描述一年四季的季节名——春、夏、秋、冬,可以作为季节的数据元素;表示家庭成员的各成员名——父亲、儿子、女儿,可以作为家庭成员的数据元素。

数据结构包含两个要素,即数据和结构。数据,是需要处理的数据元素的集合,一般来说,这些数据元素具有某个共同的特征。例如,早餐、午餐、晚餐这三个数据元素都有一个共同的特征,即它们都是一日三餐的名称,从而构成了一日三餐名的集合。结构,就是关系,是

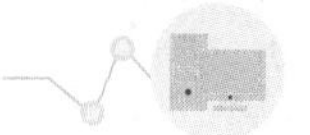

集合中各个数据元素之间的某种关系(或联系)。结构是数据结构研究的重点。数据元素根据其之间的不同特征关系,通常可以分为四类:线性结构、树形结构、网状结构和集合,如图2-1所示。

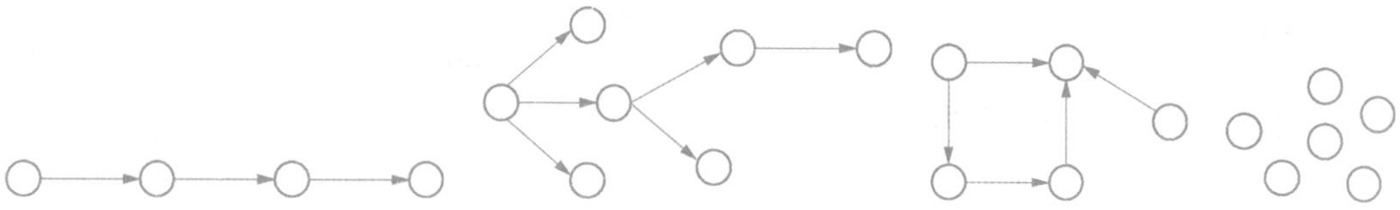

(a)　(b)　(c)　(d)

图2-1　四类基本结构

(a) 线性结构;(b) 树形结构;(c) 网状结构;(d) 集合

在数据处理领域中,通常把两两数据元素之间的关系用前后件关系(或直接前驱与直接后继关系)来描述。例如,在考虑一日三餐的时间顺序关系时,“早餐”是“午餐”的前件(或直接前驱),而“午餐”是“早餐”的后件(或直接后继);同样,“午餐”是“晚餐”的前件,“晚餐”是“午餐”的后件。前后件关系是数据元素之间最基本的关系,但前后件关系所表示的实际意义随具体对象的不同而不同。一般来说,数据元素之间的任何关系都可以用前后件关系来描述。

1) 数据的逻辑结构

数据的逻辑结构是指反映数据元素之间逻辑关系(即前后件关系)的数据结构。

数据的逻辑结构有两个要素:一个是数据元素的集合,通常记作 D;另一个是 D 上的关系,它反映了 D 中各数据元素之间的前后件关系,通常记作 R。一个数据结构可以表示成:$B=(D, R)$,其中 B 表示数据结构。为了反映 D 中各数据元素之间的前后件关系,一般用二元组来表示。例如,假设 a 与 b 是 D 中的两个数据,则二元组 (a, b) 表示 a 是 b 的前件,b 是 a 的后件。这样,在 D 中的每两个元素之间的关系都可以用这种二元组来表示。例如,如果把一日三餐看作一个数据结构,则可表示成 $B=(D, R)$,$D=${早餐,午餐,晚餐},$R=${(早餐,午餐),(午餐,晚餐)}。又例如,家庭成员数据结构,可表示成 $B=(D, R)$,$D=${父亲,儿子,女儿},$R=${(父亲,儿子),(父亲,女儿)}。

2) 数据的存储结构

数据的存储结构,又称为数据的物理结构,是数据的逻辑结构在计算机存储空间中的存放方式。由于数据元素在计算机存储空间中的位置关系可能与逻辑关系不同。因此,为了表示存储在计算机存储空间中的各数据之间的逻辑关系(即前后件关系),在数据的存储结构中,不仅要存放各数据元素的信息,还需要存入各数据元素之间的前后件关系的信息。

各数据元素在计算机存储空间中的位置关系与它们的逻辑关系不一定是相同的。一般来说,一种数据的逻辑结构根据需要可以表示成多种存储结构,常用的存储结构有顺序、链接、索引等存储结构。采用不同的存储结构,其数据处理的效率是不同的。因此,在进行数据处理时,选择合适的存储结构是很重要的。

2. 数据结构的图形表示

一个数据结构除了用二元关系表示外,还可以用图形来表示。

数据结构的图形表示包含两个元素：

(1) 中间标有元素值的方框表示数据元素，称为数据结点。

(2) 用有向线段表示数据元素之间的前后件关系，即有向线段从前件结点指向后件结点。

注意：在结构图中，没有前件的结点称为根结点，没有后件的结点称为终端结点，也称为叶子结点。例如，一日三餐的数据结构可以用如图 2-2 所示的图形来表示。

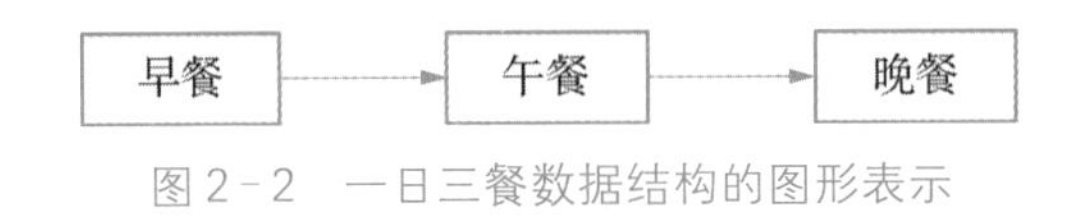

图 2-2　一日三餐数据结构的图形表示

2.1.3　线性结构与非线性结构

如果一个数据结构中没有数据元素，则该数据结构称为空的数据结构。在一个空的数据结构中插入一个新的元素后数据结构变为非空数据结构；将数据结构中的所有元素删除，则该数据结构变成空数据结构。

根据数据结构中各数据元素之间前后件关系的复杂程度，一般将数据结构划分为两大类型：线性结构和非线性结构。如果一个非空的数据结构满足下列两个条件：①有且只有一个根结点；②每一个结点最多只有一个前件，也最多只有一个后件。那么我们称该数据结构为线性结构。线性结构又称线性表。

注意：在一个线性结构中插入或删除任何一个结点后还应是线性结构。线性结构和非线性结构在删除结构中的所有结点后，都会产生空的数据结构。一个空的数据结构究竟是属于线性结构还是非线性结构，这要根据具体情况来确定。如果对该数据结构的算法是按照线性结构的规则来处理的，则属于线性结构，否则属于非线性结构。

2.1.4　线性表及其顺序存储结构

1. 线性表的基本概念

1) 线性表的定义

在数据结构中，线性表是最简单也是最常用的一种数据结构。

线性表是由 $n(n \geqslant 0)$ 个数据元素 $a_1, a_2, \cdots, a_n$ 组成的有限序列，数据元素的个数 n 定义为表的长度。当 $n=0$ 时称为空表，记作(　　)；若线性表的名字为 L，则非空的线性表 $(n>0)$ 记作：$L=(a_1, a_2, \cdots, a_n)$，这里 $a_i(i=1, 2, \cdots, n)$ 是属于数据对象的元素，通常也称其为线性表中的一个结点。线性表的相邻元素之间存在着前后顺序关系，其中第一个元素无前驱，最后一个元素无后继，其他每个元素有且仅有一个直接前驱和一个直接后继。可见，线性表是一种线性结构。矩阵也是一个线性表，只不过它是一个比较复杂的线性表。

2) 非空线性表的特征

非空线性表具有以下特征：

(1) 有且只有一个根结点，它无前件。

(2) 有且只有一个终端结点，它无后件。

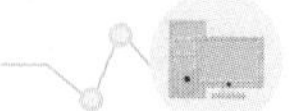

(3) 除根结点和终端结点之外,其他所有的结点有且只有一个前件,也有且只有一个后件。结点的个数 n 称为线性表的长度,当 $n=0$ 时,称为空表。

2. 线性表的顺序存储结构

在计算机中存放线性表,其最简单的方法是顺序存储,也称为顺序分配。线性表的顺序存储结构具有两个基本特征:

(1) 线性表中所有的元素所占的存储空间是连续的。

(2) 线性表中各数据元素在存储空间中是按逻辑顺序依次存放的。

由此可见,在线性表的顺序存储中,其前、后件两个元素在存储空间中是紧邻的,且前件元素一定存储在后件元素的前面。

在线性表的顺序存储结构中,如果线性表中各数据元素所占的存储空间(字节数)相等,则要在该线性表中查找一个元素是很方便的。

通常,顺序存储结构中,线性表中每一个数据元素在计算机存储空间中的存储地址由该元素在线性表中的位置序号唯一确定。

3. 线性表的基本操作

1) 线性表的插入运算

本节中的线性表特指使用顺序存储结构的线性表。

线性表的插入运算是指在表的第 $i(1\leqslant i\leqslant n)$ 个位置上,插入一个新结点 x,使长度为 n 的线性表变成长度为 $n+1$ 的线性表。在第 i 个元素之前插入一个新元素,主要有以下 3 个步骤:

(1) 把原来第 n 个结点至第 i 个结点依次往后移一个元素位置。

(2) 把新结点放在第 i 个位置上。

(3) 修正线性表的结点个数。

一般情况下,在第 $i(1\leqslant i\leqslant n)$ 个元素之前插入一个元素时,需将第 i 个元素之后(包括第 i 个元素) 的所有元素向后移动一个位置。

显然,如果插入运算在线性表的末尾进行,即在第 n 个元素之后插入新元素,则只要在表的末尾增加一个元素即可,不需要移动线性表中的元素。如果要在第 1 个位置处插入一个新元素,则需要移动表中所有的元素。

线性表的插入运算,其时间主要花费在结点的移动上,所需移动结点的次数不仅与表的长度有关,而且与插入的位置有关。在平均情况下,要在线性表中插入一个元素,需要移动线性表中一半的数据元素。可见,在线性表中插入一个元素效率是很低的,特别是在线性表中的数据元素比较多的情况下更是如此。

2) 线性表的删除运算

本节中的线性表特指使用顺序存储结构的线性表。线性表的删除运算是指将表的第 $i(1\leqslant i\leqslant n)$ 个结点删除,使长度为 n 的线性表变成长度为 $n-1$ 的线性表。删除时应将第 $i+1$ 个元素至第 n 个元素依次向前移一个元素,共移动了 $n-i$ 个元素,完成删除操作主要有以下两个步骤:

(1) 把第 i 个元素之后(不包括第 i 个元素)的 $n-i$ 个元素依次前移一个位置。

(2) 修正线性表的结点个数。

一般情况下,要删除第 $i(1\leqslant i\leqslant n)$ 个元素时,则要从第 $i+1$ 个元素开始,直到第 n 个

元素之间共 $n-i$ 个元素依次向前移动一个位置。删除结束后,线性表的长度减少 1。

显然,如果删除运算在线性表的末尾进行,即删除第 n 个元素,则不需要移动线性表中的元素。如果要删除第 1 个元素,则需要移动表中所有的元素。

在平均情况下,要在线性表中删除一个元素,需要移动线性表中一半的数据元素。可见,在线性表中删除一个元素效率是很低的,特别是在线性表中的数据元素比较多的情况下更是如此。

2.1.5 栈和队列

1. 栈及其基本运算

栈和队列是两种特殊的线性表,它们的逻辑结构和线性表相同,只是运算规则较线性表有一些限制,故又称为运算受限的线性表。

1) 栈的定义

栈(stack)是一种特殊的线性表,它是限定在一端进行插入和删除的线性表。它的插入和删除只能在表的一端进行,而另一端是封闭的,不允许进行插入和删除操作。

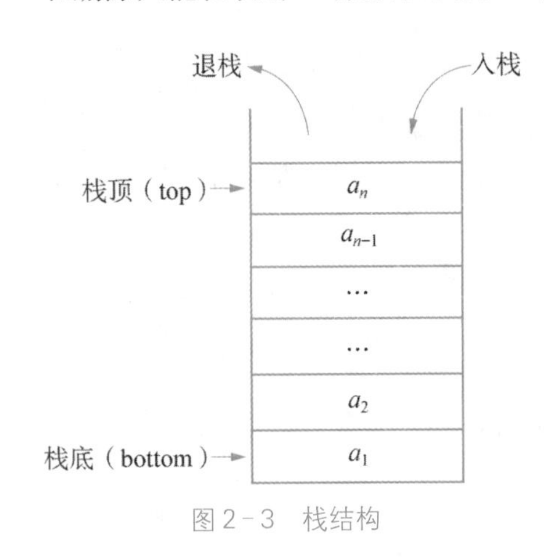

图 2-3 栈结构

在栈中,允许插入和删除操作的一端称为栈顶,不允许插入和删除操作的另一端称为栈底。当栈中没有元素时,称为空栈。通常用指针 top 来指示栈顶的位置,用指针 bottom 来指向栈底。假设栈 $S=(a_1, a_2, \cdots, a_n)$,则称 a_1 为栈底元素,a_n 为栈顶元素。栈中元素按 $a_1, a_2, \cdots, a_n$ 的次序进栈,退栈的第一个元素应为栈顶元素 a_n。如图 2-3 所示是入栈、退栈示意图。

栈这种数据结构在日常生活中也是常见的。例如,子弹夹是一种栈的结构,最后压入的子弹总是最先被弹出,而最先压入的子弹最后才能被弹出。

2) 栈的特点

根据栈的上述定义,栈具有以下特点:

(1) 栈顶元素总是最后被插入的元素,也是最早被删除的元素。

(2) 栈底元素总是最早被插入的元素,也是最晚才能被删除的元素。

(3) 栈具有记忆作用。

(4) 在顺序存储结构下,栈的插入和删除运算都不需要移动表中其他元素。

(5) 栈顶指针 top 动态反映了栈中元素的变化情况。

栈的修改原则是"后进先出"或"先进后出",因此,栈也称为"后进先出"表或"先进后出"表。

3) 栈的基本运算

栈的基本运算有 3 种:入栈、退栈和读栈顶元素。

(1) 入栈运算。入栈运算即栈的插入,在栈顶位置插入一个新元素。操作方式是:将栈顶指针加 1(即 top 加 1),再将元素插入指针所指的位置。当栈顶指针已经指向存储空间的最后一个位置时,说明栈空间已满,不可能再进行入栈操作,这种情况称为栈"上溢"

错误。

(2) 退栈运算。退栈运算即栈的删除，就是取出栈顶元素赋予指定的变量。操作方式：先将栈顶元素赋给指定的变量，再将栈顶指针减 1(即 top 减 1)。当栈顶指针为 0 时，说明栈空，不可进行退栈操作，这种情况称为栈的“下溢”错误。

(3) 读栈顶元素。读栈顶元素是将栈顶元素(即栈顶指针 top 指向的元素)的值赋给一个指定的变量，但栈顶指针不变。当栈顶指针为 0 时，说明栈空，读不到栈顶元素。

栈和一般线性表的存储方法类似，通常也可以采用顺序方式和链接方式来实现，在此只介绍栈的顺序存储。如图 2-4 所示是一个顺序表示的栈的动态示意图。随着元素的插入和删除，栈顶指针 top 反映了栈的状态不断地变化。

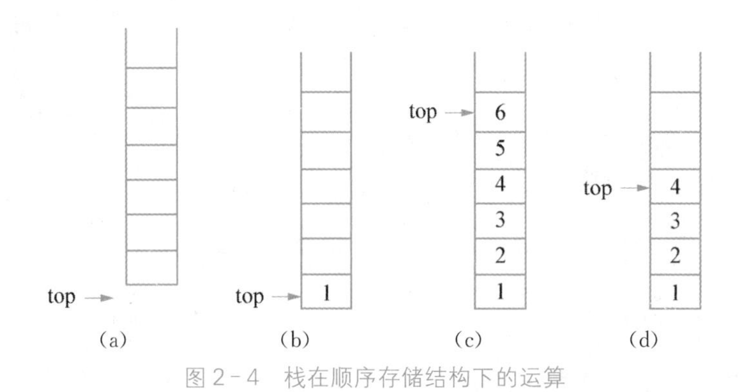

图 2-4　栈在顺序存储结构下的运算

(a) 空栈；(b) 插入元素 1 后；(c) 插入元素 2、3、4、5、6 后；(d) 删除元素 5、6 后

2. 队列及其基本运算

1) 什么是队列

队列(queue)是指允许在一端进行插入，而在另一端进行删除的线性表。允许插入的一端称为队尾，通常用一个称为尾指针(rear)的指针指向队尾元素；允许删除的一端称为队头，通常用一个称为头指针(front)的指针指向队头元素的前一个位置。

在队列这种数据结构中，最先插入的元素将最先被删除；反之，最后插入的元素最后才被删除。因此，队列又称为“先进先出”或“后进后出”的线性表，它体现了“先来先服务”的原则。在队列中，队尾指针和队头指针共同反映了队列中元素动态变化的情况，如图 2-5 所示是队列的示意图。

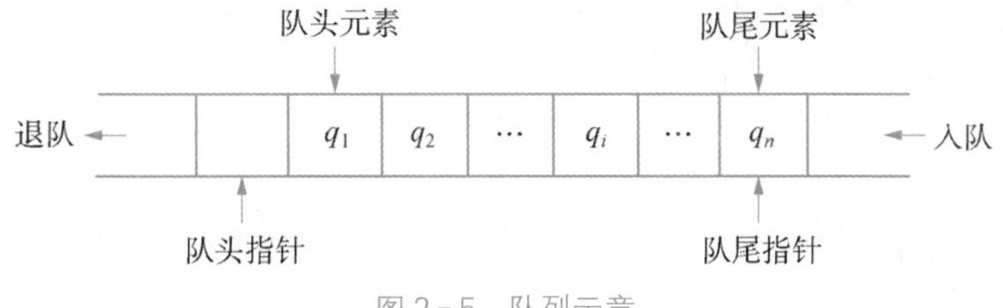

图 2-5　队列示意

往队列的队尾插入一个元素称为入队运算，队尾指针始终指向队尾元素。从队列的队头删除一个元素称为退队运算，队头指针始终指向队头元素的前一个位置。

2) 循环队列及其运算

在实际应用中,队列的顺序存储结构一般采用循环队列的形式。

循环队列,就是将队列存储空间的最后一个位置绕到第一个位置,形成逻辑上的环状空间,供队列循环使用。在循环队列中,当存储空间的最后一个位置已被使用而再要进行入队运算时,只要存储空间的第一个位置空闲,便可将元素加入第一个位置,即将存储空间的第一个位置作为队尾。

在循环队列中,用队尾指针指向队列中的队尾元素,用队头指针指向队头元素的前一个位置。因此,从队头指针指向的后一个位置直到队尾指针指向的位置之间所有的元素均为队列中的元素。

循环队列的初始状态为空,即 rear=front=m,这里 m 即为队列的存储空间,如图 2-6 所示。

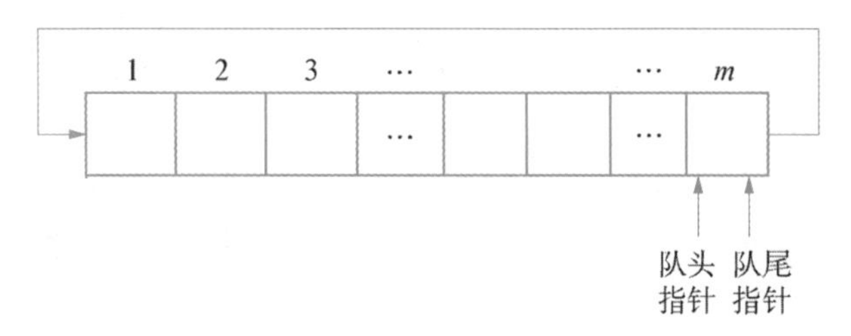

图 2-6　循环队列初始状态示意

循环队列的基本运算主要有两种:入队运算和退队运算。

(1) 入队运算。入队运算是指在循环队列的队尾加入一个新元素。入队运算可分为两个步骤:首先,队尾指针进 1(即 rear+1),然后在 rear 指针指向的位置,插入新元素。特别的,当队尾指针 rear=m+1 时(即 rear 原值为 m,再进 1),置 rear=1,即表示队列空间的尾部已经放置了元素,则下一个元素应该旋转到队列空间的首部,即 rear=1。

(2) 退队运算。退队运算是指在循环队列的队头位置退出一个元素,并赋给指定的变量。退队运算也可以分为两个步骤:首先,队头指针进 1(即 front+1),然后删除 front 指针指向的位置上的元素。特别的,当队头指针 front=m+1 时(即 front 原值为 m,再进 1),置 front=1,即队头指针原指向队列空间的尾部值 m,退队后,队头指针指向队列空间的开始,即 front=1。

在队列操作时,循环队列满时,front=rear,队列空时,也有 rear=front,即在队列空或满时,排头指针和队尾指针均指向同一个位置。为了区分这两种情况,在实际应用中,通常增加一个标志量 s 值的定义:s=0,表示循环队列为空;s=1,表示循环队列非空。由此可以判断队列空和队列满的条件如下:

当 s=0 时,循环队列为空,此时不能再进行退队运算,否则会发生“下溢”错误。

当 s=1 且 front=rear 时,循环队列满,此时不能再进行入队运算,否则会发生“上溢”错误。

在定义了 s 以后,循环队列初始状态为空,表示为 s=0,且 front=rear=m。

2.1.6　线性链表

1. 线性链表的基本概念

前面的线性表均是采用顺序存储结构及在顺序存储结构下的运算。线性表的顺序存储结构具有简单、运算方便等优点，特别是对于小线性表或长度固定的线性表，采用顺序存储结构的优越性就更为突出。但是，线性表的顺序存储结构在数据量、运算量大时，就显得很不方便，且运算效率也较低。

由于线性表的顺序存储结构存在以上缺点，因此，对于大的线性表，特别是元素变动频繁的大线性表不宜采用顺序存储结构，此时就要用到链式存储结构。

1）线性链表

线性链表就是指线性表的链式存储结构，简称链表。由于这种链表中的每个结点只有一个指针域，故称为单链表。

线性表链式存储结构的特点是用一组不连续的存储单元存储线性表中的各个元素。因为存储单元不连续，数据元素之间的逻辑关系，就不能依靠数据元素存储单元之间的物理关系来表示。为了适应这种存储结构，计算机存储空间被划分为一个个小块，每个小块占若干字节，通常称这些小块为存储结点。

为了存储线性表中的每一个元素，一方面要存储数据元素的值，另一方面要存储各数据元素之间的前后件关系。为此，将存储空间中的每一个存储结点分为两部分：一部分用于存储数据元素的值，称为数据域；另一部分用于存放下一个数据元素的存储序号，即指向后件结点，称为指针域，如图 2－7 所示。因为增加了指针域，所以存储相同的非空线性表，链表用的空间要多于顺序表用的存储空间。链式存储结构既可以表示线性结构，也可以表示非线性结构。

存储序号	数据域	指针域
1		
2		
…		
i		
…		
n		

(a)

存储序号	数据域	指针域
i	V(i)	NEXT(i)

(b)

图 2－7　线性链表的存储

(a) 线性链表的存储空间；(b) 线性链表的一个存储结点

在线性链表中，第一个元素没有前件，指向链表中的第一个结点的指针是一个特殊的指针，称为这个链表的头指针(head)。线性链表中最后一个元素没有后件，因此，线性链表中的最后一个结点的指针域为空(用 NULL 或 0 表示)，表示链终结。

例如，设线性表(A、B、C、D、E、F)在存储空间中的存储情况如图 2－8 所示，头指针中存放的是第一个元素 A 的存储地址(即存储序号)。为了直观地表示该线性链表中各元素之间的前后件关系，还可以用如图 2－9 所示的逻辑状态来表示，其中每一个结点上面的数字表示该结点的存储序号(即结点号)。

头指针 head：10

存储序号 i	V(*i*)	NEXT(*i*)
1	C	7
…	…	…
3	B	1
…	…	…
7	D	19
…	…	…
10	A	3
11	F	NULL
…	…	…
19	E	11
…	…	…

图 2-8　线性表的物理状态

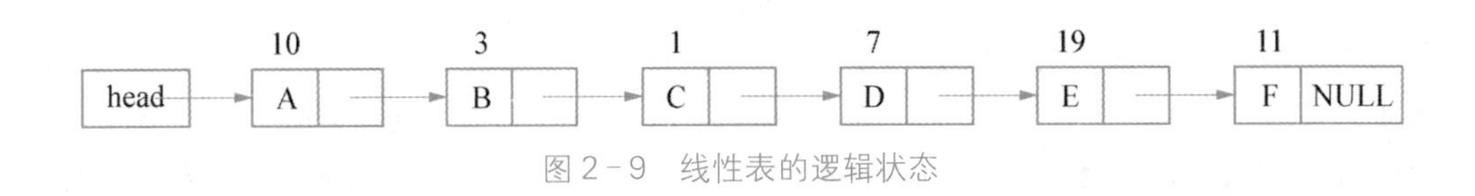

图 2-9　线性表的逻辑状态

线性表的存储单元是任意的,即各数据结点的存储序号可以是连续的,也可以是不连续的,而各结点在存储空间中的位置关系与逻辑关系也不一致,前后关系由存储结点的指针来表示。指向第一个数据元素的 head 等于 NULL 或者 0 时,称为空表。

以上讨论的是线性单链表。在实际应用中,有时还会用到每个存储结点有两个指针域的链表,一个指针域存放前件的地址,称为左指针(Llink),另一个指针域存放后件的地址,称为右指针(Rlink)。这样的线性链表称为双向链表,如图 2-10 所示是双向链表的示意图。双向链表的第一个元素的左指针为空,最后一个元素的右指针为空。

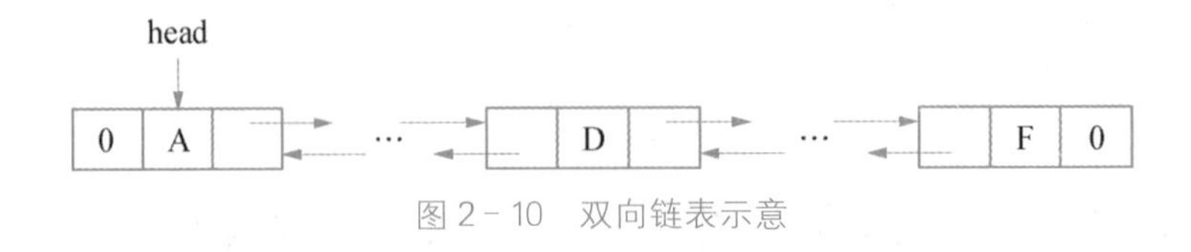

图 2-10　双向链表示意

2) 带链的栈

栈也可以采用链式存储结构表示,把栈组织成一个单链表。这种数据结构可称为带链的栈,如图 2-11 所示。

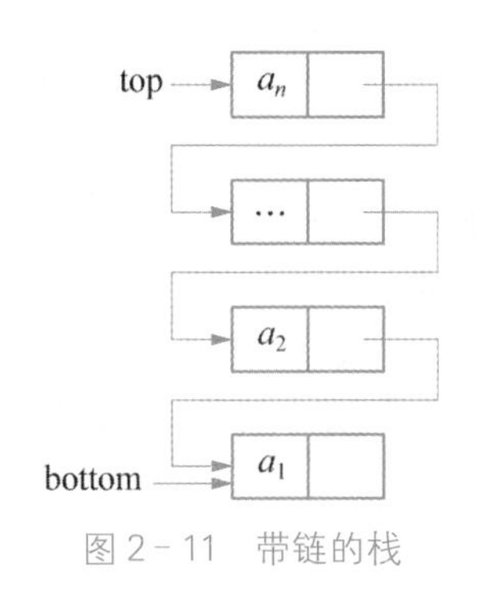

图 2－11　带链的栈

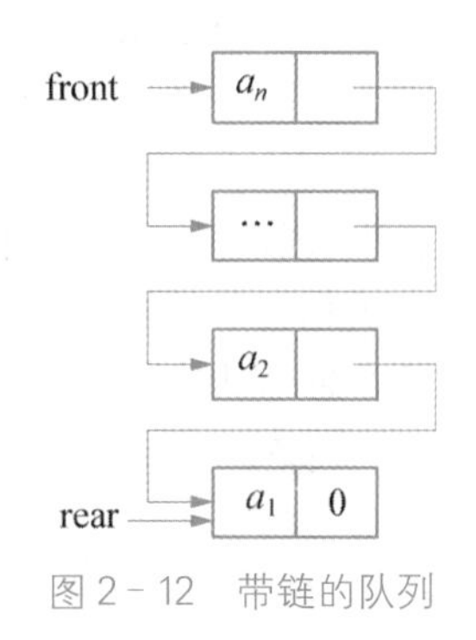

图 2－12　带链的队列

3）带链的队列

与栈类似，队列也可采用链式存储结构表示。带链的队列就是用一个单链表来表示队列，队列中的每一个元素对应链表中的一个结点，如图 2－12 所示。

4）顺序表和链表的比较

线性表的顺序存储方式称为顺序表。顺序表和链表的优缺点如表 2－1 所示。

表 2－1　顺序表和链表的优缺点比较

类型	优　点	缺　点
顺序表	① 可以随机存取表中的任意结点 ② 无须为表示结点间的逻辑关系额外增加存储空间	① 顺序表的插入和删除运算效率很低 ② 顺序表的存储空间不便于扩充 ③ 顺序表不便于对存储空间的动态分配
链表	① 在进行插入和删除运算时，只需要改变指针即可，不需要移动元素 ② 链表的存储空间易于扩充并且方便空间的动态分配	需要额外的空间（指针域）来表示数据元素之间的逻辑关系，存储密度比顺序表低

2. 线性链表的基本运算

对线性链表进行的运算主要包括查找、插入、删除、合并、分解、逆转、复制和排序。其中，查找、插入和删除运算是考查的重点。

1）在线性链表中查找指定的元素

在线性链表中查找指定元素必须从队头指针出发，沿着指针域中的 next 指针逐个结点搜索，直到找到指定元素或链表尾部为止，而不能像顺序表那样只要知道了首地址，就可以计算出元素的存储地址。因此，线性链表不是随机存储结构。

在链表中，扫描到等于指定元素值的结点时，返回该结点位置，如果链表中没有元素的值等于指定元素，则扫描完所有元素返回空。

查找指定元素所处的位置，经常是为了进行插入和删除等操作的前提，只有先通过查找定位才能进行元素的插入和删除等进一步的运算。

2）线性链表的插入

线性链表的插入是指在链式存储结构下的线性表中插入一个新元素。

在线性链表中包含元素 x 的结点之前插入新元素 A,插入过程如下:

(1) 从可利用栈中取得一个结点,设该结点号为 p,即取得的结点的存储序号存放在变量 p 中,并置结点 p 的数据域为插入的元素值 A。

(2) 在线性链表中寻找包含元素 x 的前一个结点,该结点的存储序号为 q。

(3) 将新结点 p 的指针域内容设置为指向数据域为 x 的结点。

(4) 将结点 q 的指针域内容改为指向结点 p。

插入过程如图 2-13 所示。

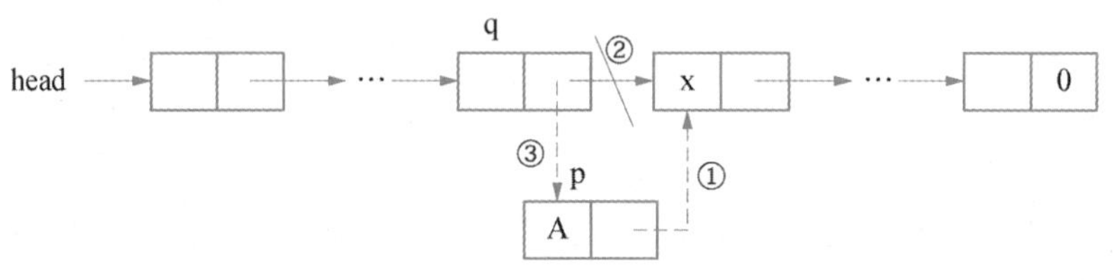

图 2-13 线性表的插入

在线性链表执行插入操作时,新结点的存储单元是取自可利用栈,因此不会造成线性表的溢出。同样,由于可利用栈能被多个线性表利用,因此,不会造成存储空间的浪费,大家动态地共同使用存储空间。

3) 线性链表的删除

线性链表的删除是指在链式存储结构下的线性表中删除指定元素的结点。

操作方式:

(1) 在线性链表中查找包含指定元素 x 的前一个结点 p。

(2) 将该结点 p 后的包含元素 x 的结点从线性链表中删除,然后将被删除结点的后一个结点 q 的地址提供给结点 p 的指针域,即将结点 p 指向结点 q。

(3) 将删除的结点送回可利用栈。

删除过程如图 2-14 所示。

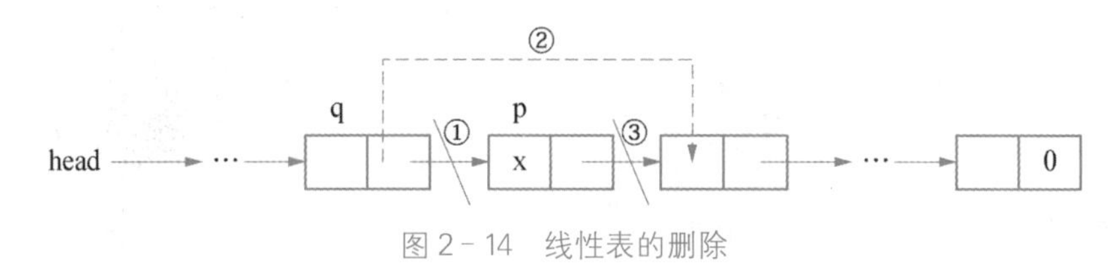

图 2-14 线性表的删除

从以上的删除操作可见,删除一个指定的元素,不需要移动其他的元素即可实现,这是顺序存储的线性表所不能实现的。同时,此操作还可更有效地利用计算机的存储空间。

3. 循环链表及其基本操作

在线性链表中,虽然对数据元素的插入和删除操作比较简单,但由于它对第一个结点和空表需要单独处理,使得空表与非空表的处理不一致。

循环链表,即是采用另一种链接方式,它的特点如下:

(1) 在循环链表中增加一个表头结点,其数据域为任意或根据需要来设置,指针域指向线性表的第一个元素的结点。循环链表的头指针指向表头结点。

(2) 循环链表中最后一个结点的指针域不是空的，而是指向表头结点。在循环链表中，所有结点的指针构成一个环状链。

在循环链表中，只要指出表中任何一个结点的位置，均可以从它开始扫描到所有的结点，而线性链表做不到，线性链表是一种单向的链表，只能按照指针的方向进行扫描。

循环链表中设置了一个表头结点，因此，在任何时候都至少有一个结点，因此空表与非空表的运算相统一。

2.1.7 树与二叉树

1. 树的基本概念

树是一种简单的非线性结构，直观地来看，树是以分支关系定义的层次结构。由于它呈现出与自然界的树类似的结构形式，所以称其为树。例如，一个家族中的族谱关系如下：A有后代B、C、D；B有后代E、F；D有后代G、H、I；E有后代J；F有后代K、L；K有后代M、N。这个家族的成员关系可用图2-15所示的一个倒置的树来描述。在树形结构中，用无向线段连接两端的结点，上端点为前件，下端点为后件。下面结合图2-15介绍树的相关术语。

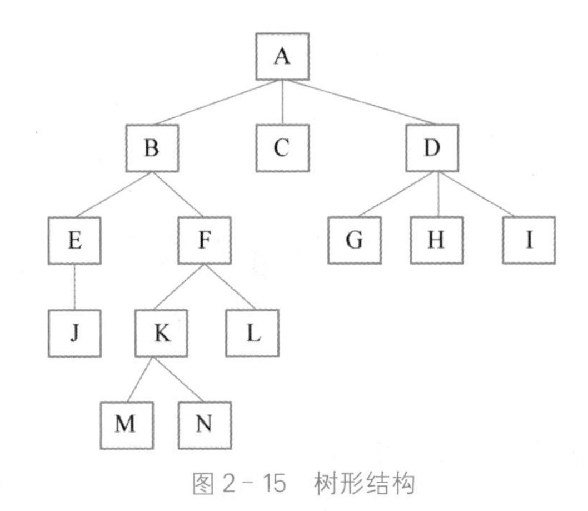

图2-15 树形结构

父结点：在树结构中，每一个结点只有一个前件，称为父结点。如A即为结点B、C、D的父结点。没有前件的结点只有一个，称为树的根结点，简称树的根。如图2-15所示，结点A即为树的根结点。

子结点和叶子结点：在树结构中，每一个结点可以有多个后件，它们均称为该结点的子结点。如结点G、H、I是结点D的子结点。没有后件的结点，称为叶子结点。如图2-15所示，叶子结点有J、M、N、L、C、G、H、I。

度：在树结构中，一个结点所拥有的后件个数称为该结点的度，所有结点中最大的度称为该树的度。例如，在图2-15中，根结点A和结点D的度为3，结点B和结点F和结点K的度为2，结点E的度为1，按此原则，所有叶子结点C、G、H、I、J、L、M、N的度均为0。因此，该树的度为3。

深度：定义一棵树的根结点所在的层次为1，其他结点所在的层次等于它的父结点所在的层次加 1。树的最大层次称为树的深度。例如,在图 2-15 中,根结点 A 在第 1 层,结点 B、C、D 在第 2 层;结点 E、F、G、H、I 在第 3 层;结点 J、K、L 在第 4 层;结点 M、N 在第 5 层。因此,该树的深度为 5。

子树:在树中,以某结点的一个子结点为根构成的树称为该结点的一棵子树。例如,在图 2-15 中,结点 A 有 3 棵子树,它们分别以 B、C、D 为根结点。结点 B 有 2 棵子树,它们分别以 E、F 为根结点。同样,结点 F 有 2 棵子树,它们分别以 K、L 为根结点,其中以 L 为根结点的子树实际上只有根结点一个结点。树的叶子结点度数为 0,所以没有子树。

若将树中任意结点的子树均看成是从左到右有次序的,不能随意交换的,则称该树是有序树,否则称为无序树。

2. 二叉树及其基本性质

1) 二叉树的定义

二叉树是一种很有用的非线性结构,它不同于前面介绍的树结构,但与树结构很相似,并且树结构的所有术语都可以用到二叉树这种数据结构上。

二叉树是一个有限的结点集合,该集合或者为空,或者由一个根结点及其两棵互不相交的左、右二叉子树所组成,如图 2-16 所示。

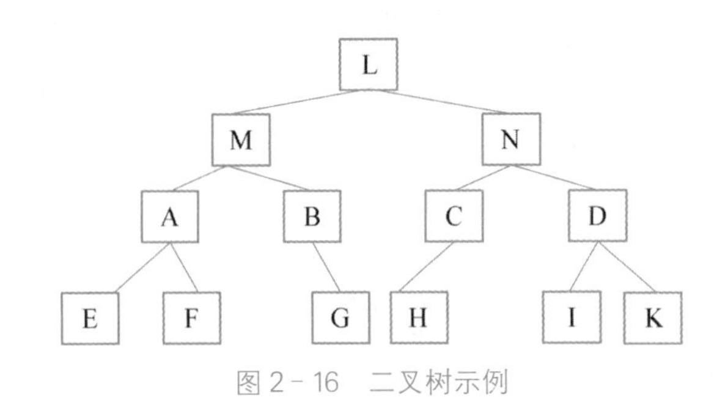

图 2-16 二叉树示例

二叉树具有以下特点:

(1) 二叉树可以为空,空的二叉树没有结点,非空二叉树有且只有一个根结点。

(2) 每一个结点最多只有两棵子树,且分别称为该结点的左子树和右子树。

(3) 二叉树的子树有左右之分,其次序不能任意颠倒。

在二叉树中,每一个结点的度最大为 2,即二叉树的度为 2。在二叉树中,任何的子树也均为二叉树。

在二叉树中,每一个结点的子树被分为左子树和右子树。在二叉树中,允许某一个结点只有左子树或只有右子树。如果一个结点既没有左子树,也没有右子树,则该结点为叶子结点。

2) 满二叉树与完全二叉树

满二叉树和完全二叉树是两种特殊形态的二叉树。

(1) 满二叉树。满二叉树是指除最后一层外,每一层上的所有结点都有两个子结点的二叉树。即满二叉树在其第 k 层上有 2^{k-1} 个结点,即每一层上的结点数都是最大结点数,且深度为 m 的满二叉树共有 2^m-1 个结点,如图 2-17 所示是一棵深度为 4 的满二叉树。

在满二叉树中，只有度为2和度为0的结点，没有度为1的结点。所有度为0的结点即叶子结点都在同一层，即最后一层。

(2) 完全二叉树。完全二叉树指除最后一层外，每一层上的结点数均达到最大值，在最后一层上只缺少右边的若干个结点。

完全二叉树也可以这样描述：如果对满二叉树的结点进行连续编号，从根结点开始，对二叉树的结点自上而下，自左至右用自然数进行连续编号，则深度为 m、且有 n 个结点的二叉树，当且仅当其每一个结点都与深度为 m 的满二叉树中编号从1到 n 的结点一一对应，则称之为完全二叉树。如图2-18所示是深度为5的一棵完全二叉树。

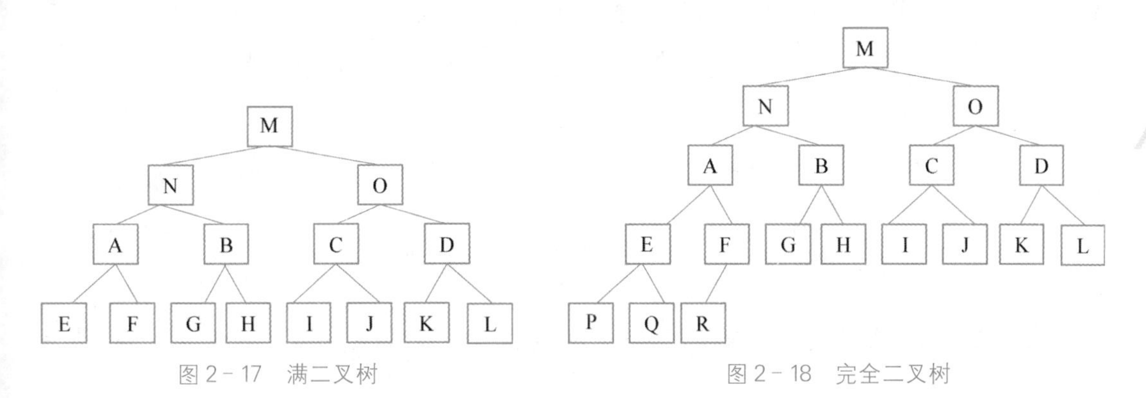

图2-17 满二叉树

图2-18 完全二叉树

对于完全二叉树，叶子结点只能在层次最大的两层中出现；对于任何一个结点，若其右分支下的子孙结点的最大层次为 p，则其左分支下的子孙结点的最大层次为 p 或 $p+1$。

说明：由满二叉树与完全二叉树的特点可以看出，满二叉树一定是完全二叉树，但完全二叉树不一定是满二叉树。

3) 二叉树的基本性质

性质1：在二叉树的第 k 层上，最多有 $2^{k-1}(k \geqslant 1)$ 个结点。

例如，二叉树的第1层最多有 $2^0=1$ 个结点，第3层最多有 $2^{3-1}=2^2=4$。

性质2：深度为 m 的二叉树最多有 2^m-1 个结点。

例如，深度为3的二叉树，最多有结点 $2^3-1=7$ 个结点。

性质3：在任意一棵二叉树中，度为0的结点(即叶子结点)总是比度为2的结点多一个。

例如，图1-13的二叉树中，叶子结点为6个，度为2的结点有5个。

性质4：具有 n 个结点的二叉树，其深度至少为$[\ln n]+1$，其中$\lfloor \ln n \rfloor$表示 $\ln n$ 的整数部分。

例如，有6个结点的二叉树中，其深度至少为 $[\ln 6]+1=2+1=3$。

完全二叉树具有的性质：

性质5：具有 n 个结点的完全二叉树的深度为 $[\ln n]+1$。

性质6：设完全二叉树共有 n 个结点。如果从根结点开始，按层序(每一层从左到右)用自然数 $1, 2, \cdots, n$ 给结点编号，对于编号为 $k(k=1, 2, \cdots, n)$ 的结点有如下结论：

(1) 若 $k=1$，则该结点为根结点，它没有父结点；若 $k>1$，则该结点的父结点编号为

INT(k/2)。

(2) 若 $2k \leqslant n$,则编号为 k 的结点的左子结点编号为 $2k$;否则该结点无左子结点(当然也没有右子结点)。

(3) 若 $2k+1 \leqslant n$,则编号为 k 的结点的右子结点编号为 $2k+1$;否则该结点无右子结点。

3. 二叉树的存储结构

在计算机中,二叉树通常采用链式存储结构。用于存储二叉树中各元素的存储结点由两个部分组成:数据域和指针域。在二叉树中,由于每个结点可有两个子结点,则它的指针域有两个:一个用于存储该结点的左子结点的存储地址,即称为左指针域;另一个用于存储指向该结点的右子结点的存储地址,称为右指针域。二叉树的存储结点如图 2-19 所示。

	Lchild	Value	Rchild
i	L(i)	V(i)	R(i)

图 2-19　二叉树的一个存储结点

由于二叉树的存储结构中每一个存储结点都有两个指针域,因此,二叉树的链式存储结构也称为二叉链表。

当然,对于满二叉树或完全二叉树而言,可以按层次进行顺序存储,但顺序存储的方式不适合其他的二叉树。

4. 二叉树的遍历

二叉树的遍历是指不重复地访问二叉树中的所有结点。

由于二叉树是非线性结构,在遍历二叉树时,一般先遍历左子树,然后再遍历右子树。在先左后右的原则下,根据访问根结点的次序不同,二叉树的遍历又可分为三种:前序遍历、中序遍历和后序遍历。

1) 前序遍历

前序遍历是指在访问根结点、遍历左子树与遍历右子树三者中,首先访问根结点,然后遍历左子树,最后遍历右子树。在遍历左子树和遍历右子树时,依然是先访问根结点,然后遍历左子树,最后遍历右子树。

前序遍历的具体操作方式:若二叉树为空,则结束返回。否则:

① 访问根结点。

② 前序遍历左子树。

③ 前序遍历右子树。

说明:在遍历左子树和右子树时,仍然先访问根结点,然后遍历左子树,最后遍历右子树。

如图 2-18 所示的完全二叉树,它的前序遍历结果是:M、N、A、E、P、Q、F、R、B、G、H、O、C、I、J、D、K、L。

2) 中序遍历

中序遍历是指在访问根结点、遍历左子树与遍历右子树三者中,首先遍历左子树,然后

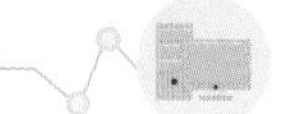

访问根结点，最后遍历右子树。

中序遍历的具体操作方式为：若二叉树为空，则结束返回。否则：

① 中序遍历左子树。

② 访问根结点。

③ 中序遍历右子树。

说明：在遍历左子树和右子树时，仍然先遍历左子树，然后访问根结点，最后遍历右子树。

如图 2-18 所示的完全二叉树，它的中序遍历结果是：P，E，Q，A，R，F，N，G，B，H，M，I，C，J，O，K，D，L。

3）后序遍历

后序遍历是指在访问根结点、遍历左子树与遍历右子树三者中，首选遍历左子树，然后遍历右子树，最后访问根结点。

后续遍历的具体操作方式为：若二叉树为空，则结束返回。否则：

① 后序遍历左子树。

② 后序遍历右子树。

③ 访问根结点。

说明：在遍历左子树和右子树时，仍然先遍历左子树，然后遍历右子树，最后访问根结点。

如图 2-18 所示的完全二叉树，它的后序遍历结果是：P，Q，E，R，F，A，G，H，B，N，I，J，C，K，L，D，O，M。

2.1.8　查找技术

查找就是在一个给定的数据结构中找出满足指定条件的元素。查找的效率将直接影响数据处理的效率。通常，根据不同的数据结构，应采用不同的查找方法。

1. 顺序查找

顺序查找又称顺序搜索是最简单的查找方法，一般是指在线性表中查找指定的元素。它的基本思想：从线性表的第一个元素开始，逐个将线性表中的元素与被查元素进行比较，如果相等，则查找成功，停止查找，否则继续向后查找；如果整个线性表中所有的元素均查找完毕后，仍未找到与被查元素相等的元素，则表示线性表中没有要查找的元素，查找失败。

例如，在一维数组[21，46，25，97，56，76，88]中，查找数据元素 97，首先从第 1 个元素 21 开始进行比较，与要查找的数据不相等，接着与第 2 个元素 46 进行比较，依此类推，当进行到与第 4 个元素比较时，它们相等，所以查找成功。如果查找数据元素 96，则整个线性表查找完毕，仍未找到与 96 相等的元素，表示线性表中没有要查找的元素，即为查找失败。

顺序查找的最好情况：要查找的元素在线性表的第一个元素，比较次数为 1 次，此时查找效率最高；如果要查找的元素在线性表（含有 n 个元素）的最后或根本不存在，则需要与线性表中所有的元素比较，比较次数为 n 次，这种情况是最差情况。在平均情况下，需要比较 $n/2$ 次，因此查找算法的时间复杂度为 $O(n)$。由此可以看出，对于大的线性表来说，顺序查找的效率是很低的。

2. 二分法查找

二分法查找是一种高效的查找方法。能使用二分法查找的线性表必须满足两个条件：一是用顺序存储结构；二是线性表是有序表。此处所述的有序表是指线性中的元素按值非递减排列(即由小到大，但允许相邻元素值相等)。

对于长度为 n 的有序线性表，利用二分法查找元素 x 的过程如下：

(1) 将 x 与线性表的中间项进行比较。

(2) 如果 x 的值与中间项的值相等，则查找成功，结束查找。

(3) 如果 x 的值比中间元素的值小，则继续在线性表的前半部分(中间项以前的部分)以二分法继续进行查找。

(4) 如果 x 的值比中间元素的值大，则继续在线性表的后半部分(中间项以后的部分)以二分法继续进行查找；

例如，长度为 8 的线性表关键码序列：[6，17，28，30，38，44，47，68]，被查元素为 38，首先将其与线性表的中间项比较，即与第 4 个数据元素 30 相比较，38 大于中间项 30 的值，则在线性表[38，44，47，68]中继续查找；接着与中间项比价，即与第 2 个元素 44 相比较，38 小于 44，则在线性表[38]中继续查找，最后一次比较相等，查找成功。

顺序查找法每一次比较，只将查找范围减少 1，而二分法查找，每比较一次，可将查找范围减少为原来的一半，效率大大提高。

对于长度为 n 的有序线性表，在最坏情况下，二分法查找只需比较 $\ln n$ 次，而顺序查找需要比较 n 次。

当然，二分法查找的方法也支持顺序存储的递减序列的线性表。

2.2 程序设计基础

2.2.1 程序设计方法与风格

程序设计方法主要分为面向过程的结构化程序设计方法和面向对象的程序设计方法。

程序设计风格是指编写程序时所表现出来的特点、习惯和逻辑思路。通常，程序设计的风格应该强调简单和清晰，程序必须是可以理解的。“清晰第一，效率第二”的论点已经成为当今主导的程序设计风格。

1. 源程序文档化

源程序文档化是指在源程序中可以包含一些内部文档，以帮助阅读和理解源程序。源程序文档化应考虑以下几点。

(1) 符号名的命名：符号名的命名要具有一定的实际含义，便于对程序的理解，即通常说的见名思义。

(2) 程序注释：正确的程序注释能够帮助他人理解程序。程序注释一般包括序言性注释和功能性注释。

(3) 视觉组织：为了使程序一目了然，可以对程序的格式进行设置，适当地通过空格、空行、缩进等使程序层次分明、结构清晰。

2. 数据说明方法

为使程序中的数据说明易于理解和维护，编写程序时，应注意以下几点：

(1) 数据说明的次序规范化。

(2) 说明语句中变量安排有序化。

(3) 使用注释来说明复杂的数据结构。

3. 语句的结构

使用构造简答的语句，让程序简单易懂，不能为了提高效率而把语句复杂化。在编写程序时，一般需要注意以下几点：

(1) 应优先考虑清晰性，不要在同一行内写多个语句。

(2) 首先保证程序的正确，然后再要求速度。

(3) 尽量使用库函数，即尽量使用系统提供的资源。

(4) 避免采用复杂的条件语句。

(5) 要模块化，模块功能尽可能单一，即一个模块完成一个功能。

(6) 利用信息隐蔽，确保每一个模块的独立性。

(7) 不要修补不好的程序，要重新编写，尽可能避免因修补带来的新问题。

4. 输入和输出

输入与输出的方式和格式要尽量方便用户使用，应考虑下列原则：

(1) 对所有的输入输出数据都要检验数据的合法性。

(2) 检查输入项之间的合理性。

(3) 输入一批数据后，最好使用输入结束标志。

(4) 以交互式输入输出方式进行输入时，要在屏幕上使用提示符明确输入的请求，同时在数据输入过程中和输入结束时，应在屏幕上给出状态信息。

(5) 当程序设计语言对输入格式有严格要求时，应保持输入格式与输入语句的一致性。

(6) 给所有的输出加注释，并设计良好的输出报表格式。

2.2.2　结构化程序设计

1. 结构化程序设计的原则

结构化程序设计方法的重要原则是自顶向下、逐步求精，模块化以及限制使用 goto 语句。

1) 自顶向下

程序设计时，应先考虑总体，后考虑细节；先考虑全局，后考虑局部目标。即先从最上层总体目标开始设计，再逐步使问题具体化。

2) 逐步求精

对复杂问题，应设计一些子目标作为过渡，逐步细化。

3) 模块化

一个复杂问题是由若干个简单的问题构成的，模块化就是把程序要解决的总目标分解成若干个分目标，再进一步分解为具体的小目标，把每一个小目标称为一个模块。

4) 限制使用 goto 语句

goto 语句虽然可以提高效率,但对程序的可读性、维护性都会造成影响,因此应尽量不用 goto 语句。

2. 结构化程序的基本结构与特点

结构化程序设计是一种程序设计的先进方法,采用结构化程序设计可以使程序结构良好、易读、易理解、易维护。

1) 顺序结构

顺序结构,即顺序执行的结构,是按照程序语句行的自然顺序,一条一条语句地执行程序,它是最简单也是最常用的基本结构。如图 2-20 所示,虚框内就是一个顺序结构,没有分支也没有转移和重复。

2) 选择结构

选择结构又称分支结构,它包括简单选择结构和多分支选择结构。程序的执行是根据给定的条件,选择相应的分支来执行。如图 2-21 所示的是一个简单选择结构。根据条件 C 判断,若成立则执行 A 中的运算,若不成立则执行 B 中的运算。一次具体的执行,只能执行其中之一,不可能既执行 A,又执行 B。

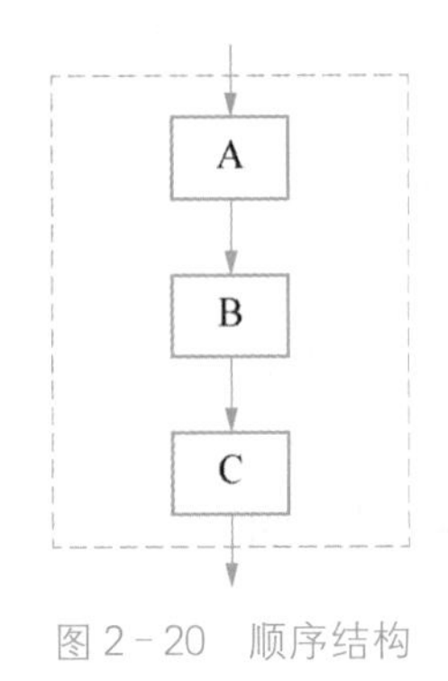

图 2-20 顺序结构

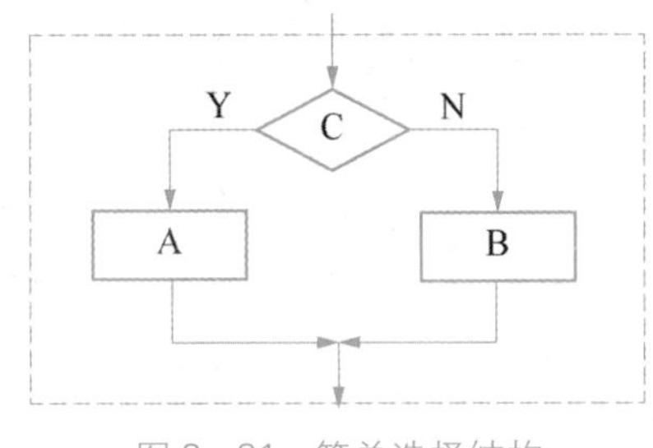

图 2-21 简单选择结构

3) 循环结构

循环结构又称重复结构,根据给定的条件,判断是否需要重复执行某一部分相同的运算(循环体)。利用循环结构可以大大简化程序的语句。有两类主要的循环结构。

(1) 当型(WHILE 型)循环结构。如图 2-22 所示,当型循环结构是先判断条件后执行循环体。当条件 C1 成立时,执行循环体(A 运算),然后再判断条件 C1,如果仍然成立,再执行 A,如此重复,直到条件 C1 不成立为止,此时不再执行 A 运算,程序退出循环结构,执行后面的运算。如果第一次判断,条件 C1 就不成立,循环体 A 运算将一次也不执行。

(2) 直到型(UNTIL 型)循环结构。如图 2-23 所示,直到型循环结构是先执行一次循环体(A 运算),然后判断条件 C2 是否成立。如果条件 C2 不成立,则再执行 A,然后再对条件 C2 做判断,如此重复,直到 C2 条件成立为止,此时不再执行 A 运算,程序退出循环结构,执行后面的运算。直到型循环结构,无论给定的判断条件成立与否,循环体(A 运算)至少执行了一次。

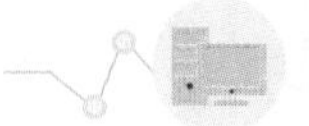

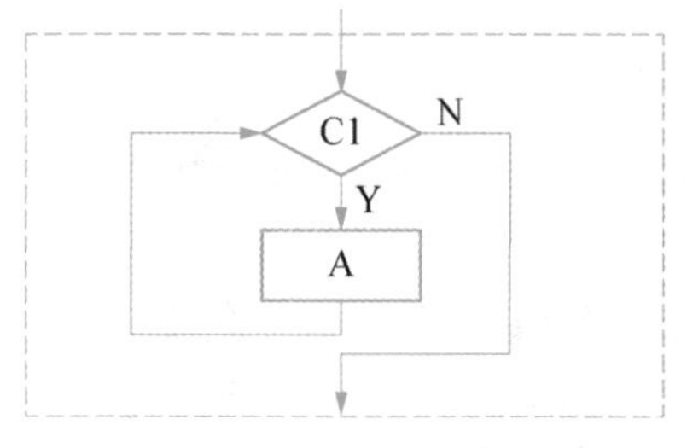

图 2－22　当型(WHILE)循环结构

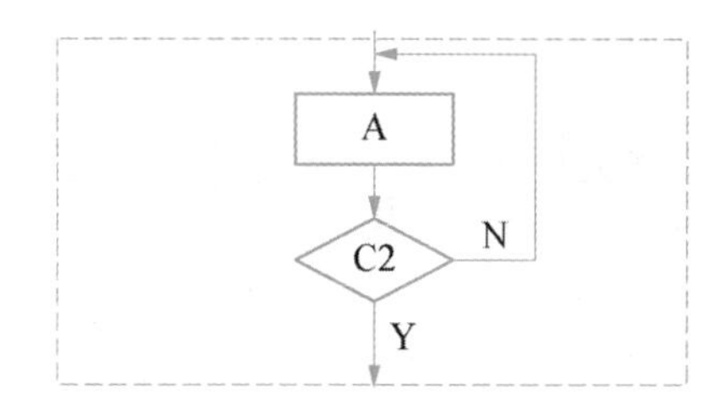

图 2－23　直到型(UNTIL 型)循环结构

3. 结构化程序设计的注意事项

在结构化程序设计的具体实施中，要注意把握以下要素：

(1) 使用程序设计语言中的顺序、选择、循环等有限的控制结构表示程序的控制逻辑。

(2) 选用的控制结构只允许有一个入口和一个出口。

(3) 程序语句组成容易识别的功能模块，每个模块只有一个入口和一个出口。

(4) 复杂结构应该用嵌套的基本控制结构进行组合嵌套来实现。

(5) 语言中没有的控制结构，应该采用前后一致的方法来模拟。

(6) 严格控制 goto 语句的使用。

2.2.3　面向对象的程序设计

1. 面向对象方法的优点

面向对象是现在主流的软件开发方法，本节主要介绍面向对象方法的优点以及它的一些基本概念：

1) 与人类习惯的思维方法一致

面向对象技术有助于减少人认识问题时的认识空间和计算机处理问题时的方法空间的隔阂，并使这两个空间尽量趋于一致。

2) 稳定性好

以 object 模拟实体，需求变化不会引起结构的整体变化，因为实体相对稳定，故系统也相应稳定。

3) 可重用性好

主要表现在面向对象程序设计中类库的使用(可重用的标准化的模块)，以及类的继承性。

4) 易于开发大型软件产品

用面向对象思想进行软件开发时，可以把一个大型产品看作是一系列本质上相互独立的小产品来处理，降低了技术难度，也使软件开发的管理变得容易。

5) 可维护性好

采用面向对象思想设计的结构，可读性高，由于继承的存在，即使改变需求，那么维护也只是在局部模块，所以维护起来是非常方便和较低成本的。

2. 面向对象方法的基本概念

关于面向对象方法，对其概念有许多不同的看法和定义，但是都涵盖了对象及对象属性与方法、类、继承、多态性几个基本要素。

1) 对象

(1) 对象的概念。对象是面向对象方法中最基本的概念。对象可以用来表示客观世界中的任何实体,它既可以是具体的物理实体的抽象,也可以是人为的概念,或是任何明确边界和意义的东西。例如学校中,学生、教师、课程、班级、教室、计算机等都是对象。

(2) 对象的组成。在面向对象程序设计方法中,对象是系统中用来描述客观事物的一个实体,是构成系统的一个基本单位,它由一组静态特征和它可执行的一组操作组成。例如,一辆汽车是一个对象,它包含了汽车的属性(如颜色、型号等)及其操作(如启动、刹车灯)。属性即对象所包含的信息,它在设计对象时确定,一般只能通过执行对象的操作来改变。对象可以做的操作表示它的动态行为,在面向对象设计中,通常把对象的操作称为方法。

(3) 对象的基本特点:

① 标识的唯一性。一个对象通常可由对象名、属性和操作三部分组成,对象名唯一标识一个对象。

② 分类性。分类性是指可以将具有相同属性和操作的对象抽象成类。

③ 多态性。多态性是指同一个操作可以是不同对象的行为,不同对象执行同一操作产生不同的结果。

④ 封装性。从外面看只能看到对象的外部特征,对象的内部对外是不可见的。

⑤ 模块独立性好。由于完成对象功能所需的元素都被封装在对象内部,所以模块独立性好。

2) 类和实例

具有共同的属性、共同的方法的对象的集合,即是类。类是对象的抽象,它描述了属于该对象的所有对象的性质。而一个具体对象则是其对应类的一个实例。

3) 消息

消息是一个实例与另一个实例之间传递的信息,它请求对象执行某一处理或回答某一个要求的信息,它统一了数据流和控制流。

消息只包含传递者的要求,它告诉接受者需要做哪些处理,并不指示接受者怎样去完成这些处理。

4) 继承

(1) 类的继承。广义地说,继承是指能够直接获得已有的性质和特征,而不必重复定义它们。

面向对象的软件技术的许多强有力的功能和突出的优点,都来源于把类组成一个层次结构的系统;一个类的上层可以有父类,下层可以有子类。这种层次结构系统的一个重要性质是继承性,一个子类直接继承其父类的描述(数据和操作)或特征,这些属性和操作在子类中不必定义,此外,子类还可以定义它自己的属性和操作。例如,“汽车”类是“卡车”类、“轿车”类和“面包车”类的父类,“汽车”类可以有“品牌”“价格”和“最高时速”等属性,有“刹车”和“启动”等操作。而“卡车”类除了继承“汽车”类的属性和操作外,还可以定义自己的属性和操作,如“载重量”“最大高度”“最大宽度”等属性,也可以有“驱动方式”等操作。

(2) 继承的传递性。继承具有传递性,如果类 Z 继承类 Y,类 Y 继承类 X,则类 Z 继承类 X。例如,“水陆两用交通工具”类既继承“陆上交通工具”类的特征,又继承“水上交通工

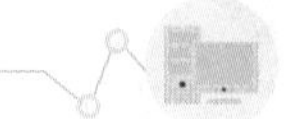

具”类的特征。

5）多态性

对象根据所接受的消息而做出动作，同样的消息被不同的对象接受时可导致完全不同的行动，该现象称为多态性。

在面向对象的软件技术中，多态性是指子类对象可以像父类对象那样使用，同样的消息可以发送给父类对象也可以发送给子类对象。

多态性机制增加了面向对象软件系统的灵活性，减少了信息冗余，而且显著提高了软件的可重用性可扩充性。

2.3　软件工程基础

2.3.1　软件工程基本概念

1. 软件定义与软件特点

1）软件的定义

软件是与计算机系统操作有关的计算机程序、规程、规则，以及可能有的文件、文档及数据。

2）软件的特点

软件具有以下特点：

（1）软件是一种逻辑实体，而不是物理实体，具有抽象性。

（2）软件的生产与硬件不同，它没有明显的制作过程。

（3）软件在运行、使用期间不存在磨损、老化问题；但为了适应硬件、环境以及需求的变化要进行修改，会导致一些错误的引入，导致软件失效率升高，从而使得软件退化。

（4）软件的开发、运行对计算机系统具有依赖性，受到计算机系统的限制，这给软件的移植带来了新的问题。

（5）软件复杂性高，成本昂贵。软件开发需要投入大量、高强度的脑力劳动，成本高，风险大。

（6）软件开发涉及诸多的社会因素。许多软件的开发和运行涉及软件用户的机构设置、体制问题以及管理方式等，甚至涉及人们的观念和心理、软件知识产权及法律等问题。

3）软件的分类

计算机软件按功能分为：

（1）应用软件：为解决特定领域的应用而开发的软件。

（2）系统软件：为计算机管理自身资源，提高计算机使用效率并为计算机用户提供各种服务的软件。

（3）支撑软件（或工具软件）：介于系统软件和应用软件之间，协助用户开发软件的工具型软件，包括辅助和支持开发和维护应用软件的工具软件。

2. 软件危机

软件危机泛指在计算机软件的开发和维护过程中所遇到的一系列严重问题。它主要表现在：

(1) 软件需求的增长得不到满足,用户对系统不满意的情况经常发生。

(2) 软件开发成本和进度无法控制。开发的成本过高和开发周期过长的情况经常出现。

(3) 软件质量难以保证。

(4) 软件不可维护或维护程度非常低。

(5) 软件成本不断提高。

(6) 软件开发生产率的提高赶不上硬件的发展和应用需求的增长。

3. 软件工程

1) 软件工程的定义

国家标准中指出,软件工程是指应用于计算机软件的定义、开发和维护的一整套方法、工具、文档、实践标准和工序。

软件工程包含 3 个要素:方法、工具和过程。方法是指完成软件工程项目的技术手段。工具是指支持软件的开发、管理、文档生成。过程是指支持软件开发的各个环节的控制、管理。

2) 软件工程的目标与原则

软件工程的目标:在给定成本、进度的情况下,开发出具有有效性、可靠性、可理解性、可维护性、可重用性、可适应性、可移植性、可追踪性和可互操作性且满足用户需求的产品。

软件工程从管理和技术两方面指导软件开发。它们各自的内容包括软件开发技术和软件工程管理。

(1) 软件开发技术。软件开发技术包括软件开发方法学、开发过程、开发工具和软件工程环境,其主体内容是软件开发方法学。软件开发方法学是根据不同的软件类型,按不同的观点和原则,对软件开发中应遵循的策略、原则、步骤和必须产生的文档资料都做出规定,从而使软件开发能够进入规范化和工程化的阶段。

(2) 软件工程管理。软件工程管理包括软件管理学、软件工程经济学、软件心理学等内容。

软件工程管理学:包括人员组织、进度安排、质量保证、配置管理、项目计划等。

软件工程经济学:研究软件开发中成本的估算、成本效益分析的方法和技术,用经济学的基本原理事研究软件工程开发中的经济效益问题。

软件心理学:从个体心理、人类行为、组织行为和企业文化等角度来研究软件管理和软件工程。

3) 软件工程的原则

(1) 抽象。抽取事物最基本的特征和行为,忽略非本质细节。采用分层次抽象、自顶向下、逐层细化的办法控制软件开发过程的复杂性。

(2) 信息隐蔽。采用封装技术,将程序模块的实现细节隐藏起来,使模块接口尽量简单。

(3) 模块化。模块是程序中相对独立的成分,一个独立的编程单位,应有良好的接口定义。模块的大小要适中,模块过大会使模块内部的复杂性增加,不利于对模块的理解和修改,也不利于模块的调试和重用;模块太小会使程序结构过于复杂,难于控制。

(4) 局部化。在同一个物理模块内集中逻辑上相互关联的计算机资源,保证模块间具有松散的耦合关系,模块内部有较强的内聚性。

(5) 确定性。所有的概念表达应是确定的、无歧义的、规范的。

(6) 一致性。程序、数据和文档的整个软件系统的各模块应使用已知的概念、符号和术语;程序内外部接口保持一致,系统规格说明与系统行为应保持一致。

(7) 完备性。软件系统不丢失任何重要成分,完全实现系统所需要的功能。

(8) 可验证性。开发大型软件系统需要对系统自顶向下,逐层分解。

4. 软件过程

软件过程是把输入转化为输出的一组彼此相关的资源和活动。支持软件过程有两方面内涵:

(1) 软件过程是指为获得高质量软件所需要完成的一系列任务的框架,它规定了完成各项任务的工作步骤。它包括4种基本活动:

① 软件规格说明(P)。规定软件的功能及其运行时的限制。

② 软件开发(D)。产生满足规格说明的软件。

③ 软件确认(C)。确认软件能够满足客户提出的要求。

④ 软件演进过程(A)。为满足客户的变更要求,软件必须在使用的过程中演进。

(2) 使用适当的资源(包括人员、硬软件工具、时间等),为开发软件进行的一组开发活动,在过程结束时将输入(用户要求)转化为输出(软件产品)。

软件工程过程是将软件工程的方法和工具综合起来,以达到合理、及时地进行计算机软件开发的目的。

5. 软件生命周期

软件生命周期是指将软件产品从提出、实现、使用、维护到停止使用、退役的过程。软件的生命周期就是软件产品从其概念提出开始,到软件产品不能使用为止的整个时期。软件生命周期一般包括可行性研究与项目开发计划、需求分析、概要设计、详细设计、编码、测试、维护等活动。这些活动可以有重复,执行时也可以有迭代。软件生命周期一般分为3个阶段:软件定义阶段、软件开发阶段、软件维护阶段。

软件生命周期的各阶段及其主要任务如下。

(1) 问题定义。确定要求解决的问题是什么。

(2) 可行性研究与计划制定。确定待开发软件系统的开发目标和总的要求,给出它的功能、性能、可靠性以及接口等方面的可能方案,制定完成开发任务的实施计划。

(3) 需要分析。对待开发软件提出的需求进行分析并给出详细的定义。

(4) 软件设计。通常又分为概要设计和详细设计,系统设计人员和程序设计人员给出软件的结构、模块的划分、功能的分配以及处理流程。

(5) 软件实现。在软件设计的基础上编写程序。该阶段完成的文档有用户手册、操作手册等面向用户的文档,以及为下一步做准备而编写的单元测试计划。

(6) 软件测试。在设计测试用例的基础上,检验软件的各个组成部分,编写测试分析报告。

(7) 运行和维护。将已交付的软件投入运行,并在运行使用中不断地维护,根据新提出的需求进行必要且可能的扩充和删改。

6. 软件开发工具与开发环境

1）软件开发工具

早期的软件开发使用的是单一的程序设计语言，没有相应的开发工具，效率很低。软件开发工具的发展提供了自动的或半自动的软件支撑环境，为软件开发提供了良好的环境。

2）软件开发环境

软件开发环境或称软件工程环境是全面支持软件开发全过程的软件工具集合。

计算机辅助软件工程将各种软件工具、开发机器和一个存放开发过程信息的中心数据库组成起来，形成软件工程环境。

2.3.2 需求分析方法

1. 需求分析

软件需求分析是指用户对目标软件系统在功能、行为、性能、设计约束等方面的期望。需求分析的任务是发现需求、求精、建模和定义需求的过程。

1）需求的定义

1977 年 IEEE 在《软件工程标准词汇表》中将需求定义为：用户解决问题或达到目标所需的条件或权能；系统或系统部件要满足合同、标准、规范或其他正式文档所需要具有的条件或权能；一种反映以上所描述的条件或权能的文档说明。

2）需求分析阶段的工作内容

(1) 需求获取。需求获取的目的是确定对目标系统的各方面需求。

(2) 需求分析。对获取的需求进行分析和综合，最终给出系统的解决方案和目标系统的逻辑模型。

(3) 编写需求规格说明书。为用户、分析人员和设计人员之间进行交流提供方便。

(4) 需求评审。对需求分析阶段的工作进行复审，验证需求文档的一致性、可行性、完整性和有效性。

3）需求分析方法

需求分析方法可以分为结构化分析方法和面向对象的分析方法两大类。结构化分析方法又分为：①面向数据流的结构化分析方法；②面向数据结构的 Jackson 系统开发方法；③面向数据结构的结构化数据系统开发方法。

从需求分析建立模型的特性来划分，需求分析方法又分为静态分析方法和动态分析方法。

2. 结构化分析方法

1）关于结构化分析方法

结构化分析方法着眼于数据流，自顶向下，对系统功能进行逐层分解，以数据流图和数据字典为主要工具，建立系统的逻辑模型。

结构化分析的步骤：

(1) 通过对用户的调查，以软件需求为线索，建立当前系统的具体模型。

(2) 去掉模型中非本质因素，抽象出当前系统的逻辑模型。

(3) 根据计算机的特点分析当前系统与目标系统的差别，建立目标系统的逻辑模型。

(4) 完善目标系统并补充细节，写出目标系统的软件需求规格说明。

(5) 评审直到确认完全符合用户对软件的需求。

2）结构化分析方法的常用工具

（1）数据流图。数据流图是系统逻辑模型的图形表示，即使不是专业的计算机技术人员也容易理解它，因此它是分析员与用户之间极好的通信工具。它可以从数据传递和加工的角度，来刻画数据流从输入到输出的移动变换过程。

数据流图中的主要图形元素与说明如表 2－2 所示。

表 2－2　数据流图的主要图形元素

名称	图形	说　明
数据流	→	沿箭头方向传送数据的通道，一般在旁边标注数据流名
加工	○	又称转换，输入数据经加工、变换产生输出
存储文件	═	又称数据源，表示处理过程中存放各种数据的文件
数据源/数据潭	□	表示系统和环境的接口，属于系统之外的实体

（2）数据字典。数据字典是对数据流图中所有元素的定义的集合，是结构化分析的核心。对数据流图中出现的被命名的图形元素的确切解释通常包括：名称、别名、何处使用/如何使用、内容描述、补充信息等。

（3）判定树。利用判定树，可以对数据结构中的数据之间的关系进行描述，弄清楚判定条件之间的从属关系、并列关系、选择关系。

（4）判定表。判定表与判定树类似，当数据流图中的加工要依赖于多个逻辑条件的取值，即完成该加工的一组动作是由某一组条件取值的组合而引发的，使用判定表描述比较适宜。

3. 软件需求规格说明书

软件需求规格说明书是需求分析阶段的最后成果，是软件开发过程中的重要文档之一。

1）软件需求规格说明书的作用

（1）便于用户、开发人员进行理解和交流。

（2）反映用户问题的结构，可以作为软件开发工作的基础和依据。

（3）作为确认测试和验收的依据。

2）软件需求规格说明书的内容

在软件计划中确定的软件范围加以展开，制定出完整的信息描述、详细的功能说明、恰当的检验标准以及其他与要求有关的数据。

3）软件需求规格说明书的标准

软件需求规格说明书是确保软件质量的有力措施，它的标准是：

（1）正确性。

（2）无歧义性。

（3）完整性。

（4）可验证性。

（5）一致性。

（6）可理解性。

（7）可修改性。

(8) 可追踪性。

2.3.3 软件设计方法

1. 软件设计概述

本节主要介绍软件工程的软件设计阶段。软件设计可以分为两步：概要设计和详细设计。

1) 软件设计的基础

软件设计是开发阶段最重要的步骤,具体的划分如表 2-3 所示。

表 2-3 软件设计的划分

划分	名称	含义
按工程管理角度划分	概要设计	将软件需求转化为软件体系结构,确定系统及接口、全局数据结构或数据库模式
	详细设计	确立每个模块的实现算法和局部数据结构,用适当方法表示算法和数据结构的细节
按技术观点划分	结构设计	定义软件系统各主要部件之间的关系
	数据设计	将分析时创建的模型转化为数据结构的定义
	接口设计	描述软件内部、软件和协作系统之间以及软件与人之间如何通信
	过程设计	把系统结构部件转换成软件的过程性描述

软件设计的一般过程：软件设计是一个迭代的过程,先进行高层次的结构设计,后进行低层次的过程设计,穿插进行数据设计和接口设计。

2) 软件设计的基本原理和原则

(1) 抽象。抽象的层次从概要设计到详细设计逐渐降低。在软件概要设计中的模块分层也是由抽象到具体逐步分析和构造出来的。

(2) 模块化。模块是指把一个待开发的软件分解成若干小的简单的部分,在解决一个复杂问题时,自顶向下逐层把软件系统划分成若干模块的过程。

(3) 信息隐蔽。在一个模块内包含的信息(过程或数据),对于不需要这些信息的其他模块来说是不能访问的。

(4) 模块独立性。模块独立性是指每个模块只完成系统要求的独立的子功能,并且与其他模块的联系量最少且接口简单。衡量模块独立性有两个度量准则：①内聚性：一个模块内部各个元素间彼此结合的紧密程度的度量。②耦合性：模块间相互连接的紧密程度的度量。

3) 结构化设计方法

结构化设计方法的基本思想是将软件设计成由相对独立、单一功能的模块组成的结构。

2. 概要设计

1) 概要设计的任务

(1) 设计软件系统结构。为了实现目标系统,先进行软件结构设计,具体过程：

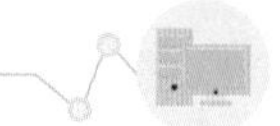

按功能划分模块→确定每个模块功能→确定模块调用关系→确定模块之间接口→评估模块结构质量。

(2) 数据结构及数据库设计。数据设计是实现需求定义和规格说明过程中提出的数据对象的逻辑表示。

(3) 编写概要设计文档。概要设计阶段的文档编有概要设计说明书、数据库设计说明书和集成测试计划等。

(4) 概要设计文档评审。需要评审的内容：设计部分是否完整地实现了需求中规定的功能、性能等要求；设计方案的可行性；关键的处理及内外部接口定义的正确性、有效性；各部分之间的一致性等。

2) 结构图

结构化设计方法中，常用的结构设计工具是结构图。结构图的基本图符及含义如表 2-4 所示。

表 2-4　结构图基本图符

概念	含　义	图符
模块	一个矩形代表一个模块，矩形内注明模块的名字或主要功能	□ 一般模块
调用关系	矩形之间的箭头(或直线)表示模块的调用关系	—— 调用关系
信息	带实心圆的箭头表示传递的是控制信息，带空心圆的箭头表示传递的是数据信息	•→ 控制信息 ○→ 数据信息

结构图有 4 种经常使用的模块类型：传入模块、传出模块、变换模块、协调模块。

3) 面向数据流的设计方法

(1) 数据流图的类型。

① 变换型。将数据流分成三个部分：输入数据、变换中心和输出数据三个部分。

② 事务型。在事务中心接收数据，分析数据以确定它的类型，再选取一条活动的通路。

(2) 面向数据流设计方法的设计过程。

① 第 1 步：分析、确认数据流图的类型(是事务型还是变换型)。

② 第 2 步：说明数据流的边界。

③ 第 3 步：把数据流图映射为结构图。根据数据流图的类型进行事务分析或变换分析。

④ 第 4 步：根据结构化设计准则对产生的结构进行优化。

(3) 结构化设计的准则。

① 提高模块的独立性。

② 模块规模应该适中。

③ 深度、宽度、扇出和扇入都应适当。

④ 模块的作用域应该在模块的控制域之内。

⑤ 降低模块之间接口的复杂性。

⑥ 设计成单入口、单出口的模块，不要使模块间出现内容耦合。

⑦ 模块功能应该可以预测。

3. 详细设计

详细设计,即为软件结构图中的每一个模块确定实现算法和局部数据结构,用某种选定的表达工具表示算法和数据结构的细节。

常用的详细设计工具有:

(1) 图形工具:程序流程图、N-S 图、PAD 图、HIPO。

(2) 表格工具:判定表。

(3) 语言工具:PDL(伪码)。

2.3.4 软件测试

1. 软件测试的目的和准则

1) 软件测试的目的

使用人工或自动手段来运行或测定某个系统的过程,其目的在于检验它是否满足规定的需求或是否弄清预期的结果与实际结果之间的差别。

2) 软件测试的准则

(1) 所有测试应追溯到用户需求。

(2) 严格执行测试计划,排除测试的随意性。

(3) 充分注意测试中的群集现象。

(4) 避免由程序的编写者测试自己的程序。

(5) 不可能进行穷举测试。

(6) 妥善保存测试计划、测试用例、出错统计和最终分析报告,为维护提供方便。

2. 软件测试方法

根据软件是否需要被执行,可以分为静态测试和动态测试。如果按照功能划分,可以分为白盒测试和黑盒测试。

1) 静态测试与动态测试

静态测试包括:代码检查、静态结构分析、代码质量度量等。

动态测试就是通常所说的上机测试,通过运行软件来检验软件中的动态行为和运行结果的正确性。

2) 白盒测试方法与测试用例设计

白盒测试是把程序看成装在一只透明的白盒子里,测试者完全了解程序的结构和处理过程。它根据程序的内部逻辑来设计测试用例,检查程序中的逻辑通路是否都按预定的要求正确地工作。

白盒测试的原则:保证所有的测试模块中每一条独立路径至少执行一次;保证所有的判断分支至少执行一次;保证所有的模块中每一个循环都在边界条件和一般条件下至少各执行一次;验证所有内部数据结构的有效性。

白盒测试的主要技术有:逻辑覆盖测试(包括语句覆盖、路径覆盖、判定覆盖、条件覆盖和判断—条件覆盖)、基本路径测试等。

3) 黑盒测试方法与测试用例设计

黑盒测试是把程序看成一只黑盒子,测试者完全不了解,或不考虑程序的结构和处理过程。它根据规格说明书的功能来设计测试用例,检查程序的功能是否符合规格说明的

要求。

黑盒测试主要诊断功能不对或遗漏、界面错误、数据结构或外部数据库访问错误、性能错误、初始化和终止条件错。

黑盒测试方法和技术主要有：等价类划分法（包括有效等价类和无效等价类）、边界值分析法、错误推测法、因果图等，主要用于软件的确认测试。

3. 软件测试的实施

1）单元测试

单元测试也称为模块测试，它是对模块进行正确性的校验，用于发现各模块内部可能存在的各种错误。

2）集成测试

集成测试也称组装测试，它是对各模块按照设计要求组装成的程序进行测试，主要用于发现与接口有关的错误。

集成测试的内容包括：软件单元的接口测试、全局数据结构测试、边界条件测试以及非法输入的测试等。

集成的方式分为：增量方式集成（包括自顶向下、自底向上和自顶向下和自底向上的混合增量方式）与非增量方式集成。

3）确认测试

确认测试的任务是检查软件的功能、性能及其他特征是否满足需求规格说明中确定的各种需求，以及软件配置是否完全、正确。

4）系统测试

将经过确认测试后的软件，与计算机的硬件、外设、支持软件、数据和人员等其他计算机系统的元素组合在一起，在实际运行环境中对计算机系统进行一系列的集成测试和确认测试，这样的测试称为系统测试。

2.3.5　程序的调试

1. 程序调试的基本概念

程序调试活动包括：根据错误的迹象确定程序中错误的确切性质、原因和位置，从而对程序进行修改，排除这个错误。

1）程序调试的基本步骤

错误定位→修改设计和代码，以排除错误→进行回溯测试，防止引进新的错误。

2）程序调试的原则

（1）错误定性和定位的原则。

① 分析与错误有关的信息。

② 避开死胡同。

③ 调试工具只是一种辅助手段，只能帮助思考，不能代替思考。

④ 避免用试探法。

（2）修改错误的原则。

① 在出现错误的地方，有可能还有别的错误，在修改时，一定要观察和检查相关的代码，以防止其他的错误。

② 一定要注意错误代码的修改,不要只注意表象,而要注意错误的本身,把问题解决。

③ 注意在修正错误时,可能引入新的错误,错误修改后,一定要进行回归测试,避免新的错误产生。

④ 修改错误也是程序设计的一种形式。

⑤ 修改源代码程序,不要改变目标代码。

2. 软件调试方法

1) 强行排错法

强行排错法是寻找软件错误原因的很低效的方法,但作为传统的调试方法,目前仍经常使用。其过程可以概括为设置断点、程序暂停、观察程序状态和继续运行程序。

2) 回溯法

回溯法适合小规模程序的调试。从最先发现错误现象的地方开始,人工沿程序的控制流逆向追踪分析源程序代码,直到找出错误原因或者确定错误的范围。

3) 原因排除法

原因排除法包括:演绎法、归纳法和二分法。

演绎法:从一般原理或前提出发,经过排除和精化的过程来推导出结论的思考方法。

归纳法:从一种特殊到推断出一般的系统化思维方法。首先把和错误有关的数据组织起来进行分析,然后推导出对错误原因的一个或多个假设,并利用已有的数据来证明或排除这些假设,直到寻找到潜在的原因,从而找出错误。

二分法:如果已知每个变量在程序中若干个关键点的正确值,则可以使用赋值语句或输入语句在程序中的某点附近给这些变量赋正确的值,然后运行程序并检查所得出的输出。

2.4 数据库设计基础

2.4.1 数据库系统的基本概念

1. 数据、数据库、数据库管理系统

1) 数据

数据(data)是指存储在某一种媒体上能够被识别的物理符号,即描述事物的符号记录。

软件中的数据具有一定的结构,有型与值两个概念,“型”即数据的类型,如整型、实型、字符型等。“值”是符合指定类型的值,如整型值 10,实型值 2.56,字符型值“A”等。

数据的概念在数据处理领域中已经大大地拓宽了。数据不仅包括数字、字母、文字和其他特殊字符组成的文本形式的数据,而且还包括图形、图像、动画、影像、声音等多媒体数据。

2) 数据库

数据库(DataBase, DB)就是存储在计算机存储设备上,结构化的相互关联的数据的集合。它不仅包括描述事物的数据本身,而且还包括相关事物之间的联系。

它用综合的方法组织和管理数据,具有较小的数据冗余,可供多个用户共享;具有较高的数据独立性,具有安全机制,能够保证数据的安全、可靠,允许并发地使用数据库;能有效、

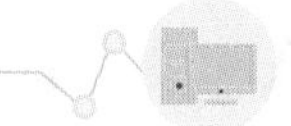

及时地处理数据，并能保证数据的一致性和完整性。

例如，“通讯录”就是一个简单的“数据库”，每个人的姓名、地址、电话等信息就是这个数据库中的“数据”。

3）数据库管理系统

数据库管理系统（DataBase Management System，DBMS）是数据库系统的核心，它位于用户与操作系统之间，是对数据库进行管理的一个系统软件，负责数据库中的数据组织、数据操作、数据维护、控制及保护和数据服务等。

数据库管理系统主要功能包括以下几个方面：

（1）数据模式定义。

数据库管理系统负责为数据库构建模式，也就是为数据库构建其数据框架。

（2）数据存取的物理构建。

数据库管理系统负责为数据模式的物理存取及构建提供有效的存取方法和手段。

（3）数据操纵。

数据库管理系统为用户使用数据库中的数据提供方便，它一般提供查询、插入、修改和删除数据的功能。此外，它还具有简单的算术运算和统计功能，而且还可以与某些过程性语言结合，使其具有强大的过程性操作能力。

（4）数据的完整性、安全性定义与检查。

数据库中的数据具有内在语义上的关联性与一致性，即数据的完整性。数据的完整性是保证数据库中数据正确的必要条件。

（5）数据的并发控制与故障恢复。

数据库是一个集成、共享的数据集合体，它能为多个应用程序服务，因此，当多个应用程序对数据库并发操作时，要保证数据不被破坏。

（6）数据的服务。

数据库管理系统提供对数据库中数据的多种服务，如数据复制、转存、重组、性能监测、分析等。

数据库管理系统提供了相应的数据语言来实现上述6个功能，下面是几种常见的数据语言：

（1）数据定义语言（Data Definition Language，DDL）。

该语言负责数据的模式定义与数据的物理存取构建。例如，对数据库、表、索引进行定义。

（2）数据操纵语言（Data Manipulation Language，DML）。

该语言负责数据的操纵，包括查询、增加、删除、修改等操作。例如，对表中数据的查询、插入、删除和修改。

上述数据操作语言按其使用方式具有两种结构形式。

（1）自主型DML：它的语言简单，可以独立使用，它又称为自含型DML。

（2）宿主型DML：它不能独立使用，必须嵌入某宿主语言中，如C、FORTRAN和COBOL等高级语言中。

（3）数据控制语言（Data Control Language，DCL）。

该语言负责数据完整性、安全性的定义与检查以及并发控制、故障恢复等功能，包括系统初启程序、文件读写与维护程序、存取路径管理程序、缓冲区管理程序、安全性控制程序、完整性检查程序、并发控制程序、事务管理程序、运行日志管理程序、数据库恢复程序等。

目前流行的 DBMS 均为关系型数据库系统,例如 Oracel、Sybase 的 PowerBuilder 及 IBM 的 DB2、微软的 SQL Server 等。另外还有一些小型的数据库,如 Visual FoxPro 和 Access 等。

4) 数据库管理员

数据库管理员(DataBase Administrator, DBA)是负责监督和管理数据库系统的专门人员或管理机构,主要负责决定数据库中的数据和结构,决定数据库的存储结构和策略,保证数据库的完整性和安全性,监督数据库的运行和使用,进行数据库的改造、升级和重组等。

数据库管理员主要工作如下:

(1) 数据库设计。

(2) 数据库维护。

(3) 改善系统性能,提高系统效率。

5) 数据库系统

数据库系统是指引进数据库技术后的计算机系统,是实现有组织、动态地存储大量相关数据,提供数据处理和信息资源共享的便利手段。

数据库系统(Data Base System, DBS)由 5 个部分组成:硬件系统、数据库、数据库管理系统及相关软件、数据库管理员、用户。

6) 数据库应用系统

数据库应用系统(Data Base Application System, DBAS)是指系统开发人员利用数据库系统资源开发的面向某一类实际应用的软件系统。例如,常见的以数据库为基础的学生教学管理系统、图书信息管理系统、教务管理系统等。

说明:在数据库系统、数据库管理系统和数据库三者之间,数据库管理系统是数据库系统的重要组成部分,数据库又是数据库管理系统的管理对象,因此我们可以说数据库系统包括数据库管理系统,数据库管理系统又包括数据库。

2. 数据库技术的发展

随着计算机软硬件技术的发展,数据处理方法也经历了从低级到高级的发展过程,按照数据管理的特点可将其划分为人工管理、文件系统及数据库系统 3 个阶段。其中数据独立性最高的是数据库系统阶段。数据独立性指的是数据库和应用程序相互独立。

1) 人工管理阶段

在 20 世纪 50 年代,计算机主要用于数值计算。在硬件方面,没有硬盘等直接存取的外存储器设备;在软件方面,没有对数据进行管理的系统软件,因此只能在裸机上进行数据操作,由程序员进行人工数据的管理。在数据方面,数据量小,数据无结构,由用户直接管理,且数据间缺乏逻辑组织,数据依赖于特定的应用程序,缺乏独立性,各程序之间的数据不能相互传递,缺少共享性,冗余度大。

2) 文件系统阶段

20 世纪 50 年代后期至 60 年代后期,计算机开始大量用于数据管理。在硬件方面,出现

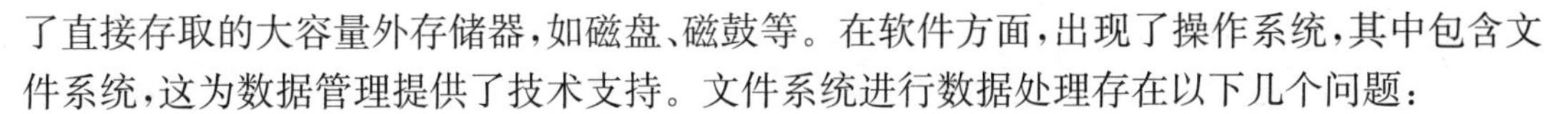

了直接存取的大容量外存储器，如磁盘、磁鼓等。在软件方面，出现了操作系统，其中包含文件系统，这为数据管理提供了技术支持。文件系统进行数据处理存在以下几个问题：

(1) 数据的冗余度大。

(2) 数据独立性差。

(3) 缺乏对数据的统一控制管理。

3) 数据库系统阶段

数据库技术始于20世纪60年代，经历了最初的基于文件的初级系统、20世纪60年代和70年代流行的层次系统和网状系统阶段，目前广泛使用的是关系数据库系。关系数据库系统结构简单，使用方便，逻辑性强，物理性少，因此在20世纪80年代以后一直占据数据库领域的主导地位。

关于数据管理3个阶段中的软硬件背景及处理特点，简单概括如表2-5所示。

表2-5　数据管理3个阶段的比较

软硬件背景及处理特点		人工管理阶段	文件管理阶段	数据库系统管理阶段
背景	应用目的	科学计算	科学计算、管理	大规模管理
	硬件背景	无直接存取设备	磁盘、磁鼓	大容量磁盘
	软件背景	无操作系统	有文件系统	有数据库管理系统
	处理方式	批处理	联机实时处理、批处理	分布处理、联机实时处理和批处理
特点	数据管理者	人	文件系统	数据库管理系统
	数据面向的对象	某个应用程序	某个应用程序	现实世界
	数据共享程度	无共享，冗余度大	共享性差，冗余度大	共享性好，冗余度小
	数据的独立性	不独立，完全依赖于程序	独立性差	具有高度的物理独立性和一定的逻辑独立性
	数据的结构化	无结构	记录内有结构，整体无结构	整体结构化，用数据模型描述
	数据控制能力	由应用程序控制	由应用程序控制	由DBMS提供数据安全性、完整性、并发控制和恢复

3. 数据库系统的基本特点

1) 数据结构化

数据库系统实现整体数据的结构化，是数据库的主要特征之一，也是数据库系统与文件系统的本质区别。

2) 数据的高共享性与低冗余性

由于数据的集成性使得数据可为多个应用所共享。数据的共享极大地减少了数据冗余性，不仅减少存储空间，还避免数据的不一致性。

3) 数据的独立性高

数据的独立性是指数据与程序间的互不依赖性，即数据的逻辑结构、存储结构与存取方式的改变不会影响应用程序。其包括数据的物理独立性和数据的逻辑独立性。

(1) 物理独立性。物理独立性是指数据的物理结构(包括存储结构、存取方式)的改变，不会影响数据库的逻辑结构,即不会引起应用程序的改动。

(2) 逻辑的独立性。逻辑独立性是指数据库的总体逻辑结构的改变,如改变数据模型、增加新的数据结构、修改数据间的联系等,不会导致相应的应用程序的改变。

4) 数据统一管理与控制

(1) 数据完整性检查:数据完整性是指数据的正确性、有效性和相容性。检查数据库中数据的正确性以保证数据的正确性。

(2) 数据的安全性保护:保护数据以防止不合法的使用所造成的数据破坏个泄密,例如设置访问权限、对数据加密等。

(3) 并发控制:控制多个应用程序的并发访问所产生的相互干扰以保证其正确性。

4. 数据库系统的体系结构

数据库系统的内部具有三级模式与二级映射,其中三级模式分别为概念模式、内部模式与外部模式;三级模式之间的联系是通过二级映射来实现的,二级映射分别为概念级到内部级的映射以及外部级到概念级的映射。数据库内部的抽象结构体系就是由这种三级模式和二级映射构成的,如图 2-24 所示。

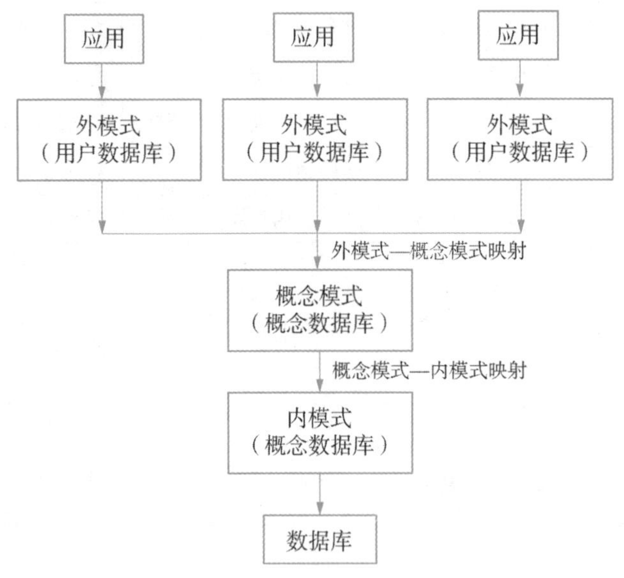

图 2-24 数据库系统的三级模式结构

1) 数据库系统的三级模式结构

(1) 概念模式。概念模式也称模式,对应于概念级。它是数据库中全体数据和逻辑结构的特征和描述,是所有用户的公共数据视图。它是数据库系统模式结构的中间层。由数据库系统提供的数据模式描述语言 DDL(Data Definition Language)来描述、定义,体现、反映了数据库系统的整体观。一个数据库只有一个概念模式。

(2) 外模式。外模式又称子模式,对应于用户级。它是数据库用户(包括应用程序员和最终用户)能够看见和使用的局部数据的逻辑结构和特征的描述,是数据库用户的数据视图,即用户见到的数据模式。

注意:概念模式给出系统全局的数据描述,而外模式则给出每个用户的局部数据描述。

(3) 内模式。内模式又称存储模式，对应于物理级。它描述了数据在存储介质上的存储方式和物理结构，对应着实际存储在外存储介质上的数据库。

内模式对一般的用户是透明的，但它的设计直接影响到数据库系统的性能。

模式的三个级别层次反映了模式的三个不同环境以及它们的不同要求，其中内模式处于最底层，它反映了数据在计算机物理结构中的实际存储形式。概念模式处于中层，它反映了设计者的数据全局逻辑要求。而外模式处于最外层，它反映了用户对数据的要求。

说明：一个数据库只有一个概念模式和一个内模式，但是有多个外模式。

2) 数据库系统的两级映射

数据库系统的三级模式是对数据的三个抽象级别，它把数据的具体物理实现留给物理模式，使得全局设计者不必关心数据库的具体实现与物理背景；通过两级映射建立了模式间的联系与转换，使得概念模式与外模式虽然不具备物理存在，但也能通过映射而获得实体。同时，两级映射也保证了数据库系统中数据的独立性。

数据库系统的两级映射：外模式/概念模式映射和概念模式/内模式映射。

(1) 外模式/概念模式映射：该映射定义了外模式与概念模式之间的关系。由于应用程序是根据外模式进行设计的，只要外模式不变，应用程序就不需要修改，保证数据的逻辑独立性。

(2) 概念模式/内模式的映射：该映射是唯一的，定义了数据全局逻辑结构与存储结构之间的对应关系。由于用户或用户程序是按数据的模式使用数据的，当数据库的存储结构改变时，只要模式保持不变，用户就可以按原来的方式使用数据，从而保证了数据的物理独立性。

2.4.2　数据模型

1. 数据模型的基本概念

本节主要讲解数据模型的基本概念、E-R 模型和关系模型。

1) 数据模型的概念

模型是现实世界特征的模拟和抽象。计算机不可以直接处理现实世界中的具体事务，人们必须把具体事务转换成计算机能够处理的数据。在数据库中用数据模型这个工具来抽象、表示和处理现实世界中的数据和信息。数据模型将现实世界复杂的要求反映到计算机数据库中的物理世界是一个逐步转化的过程。它由两个阶段组成，即从现实世界到信息世界再到计算机世界。

数据模型应满足三方面的要求：一是能比较真实地模拟现实世界；二是容易为人所理解；三是便于在计算机上实现。

2) 数据模型的三要素

(1) 数据结构。数据结构是数据模型的核心，是所研究的对象类型的集合，是对系统静态特性的描述。

(2) 数据操作。数据操作是相应的数据结构上允许执行的操作及操作规则的集合。数据操作是对数据库系统动态特性的描述。

(3) 数据约束。数据的约束条件是一组完整性规则的集合。数据的正确性、有效性、相容性由该完整性规则来保证。

3）数据模型的类型

数据模型按照不同的应用层次分为概念数据模型、逻辑数据模型以及物理数据模型。

(1) 概念数据模型简称概念模型，它是一种面向客观世界、面向用户的模型，它与具体的数据库管理系统和具体的计算机平台无关。目前，最著名的概念模型有 E－R 模型。

(2) 逻辑数据模型也称数据模型，是面向数据库系统的模型，着重于在数据库系统一级的实现。目前较为成熟的数据模型有：层次模型、网状模型、关系模型和面向对象模型。

(3) 物理数据模型也称物理模型，是面向计算机物理表示的模型，此模型给出了数据模型在计算机上物理结构的表示。

2. E－R 模型

概念模型是按用户的观点对数据和信息建模，它不依赖于具体的数据库管理系统，主要用于数据库设计。概念模型的表示方法最为常用的是实体—联系方法(E－R 方法)。

1）E－R 模型的基本概念

(1) 实体。在现实生活中客观存在且又能相互区别的事物，称为实体。凡具有共性的实体可组成一个集合称为实体集。

(2) 属性。属性是用来描述实体的特征。一个实体通常具有多个属性。每个属性都可以有值，一个属性的取值范围称为该属性的值域或值集。

(3) 联系。实体之间的对应关系称为联系，它反映现实世界事务之间的相互关联。

两个实体间的联系有如下三种关系：

① 一对一联系(1∶1)。如果对于实体集 A 中的每一个实体，实体集 B 中有且只有一个实体与之联系，反之亦然，则称实体集 A 与实体集 B 具有一对一联系。如果一个班只能有一个班长，一个班长不能同时在其他班再担任班长，在这种情况下班级和班长两个实体之间存在一对一的联系。

② 一对多联系(1∶n)。如果对于实体集 A 中的每一个实体，实体集 B 中有多个实体与之联系；反之，对于实体集 B 中的每一个实体，实体集 A 中至多只有一个实体与之联系，则称实体集 A 与实体集 B 有一对多的联系。对于学生和学校两个实体集，一个学生只能在一个学校注册，而一个学校有很多个学生，学校与学生之间则存在一对多的联系。一对多联系是最普遍的联系，也可以把一对一的联系看作是一对多联系的一种特殊情况。

③ 多对多联系(n∶m)。如果对于实体集 A 中的每一个实体，实体集 B 中有多个实体与之联系，而对于实体集 B 中的每一个实体，实体集 A 中也有多个实体与之联系，则称实体集 A 与实体集 B 之间有多对多的联系。对于学生和课程两个实体集，一个学生可以选修多门课程，一门课程由多个学生选修。因此，学生和课程之间存在多对多的联系。

2）E－R 模型的图示法

(1) 用矩形表示实体集，在矩形内部标出实体集的名称。

(2) 用椭圆形表示属性，在椭圆上标出属性的名称。

(3) 用菱形表示联系，在菱形上标出联系名。

(4) 属性依附于实体，它们之间用无向线段连接。

(5) 属性也依附于联系，它们之间用无向线段连接。

(6) 实体集与联系之间的连接关系，通过无向线段表示。

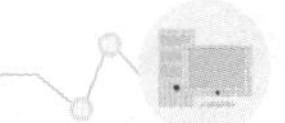

3. 层次模型

层次模型指用树形结构来表示实体及其之间的联系。若用图来表示，层次模型是一棵倒立的树，具有父子关系，如图 2－25 所示。根据树形结构的特点，建立数据的层次模型需要满足两个条件：

(1) 有且仅有一个结点无父结点，这个结点称为根结点。

(2) 其他结点有且仅有一个父结点。

层次模型具有层次清晰、构造简单、易于实现等优点。层次模型可以比较方便地表示实体之间一对一和一对多的联系，但不能直接表示出实体之间多对多的联系，对于多对多的联系，必须先将其分解为几个一对多的联系，才能表示出来。因而，对于复杂的数据关系，采用层次模型实现起来比较麻烦。

支持层次模型的 DBMS(Data Managment System)称为层次数据库管理系统，在这种数据库系统中建立的数据库是层次数据库。

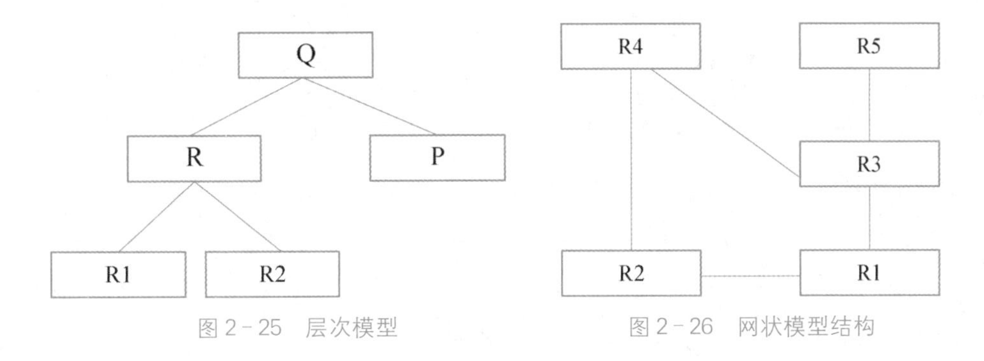

图 2－25　层次模型　　图 2－26　网状模型结构

4. 网状模型

网状模型是指用网状结构表示实体及其之间联系的模型。其特点是：①允许一个以上的结点无父结点。②一个结点可以有一个以上的父结点。

网状模型的结构如图 2－26 所示。网状模型要比层次模型复杂，但它可以用来表示实体之间多对多的联系。网状与层次模型都是用指针来实现两个实体之间的联系，查询效率较高，但缺点是应用程序的编写比较复杂。

支持网状模型的 DBMS 称为网状数据库管理系统，在这种数据库系统中建立的数据库是网状数据库。

5. 关系模型

1) 关系的数据结构

用关系(二维表结构)表示实体及其之间联系的模型称为关系模型。在关系模型中，现实世界的实体以及实体间的各种联系均用关系(表)来表示的，实体之间的联系不再通过指针来实现。如图 2－27 所示的是学生-课程关系模型，其中学生和课程之间的多对多联系是靠增加选修这个关系来实现的。在选修关系中，连接字段“学号”体现了学生和选修之间存在着一对多联系，而连接字段“课程号”体现了课程和选修之间也存在着一对多的联系。

课程号	课程名	学时
C01	数据库	72
C02	语文	64
C03	英语	72
C04	数学	72

(a) 课程关系

学号	课程号	成绩
S01	C01	92
S01	C02	86
S02	C03	72
S03	C04	80

(b) 选修关系

学号	姓名	年龄
S01	李明	22
S02	王海	20
S03	李旦	21
S04	王菲	22

(c) 学生关系

图 2-27 学生-课程关系模型

2) 关系术语

(1) 关系。在关系模型中,把实体集看成一个二维表,每个二维表称为一个关系。每个关系均有一个名字,称为关系名。如图 2-28 所示为关系及其术语,其中"学生"是关系名。

学生

学号	姓名	性别	年龄	籍贯
0001	李云	女	20	江苏
0002	班超	男	21	北京
0003	张飞	男	22	上海
0004	刘备	男	19	浙江

图 2-28 关系及其术语

(2) 元组。二维表中的行称为元组,在数据库表中称为记录。关系与元组的关系:关系是元组的集合。

(3) 属性。二维表中的列称为属性;每个属性有一个名字,称为属性名;二维表中对应某一列的值称为属性值。如图 2-28 所示学生关系有学号、姓名、性别、年龄、籍贯 5 个属性。

(4) 值域。每个属性的取值范围。如图 2-28 中"性别"属性的取值规定为只能从"男""女"两个汉字中取其一。

(5) 关系模式。二维表的结构称为关系模式,用"关系名(属性名 1,属性名 2,……,属性名 n)"来表示。如图 2-28 所示的关系模式可以表示为:学生(学号,姓名,性别,年龄,籍贯)。

(6) 候选关键字。如果一个属性集的值能唯一标识一个关系的元组而又不含有多余的属性,则称该属性集为候选关键字。候选关键字又称为候选码或候选键。在一个关系中,候选关键字可以有多个。如图 2-28 关系及其术语所示的学生关系中,学号可以作为候选关键字。由于具有某一年龄的学生不止一个,所以年龄字段不能作为候选关键字。

(7) 主关键字。有时一个关系中有多个候选关键字,这时可以选择其中一个作为主关键字。主关键字也称为主码或主键。每个关系都有且只有一个主键。例如,学生(学号,姓名,性别,年龄,籍贯,身份证号)中,如果学号和身份证号都可以唯一确定一名学生,那么学号和身份证号都是候选关键字,通常选择其中一个(如学号)作为主关键字。

(8) 外部关键字。如果表中的属性不是本表的主关键字或候选关键字,而是另外一个

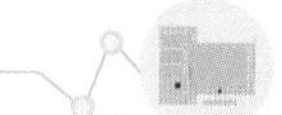

表的主关键字或候选关键字，这个属性就称为外部关键字。外部关键字也称为外码或外键。外部关键字用来实现表与表之间的关联。

3）关系的性质

（1）二维表中元组的个数是有限。

（2）元组在二维表中的唯一性，在同一个表中不存在完全相同的两个元组。

（3）二维表中元组的顺序是无关紧要的，即行的次序可以任意交换。

（4）二维表中元组的分量不能再分解。

（5）二维表中各属性名唯一。

（6）二维表中属性的顺序是无关紧要的，即列的次序可以任意交换。

（7）二维表属性的分量具有与该属性相同的值域。

4）关系的完整性约束

关系模型的完整性规则是对关系的某种约束条件，其目的是为了维护数据库中数据与现实世界的一致性。关系的完整性分为 3 类：实体完整性约束、参照完整性约束和用户定义完整性约束。

（1）实体完整性约束。实体完整性规定关系中元组的主关键字的值唯一，并且不可以为空值。

（2）参照完整性约束。参照完整性约束规定关系不允许关系引用不存在的元组，即在关系中的外键要么是所关联关系中实际存在的元组，要么就为空值。

（3）用户定义的完整性约束。用户定义的完整性约束反映了某一具体应用所涉及的数据必须满足的语义要求，它是用户针对具体数据环境与应用环境而设置的约束。

2.4.3　关系运算

关系运算是一种抽象的查询语言，是关系数据操纵语言的一种传统方式。关系的基本运算有两类：一类是传统的集合运算（并、交、差等），另一类是专门的关系运算（投影、选择、连接）。一个查询通常需要几个基本运算的组合。

1. 传统的集合运算

传统的集合运算是从关系的水平方向进行的。

1）并（U）

具体两个相同结构的关系 R 和 S，R 并 S 的结果是这两个关系组成的所有元组的集合。

注意：R 并 S 的结果要去掉重复元组。

2）交（$\cap$）

具体两个相同结构的关系 R 和 S，R 交 S 的结果是既属于 R 又属于 S 的元组组成的集合。

3）差（—）

具体两个相同结构的关系 R 和 S，R 差 S 的结果是属于 R 但不属于 S 的元组组成的集合。例如，如图 2－29 所示，有两个关系 R 和 S，对它们进行并、交、差运算的结果如图 2－30 所示。

R

A	*B*	*C*
1	2	3
4	5	6
7	8	9

S

A	*B*	*C*
1	2	3
4	5	7
8	9	10

图 2-29　两个关系

R 并 *S*

A	*B*	*C*
1	2	3
4	5	6
7	8	9
4	5	7
8	9	10

R 交 *S*

A	*B*	*C*
1	2	3

R 差 *S*

A	*B*	*C*
4	5	6
7	8	9

图 2-30　R 并 S、R 交 S、R 差 S 的运算结果

4）笛卡尔积

两个关系的合并操作可以用笛卡尔积表示。其操作为：设有 n 元关系 R 及 m 元关系 S，它们分别有 p、q 个元组，则关系 R 和关系 S 的笛卡尔积为 $R\times S$，新关系是一个 $n+m$ 元关系，元组个数是 $p\times q$，由 R 和 S 的有序组组合而成。关系 R 和关系 S 笛卡尔积运算的结果 T 如图 2-31 所示。

R

A	*B*
X	1
Y	2

S

B	*C*	*D*
1	3	4
3	5	2
2	3	1

$T=R\times S$

A	*R.B*	*S.B*	*C*	*D*
X	1	1	3	4
X	1	3	5	2
X	1	2	3	1
Y	2	1	3	4
Y	2	3	5	2
Y	2	2	3	1

图 2-31　笛卡尔积运算示意图

说明：因为 $R\times S$ 生成的关系属性各有重复，按照“属性不能重名”的性质，通常把新关系的属性采用“关系名·属性名”的格式。

2. 专门的关系运算

专门的关系运算既可以从关系的水平方向进行运算，又可以从关系的垂直方向进行运算。

1）选择

选择运算是从关系的水平方向进行运算，是指从关系中查找出满足给定条件的元组的操作。例如，从学生表中查找女同学的信息，如图 2-32 所示。

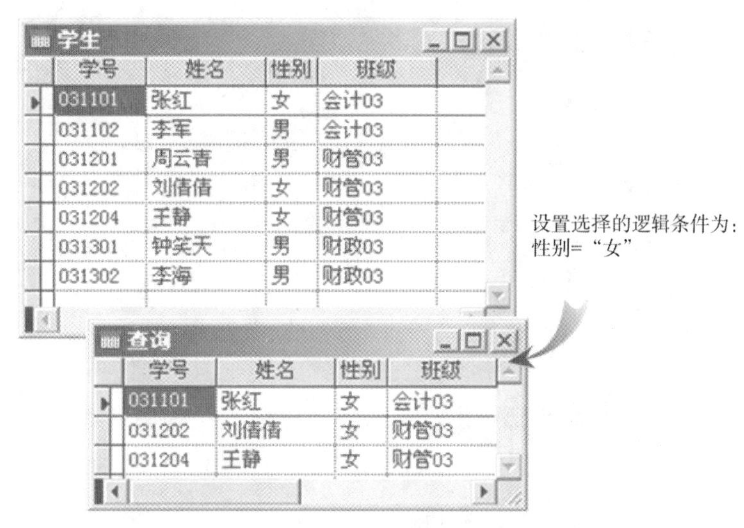

学生

学号	姓名	性别	班级
031101	张红	女	会计03
031102	李军	男	会计03
031201	周云青	男	财管03
031202	刘倩倩	女	财管03
031204	王静	女	财管03
031301	钟笑天	男	财政03
031302	李海	男	财政03

查询

学号	姓名	性别	班级
031101	张红	女	会计03
031202	刘倩倩	女	财管03
031204	王静	女	财管03

图 2 - 32　选择操作

2）投影

投影运算是从关系的垂直方向进行运算，是指从关系中指定若干个属性组成新的关系的操作。例如，从学生表中查找姓名和班级的信息，如图 2 - 33 所示。

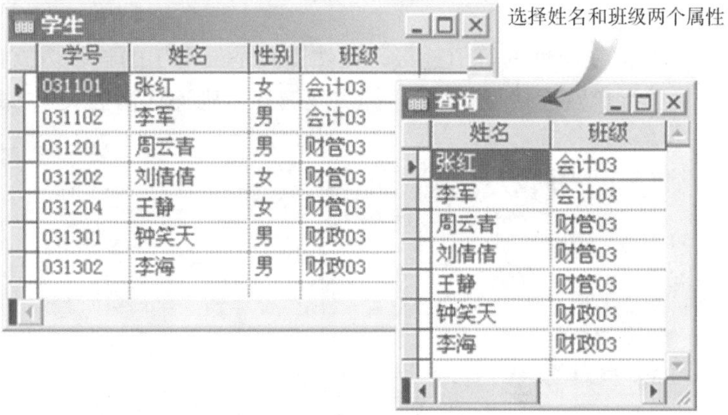

学生

学号	姓名	性别	班级
031101	张红	女	会计03
031102	李军	男	会计03
031201	周云青	男	财管03
031202	刘倩倩	女	财管03
031204	王静	女	财管03
031301	钟笑天	男	财政03
031302	李海	男	财政03

查询

姓名	班级
张红	会计03
李军	会计03
周云青	财管03
刘倩倩	财管03
王静	财管03
钟笑天	财政03
李海	财政03

选择姓名和班级两个属性

图 2 - 33　投影操作

3）连接

连接是关系的横向运算。连接运算将两个关系横向地拼接成一个新的关系，生成的新关系中有满足连接条件的所有元组。

连接运算通过连接条件来控制，连接条件中将出现两个关系中的公共属性，或者具有相同的域、可比的属性。

连接运算基于两个关系。如图 2 - 34 所示为连接运算的操作。

在连接运算中，按照字段值对应相等为条件进行的连接运算，称为等值连接。上例即为等值连接的运算。

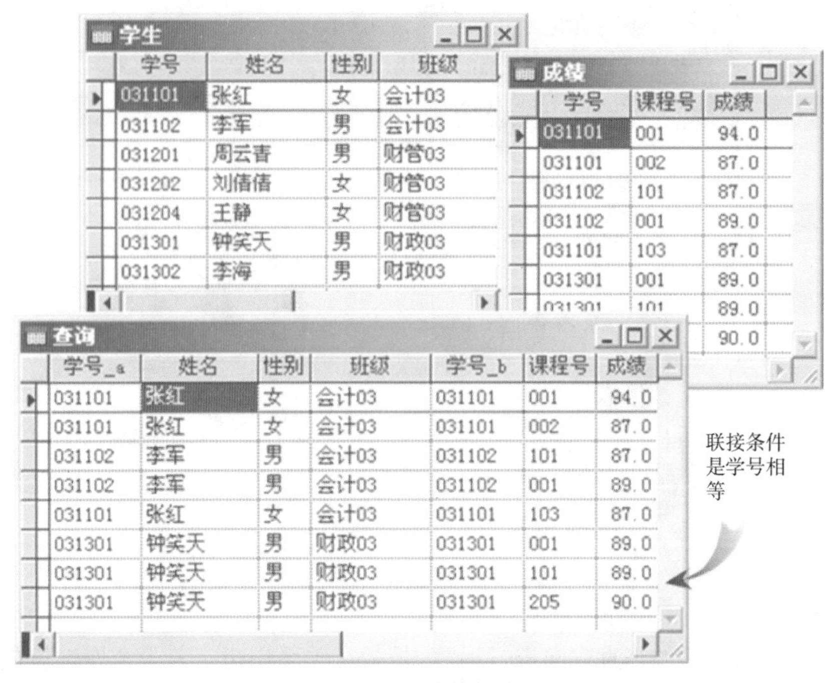

学生

学号	姓名	性别	班级
031101	张红	女	会计03
031102	李军	男	会计03
031201	周云青	男	财管03
031202	刘倩倩	女	财管03
031204	王静	女	财管03
031301	钟笑天	男	财政03
031302	李海	男	财政03

成绩

学号	课程号	成绩
031101	001	94.0
031101	002	87.0
031102	101	87.0
031102	001	89.0
031101	103	87.0
031301	001	89.0
031301	101	89.0
[illegible]	[illegible]	90.0

查询

学号_a	姓名	性别	班级	学号_b	课程号	成绩
031101	张红	女	会计03	031101	001	94.0
031101	张红	女	会计03	031101	002	87.0
031102	李军	男	会计03	031102	101	87.0
031102	李军	男	会计03	031102	001	89.0
031101	张红	女	会计03	031101	103	87.0
031301	钟笑天	男	财政03	031301	001	89.0
031301	钟笑天	男	财政03	031301	101	89.0
031301	钟笑天	男	财政03	031301	205	90.0

图 2－34　连接操作

4）自然连接

自然连接，是去掉重复属性的等值连接。自然连接是最常用的连接方式。例如把图 2－34 等值连接的结果进行自然连接操作（即去掉重复属性），则连接后的关系如图 2－35 所示。

查询

学号	姓名	性别	班级	课程号	成绩
031101	张红	女	会计03	001	94.0
031101	张红	女	会计03	002	87.0
031102	李军	男	会计03	101	87.0
031102	李军	男	会计03	001	89.0
031101	张红	女	会计03	103	87.0
031301	钟笑天	男	财政03	001	89.0
031301	钟笑天	男	财政03	101	89.0
031301	钟笑天	男	财政03	205	90.0

图 2－35　自然连接后的结果

2.4.4　数据库设计与管理

1. 数据库设计概述

数据库设计是数据应用的核心。本节将重点介绍数据库设计中需求分析、概念设计和逻辑设计 3 个阶段。另外，本节还将简略地介绍数据库管理的内容和数据库管理员的工作。

1）数据库设计的概念

数据库设计的基本任务是根据用户对象的信息需求、处理需求和数据库的支持环境（包

括硬件、操作系统与DBMS)设计出数据模式。

2) 数据库设计的方法

数据库设计的方法可以分为两类：

(1) 面向数据的方法：以信息需求为主，兼顾处理需求。

(2) 面向过程的方法：以处理需求为主，兼顾信息需求。

目前，面向数据的设计方法是数据库设计的主流方法。

3) 数据库设计的步骤

数据库设计目前一般采用生命周期法，即将整个数据库应用系统的开发分解成目标独立的若干阶段。分为如下几个阶段：

(1) 需求分析阶段。

(2) 概念设计阶段。

(3) 逻辑设计阶段。

(4) 物理设计阶段。

(5) 编码阶段。

(6) 测试阶段。

(7) 运行阶段。

(8) 进一步修改阶段。

前4个阶段是数据库设计的主要阶段，重点以数据结构与模型的设计为主线。

2. 数据库设计的需求分析

需求分析简单地说就是分析用户的需求，需求分析是设计数据库的起点，需求分析的结果是否准确地反映了用户的实际要求，将直接影响到后面各个阶段的设计，并影响到设计结果是否合理和实用。

1) 需求分析的任务

需求分析的主要的任务：通过详细调查现实世界要处理的对象(组织、部门、企业等)，充分了解原系统的工作概况，明确用户的各种需求，然后在此基础上确定新系统的功能。

2) 需求分析的方法

需求分析的方法主要有结构化分析方法和面向对象分析方法。这两种方法前面已经作了详细介绍，此处不再赘述。

数据字典是对系统中各类数据描述的集合，它包括五个部分：

(1) 数据项，即数据的最小单位。

(2) 数据结构，是若干数据项有意义的集合。

(3) 数据流，可以是数据项，也可以是数据结构，用来表示某一处理过程的输入或输出。

(4) 数据存储，处理过程中存取的数据，通常是手工凭证、手工文档或计算机文档。

(5) 处理过程，处理过程的具体处理逻辑一般用判定表或判定树来描述。

3. 概念设计

1) 数据库概念设计的方法

数据库概念设计的目的是分析数据间内在的语义关联，在此基础上建立一个数据的抽象模型——概念模型。

数据库概念设计的方法有以下两种：

(1) 集中式模式设计法。这是一种统一的模式设计方法,它根据需求由一个统一的机构或人员设计一个综合的全局模式。适合于小型或并不复杂的单位或部门。

(2) 视图集成设计法。这种方法是先将系统分解成若干个部分,对每个部分进行局部模式设计,建立各个部分的视图,再以各视图为基础进行集成。比较适合于大型与复杂的单位,是现在使用较多的方法。

2) 数据库概念设计的过程

概念设计最常用就是实体—联系方法,简称 ER 方法。它采用 ER 模型,将现实世界的信息结构统一由实体、属性以及实体之间的联系来描述。

(1) 选择局部应用。根据系统情况,在多层的数据流图中选择一个适当层次的数据流图,将这组图中每一部分对应一个局部应用,以该层数据流图为出发点,就能很好地设计各自的 ER 图。

(2) 视图设计。视图设计的策略通常有以下 3 种:

① 自顶向下:先从抽象级别高且普遍性强的对象开始逐步细化、具体化和特殊化。

② 由底向上:先从具体的对象开始,逐步抽象,普遍化和一般化,最后形成一个完整的视图设计。

③ 由内向外:先从最基本与最明显的对象开始,逐步扩充至非基本、不明显的对象。

(3) 视图集成。视图集成是将所有局部视图统一与合并成一个完整的数据模式。

视图集成的重点是解决局部设计中的冲突,常见的冲突主要有如下几种:

① 命名冲突:有同名异义或同义异名。

② 概念冲突:同一概念在一处为实体而在另一处为属性或联系。

③ 域冲突:相同的属性在不同视图中有不同的域。

④ 约束冲突:不同的视图可能有不同的约束。

视图经过合并生成 E-R 图时,其中还可能存在冗余的数据和冗余的实体间联系。冗余数据和冗余联系容易破坏数据库的完整性,给数据库维护带来困难。因此,对于视图集成后所形成的整体的数据库概念结构必须进行验证,确保能满足下列条件。

⑤ 整体概念结构内部必须具有一致性,即不能存在互相矛盾的表达。

⑥ 整体概念结构能准确地反映原来的每个视图结构,包括属性、实体及实体间的联系。

⑦ 整体概念结构能满足需求分析阶段所确定的所有要求。

⑧ 整体概念结构还需要提交给用户,征求用户和有关人员的意见,进行评审、修改和优化,最后确定下来,使之作为数据库的概念结构,作为进一步设计数据库的依据。

4. 数据库的逻辑设计

1) 从 E-R 图向关系模式转换

E-R 模型向关系模式的转换包括:

(1) E-R 模型中的属性转换为关系模式中的属性。

(2) E-R 模型中的实体转换为关系模式中的元组。

(3) E-R 模型中的实体集转换为关系模式中的关系。

(4) E-R 模型中的联系转换为关系模式中的关系。

转换中存在的一些问题:

(1) 命名与属性域的处理。名称不要重复,同时,要用关系数据库中允许的数据类型来

描述类型。

(2) 非原子属性处理。在E-R模型中允许非原子属性存在,但在关系模式中一般不允许出现非原子属性,因此,要将非原子属性进行转换。

(3) 联系的转换。通常联系可转换为关系,但有的联系需要归并到相关联的实体中。

2) 关系视图设计

关系视图设计又称外模式设计。关系视图是建立在关系模式基础上的直接面向操作用户的视图。

关系视图有以下几个作用:

(1) 提供数据逻辑独立性。

(2) 能适应用户对数据的不同需求。

(3) 有一定数据保密功能。

3) 逻辑模式规范化

(1) 规范化设计的主要步骤如下:

① 确定数据依赖。

② 用关系来表示E-R图中每一个实体,每个实体对应一个关系模式。

③ 对于需要进行分解的关系模式可以采用一定的算法进行分解,对产生的各种模式进行评价,选出较合适的模式。

(2) 对逻辑模式进行调整以满足关系数据库管理系统(Relational Database Management System, RDBMS)的性能、存储空间等要求,包括如下内容:

① 调整性能以减少连接运算。

② 调整关系大小,使每个关系数量保持在合理水平,从而可以提高存取效率。

③ 尽量采取快照,提高查询速度。

5. 数据库的物理设计

物理设计的主要目标是对数据库内部物理结构做调整并选择合理的存取路径,以提高数据库访问速度及有效利用存储空间。

6. 数据库管理

数据库管理的内容包括6个方面:

1) 数据库的建立

(1) 数据模式的建立。数据模式由数据库管理员(Database Administrator, DBA)负责建立,定义数据库名、表及相应的属性,定义主关键字、索引、集簇、完整性约束、用户访问权限、申请空间资源,定义分区等。

(2) 数据加载。在数据模式定义后可加载数据,DBA可以编制加载程序将外界的数据加载到数据模式内,完成数据库的建立。

2) 数据库的调整

在数据库建立并运行一段时间后,对不适合的内容要进行调整,调整的内容包括:

(1) 调整关系模式与视图使之更适应用户的需求。

(2) 调整索引与集簇使数据库性能与效率更佳。

(3) 调整分区、数据库缓冲区大小以及并发度使数据库物理性能更好。

3) 数据库的重组

数据库运行一段时间后,由于数据的大量插入、删除和修改,使性能受到很大的影响,需要重新调整存储空间,使数据的连续性更好,即通过数据库的重组来实现。

4) 数据库的故障恢复

如果数据库中的数据遭受破坏,DBMS 应该提供故障恢复功能,一般有 DBA 执行。

5) 数据安全性与完整性控制

数据库安全性控制需由 DBA 采取措施予以保证,数据不能受到非法盗用和破坏。数据库的完整性控制可以保证数据的正确性,使录入库内的数据均能保持正确。

6) 数据库监控

DBA 需要随时观察数据库的动态变化,并在发生错误、故障或产生不适应情况时随时采取措施,并监控数据库的性能变化,必要时可对数据库进行调整。

扫描二维码
获取习题

第 2 篇

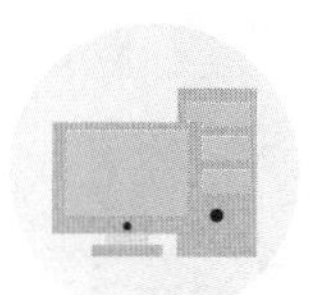

Word 2016 阶段提升

面向对象思维方式下的 Word 核心知识图谱

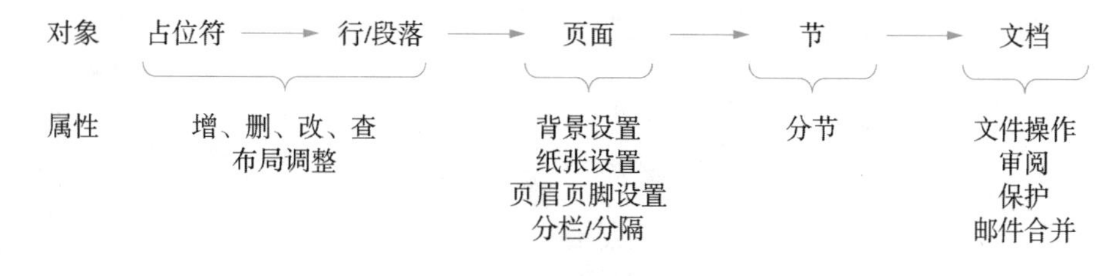

扫描二维码，
获取立体化学习资料
（Office 知识图谱微课）

第 3 章

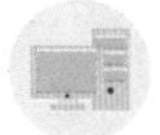

Word 2016 基础应用

Microsoft Word 2016 是微软公司的 Office 2016 系列办公组件之一，是目前较流行的文字编辑软件，它用 Microsoft Office Backstage 视图取代了以前的文件菜单，其增强后的功能可以更方便地创建精美的文档，用户可以更加轻松地与他人协同工作并可在任何地点访问文件。本章主要介绍 Word 基础，包括认识 Word 2016 以及对文档基本操作的介绍。

3.1 认识 Word 2016

3.1.1 创建 Word 文档

启动 Word 2016 后，系统会自动打开一个编辑窗口，单击“空白文档”即可创建一个名为“文档 1”的新空白文档。用户就可以在“文档 1”窗口中输入有关信息，然后保存文档，这样就建立了一个新文档。此外，也可以在 Word 窗口中通过打开“文件”选项卡，选择“新建”命令，利用“空白文档”模板，单击“创建”按钮来创建一个空白文档，如图 3－1 所示。用户还可以利用 Word 提供的丰富模板来创建风格统一的文档。

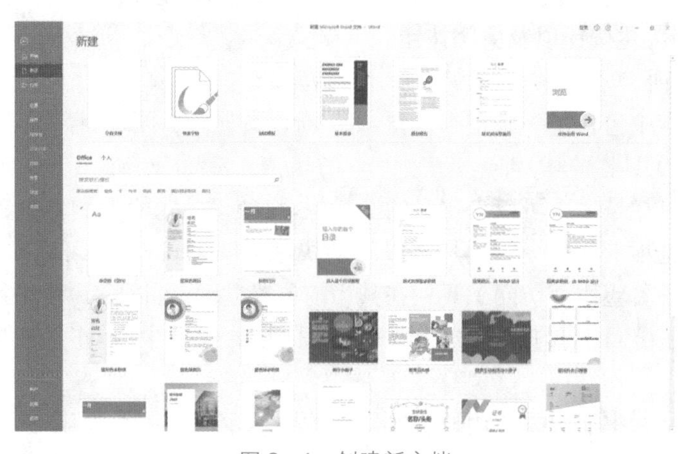

图 3－1 创建新文档

3.1.2 Word 工作界面

Word 2016 的工作界面由标题栏、“文件”选项卡、快速访问工具栏、功能区、“编辑”窗口、滚动条、缩放滑块、状态栏、视图切换按钮等组成，基本结构如图 3－2 所示。

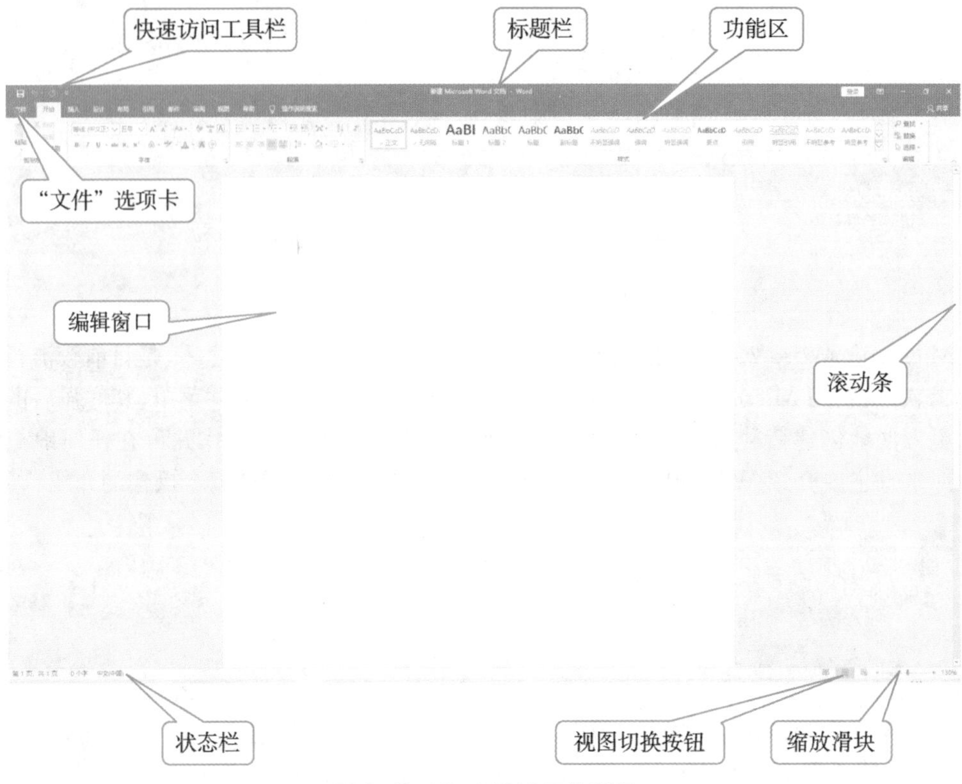

图 3-2　Word 2016 工作界面

1）标题栏

标题栏位于窗口的最上方,显示正在编辑的文档文件名以及所使用的软件名。最右侧为最小化按钮、最大化按钮以及关闭按钮。

2）"文件"选项卡

"文件"选项卡中包含了一些基本操作,如：新建、打开、关闭、保存、另存为和打印等。

3）快速访问工具栏

快速访问工具栏是一个可以自定义的工具栏,它处于标题栏左侧的位置,包含一组独立于当前所显示的选项卡的命令。用户可以移动快速访问工具栏,还可以向其中添加表示命令的按钮。如果不希望快速访问工具栏在其当前位置显示,可以将其移动到其他位置,用户只需要单击"快速访问工具栏"旁的 按钮,在打开的列表中,单击"在功能区下方显示"即可。

快速访问工具栏中还放置了用户经常使用的操作,除"控制菜单"图标以外,默认状态下为:"保存""撤销"和"重复"键。用户也可以根据个人习惯,单击 按钮,打开列表来自定义快速访问工具栏。

4）功能区

功能区中包含了编辑文档时需要用的所有操作。它的选项卡的方式对命令进行分组和显示,Word 2016 提供了八个功能区,分别为：开始、插入、设计、布局、引用、邮件、审阅和视图。每个选项卡根据功能的不同分为若干个组,每个选项卡所拥有的功能如下所述:

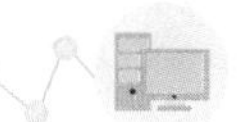

（1）“开始”选项卡。“开始”选项卡的功能区中包括剪贴板、字体、段落、样式和编辑5个组，该功能区主要用于帮助用户对Word 2016文档进行文字编辑和格式设置，是最常用的功能区。

（2）“插入”选项卡。“插入”选项卡的功能区包括页面、表格、插图、加载项、媒体、链接、批注、页眉和页脚、文本、符号几个组，主要用于在Word 2016文档中插入各种元素。

（3）“设计”选项卡。“设计”选项卡的功能区主要包括文档格式、“页面背景”两个组，主要用于为Word 2016文档设置文档格式和背景。

（4）“布局”选项卡。“布局”选项卡的功能区包括页面设置、稿纸、段落、排列几个组，主要用于帮助用户设置Word 2016文档页面的布局。

（5）“引用”选项卡。“引用”选项卡的功能区包括目录、脚注、信息检索、引文与书目、题注、索引和引文目录几个组，主要用于实现在Word 2016文档中插入目录等比较高级的功能。

（6）“邮件”选项卡。“邮件”选项卡的功能区包括创建、开始邮件合并、编写和插入域、预览结果和完成几个组，功能区的作用比较专一，专门用于在Word 2016文档中进行邮件方面的操作。

（7）“审阅”选项卡。“审阅”选项卡的功能区包括校对、辅助功能、语言、中文简繁转换、批注、修订、更改、比较、保护和墨迹几个组，主要用于对Word 2016文档进行校对和修订等操作，适用于多人协作处理Word 2016长文档。

（8）“视图”选项卡。“视图”选项卡的功能区包括视图、页面移动、显示、缩放、窗口、宏和SharePoint几个组，主要用于帮助用户设置Word 2016操作窗口的视图类型，以方便操作。

5）编辑窗口

文档窗口的中间矩形区域即编辑窗口，是输入内容、进行编辑的区域，利用Word提供的功能支持，用户能够在此编辑出图文并茂的文档。

6）视图切换按钮

视图切换按钮可用于更改正在编辑的文档的显示模式。

7）滚动条

Word 2016的滚动条包括垂直滚动条和水平滚动条，分别位于文档的右方和下方，用来滚动文档，显示文档中在当前屏幕上看不到的内容。要显示或隐藏滚动条，通过单击“文件”选项卡，选择“选项”按钮，在打开的对话框左侧选择“高级”选项，在右侧的“显示”选项中设置。如图3-3所示。

8）缩放滑块

缩放滑块可用于调整正在编辑文档的显示比例。

9）状态栏

状态栏位于窗口的最底部，用于显示文档的有关信息，例如当前页数、总页数、字数自动统计等。

3.1.3 保存Word文档

当文档内容输入编辑完成后，应该将文档保存，便于以后查看文档或再次对文档进行编辑和打印。Word 2016文档的扩展名为.docx。在Word中可按原名保存正在编辑的活动文档，也可以用不同的名称或在不同的位置保存文档的副本。另外还可以以其他文件格式保存文档，以便在其他应用程序中使用。

Word 选项

常规
显示
校对
保存
版式
语言
轻松访问
高级
自定义功能区
快速访问工具栏
加载项
信任中心

显示

显示此数目的“最近使用的文档”(R): 50
快速访问此数目的“最近使用的文档”(Q): 4
显示此数目的取消固定的“最近的文件夹”(F): 50
度量单位(M): 厘米
草稿和大纲视图中的样式区窗格宽度(E): 0 厘米
☑ 以字符宽度为度量单位(W)
☐ 为 HTML 功能显示像素(X)
☑ 在屏幕提示中显示快捷键(H)
☑ 显示水平滚动条(Z)
☑ 显示垂直滚动条(V)
☑ 在页面视图中显示垂直标尺(C)
☐ 针对版式而不是针对可读性优化字符位置
☐ 禁用硬件图形加速(G)
☑ 拖动时更新文档内容(D)
☑ 使用子像素定位平滑屏幕上的字体。
☑ 显示用于在表中添加行和列的弹出按钮

打印

☐ 使用草稿质量(Q)
☑ 后台打印(B)
☐ 逆序打印页面(R)
☐ 打印 XML 标记(X)

确定 取消

图 3-3 显示或隐藏滚动条

1) 保存新的、未命名的文档

首次保存文档时,必须给它指定一个名字,并且要决定把它保存到什么位置。可通过打开“文件”选项卡,执行“保存”命令或“另存为”命令,也可以通过快速访问工具栏上的“保存”按钮来实现,这时均会显示“另存为”界面,如图 3-4 所示。单击“浏览”选择保存的路径以及设置文件名和类型。

图 3-4 “另存为”界面

默认情况下,Word 会将文档保存在 Documents 文件夹中。用户可以通过单击窗口上方“保存位置”列表框箭头,选择不同的文件夹;在“文件名”列表框中输入要保存的文件名,“保存类型”表示要保存的文件类型,默认 Word 2016 的扩展名.docx。若要保存为其他类型的文件,单击该列表框的箭头,选择所需要的文件类型,由此把文档转换到其他处理软件中

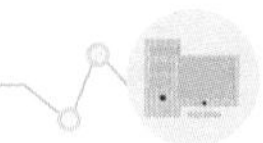

也十分便捷。

2）保存已有的文档

当一个文档已命名后再对其进行编辑，在编辑结束后还必须存盘保存。这时，可方便地通过“保存”按钮或“文件”选项卡中的“保存”实现。

3）自动保存文档

为防止突然断电或其他事故导致 Word 文档异常关闭，信息丢失，Word 提供了在指定时间间隔自动为用户保存文档的功能。用户可单击“文件”选项卡中的“选项”按钮，打开“Word 选项”对话框，选择“保存”选项，如图 3－5 所示。在窗口右侧选择“保存自动恢复信息时间间隔”复选框。在“分钟”框中，键入或选择用于确定文件保存频率的数字，默认值为 10 分钟。

图 3－5　自动保存

3.1.4　打开 Word 文档

要修改或者查看已经存在的文档，首先必须打开该文档。

1）打开最近使用的文档

打开最近使用的文档，单击“文件”选项卡中的“打开”按钮，并且在右侧列出的最近使用过的文档列表中选择用户需要打开的文档。

2）打开其他文档

打开已经存在的文档，可单击“文件”选项卡中的“打开”按钮，单击“浏览”，弹出“打开”对话框（见图 3－6），在对话框中选择文档所在的驱动器、文件夹及文件名，并单击“打开”按钮。

图 3-6 “打开”对话框

3.2 向 Word 文档添加操作对象

3.2.1 输入文本

1) 输入文本

在 Word 2016 中既可以输入汉字文本,也可以输入英文文本。通常,英文字符可直接从键盘输入,而要输入中文字符则需要切换到中文状态,可按 Ctrl+Shift 组合键,也可用鼠标单击任务栏上的语言指示器,在输入法菜单中选择所需输入法。

当输入到行尾时,不需按 Enter 键,系统会自动换行;输入到段落结尾时,应按 Enter 键,表示段落结束;如在某段落中需要强行换行,可以使用 Shift+Enter 快捷键。

2) 插入与改写

“插入”和“改写”是 Word 2016 的两种编辑方式,但两者又相互联系。插入是指将输入的文本添加到插入点所在位置,插入点以后的文本依次往后移动;改写是指输入的文本将替换插入点所在位置的文本。插入和改写两种编辑方式可以相互转换,操作方法:按 Insert 键,或右击,选择“改写/插入”,将“改写/插入”添加至状态栏,然后单击状态栏上的“改写/插入”按钮(见图 3-7)。

3) 输入符号和特殊字符

有时,需要在文档中插入一些键盘上没有的特殊符号,例如♥、∀、★以及™(商标)或®(注册)等。具体步骤:将光标定位到要插入符号的位置;选择功能区的“插入”选项卡→“符号”组中“符号”下拉按钮,会展开包含最近使用过的符号的下拉列表;单击“其他符号…”按钮,打开“符号”对话框(见图 3-8),选择要插入的符号,单击“插入”按钮即可。

图 3-7　“改写/插入”

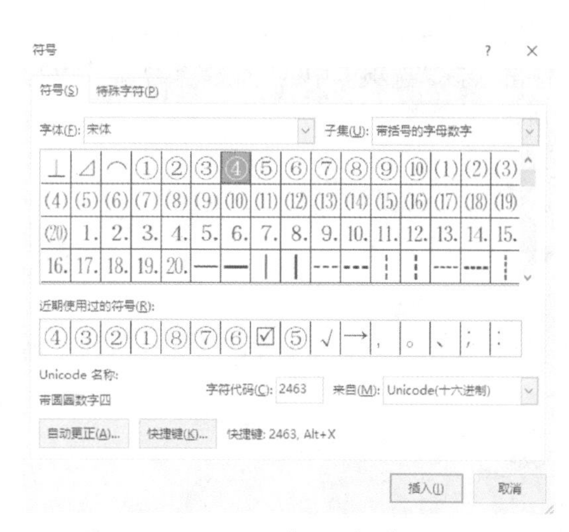

图 3-8　“符号”对话框

4）输入日期和时间

在 Word 2016 中，用户可以在正在编辑的文档中插入当前日期和时间。具体步骤：将插入点置于要插入日期和时间的位置；在功能区中选择“插入”选项卡→“文本”组→“日期和时间”按钮，打开“日期和时间”对话框，如图 3-9 所示；选择需要的格式，单击“确定”按钮即可。若在“日期和时间”中选中了“自动更新”复选框，则每次在打开该文档时，Word 会自动对插入的日期和时间进行更新，其值与计算机系统时间一致。

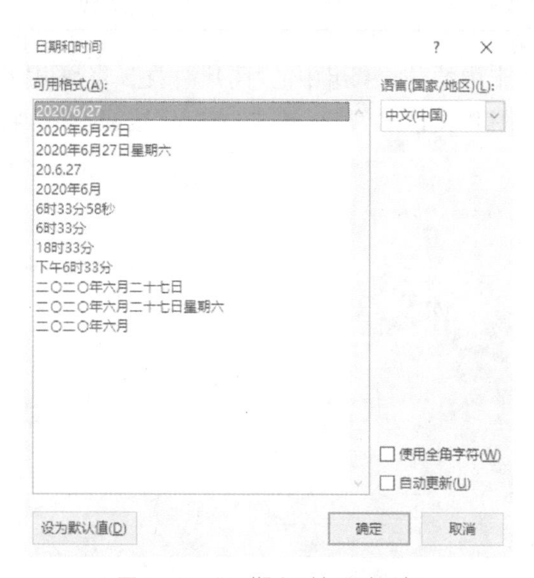

图 3-9　“日期和时间”对话框

3.2.2 插入图片和联机图片

1) 插入联机图片

Word 2016 提供了一个插入联机图片的功能,用户可以在联网状态下搜索并使用这些图片。例如,想使用 Word 2016 联机图片的功能插入与运动有关的图片时,操作步骤如下:

(1) 把插入点定位到需要插入联机图片的位置。

(2) 单击"插入"选项卡中的"插图"组中的"联机图片"按钮,弹出"插入图片"对话框,如图 3-10 所示。

图 3-10 "插入图片"对话框

(3) 在"搜索必应"区域输入"运动",单击"搜索"按钮。

(4) 在搜索结果中单击合适的图片,即可将联机查询到的图片插入到文档中。

2) 插入来自文件的图片

如果在文档中使用的图片来自已知的文件,就可以直接将其插入到文档中,操作步骤如下:

(1) 把光标定位到想要插入图片的位置。

(2) 单击"插入"选项卡中的"插图"组中的"图片"按钮,将弹出"插入图片"对话框(见图 3-11),在此设定查找范围和文件名,然后单击"插入"按钮,即可将图片插入到 Word 文档中。

图 3-11 "插入图片"对话框

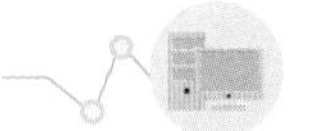

3.2.3　绘制图形和文本框

1) 绘制图形

在 Word 2016 中的“插入”选项卡“插图”组有一个“形状”按钮，通过该按钮用户可以根据需要轻松的绘制各种图形，并进行图形调整、旋转、修改颜色等来增加文档的直观性。常见的图形有线条、矩形、箭头、流程图、标注等。绘制自选图形的步骤：

(1) 单击“插入”选项卡“插图”组中的“形状”按钮，弹出“形状”的下拉列表(见图 3-12)，选择有关选项，并在编辑窗口中绘制所选图形。

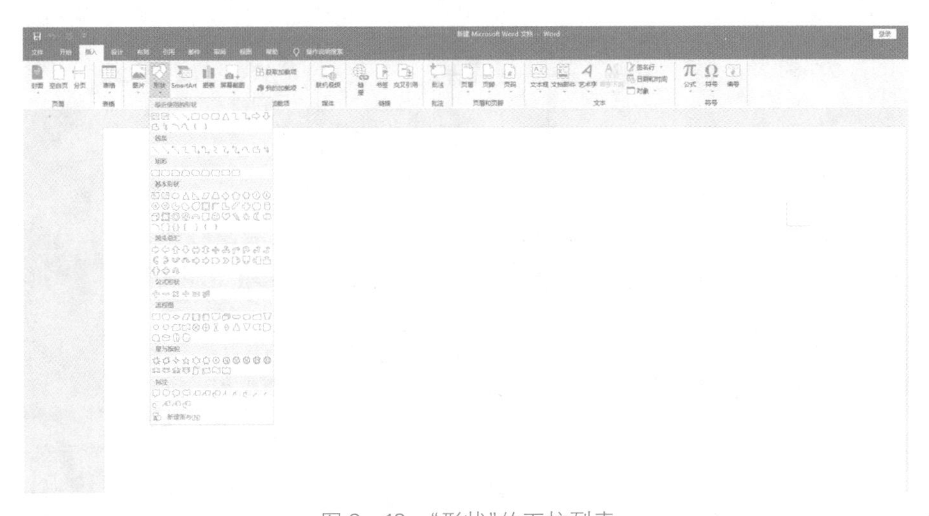

图 3-12　“形状”的下拉列表

(2) 右击新插入的图形，在弹出的快捷菜单中选择“添加文字”，输入相关的文字，并设置好文字的字体、字号、字形和颜色等。

选中绘制的形状可以进行边框、效果设置和组合，也可以设置文字环绕方式，通过“绘图工具”→“格式”选项卡来进行更多设置。

2) 文本框

文本框是指一种可移动、可调大小的文字或图形容器。文本框是独立的对象，可以在页面上进行任意调整。将文本输入或复制到文本框中，文本框中的内容可以在框中进行任意调整。根据文本框中文本的排列方向，文本框可分为“竖排”文本框和“横排”文本框两种。“竖排”文本框，表示文本框中文字垂直排列；“横排”文本框，表示文本框中文字水平排列。创建文本框可以通过插入特定样式的文本框来实现，也可以通过绘制文本框完成。

在文档中插入文本框可按如下方法操作：

(1) 单击“插入”选项卡→“文本”组→“文本框”按钮，弹出“文本框”下拉列表，如图 3-13 所示。

(2) 在“文本框”下拉列表中选择要插入的文本框内置样式，即可在文本框插入该样式的文本框，在文本框中输入文本内容即可。

(3) 在“文本框”下拉列表中选择“绘制横排文本框”选项或“绘制竖排文本框”选项也可以创建文本框。单击这两个选项之一后，鼠标指针呈“十”字形，将十字形光标移到文档中需

图 3－13 “文本框”下拉列表

要插入文本框的位置，按住并拖动鼠标左键到需要的位置，松开鼠标左键，这样就在指定位置插入了一个文本框，在文本框中输入文字即可。

(4) 在文本中插入文本框的第三种方法是：

① 选择“插入”选项卡→“插图”组→“形状”按钮，在弹出的“形状”下拉列表中选择“基本形状”选项里的“文本框”或“竖排文本框”按钮；

② 利用“文本框”或“竖排文本框”按钮可以方便地绘制文本框，操作步骤与上述方法类似。

3.2.4 插入艺术字

在编辑文档时，为了使标题更加醒目、活泼，可以应用 Word 2016 提供的艺术字功能来绘制特殊的文字。Word 2016 中的艺术字是图形对象，所以可以像对待图形那样来编辑艺术字，也可以给艺术字加边框、底纹、纹理、填充颜色、阴影和三维效果等。下面介绍如何插入艺术字。

艺术字本质上是高度风格化、具有特殊效果的形状文字，也是一种图形对象。Word 2016 将艺术字作为文本框插入，用户可以任意编辑其中的文字。要在文档中插入艺术字，操作过程如下：

(1) 把插入点定位到要插入艺术字的位置。

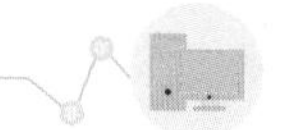

（2）单击“插入”选项卡→“文本”组→“艺术字”按钮，弹出“艺术字”下拉列表，如图 3-14 所示。

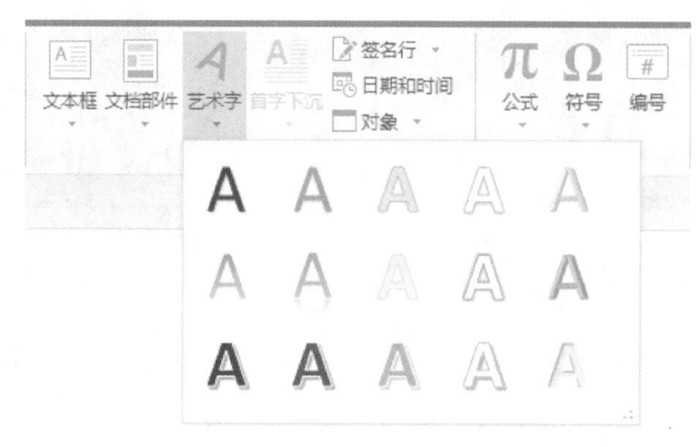

图 3-14　“艺术字”下拉列表

（3）在弹出的下拉列表中单击所需要的艺术字式样后，即可在文档中插入艺术字文本框，系统提示用户输入文字，如图 3-15 所示。

请在此放置您的文字

图 3-15　插入的艺术字

（4）接着在文本框中输入文字，插入艺术字完成。

插入艺术字后，在“绘图工具格式”选项卡→“形状样式”组或“艺术字样式”组对其进行下一步的设置。

3.2.5　插入 SmartArt 图形

SmartArt 图形是信息的视觉表示，相对于简单的图片、剪贴画以及形状图形，它具有更高级的图形选项。使用 SmartArt 可以轻松快速地创建具有高水准的示意图、组织结构图、流程图等各种图示。在文档中插入 SmartArt 图形的具体步骤如下所示：

（1）选择“插入”选项卡→“插图”组→“SmartArt”按钮，弹出“选择 SmartArt 图形”对话框（见图 3-16）。

（2）在“选择 SmartArt 图形”对话框左侧选择布局类型，然后在“列表”区域选择所需要的图形。

（3）单击“确认”按钮，即可在文档中插入相应图形。

（4）在“在此处键入文字”文本框或左侧的提示窗口中输入文本内容。

插入 SmartArt 图形后，系统自动打开“SmartArt 工具”→“设计”选项卡和“SmartArt 工具”→“格式”选项卡。通过“SmartArt 工具”→“设计”选项卡可以快速设置 SmartArt 图

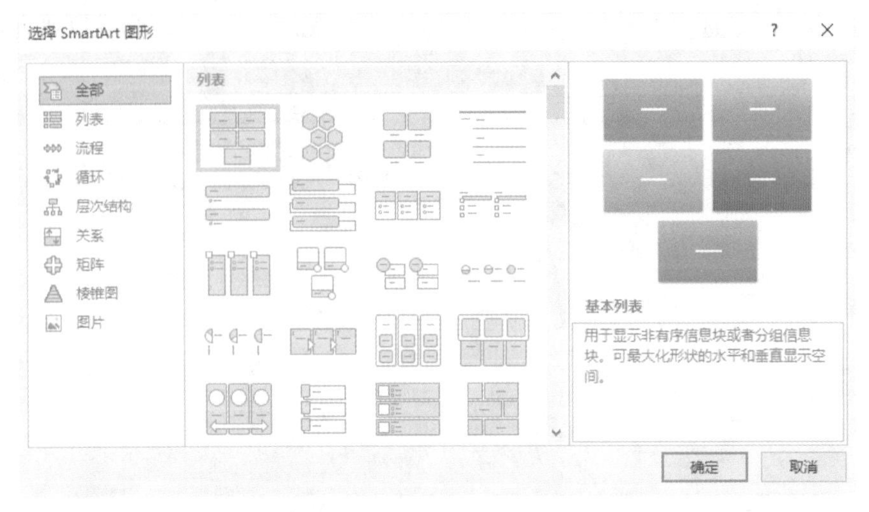

图 3-16 "选择 SmartArt 图形"对话框

形的整体样式,如更改布局、样式和颜色等;通过"SmartArt 工具"→"格式"选项卡可以设置 SmartArt 图形的形状,形状样式和艺术字样式等。

3.2.6 插入图表

图表是 Word 用于直观展示以及分析数据的一种表现形式,在 Word 中插入图表的方法如下:

(1) 单击"插入"选项卡→"插图"组→"图表"功能按钮,打开"插入图表"对话框(见图 3-17)。

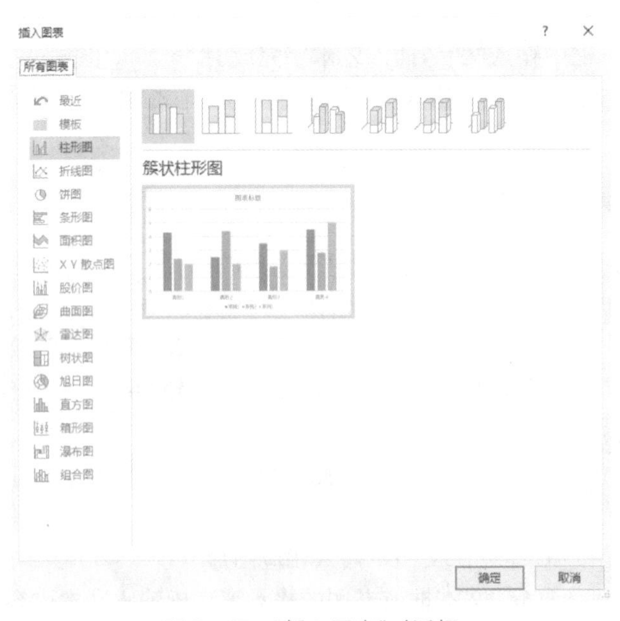

图 3-17 "插入图表"对话框

（2）在“插入图表”对话框中选择一种图表，如“折线图”，在弹出图表数据 Excel 中的蓝色框线内，对图表中的数据进行编辑，图表将随着 Excel 的数据变化而变化（见图 3－18）。

Microsoft Word 中的图表

	A	B	C	D	E	F	G	H	I
1		系列 1	系列 2	系列 3					
2	类别 1	4.3	2.4	2					
3	类别 2	2.5	4.4	2					
4	类别 3	3.5	1.8	3					
5	类别 4	4.5	2.8	5					

图 3－18　图表数据 Excel

3.2.7　表格的创建

Word 2016 提供了多种创建表格的方法。

1）利用“插入表格”工具创建表格

在“插入”选项卡中，单击“表格”组的“表格”按钮，利用该工具可以快速插入简单的表格。

（1）打开文档，将光标定位在文档中要插入表格的位置。

（2）在“插入”选项卡中，单击“表格”组中的“表格”按钮，此时弹出“插入表格”拉列表。

（3）在下拉列表中的表格模型上按下并移动鼠标指针，向右移动指定表格的列数，向下移动指定表格的行数，如图 3－19 所示，指定插入 3 行 4 列的表格。

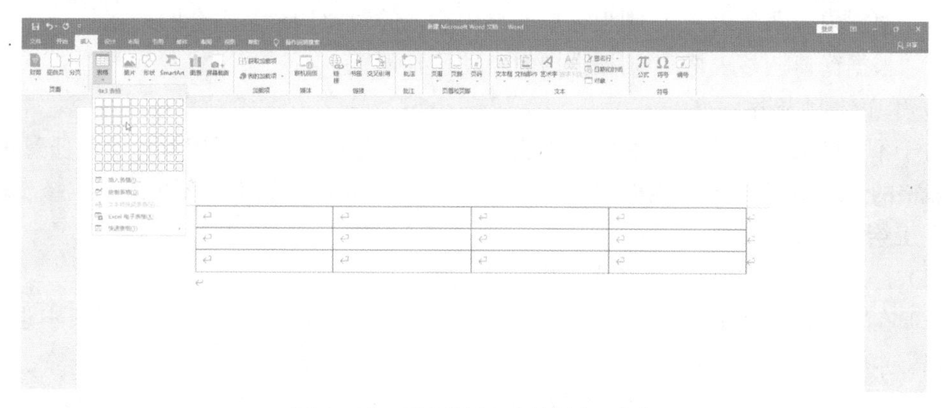

图 3－19　利用“插入表格”插入表格

（4）松开鼠标，完成表格的插入。

2）利用“插入表格”按钮创建表格

用“插入表格”工具创建表格虽然很方便，但无法创建行数或列数较大的表格。使用“插入表格”按钮创建表格的行、列数不受限制，同时还可以设置表格的列宽。

使用“插入表格”按钮创建表格的操作步骤：

（1）打开文档，将光标定位在文档中要插入表格的位置。

(2) 在“插入”选项卡中,单击“表格”组中的“表格”按钮,在弹出的下拉列表中单击“插入表格”按钮,弹出“插入表格”对话框,如图 3-20 所示。

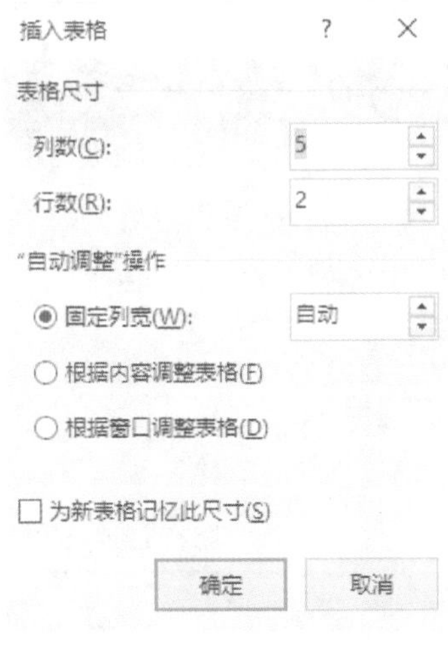

图 3-20 “插入表格”对话框

(3) 在“插入表格”对话框的“列数”和“行数”文本框中分别输入列数值与行数值,或通过微调按钮调整列数和行数。

(4) 在“自动调整”操作中,可以根据需要任意选择以下选项:

① “固定列宽”:表格的列宽将固定为右侧数值框内的数值,其默认状态为“自动”,表示将自定义列宽。

② “根据内容调整表格”:则根据单元格中输入的对象调整至适合的列宽。

③ “根据窗口调整表格”:则根据窗口自动调整列宽。

3) 手工绘制表格

对于不规则的表格,或者带有斜线表头的复杂表格,Word 提供了用鼠标绘制任意不规则自由表格的强大功能。利用“表格与边框”工具栏上的按钮可以灵活、方便地绘制或修改表格。

手工绘制表格的步骤如下:

(1) 打开文档,将光标定位在文档中要插入表格的位置。

(2) 在“插入”选项卡中,单击“表格”组中的“表格”按钮,在弹出的下拉列表中选择“绘制表格”选项,如图 3-21 所示。

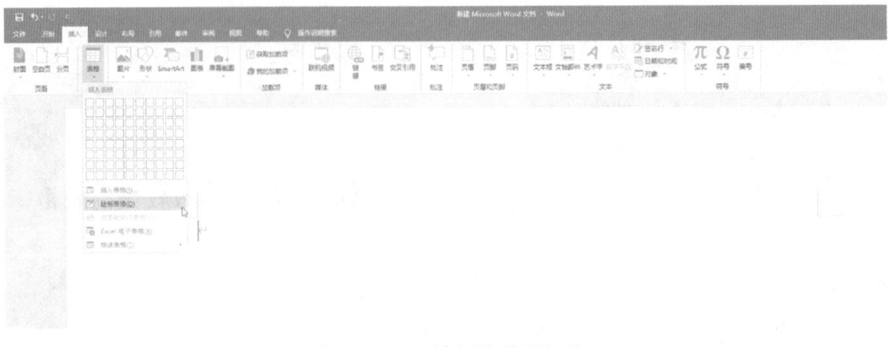

图 3-21 “绘制表格”选项

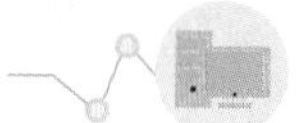

(3) 鼠标指针呈现铅笔形状，在 Word 文档中按住鼠标左键拖动绘制表格边框，然后在适当的位置绘制行和列。

(4) 完成表格的绘制后，按下键盘上的 Esc，或者单击“表格工具”→“布局”→“绘图”组→“绘制表格”按钮，结束表格绘制状态。

如果在绘制或设置表格的过程中需要删除某行或某列，可以单击“表格工具”→“布局”选项卡→“绘图”组→“橡皮擦”按钮，这时鼠标指针呈现橡皮擦形状，在特定的行或列线条上拖动鼠标左键即可删除该行或该列；在键盘上按下 Esc 键取消擦除状态。对于表格线型、粗细、颜色可以在“表格工具”→“设计”选项卡→“边框”组进行设置，如图 3 - 22 所示。

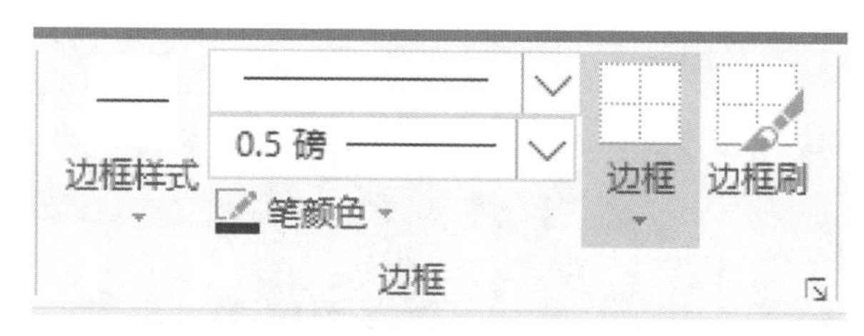

图 3 - 22　“绘图边框”组

4) 插入快速表格

Word 2016 内置了多种格式的表格，用户可以快速插入这些表格，具体操作步骤如下：

(1) 打开文档，将光标定位在文档中要插入表格的位置。

(2) 在“插入”选项卡中，单击“表格”组中的“表格”按钮，在弹出的下拉列表中执行“快速表格”命令，弹出选项列表(见图 3 - 23)。

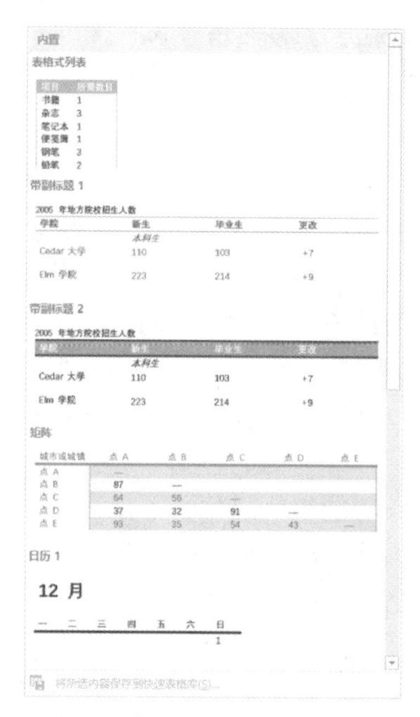

图 3 - 23　插入“快速表格”选项列表

(3) 选择所需选项,则对应表格将插入到文档中,用户可以根据自己的需要进行调整。

5) 插入 Excel 表格

在 Word 2016 中还可以插入 Excel 表格,并且可以在其中进行比较复杂的数据运算和处理,就像在 Excel 环境中一样。操作步骤如下:

(1) 打开文档,将光标定位在文档中要插入表格的位置。

(2) 在“插入”选项卡中,单击“表格”组中的“表格”按钮,在弹出的下拉列表中选择“Excel 电子表格”选项,弹出 Excel 电子表格编辑状态(见图 3-24)。

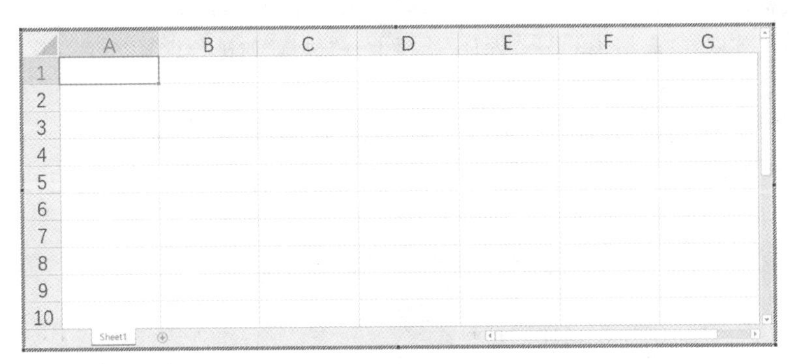

图 3-24　Excel 电子表格编辑状态

(3) 编辑完表格后,单击电子表格以外的区域,就可以返回到 Word 文档编辑状态。

此时在文档中插入的表格是图片格式,不能对其进行编辑。若要对其进行编辑,可以双击表格区域就可以切换到电子表格的编辑状态。

3.2.8　文档封面

一份专业的 Word 文档,美观的封面是必不可少的,添加文档的封面有两种方法:

1) 手动添加

光标定位到文档所有内容的最前面,单击“布局”选项卡→“页面设置”组→“分隔符”下拉选项,按照要求选择“分页符”或“分节符”的“下一页”“偶数页”“奇数页”等插入空白页,然后将此空白页作为封面,自己手动设计封面,进行内容的美化。

2) 自动添加

单击“插入”选项卡→“页面”功能组→“封面”下拉选项,单击 Word 内置的封面样式,比方说“怀旧”,即可插入对应的封面模板,在此模板的基础上进行个性化设置。如果想删除自动插入的封面,只需单击“删除当前封面”选项(见图 3-25)。

图 3－25　插入封面

3.2.9　对象的删除和替换

1. 删除

用 Backspace 键可删除插入点光标前的字符，用 Delete 键可删除插入点光标后的字符。

如要对较大的文本或对象进行删除，可先选定需要删除的文本或对象，然后按 Delete 键或单击功能区“开始”→“剪贴板”组中的“剪切”按钮；或利用快捷键 Ctrl＋X 可实现删除；或选定待删除文本或对象后单击鼠标右键，在弹出的菜单中选择“剪切”按钮即可。

2. 选定文本

用户如果需要对某段文本进行移动、复制、删除等操作时，必须先选定它们，然后再进行相应的处理。如果想要撤销选择，可以将鼠标移至选定文本外的任何区域单击即可。选定文本方式有：

（1）鼠标选定文本。

鼠标选定文本的方法如表 3－1 所示。

表 3-1 鼠标选定文本

要选定的文本	鼠 标 操 作
一个单词	双击要选定的单词
任意连续字符	按住鼠标左键拖动鼠标经过要选定的字符
一行文字	将鼠标指针移到该行左侧的选定栏,待指针变成右上箭头形状,单击即可
整句	按住 Ctrl 键,然后在该句的任何地方单击
多行	将鼠标指针移到该行左侧的选定栏,待指针变成右上箭头形状,单击并向上或向下拖动鼠标
一个段落	将鼠标指针移到行左侧的选定栏,待指针变成右上箭头形状,双击;或者在该段落的任何地方单击 3 次
一个图形	单击图形
多个段落	将鼠标指针移到行左侧的选定栏,待指针变成右上箭头形状,双击并向上或向下拖动鼠标
大块文字	单击所选内容的开头,移动鼠标指针到要选定的信息的结束处,然后按住 Shift 键,并单击即可
整篇文档	将鼠标指针移到文档任意行的左侧,待指针变成右上箭头形状,然后单击 3 次

(2) 组合键选定文本。

用户不仅能使用鼠标选定文本,还可以使用键盘来选定文本。首先定位插入点,然后采用组合键(见表 3-2),实现从插入点到相应位置文本的选定。

表 3-2 组合键选定文本

组合键	选定范围	组合键	选定范围
Shift+→	选定插入点右边的一个字符	Shift+End	选定到行尾(右半行)
Shift+←	选定插入点左边的一个字符	Ctrl+Shift+↑	选定到段首
Shift+↑	选定到上一行	Ctrl+Shift+↓	选定到段尾
Shift+↓	选定到下一行	Ctrl+Shift+Home	选定到文档开头
Shift+Home	选定到行首(左半行)	Ctrl+Shift+End	选定到文档结尾
Ctrl+A	选定全文		

3. 查找和替换文本

用户在对文档进行编辑时,经常要用到查找与替换功能。

1) 查找

查找功能可以帮助用户在一篇文档中快速找到所需内容及所在位置,也能帮助核对文档中究竟有无这些内容。操作方法如下:

(1) 指定查找范围,即选择目标文本区域,否则,系统将从光标处开始在整个文档中进行查找。

（2）单击功能区“开始”选项卡上“编辑”组中“查找”按钮，打开如图 3-26 所示“导航”窗格。

（3）在“搜索文档”框中输入要查找的文本（如：文本），单击回车键后，“导航”窗格中将显示查找结果并在文档编辑区中将所有查找的内容突出显示，如图 3-27 所示。

（4）单击“导航”窗格中“上一处搜索结果”按钮时，光标定位到上一个查找的位置；单击“下一处搜索结果”按钮时，光标将定位到下一个查找的位置。如果要继续查找，重复单击“上一处”或“下一处”按钮，Word 会逐一定位到所查找的位置。

若单击“搜索文档”框右侧的“关闭”按钮可结束搜索；单击右侧向下箭头，将打开查找选项或其他搜索命令列表，查找表格、图形、脚注、尾注、批注或公式等内容。

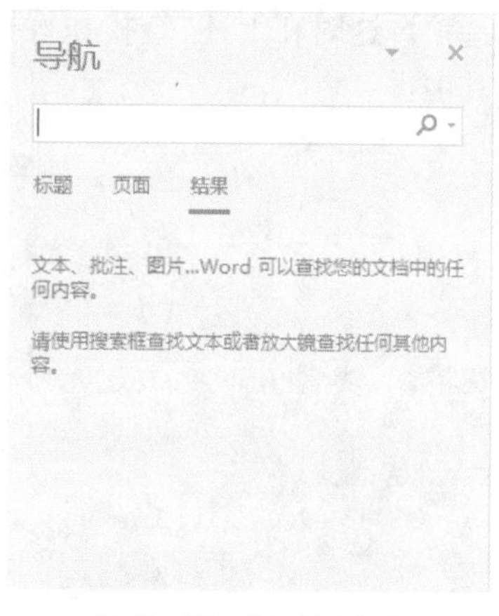

图 3-26　“导航”窗格

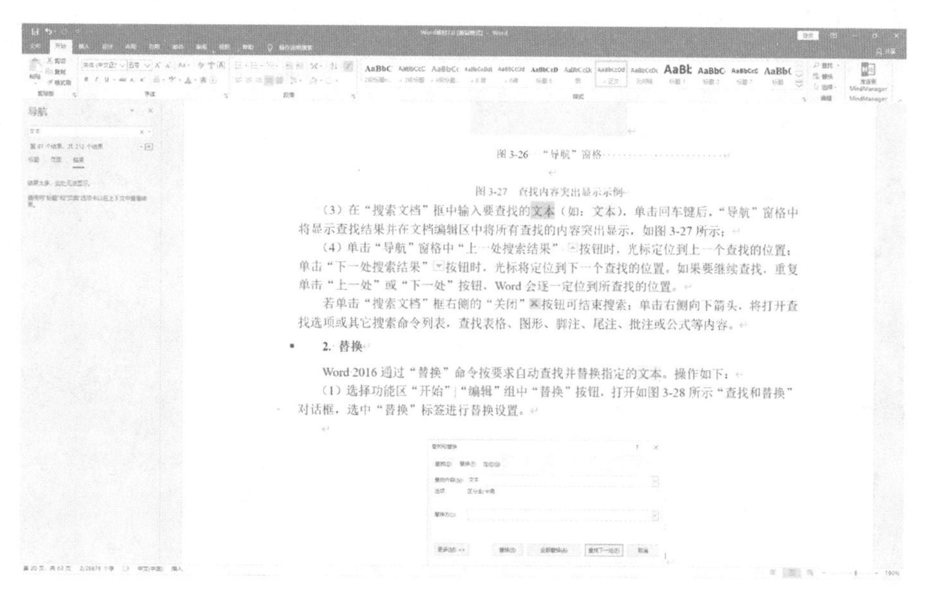

图 3-27　查找内容突出显示示例

2）替换

Word 2016 通过“替换”命令按要求自动查找并替换指定的文本。操作如下：

（1）单击功能区“开始”→“编辑”组中“替换”按钮，打开如图 3-28 所示“查找和替换”对话框，选中“替换”标签进行替换设置。

（2）在“查找内容”文本框中输入需要查找的内容，在“替换为”文本框中输入要替换的内容。

（3）每执行一次“替换”命令，则程序自动查找一处并替换；若单击“查找下一处”按钮，则只查找而不替换；若单击“全部替换”按钮，则将自动对整个文档进行查找和替换。

3）使用查找和替换的高级功能

除了查找输入的文字外，有时需要查找某些特定的格式或符号等，这就要设置高级查找选项。这时在上述“查找和替换”对话框中单击“更多”按钮，打开如图 3－29 所示的对话框。其中：

图 3－28 “查找和替换”对话框

图 3－29 高级替换对话框

(1)“搜索”列表框：设置搜索的方向。

(2)“不限定格式”按钮：取消“查找内容”框或“替换为”框下指定的所有格式。

(3)“格式”按钮：设置查找对象的排版格式，如字体、段落、样式的设置。

(4)“特殊格式”按钮：查找对象是特殊字符，如制表符、分栏符、分页符等。

(5)“搜索选项”的 10 个复选框选中的意义如下：

①“区分大小写”：查找大小写完全匹配的文本。

②“全字匹配”：仅查找整个单词。

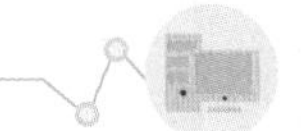

③“使用通配符”：在查找内容中使用通配符。
④“同音”：查找发音相同的单词。
⑤“查找单词的所有形式”：查找单词的所有形式，如复数、过去式、现在时等。
⑥“区分前缀”：查找时区分输入单词的前缀。
⑦“区分后缀”：查找时区分输入单词的后缀。
⑧“区分全/半角”：查找全角、半角完全匹配的字符。
⑨“忽略标点符号”：查找时忽略所有的标点符号。
⑩“忽略空格”：查找时忽略所有空格。

扫描二维码
获取本章实验

第 4 章

Word 2016 进阶应用

在利用 Word 2016 进行文档的输入和编辑过程中，可以通过多种方式对文档进行更丰富的设置，同时 Word 2016 还提供了更多的进阶用法来帮助读者进行更专业的文档编辑工作。本章主要介绍 Word 2016 的进阶应用，包括如何调整页面内操作对象的属性，以及如何调整文档对象的属性。

4.1 调整页面内操作对象的属性

4.1.1 编辑文本

对文本进行编辑的操作主要包括移动和复制文本。

1) 移动文本

移动文本是指将文档中的部分文本从原来的位置移动到新的位置，文本的移动有 4 种方法：

(1) 利用剪贴板移动文本。

首先，选定要移动的文本，单击功能区“开始”选项卡中“剪贴板”组中的“剪切”按钮，或直接按快捷键 Ctrl+X，这时选定的文本从文档中消失，并送到内存中的剪贴板；接着，将插入点移动到文本移动的目的位置；最后，单击“粘贴”按钮，或直接按快捷键 Ctrl+V，这时剪贴板中原被剪切的文本将出现在光标指定处。Word 2016 提供了保留源格式、合并格式、图片和只保留文本 4 种粘贴选项。

(2) 利用鼠标直接拖动文本。

首先，选定要移动的文本，将光标定位在选定文本内部的任何位置；接着，按下鼠标左键，拖动鼠标到文本移动的目的位置；最后，松开鼠标左键，Word 2016 将把选定的内容从原位置移动到新的位置。

(3) 利用鼠标右键快速移动文本。

首先，选定要移动的文本；然后，将定位光标移动到用户想要文本出现的位置(注意不要移动插入点，不要按动鼠标)，按下 Ctrl 键不放开，右击即可实现文本的移动。

(4) 利用功能键 F2 移动文本。

首先，选定要移动的文本；按下功能键 F2；将光标定位到移动文本的目标位置，按下 Enter 键，即可实现文本的移动。

2) 复制文本

复制文本是将需要重复使用的文本复制副本到新的位置，且原文本不受影响。

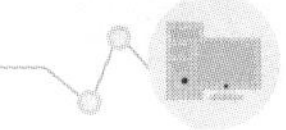

（1）利用剪贴板复制文本。

首先选定要复制的文本，单击功能区“开始”选项卡中“剪贴板”组中的“复制”按钮，或直接按快捷键 Ctrl+C，这时选定的文本仍在原处存在，选中的内容已被送到内存中的剪贴板；然后将插入点移动到文本复制的目的地；最后单击“粘贴”按钮，或直接按快捷键 Ctrl+V，这时剪贴板中原被复制的文本将出现在光标指定处。

（2）鼠标直接拖动复制文本。

首先选定要复制的文本，将光标定位在选定文本的内部的任何位置但不按动鼠标，然后按住 Ctrl 键并同时按下鼠标左键，拖动鼠标至用户想要文本出现的位置，释放鼠标左键，Word 2016 将把选定的内容复制到新的位置。

（3）利用鼠标右键快速复制文本。

首先选定要复制的文本，然后将定位光标移动到文本将要复制到的目标位置（注意不要移动插入点，不要按动鼠标），这时同时按下 Ctrl 键和 Shift 键不放，并右击，即可实现文本的复制。

4.1.2 设置字符格式

应用不同的字符格式，可以使原本千篇一律的文档产生不同的视觉效果。Word 2016 中提供了多种自带的字体，包括宋体、黑体、楷体、幼圆、隶书、华文新魏、华文彩云等；字形主要包括常规、倾斜、加粗、加粗并倾斜等；对字符的修饰主要有下划线、加框和底纹等。用户可以通过浮动工具栏、“字体”工作组或“字体”对话框等设置对字符进行修饰。

1）使用浮动工具栏

为了使文档编辑更加方便，Word 2016 有格式设置的“浮动工具栏”。选择需要设置格式的文本后右击，即会弹出此浮动工具栏，如图 4-1 所示。该工具栏中包含了字体、字号、加粗、颜色等常用的字符格式设置。对所选择的待格式设置文本，在该工具栏中选择相应的设置即可。

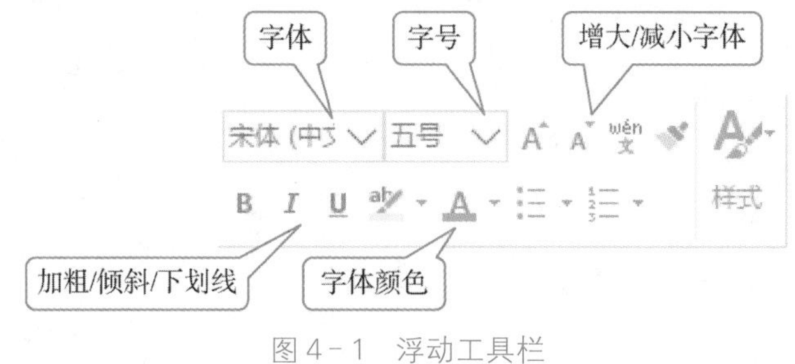

图 4-1 浮动工具栏

字符包含用户在文档中输入的字母、汉字、数字和符号，其书写和打印方式就是字体。字号，就是字的大小，常用的字号单位有“号”和“磅”。字号列表中字号的表示方法有两种：一种是中文数字，数字越小，对应的字号越大；另一种是阿拉伯数字，数字越大，对应的字号越大。

2）使用“字体”工作组

使用功能区“开始”选项卡下的“字体”工作组也可以快速地设置字符格式，如图 4-2 所示。用“字体”工作组设置的方法与浮动工具栏相同，只是前者的设置更全面。

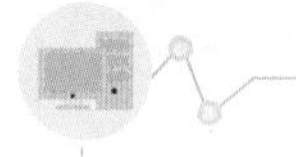

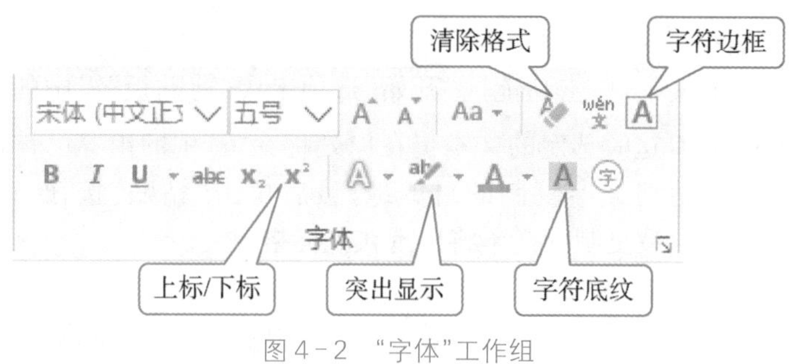

图 4－2 “字体”工作组

3）使用“字体”对话框

在“字体”对话框中不但支持“字体”工作组中所有的功能，还能设置一些特殊或更详细的格式，如改变字符间距和添加文字效果等。操作步骤如下：

（1）选择需要进行格式设置的文本。

（2）单击“字体”组右下角的扩展按钮，或者单击鼠标右键后在弹出的快捷菜单中选择“字体”选项，将打开如图 4－3 所示的“字体”对话框，该对话框共有“字体”和“高级”两个选项卡：在“字体”选项卡中，可以设置中西文字体、字形、字号、字符的颜色、下划线等，还可以设置各种特殊效果，如上下标效果、阴影效果等，在“效果”区中点选相应复选框即可，且都可以在下面的预览框中看到预览演示的效果。

在“高级”选项卡中，如图 4－4 所示，可以设置文字的缩放比例、文字间距和相对位置等。

图 4－3 “字体”选项卡

图 4－4 “高级”选项卡

（3）设置结束后，单击“确定”按钮，被选定的文本就会改为所设置的形式。

4.1.3　表格的编辑

创建了表格之后，接下来可以对表格进行各种编辑操作，包括编辑表格内容、增加或删除表格中的行列、改变行高和列宽、合并与拆分表格或单元格等操作。

1. 编辑表格中的文本

在表格中，单元格是处理文本的基本单位。在单元格中输入和编辑文本的操作与普通文档中的操作基本相同。键入时如果内容的宽度超过了单元格的列宽则会自动换行或增加列宽；如果按 Enter 键则新起一个段落。用户可以像对待普通文本一样对单元格中的文本进行格式设置，用“开始”选项卡中的“字体”组设置字体、字号等。

2. 表格与文本的转换

1）文本转换为表格

在编辑文本时可能会编辑一些类似表格的文本，这些文本比较规则，有统一的分隔符把它们分开，如图 4－5 所示的是用制表位分隔的文本。如果在编辑表格数据时，需要将这些文本信息输入到表格中，可以使用文本转换为表格的功能将它们直接转换为表格数据。

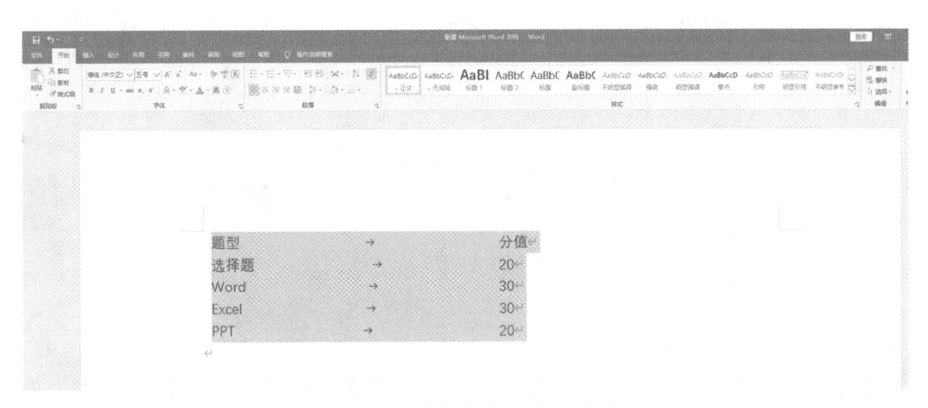

图 4－5　用制表位分隔的文本

文本转换为表格的操作步骤如下：

（1）选中要转换为表格的文本。

（2）单击“插入”选项卡中的“表格”组下拉列表中的“文本转换成表格”按钮，弹出“将文字转换成表格”对话框，如图 4－6 所示。

（3）在“列数”文本框中设置表格的列数，系统将自动计算出表格的行数。

（4）在“自动调整”操作区域设置合适的参数。

（5）在“文字分隔位置”区域选择“制表符”。

（6）单击“确定”按钮，结果如图 4－7 所示。

将文字转换成表格
表格尺寸
列数(C): 2
行数(R): 5
"自动调整"操作
固定列宽(W): 自动
根据内容调整表格(F)
根据窗口调整表格(D)
文字分隔位置
段落标记(P)
逗号(M)
空格(S)
制表符(T)
其他字符(O): -
确定
取消

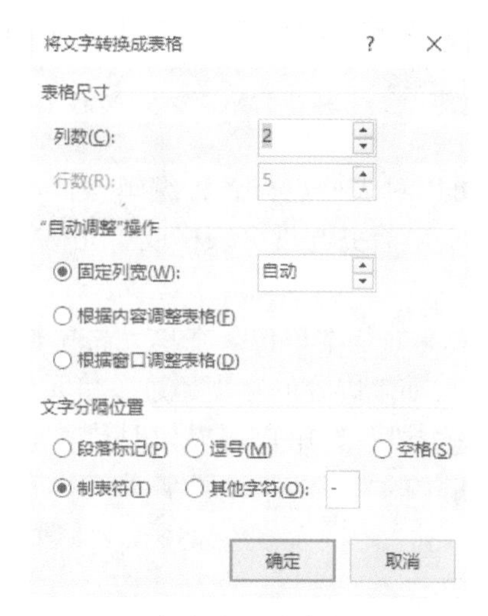

图 4-6 “将文字转换成表格”对话框

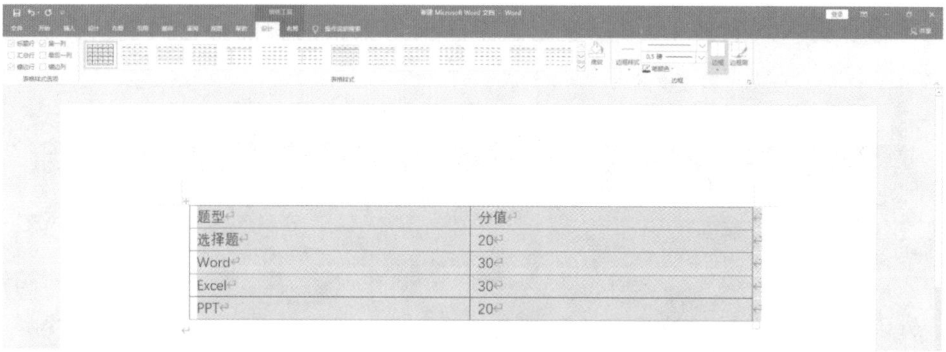

题型
分值
选择题
20
Word
30
Excel
30
PPT
20

图 4-7 文本转换表格

2）表格转换为文本

可以把文本转换为表格，也可以将表格中的数据转换为文本。把图 4-7 中表格中的数据转换为文本的操作步骤如下：

(1) 将光标置于表格的任意位置。

表格转换成文本
文字分隔符
段落标记(P)
制表符(T)
逗号(M)
其他字符(O): -
转换嵌套表格(C)
确定
取消

图 4-8 “表格转换成文本”对话框

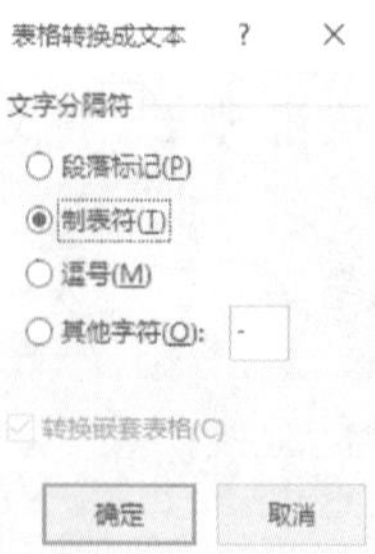

(2) 选择“表格工具”→“布局”选项卡下“数据”组中的“转换为文本”，弹出“表格转换成文本”对话框，如图 4-8 所示。

(3) 在对话框中选择一种分隔符，例如选择“逗号”单选按钮。

(4) 单击“确定”按钮，表格中的内容将转换为普通文本，并使单元格中的内容用所选的分隔符分开，如图 4-9 所示。

3. 插入和删除单元格、行(列)

1）插入单元格、行(列)

在表格中可以插入单元格、行或列，甚至可以在表格中插入表格。要在表格末尾快速添加一行，可以单击最后一行的最后单元格，然后按 Tab 键；也可以把光标定位在最后一个单元格外按 Enter 键。如果要在

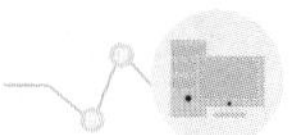

图 4－9　表格转换文本

表格的不同位置插入单元格、行或列，应首先确定插入位置。在表格中插入单元格、行(列)的操作可按以下步骤进行：

(1) 将插入点定位在表格中；

(2) 选择"表格工具"→"布局"选项卡中的"行和列"组，如图 4－10 所示。

(3) 选择"在左侧插入"选项，在插入点所在列的左侧插入一列；选择"在右侧插入"选项，在插入点所在列的右侧插入一列。

(4) 执行"在上方插入"命令，在插入点所在行的上方插入一行；执行"在下方插入"命令，在插入点所在行的下方插入一行。

(5) 选择"行和列"组中右下角的扩展按钮，弹出"插入单元格"对话框，如图 4－11 所示。

"插入单元格"单选按钮的功能如下：

① 活动单元格右移：可以在选定单元格的位置插入新的单元格，原单元格向右移动。

② 活动单元格下移：可以在选定单元格的位置插入新的单元格，原单元格向下移动。

③ 整行插入：可以在选定单元格的位置插入新行，原单元格所在的行下移。

④ 整列插入：可以在选定单元格的位置插入新列，原单元格所在的列右移。

(6) 单击"确定"按钮。

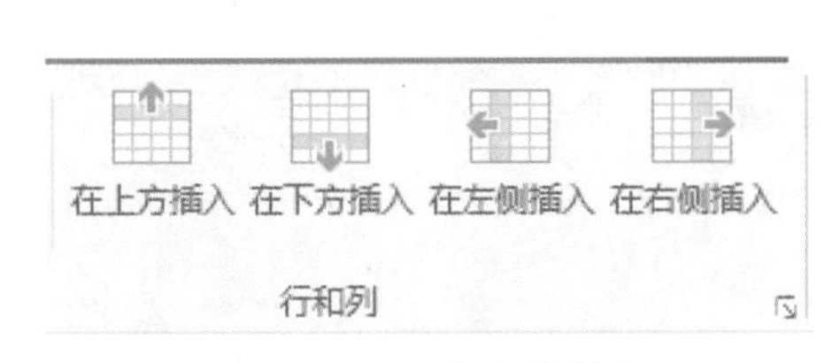

图 4－10　"行和列"组

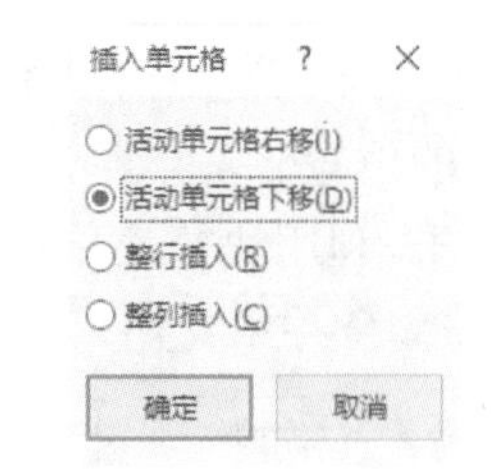

图 4－11　"插入单元格"话框

提示

在插入单元格时，如果单元格右移整个表格的列不会增加，如果单元格下移，表格将会增加一个行，所以在插入单元格后可能会使表格变得参差不齐。

2）删除单元格、行(列)

如果在插入表格时,出现有多余的行或列,可以根据需要删除多余的行或列。删除了单元格,行或列的内容也将随之被删除。

删除单元格、行(列)的方法如下:

(1) 将插入点定位在表格中,单击"表格工具"→"布局"→"行和列"组→"删除"按钮,弹出下拉列表,如图 4-12 所示:

① 选择"删除列",可将插入点所在列删除。

② 选择"删除行",可将插入点所在行删除。

③ 选择"删除表格",可将整个表格删除。

④ 选择"删除单元格",则弹出"删除单元格"对话框,如图 4-13 所示。

(2) 在"删除单元格"对话框中,4 个选项分别是"插入单元格"对话框中相应选项的逆操作;

(3) 选定后,单击"确定"按钮。

图 4-12 "删除"子菜单

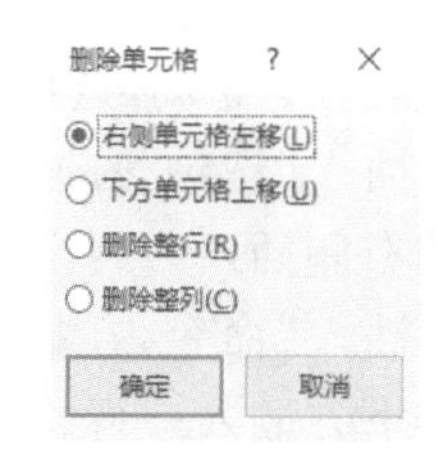

图 4-13 "删除单元格"对话框

4. 移动和复制单元格、行(列)

将单元格、行或列中的内容移动或复制到相应的单元格,行、列的操作与普通文本操作完全一样,操作如下:

(1) 先选定要移动(或复制)的表格内容。

(2) 选择"开始"选项卡中的"剪贴板"组中的"剪切"(或"复制")选项。

(3) 将插入点移动到目标单元格、行(列)。

(4) 执行"开始"选项卡中的"剪贴板"组中的"粘贴"命令,即可把剪切(或复制)的内容粘贴到相应的位置。

也可右击,利用快捷菜单进行以上操作。

5. 拆分和合并单元格

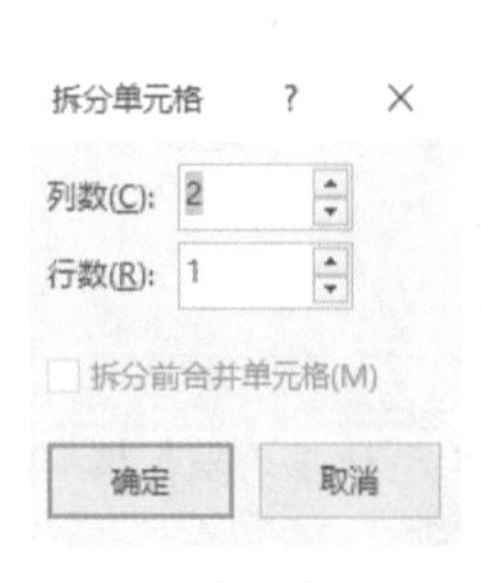

图 4-14 "拆分单元格"对话框

1）拆分单元格

拆分单元格就是把表中的一个单元格分成多个单元格,达到增加行数和列数的目的。具体操作如下:

(1) 选定要拆分的单元格。

(2) 选择"表格工具"→"布局"选项卡→"合并"组→"拆分单元格",或单击鼠标右键并选择快捷菜单中的"拆分单元格",都将打开"拆分单元格"对话框,如图 4-14 所示。

(3) 在对话框的"列数"文本框中输入单元格要拆分的列数,在"行数"文本框中输入单元格要拆分的行数,列数与行数相乘即为拆分后单元格的数目。

(4) 单击“确定”按钮完成拆分单元格的操作。

提示

对话框中有一个“拆分前合并单元格”复选框，选中此项，表示拆分前将选定的多个单元格合并成一个单元格，然后再将这个单元格拆分为指定的单元格数；不选此项，表示将选定的多个单元格直接拆分为指定的单元格数。

2) 合并单元格

合并单元格就是把相邻两个或多个单元格合并成一个大的单元格。操作如下：

(1) 选定要合并的单元格。

(2) 选择“表格工具”→“布局”选项卡→“合并”组→“合并单元格”，或右击并选择快捷菜单中的“合并单元格”选项。

(3) 选定的单元格被合并成一个单元格。

6. 拆分表格

拆分表格就是将一个表格拆分成为两个表格。具体操作方法如下：

(1) 将光标定位于要拆分的位置，即将要成为拆分后第二个表格的第一行处。

(2) 单击“表格工具”→“布局”选项卡→“合并”组→“拆分表格”按钮，可将表格一分为二。

7. 调整表格的大小

编辑表格的一个重要方面是更改列的宽度或行的高度以适应放在单元格中的信息。改变行高和列宽的操作可以用鼠标来完成，也可以在“表格属性”对话框中为列的宽度和行的高度输入一个实际的数值。

由于调整行高和列宽的操作基本相同，这里仅以列宽的调整为例。

1) 使用“自动调整”调整表格

自动调整表格的方法如下：

(1) 将光标置于表格内的任意位置。

(2) 选择“表格工具”→“布局”选项卡→“单元格大小”组→“自动调整”选项，或右击并选择快捷菜单中的“自动调整”，在弹出的子菜单中选择相应的选项，如图 4－15 所示。

(3) 选择“根据内容自动调整表格”，则表格的列宽会根据表格中内容的宽度改变。

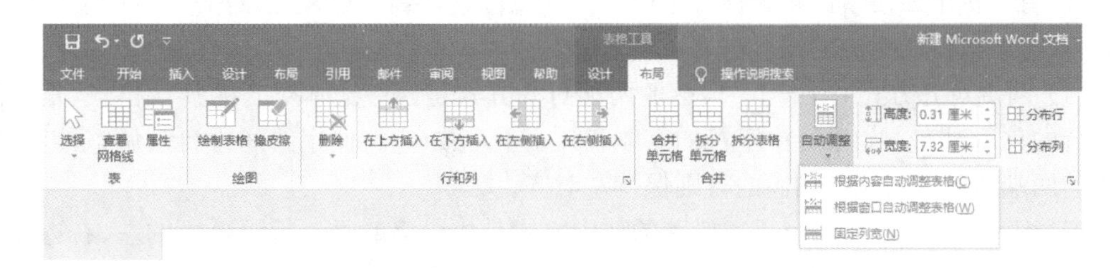

图 4－15　“自动调整”子菜单

选择“根据窗口自动调整表格”，则表格的宽度自动变为页面的宽度。

选择“固定列宽”，则列宽不变，如果内容的宽度超过了列宽会自动换行。

2) 使用“表格属性”调整表格

如果表格尺寸要求比较精确的话，则应通过“表格属性”对话框来调整列宽和行高。操作方法如下：

(1) 将光标放在要调整列宽的列中或选中该列。

(2) 选择“表格工具”→“布局”选项卡→“表”组→“属性”选项，或右击并选择快捷菜单中的“表格属性”，即可打开“表格属性”对话框，在其中的“行”“列”选项卡中可以设置该单元格所在行列的行高与列宽，如图 4-16 所示。

图 4-16 “表格属性”对话框

4.1.4 设置段落对齐方式

1. 设置段落对齐方式

Word 2016 提供的段落对齐工具 位于“开始”选项卡→“段落”组中，从左至右依次是左对齐、居中、右对齐、两端对齐和分散对齐。段落的对齐方式排版操作并不复杂，首先选中该段落或将光标置于段落的任意位置，然后单击段落对齐工具中的相应按钮即可，也可以使用对应的组合键，分别叙述如下：

(1) 两端对齐方式 Ctrl+J。段落的两端对齐方式是段落文本对齐的默认格式，是指段落每行的首尾对齐。如果行中字符的字体和大小不一致，它将使字符间距自动调整，以维持段落的两端对齐。对没有输满的行则保持左对齐。

(2) 居中对齐方式 Ctrl+E。段落的居中方式是指段落的每一行距页面的左、右边界距离一样大。它常用于文档标题的居中显示。

(3) 右对齐方式 Ctrl+R。右对齐方式是指段落中所有的行都靠右边界对齐。右对齐方式通常对信函和表格处理更加有用，例如，信函中的日期就经常使用右对齐方式。

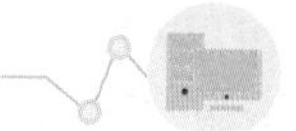

(4) 左对齐方式 Ctrl+L。左对齐方式是指段落中所有的行都靠左边界对齐。

(5) 分散对齐方式 Ctrl+Shift+J。段落的分散对齐方式和两端对齐方式相似，其区别在于当一行文本没有输满时两端对齐方式排版是左对齐，而分散对齐方式排版则将未输满行的首尾仍与前一行对齐，且在一行中平均分配字符间距。分散对齐方式排版多用于一些特殊场合，例如，当姓名字数不相同时就常用分散对齐方式排版。

2. 设置段落缩进

段落的缩进操作可以通过拖动水平标尺的游标进行，如果文档的标尺没有显示，则可以通过"视图"选项卡→"显示"功能组→勾选"标尺"功能来显示。图 4－17 所示的是缩进示意图。

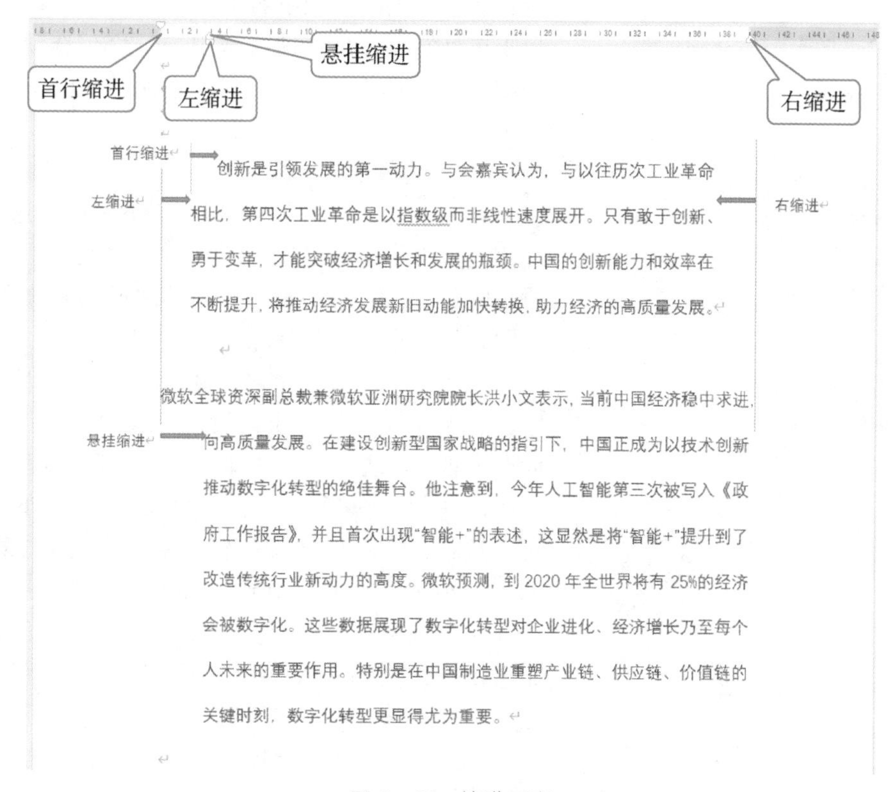

图 4－17　缩进示意

1) 首行缩进

所谓段落首行缩进，是指段落的第一行的第一个字符距离段落左边界的距离。一般段落都采用首行缩进以表明段落的开始。

段落的首行缩进操作如下：将光标停留在段落中的任意位置处；用鼠标拖动水平标尺的"首行缩进"游标(标尺左端的下三角形游标)向右移动，即可完成段落的首行缩进操作。

2) 左/右缩进

页边距就是页面四周的空白区域。段落的左边界标度大于左页边距的右标度称为"左缩进"，段落的右边界标度小于右页边距左标度称为"右缩进"。可以通过改变段落缩进的多少，来使得段落更加整齐有序。

段落的左/右缩进操作如下：将光标停留在段落任意位置处；用鼠标拖动水平标尺的“左缩进”游标(标尺左端的下方矩形游标)或“右缩进”游标(标尺右端的上三角形游标)向左或右移动，即可完成段落的左/右缩进操作。

3) 悬挂缩进

悬挂缩进是指段落的首行起始位置不变，其余各行一律缩进一定距离，起到悬挂效果。操作时将光标停留在段落中的任意位置处，用鼠标拖动水平标尺的“悬挂缩进”游标(标尺左端的上三角形游标)向右移动，即可设置段落的悬挂缩进。

以上对段落格式的设置均可在“段落”对话框中实现：单击“段落”功能组右下角的对话框启动按钮，或单击鼠标右键弹出快捷菜单中的“段落”选项，都将打开如图 4-18 所示的“段落”对话框，填入相应选项即可。

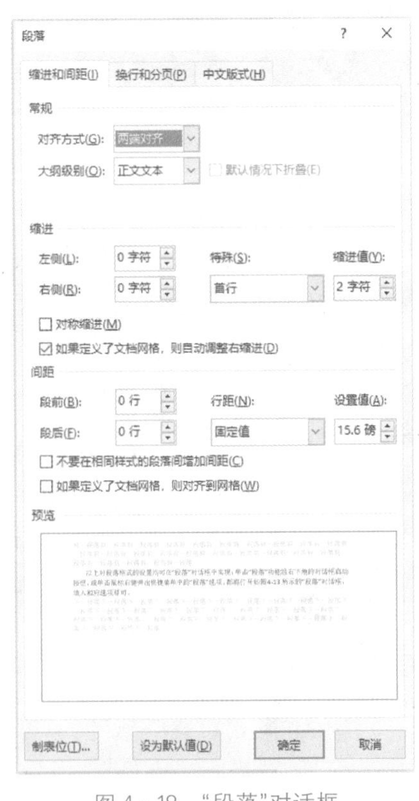

图 4-18 “段落”对话框

3. 设置段落间距

在图 4-18 的“段落”→“缩进和间距”选项卡的“间距”选项组中，可以实现段落间距和行间距的设置。段落间距是指文本中段落与段落之间的垂直距离；行间距是指文本中行与行之间的垂直距离。

在图 4-18 所示的“间距”选项组中，“段前”和“段后”两个文本框用于设置段前(该段与上一段)的间距和段后(该段与下一段)的间距，通常只需设置其中的一个。在“行距”下拉列表框中，有 6 种间距可供选择：单倍行距、1.5 倍行距、2 倍行距、最小值、固定值和多倍行距。其中，“单倍行距”是指该行的最高字符高度加上适当的附加量；“最小值”是指行距可由用户自行调整到最小值；“固定值”将行距固定为某个磅值。只有在最小值和固定值时用户才能自己确定行距的值，具体数值可在右方“设置值”文本框中设置。

4. 设置项目符号和编号

在文档中使用项目符号和编号，可以使文档层次更加分明有条理，并且易于读者阅读。

1) 自动创建项目符号

(1) 在文档中需要插入项目符号的位置输入“*”，然后在键盘上输入空格键或者 Tab 键。

(2) 输入文本之后，按 Enter 键，将自动插入下一个项目符号。

(3) 如果要结束项目符号的输入，可以按两次 Enter 键或者按一次 Backspace 键删除列表中的最后一个项目符号即可。

2) 为现有的文本添加项目符号

为现有的文本添加项目符号的方法如下：

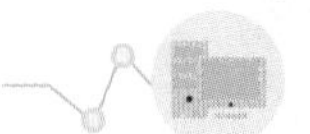

(1) 在文档中选择要添加项目符号的文本。

(2) 在“开始”选项卡→“段落”组→“项目符号”按钮旁的向下的三角箭头。

(3) 从弹出的“项目符号”下拉列表中选择一个项目符号应用于当前文本,如图 4 - 19 所示。

(4) 如果列表中没有所需要的符号,可以单击图 4 - 19 中的“定义新项目符号”选项,进行进一步的设置。如图 4 - 20 所示。

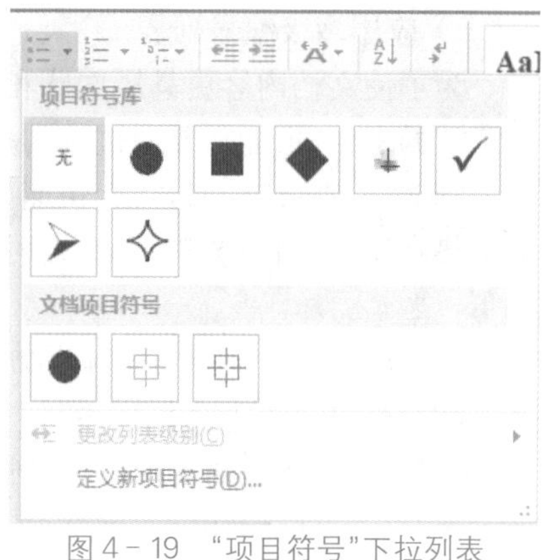

图 4 - 19　“项目符号”下拉列表

3) 为现有文本添加编号

创建编号与创建项目符号的操作过程类似,操作如下:

(1) 选中文档中需要添加编号的文本。

(2) 单击“开始”选项卡→“段落”组→“编号”按钮旁的向下的三角箭头。

(3) 从弹出的“编号”下拉列表中选择一种编号应用于当前文本。

(4) 如果需要定义新的编号格式,单击图 4 - 21 中的“定义新编号格式”按钮,在弹出的“定义新编号格式”对话框(见图 4 - 22)中进行下一步的设置,包括编号样式、编号格式、对齐方式等。

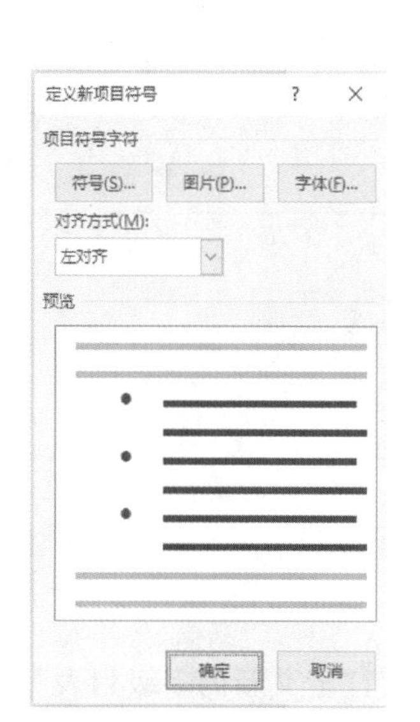

图 4 - 20　定义新项目符号

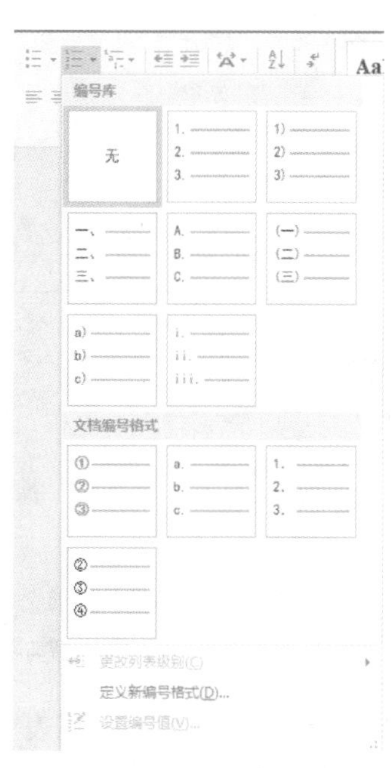

图 4 - 21　“编号”下拉列表

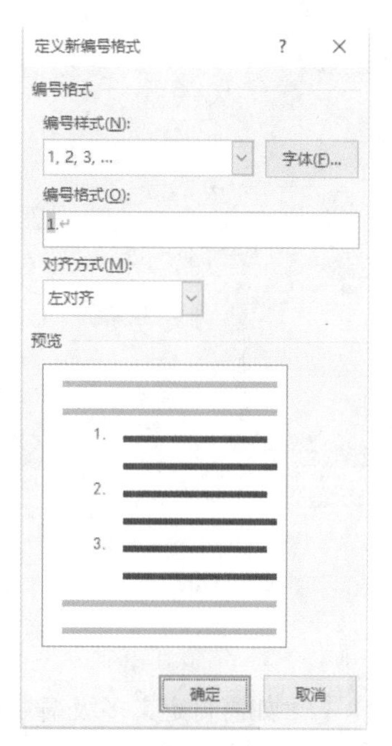

图 4 - 22　“定义新编号格式”对话框

5. 多级列表

在文本前添加编号有助于增强文本的层次感和逻辑性,尤其在编辑长文档时,多级编号列表非常有用。

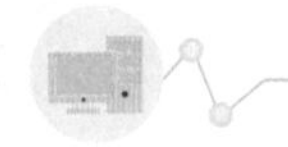

1）应用多级编号列表

为了使文档内容更具层次感和条理性，经常需要使用多级编号列表。例如，一篇包含多个章节的书稿，可能需要通过应用多级编号来标示各个章节。多级编号与文档的大纲级别、内置标题样式相结合时，将会快速生成分级别的章节编号。应用多级编号编排长文档的最大优势在于，调整章节顺序、级别时，编号能够自动更新。为文本应用多级编号的操作方法如下：

(1) 在文档中选择要向其添加多级编号的文本段落。

(2) 在“开始”选项卡上，单击“段落”选项组中的“多级列表”按钮。

(3) 从弹出的“列表库”下拉列表中选择一类多级编号应用于当前文本，如图 4－23(a)所示。

(4) 如需改变某一级编号的级别，可以将光标定位在文本段落之前按 Tab 键，也可以先选中文本，然后在如图 4－23(b)所示的功能组中选择“减少缩进量”或“增加缩进量”按钮来实现。

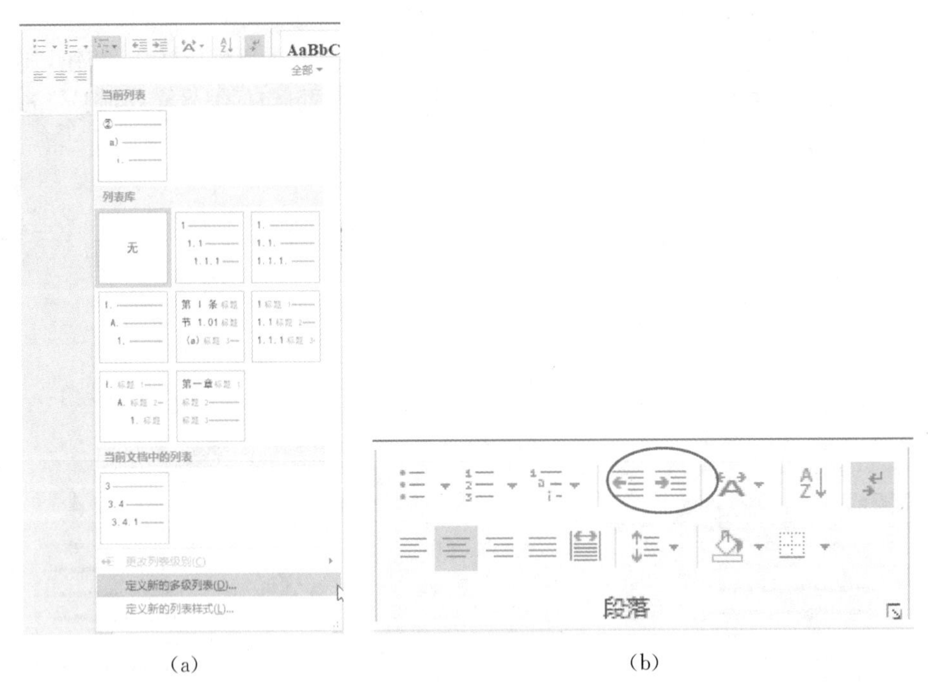

(a)　　　　(b)

图 4－23　为文本添加多级编号并调整列表级别

(a) 多级“列表库”下拉列表；(b) 减少、增加缩进量

(5) 如需自定义多级编号列表，应在“列表库”下拉列表中执行“定义新的多级列表”命令，在随后打开的“定义新多级列表”对话框中进行设置。

2）多级编号与样式的链接

多级编号与内置标题样式进行链接之后，应用标题样式即可同时应用多级列表，具体操作方法如下：

(1) 在“开始”选项卡上，单击“段落”选项组中的“多级列表”按钮。

(2) 从弹出的下拉列表中执行“定义新的多级列表”命令，打开“定义新多级列表”对

话框。

(3) 单击对话框左下角的“更多”按钮，进一步展开对话框。

(4) 从左上方的级别列表中单击指定列表级别，在右侧的“将级别链接到样式”下拉列表中选择对应的内置标题样式。例如，级别 1 对应“标题 1”，如图 4－24 所示。

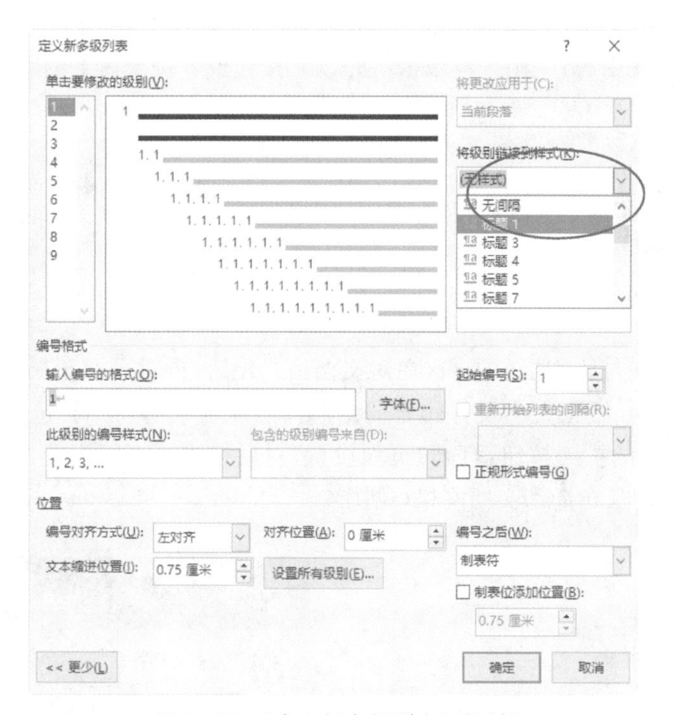

图 4－24　“定义新多级列表”对话框

(5) 在下方的“编号格式”区域中可以修改编号的格式与样式、指定起始编号等。设置完毕后单击“确定”按钮。

(6) 在文档输入标题文本或者打开已输入标题文本的文档，然后为该标题应用已连接了多级编号的内置标题样式。

4.1.5　格式刷的使用

在 Word 2016 中，可以使用功能区“开始”选项卡上“剪贴板”组中的“格式刷”按钮 快速方便地复制字符及段落格式。

1) 字符格式的复制

操作过程如下：

(1) 选择具有待复制格式的文本。

(2) 单击“格式刷”按钮，这时格式刷工具会自动复制该文本的格式，指针会变为一个小刷子，然后选择要应用该格式的其他文本，这时文档会自动把第一步已经复制的格式应用在第二步所选择的文本中。

如要将格式应用于多个文本，可双击“格式刷”按钮，然后可以连续选择多个文本。

2) 段落格式的复制

操作过程如下：

(1) 将插入点定位在目标格式的段落中。

(2) 单击“格式刷”按钮，这时格式刷工具会自动复制该段落的格式，指针会变为一个小刷子，然后移到需要该格式的段落上，单击即可。

如要将格式应用于多个段落，可双击“格式刷”按钮，然后依次单击需要改变的段落即可。

如果用户不再使用“格式刷”，再单击“格式刷”按钮或者按键盘上的“Esc”键即可恢复。

4.2 调整页面对象的属性

4.2.1 页面设置

1. 设置页边距

页面设置通常在打印文档前进行，在对文档格式化后，再对页面布局进行调整。页面设置主要是确定页边距、纸张大小及打印方向。选择功能区中的“布局”选项卡，在其“页面设置”组中单击右下角的扩展按钮，打开“页面设置”对话框进行页面设置，该对话框中有 4 个选项卡：页边距、纸张、布局和文档网格(见图 4－25)。

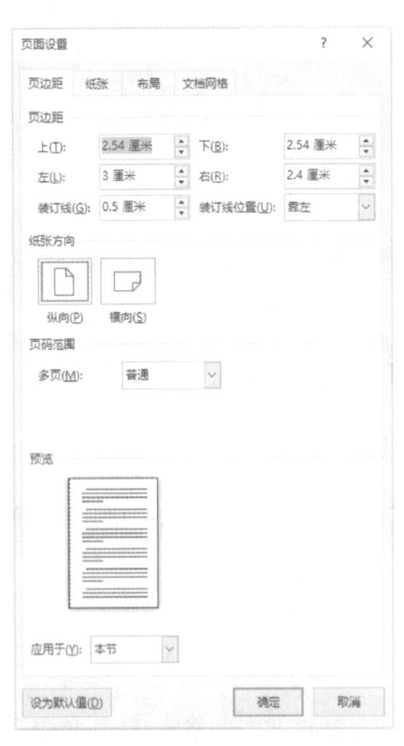

图 4－25 “页面设置”对话框

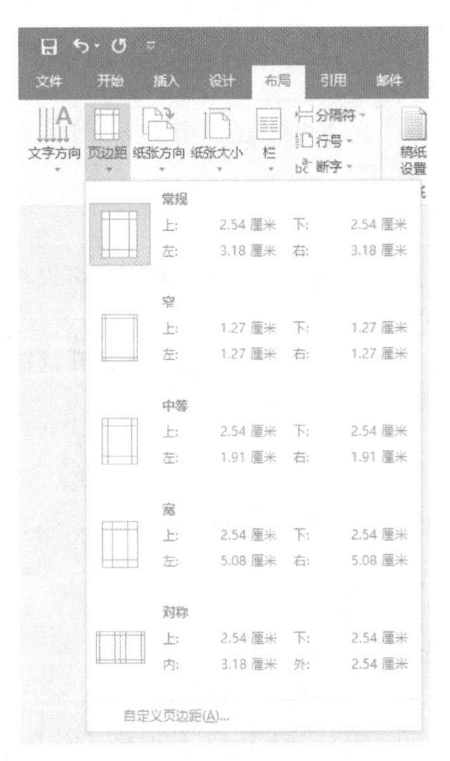

图 4－26 “页边距”下拉列表

设置页边距可直接在“页面设置”对话框的“页边距”选项卡中进行，也可选择功能区中的“布局”选项卡，在其“页面设置”组中单击“页边距”按钮，打开如图 4－26 所示的下拉列表，在此列表中列出了系统预定的多种页边距设置，用户根据需要进行选择。若没有合适的页边距设置，可以选择“自定义边距”选项，弹出“页面设置”对话框，在其“页边距”选项卡中进行详细设置。在“预览”选项组的“应用于”下拉列表框中选择以上设置所要应用的范围。

2. 设置纸张大小

在“布局”选项卡→“页面设置”组→“纸张大小”下拉选项中，可设置实际打印时的纸张规格，默认为 A4 纸，用户可根据需要选择相应的纸型，也可以自定义纸张大小。

图 4－25 中的“纸张”选项卡下的“纸张来源”选项中的选项取决于所安装的打印机的设置，在此选项卡中可以设置纸源，其中首页和其他页可以有不同的来源。

3. 设置布局

在“页面设置”对话框的“布局”选项卡中，可以把文档分为多节并为各节编排不同的格式，包括页眉和页脚的格式。单击“行号”按钮，Word 2016 会在文档的每行前显示行的编号；单击“边框”按钮，可为页面设置边框。

4. 设置文档网格

利用“页面设置”对话框的“文档网格”选项卡，可以指定文字的排列方向，指定在文档编辑中每行输入的字数和每页输入的行数等。

为了在页面上显示网格，只要单击“绘图网格”按钮，弹出“绘图网格”对话框，选中“在屏幕上显示网格线”复选框即可实现。

4.2.2 分栏

对一些特殊的文档如报纸和杂志的排版，经常需要将整个文档或部分文档分成多个栏，用以改变文档的外观。

1）创建分栏

首先选定要进行分栏的文本，选择功能区中“布局”选项卡→“页面设置”组→“栏”按钮，在弹出的下拉列表中选择相应的选项，或者可在下拉列表中选择“更多栏”选项，打开“栏”对话框，如图 4－27 所示。在该对话框中可设置栏数和样式，还可以设置栏宽相等或单独调节

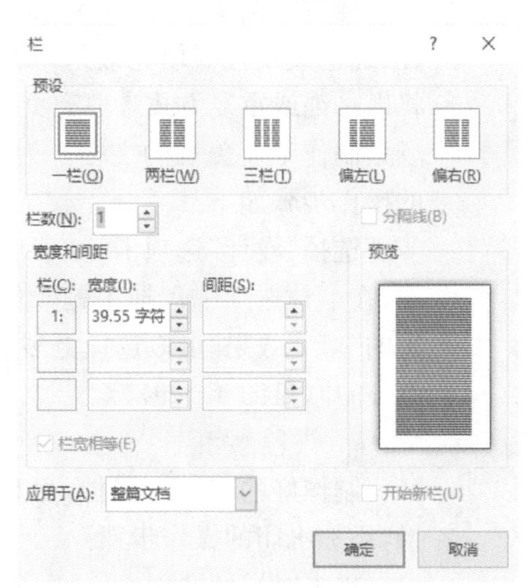

图 4－27 “分栏”对话框

各栏的栏宽、间距以及是否添加分隔线等。若是对选定文本进行分栏，则“应用于”下拉列表框默认显示为“所选文字”，则分栏后自动在选定文本前后插入“连续”型分节符，如图 4－28 所示。可以看出，分栏的内容一定是自成一节，它和节密不可分。

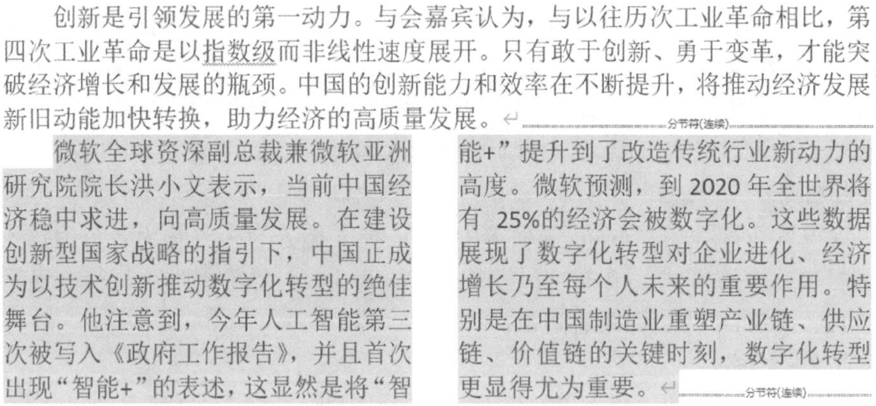

创新是引领发展的第一动力。与会嘉宾认为，与以往历次工业革命相比，第四次工业革命是以指数级而非线性速度展开。只有敢于创新、勇于变革，才能突破经济增长和发展的瓶颈。中国的创新能力和效率在不断提升，将推动经济发展新旧动能加快转换，助力经济的高质量发展。↵ 分节符(连续)

微软全球资深副总裁兼微软亚洲研究院院长洪小文表示，当前中国经济稳中求进，向高质量发展。在建设创新型国家战略的指引下，中国正成为以技术创新推动数字化转型的绝佳舞台。他注意到，今年人工智能第三次被写入《政府工作报告》，并且首次出现“智能+”的表述，这显然是将“智能+”提升到了改造传统行业新动力的高度。微软预测，到 2020 年全世界将有 25%的经济会被数字化。这些数据展现了数字化转型对企业进化、经济增长乃至每个人未来的重要作用。特别是在中国制造业重塑产业链、供应链、价值链的关键时刻，数字化转型更显得尤为重要。↵ 分节符(连续)

图 4－28　分栏后的文档

2）调整分栏

有时文字分栏后，并不能完全满足用户预先设想的效果，这时候用户可以通过插入人工分栏符的办法来调整新栏的位置。

插入人工分栏符的方法：首先将光标定位在需要调整分栏的具体位置，然后选择功能区中“布局”选项卡→“页面设置”组→“分隔符”按钮，在弹出的下拉列表中执行“分栏符”命令即可。

4.2.3　水印和背景

1. 设置背景

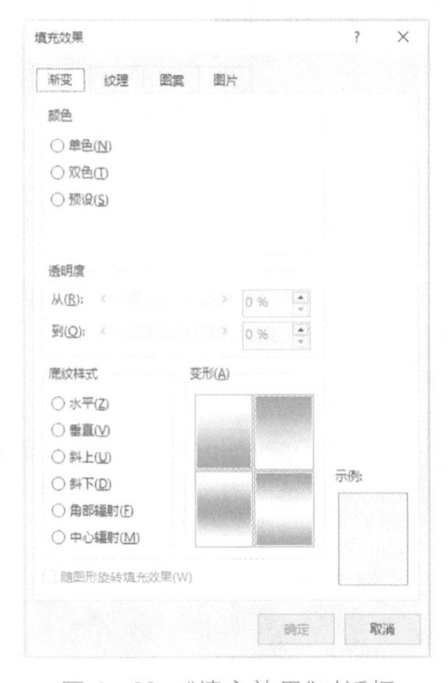

图 4－29　“填充效果”对话框

通过页面颜色设置，可以为背景应用渐变、图案、图片、纯色或纹理等填充效果，其中渐变、图案、图片和纹理将以平铺或重复方式来填充页面，从而可以针对不同应用场景制作专业美观的文档。为文档设置页面颜色和背景的操作步骤如下：

选择“设计”选项卡→“页面背景”组→“页面颜色”按钮，在下拉选项中选择主题颜色或者标准色，单击下拉选项的“填充效果”可以选择更多的效果，包括渐变、纹理、图案、图片（见图 4－29）。

2. 设置水印

制作好的 Word 文档，可以为其添加特殊的水印效果，添加水印的操作步骤：

单击“设计”选项卡→“页面背景”组→“水印”按钮，在下拉选项中可以选择 Word 内置好的水印效果：机密、紧急、免责声明等；也可以在下拉选项中选择“自定义水印”来个性化设置水印效果（见图 4－30）。

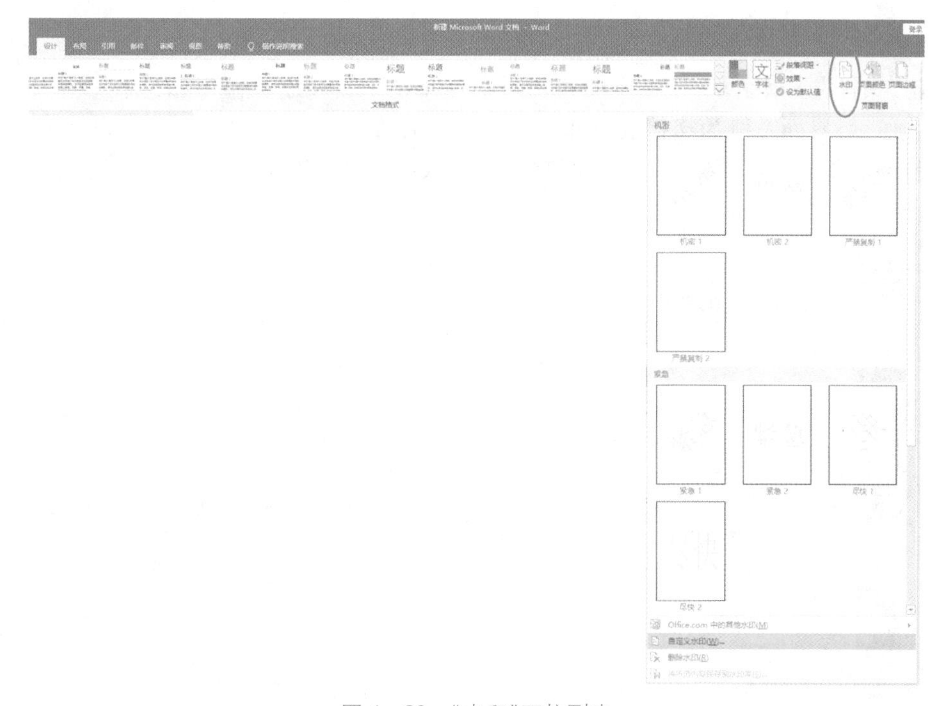

图 4－30 “水印”下拉列表

4.3 调整文档对象的属性

4.3.1 使用主题

文档主题是一套具有统一设计元素的格式选项，包括主题颜色、效果、字体等。通过对文档主题的使用，可以快速地完成整个文档的格式设置。

1. 应用 Office 的内置主题

应用 Office 内置主题的方法如下：

（1）打开“设计”选项卡→“文档格式”组→单击“主题”下拉选项。

（2）在弹出的主题下拉列表中，选择合适的主题，单击即可（见图 4－31）。

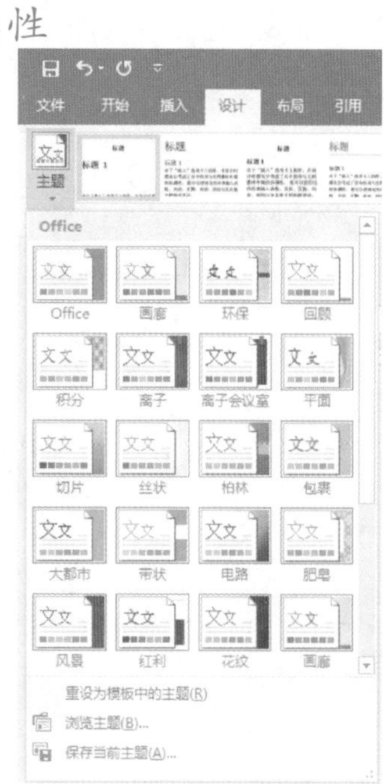

图 4－31 “主题”下拉列表

2. 自定义主题

当内置主题不能满足需求时，可以通过自定义主题来进行个性化的设置，方法如下：

在“设计”选项卡的“文档格式”组中，分别单击“颜色”“字体”“段落间距”“效果”按钮，按照需求进行设置，最后“保存当前主题”设置自定义主题名称，单击“保存”即可。

4.3.2 打印输出格式的设置

单击“文件”选项卡的“打印”按钮，显示 Word 文档的打印输出格式的设置界面，如图 4-32 所示，界面右侧为文档的打印预览效果。在左侧的各个设置项目中从上往下依次可设置打印的份数、打印机的型号、打印范围、单双面打印、多份打印时设置“对照”、设置页边距、设置每版打印的页数。

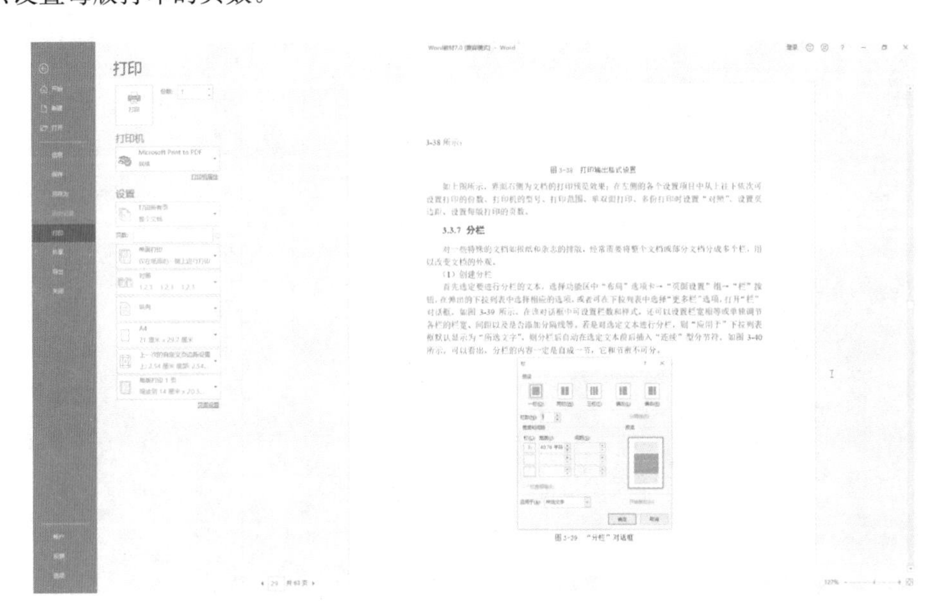

图 4-32　打印输出格式设置

扫描二维码
获取本章实验

第 5 章

Word 2016 高阶应用

本章主要介绍 Word 2016 的高阶应用，包括对文档的保护、合并两个 Word 文档、文档部件、公式、应用模板、域、样式、分节、自动编号、目录、邮件合并等功能的介绍和操作方法的描述。

5.1 文档高阶操作

5.1.1 文档的保护

对于一些重要的文件，为了防止他人对文档的修改等，Word 2016 提供文档保护的功能。具体的操作步骤如下：

（1）单击“文件”选项卡→“信息”选项→“保护文档”下拉按钮→“限制编辑”选项，打开“限制编辑”对话框。如图 5－1 所示。

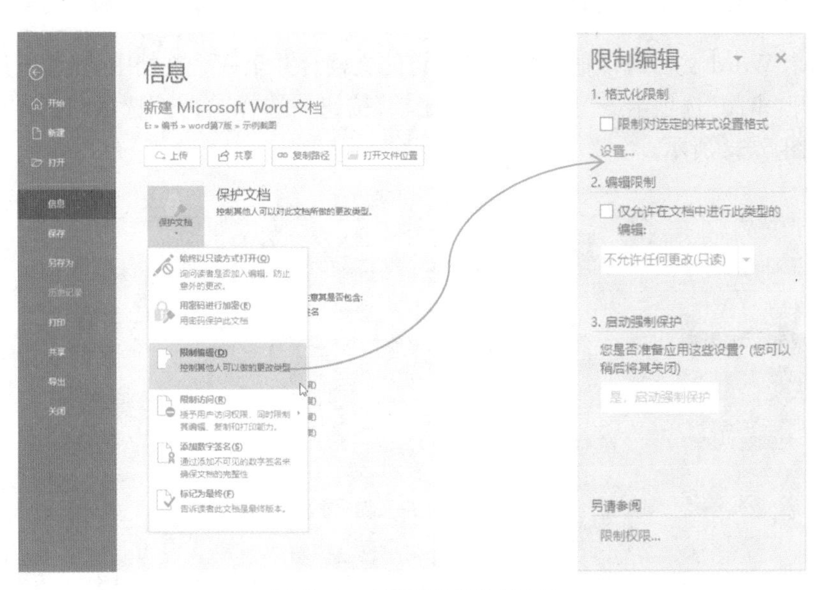

图 5－1 “限制编辑”对话框

（2）在如图 5－2 所示的“限制编辑”对话框上，可以勾选“格式化限制”或者“编辑限制”；“编辑限制”下拉选项有“修订”“批注”“填写窗体”“不允许任何更改（只读）”。

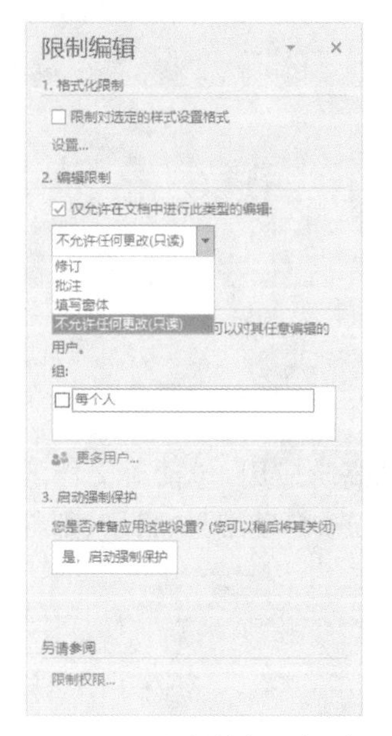

图 5-2 “限制编辑”对话框

(3) 设置完成之后,单击“是,启动强制保护”,弹出对话框,输入密码进行保护。

(4) 文档保护之后如果要取消保护,操作步骤如下:

① 打开“限制编辑”对话框,单击“停止保护”按钮,弹出“取消保护文档”对话框。

② 在“密码”文本框中输入正确的密码,单击“确定”按钮,解除文档保护。

5.1.2 合并两个 Word 文档

合并两个 Word 文档可以把不同作者修订的文档合并至一个文档中,操作方法如下:

(1) 打开“审阅”选项卡→“比较”组→“比较”按钮→选择“合并”选项,打开“合并文档”对话框。如图 5-3 所示。

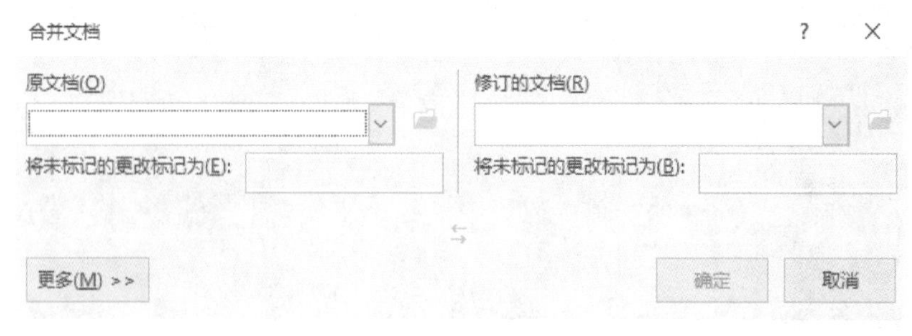

图 5-3 “合并文档”对话框

(2) 在“原文档”中选择原文档,在“修订的文档”下选择修订后的文档。

(3) 单击“确定”按钮,将会创建合并后的文档。

(4) 在合并结果文档中,审阅修订,决定接受还是拒绝。

(5) 保存合并后的文档。

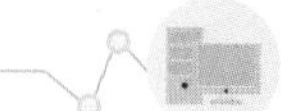

5.1.3　文档部件的创建和使用

文档部件实际上就是对某一段指定文档内容(文本、图片、表格、段落等文档对象)进行的封装手段,也可以单纯地将其理解为对这段文档内容的保存和重复使用,这为在文档中共享已有的设计或内容提供了高效手段。文档部件包括自动图文集、文档属性(如标题和作者)以及域等。

1. 自动图文集

自动图文集是可以重复使用、存储在特定位置的构建基块,是一类特殊的文档部件。如果需要在文档中反复使用某些固定内容,就可以将其定义为自动图文集词条,并在需要时引用。

(1) 在文档中输入需要定义为自动图文集词条的内容,如公司名称、通信地址、邮编、电话等组成的联系方式即可以作为一组词条。可对其进行适当的格式设置。

(2) 选择需要定义为自动图文集词条的内容。

(3) 打开"插入"选项卡,单击"文本"选项组中的"文档部件"按钮,从下拉列表中选择"自动图文集"下的"将所选内容保存到自动图文集库"选项,打开"新建构建基块"对话框,如图 5-4 所示。

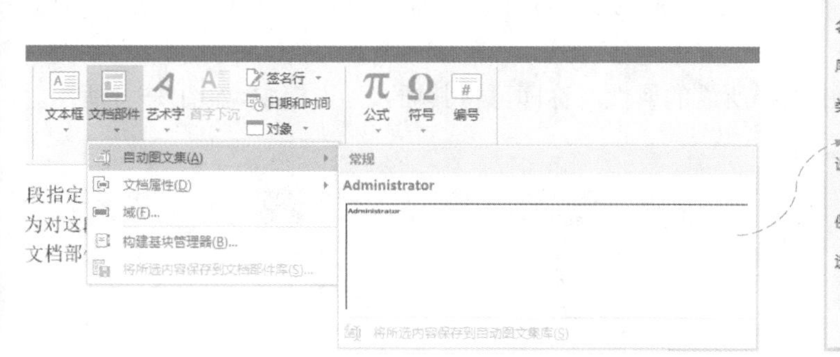

图 5-4　定义自动图文集词条

(4) 输入词条名称后,设置其他属性后,单击"确定"按钮。

(5) 在文档中需要插入自动图文集词条的位置单击,依次选择"插入"选项卡→"文本"选项组→"文档部件"按钮→"自动图文集"→上一步的词条名称,即可快速插入相关词条内容。

2. 文档属性

文档属性包含当前正在编辑文档的标题、作者、主题、摘要等文档信息。这些信息可以在"文件"后台视图中进行编辑和修改。设置文档属性的操作方法如下:

(1) 打开需要设置文档属性的 Word 文档。

(2) 单击"文件"选项卡,打开 Office 后台视图。

(3) 从左侧列表中单击"信息"按钮,在右侧的属性区域中进行各项文档属性设置。例如,在"备注"右侧区域中单击进入编辑状态,即可修改文档的备注属性,如图 5-5 所示。

调用文档属性的操作方法如下:

(1) 在文档中需要插入文档属性的位置单击鼠标。

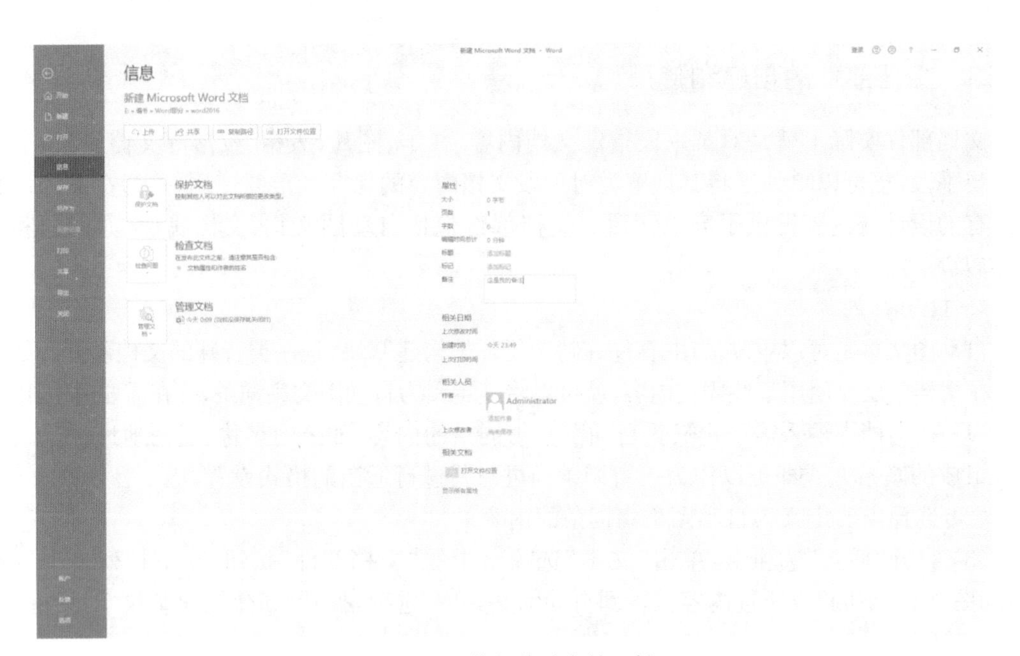

图 5-5　编辑修改文档属性

(2) 打开"插入"选项卡,单击"文本"选项组中的"文档部件"按钮,从下拉列表中选择"文档属性"。

(3) 从"文档属性"列表中选择所需的属性名称即可将其插入到文档中,如图 5-6 所示。

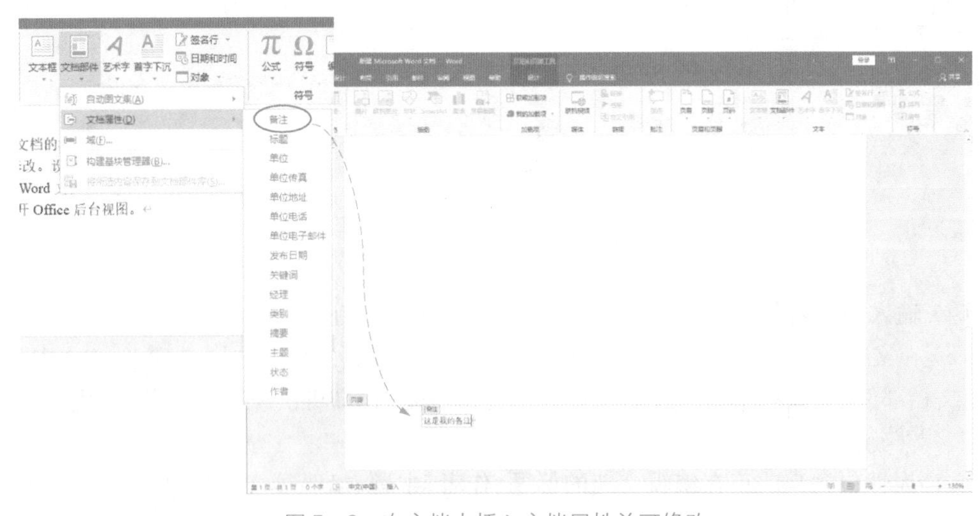

图 5-6　在文档中插入文档属性并可修改

(4) 在插入到文档中的"文档属性"框中可以修改属性内容,该修改可同步反映到后台视图的属性信息。

3. 域

1) 插入域

域是一组能够嵌入文档中的指令代码,其在文档中体现为数据的占位符。域可以提供自动更新的信息，如时间、标题、页码等。在文档中使用特定命令时，如插入页码、插入封面等文档构建基块时或者创建目录时，Word 会自动插入域。必要时，还可以手动插入域，以自动处理文档外观。例如，当需要在一个包含多个章节的长文档的页眉处自动插入每章的标题内容时，可以通过手动插入域来实现。

手动插入域的操作方法如下：

（1）在文档中需要插入域的位置单击鼠标。

（2）打开“插入”选项卡，单击“文本”选项组中的“文档部件”按钮，打开下拉列表。

（3）从下拉列表中选择“域”选项，打开如图 5－7 所示的“域”对话框。

（4）选择类别、域名，必要时设置相关域属性后，单击“确定”按钮。在对话框的“域名”区域下方显示有对当前域功能的简单说明。

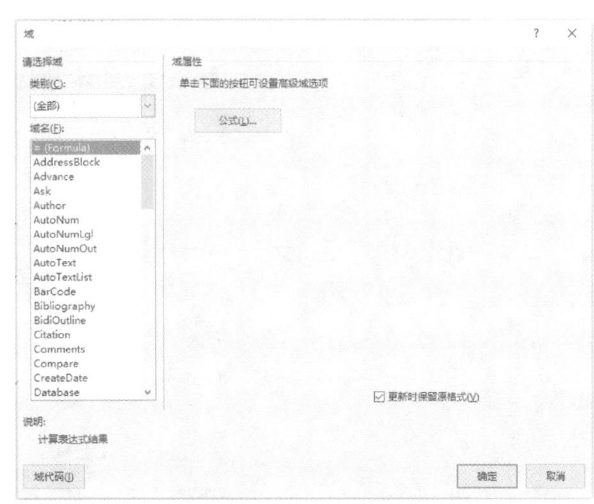

图 5－7　“域”对话框

2）域底纹的设置

在“文件”选项卡中单击“选项”按钮，弹出“Word 选项”对话框。切换到“高级”选项卡，在“显示文档内容”→“域底纹”下拉列表框中可选择域底纹是否显示。

3）域的更新、锁定和删除

光标定位到域内容中，右击，在弹出的快捷菜单中执行“更新域”命令，可将域内容更新为最新内容。

光标定位到域内容中，按 Ctrl＋F11 组合键，可将域锁定，不可以进行更新。按 Ctrl＋Shift＋F11 组合键，可解除域锁定。

选定整个域内容或域代码，按 Delete 键，可删除域。

提示

在插入的域上单击鼠标右键，利用快捷菜单可以实现切换域代码、更新域、编辑域等操作。另外，还可以通过按快捷组合键实现相关操作，如按 F9 可以更新域，按 Alt＋F9 可以切换域代码，按 Ctrl＋Shift＋F9 可以将域转换为普通文本等。

4. 自定义文档部件

要将文档中已经编辑好某一部分内容保存为文档部件并可以反复使用，可自定义文档部件，方法与自定义图文集相类似。例如，一个产品销量的表格框架很有可能在撰写其他同类文档时会再次被使用，就可以将其定义为一个文档部件。具体操作步骤如下：

（1）在文档中编辑需要保存为文档部件的内容并进行格式化，然后选中该部分内容。

（2）打开“插入”选项卡，单击“文本”选项组中的“文档部件”按钮。

（3）从下拉列表中执行“将所选内容保存到文档部件库”命令，打开“新建构建基块”对话框,如图 5-8 所示。

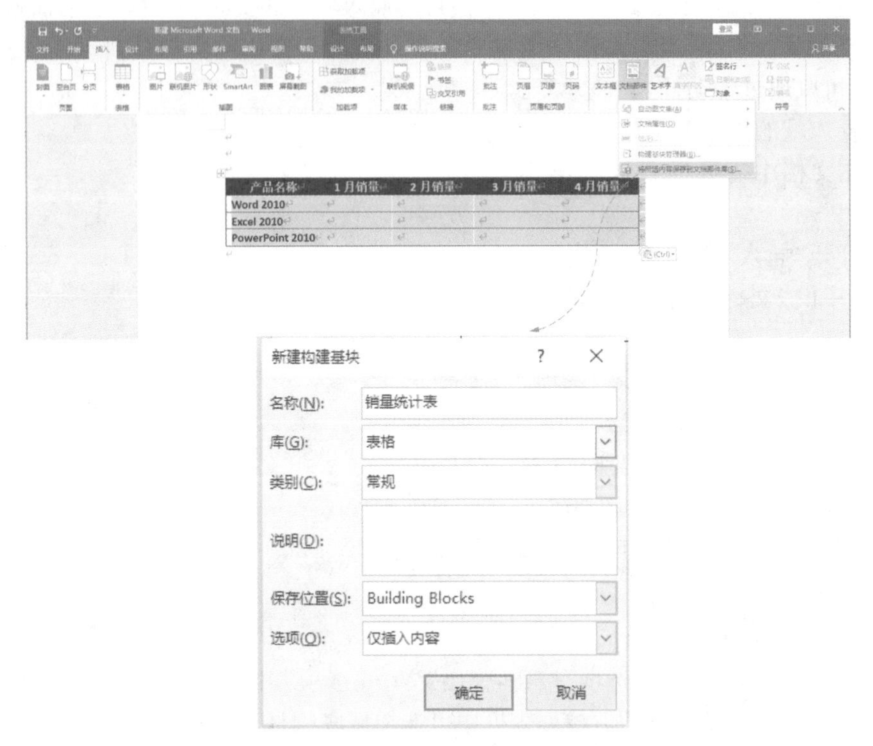

图 5-8 在"新建构建基块"对话框中创建文档部件

(4) 输入文档部件的名称,并在"库"类别下拉列表中指定存储的部件库,如选择"表格"。

(5) 单击"确定"按钮,完成文档部件的创建工作。

(6) 打开或新建另外一个文档,将光标定位在要插入文档部件的位置,依次选择"插入"选项卡→"文本"选项组→"文档部件"按钮→"构建基块管理器"选项,打开如图 5-9 所示的

图 5-9 "构建基块管理器"对话框

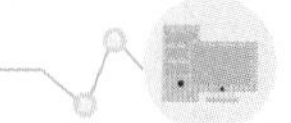

"构建基块管理器"对话框。从"构建基块"列表中选择新建的文档部件，单击"插入"按钮，即可将其直接重用在文档中。

如果需要删除自定义的文档部件，只需在图 5－9 所示的"构建基块管理器"对话框中选中该部件，然后单击"删除"按钮即可。

5.1.4　录入公式

用户在编辑文档的时候，如果需要录入公式，仅通过插入输入的方式去寻找字母符号，则非常麻烦。Word 2016 提供录入公式的功能，用户可以根据实际需要在 Word 2016 文档中灵活创建公式。

操作步骤如下：

(1) 将光标定位于文档插入公式处。

(2) 单击"插入"选项卡→"符号"组→"公式"按钮，弹出"公式"下拉列表，如图 5－10 所示。

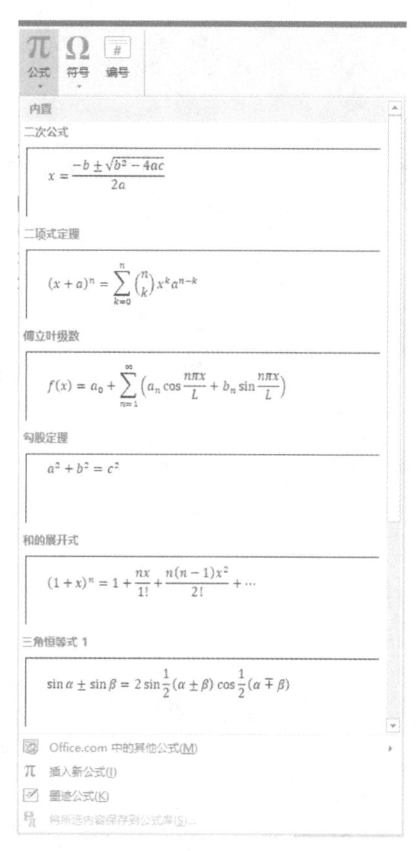

图 5－10　"公式"下拉列表

(3) 从"公式"下拉列表中选择所需公式类型并单击，即可在文档中插入所需公式。

(4) 如果下拉列表中没有用户所需公式类型，则需要在下拉列表中选择"插入新公式"选项，弹出"公式工具设计"选项卡，并在文档中插入公式处弹出"在此处键入公式"文本框，

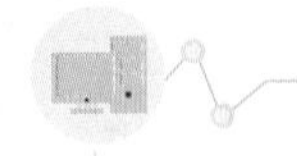

在其中直接输入相应的公式即可,如图 5-11 中的数学公式处即为“在此处键入公式”文本框。

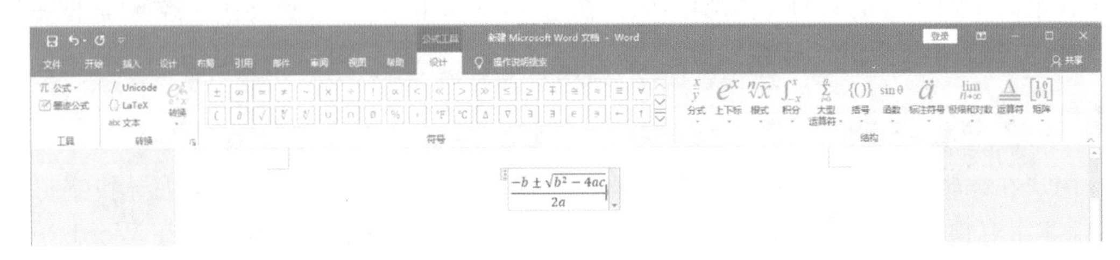

图 5-11 “公式工具→设计”选项卡

5.1.5 应用模板

模板是 Word 中采用.dotx 为扩展名的一种特殊的文档,可用作建立其他同类文档的模型。模板决定文档的基本结构和文档设置,例如自动图文集词条、字体、宏、菜单、页面布局、特殊格式和样式等。

1) 模板使用

Word 预置了许多模板(可用模板)供用户使用,而且当你觉得这些模板不够用时还可以从 Office.com 网站下载更多的模板。以可用模板为例快速创建文档的操作步骤为:

(1) 打开功能区的“文件”选项卡,选择“新建”选项,打开 Microsoft Office Backstage 视图,如图 5-12 所示。

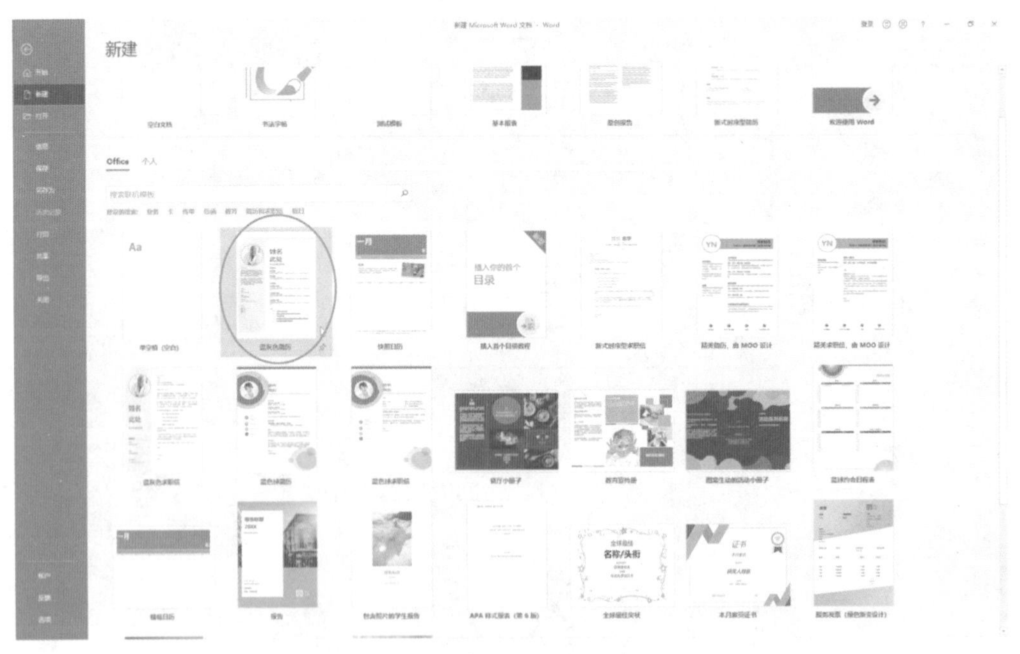

图 5-12 按照模板新建

(2) 在“模板”下单击所需要的模板,例如选择“蓝灰色简历”图标,Word 将自动创建一

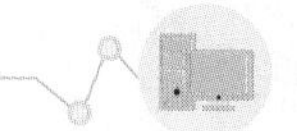

个以“蓝灰色简历”为模板的文档。

2）建立模板

除使用已经定义好的模板外，用户还可以自己定义模板，为今后使用相同格式的文档提供便利条件。操作步骤为：

（1）新建文档或打开已有文档，对文档进行格式设置。

（2）将定义好的文档另存为模板格式。

5.1.6　定义并使用样式

样式是指一组已经命名的字符和段落格式，它规定了文档中标题、正文以及要点等各个文本元素的格式。在文档中可以将一种样式应用于某个选定的段落或字符，以使所选定的段落或字符具有这种样式所定义的格式。

1. 在文档中应用样式

在编辑文档时，使用样式可以省去一些格式设置上的重复性操作。利用 Word 2016 提供的“快速样式库”，可以为文本快速应用某种样式。

1）快速样式库

利用“快速样式库”应用样式的操作步骤如下：

（1）在文档中选择要应用样式的文本段落，或将光标定位于某一段落中。

（2）在“开始”选项卡上的“样式”选项组中，单击“其他”按钮，打开如图 5－13(a)所示的“快速样式库”下拉列表。

（3）在“快速样式库”下拉列表中的各种样式之间轻松滑动鼠标，所选文本就会自动呈现出当前样式应用后的视觉效果。单击某一样式，该样式所包含的格式就会被应用到当前所选文本中。

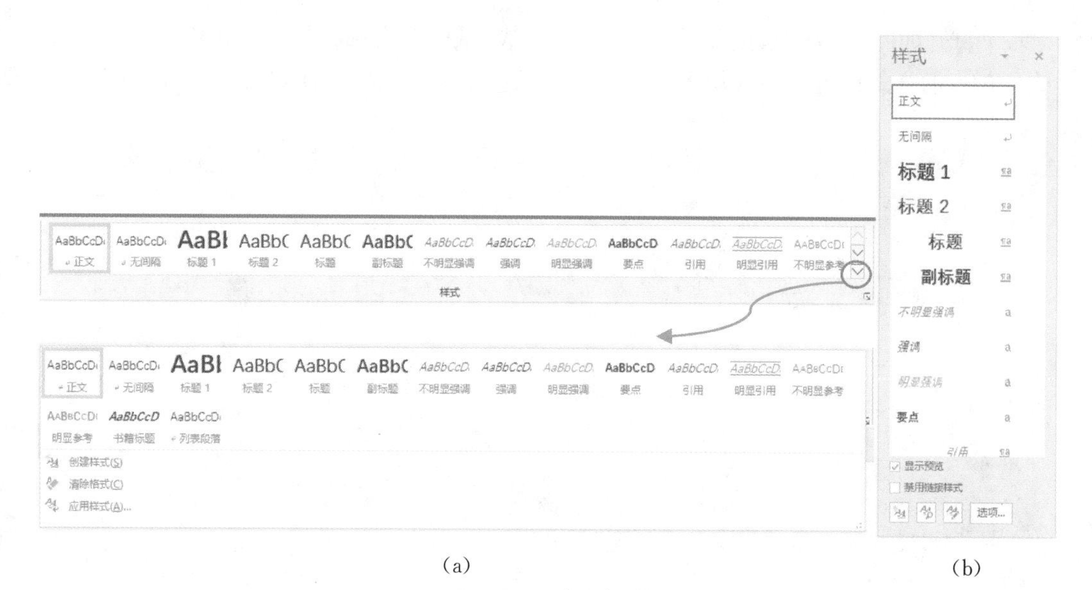

(a)　　(b)

图 5－13　应用样式

(a)“快速样式库”；(b)“样式”任务窗格

2)"样式"任务窗格

通过使用"样式"任务窗格也可以将样式应用于选中文本段落,操作步骤如下:

(1) 在文档中选择要应用样式的文本段落,或将光标定位于某一段落中。

(2) 在"开始"选项卡上的"样式"选项组中,单击右下角"对话框启动器"按钮,打开如图5-13(b)所示的"样式"任务窗格。

(3) 在"样式"任务窗格的列表框中选择某一样式,即可将该样式应用到当前段落中。

在"样式"任务窗格中选中下方的"显示预览"复选框方可看到样式的预览效果,否则所有样式只以文字描述的形式列举出来。

> 提示
>
> 在 Word 提供的内置样式中,标题 1、标题 2、标题 3 等标题样式在创建目录、按大纲级别组织和管理文档时非常有用。通常情况下,在编辑一篇长文档时,建议将各级标题分别赋予内置标题样式,然后可对标题样式进行适当修改以适应格式需求。

3)样式集

除了单独为选定的文本或段落设置样式外,Word 2016 内置了许多经过专业设计的样式集,而每个样式集都包含了一整套可应用于整篇文档的样式组合。只要选择了某个样式集,其中的样式组合就会自动应用于整篇文档,从而实现一次性完成文档中的所有样式设置。应用样式集的操作方法如下:

(1) 首先为文档中的文本应用 Word 内置样式,如标题文本应用内置标题样式。

(2) 在"开始"选项卡上的"设计"选项组中,单击"文档格式"组"样式集"右下角的向下箭头。

(3) 打开如图5-14所示的"内置"样式集列表,从中单击选择某一样式集,如"随意",该样式集包含的样式设置就会应用于当前文档中已应用了内置标题样式、正文样式的文本。

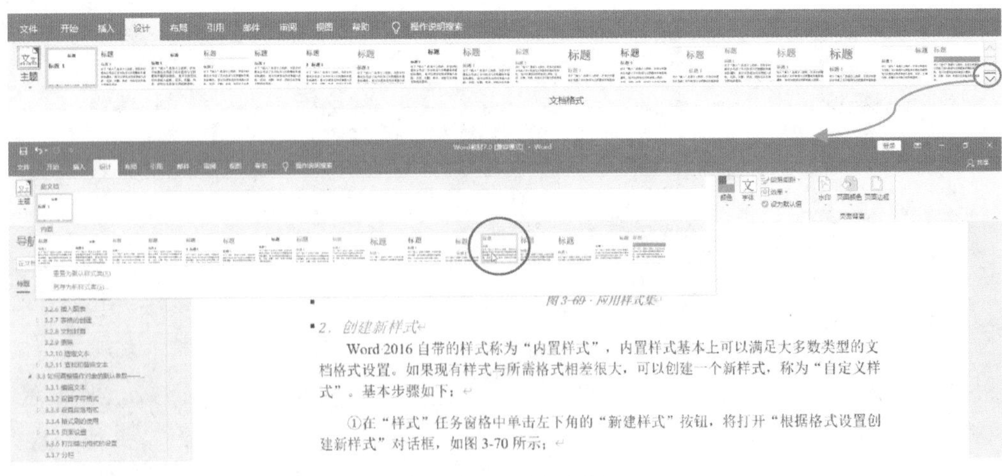

图5-14 应用样式集

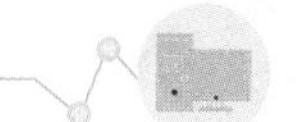

2. 创建新样式

Word 2016 自带的样式称为“内置样式”，内置样式基本上可以满足大多数类型的文档格式设置。如果现有样式与所需格式相差很大，可以创建一个新样式，称为“自定义样式”。基本步骤如下：

（1）在“样式”任务窗格中单击左下角的“新建样式”按钮，将打开“根据格式设置创建新样式”对话框，如图 5-15 所示。

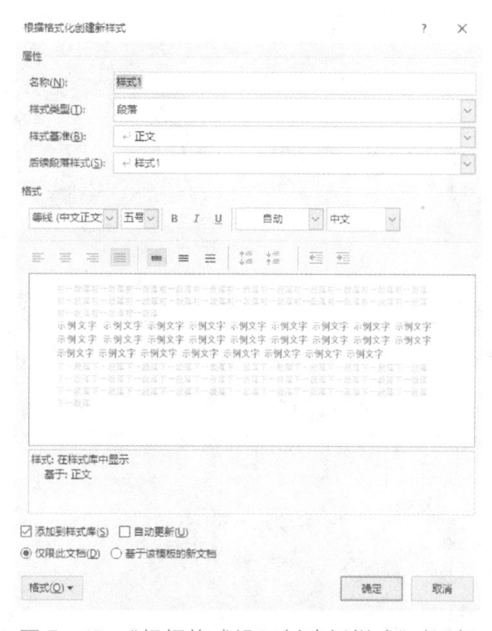

图 5-15　“根据格式设置创建新样式”对话框

（2）在对话框中设置样式的名称、类型、样式基准及后续段落样式（样式基准就是新样式的基础格式设置，默认情况下是当前光标所在位置的样式），在“格式”选项组中设置格式，或通过单击“格式”按钮对样式所包含的格式进行详细设置。

（3）单击“确定”按钮，即可成功创建一个新样式。默认情况下创建的样式会自动添加到“快速样式列表”和“样式”任务窗格的样式列表中。

应用自定义样式，其方法和应用内置样式的方法相同。

3. 复制并管理样式

在编辑文档的过程中，如果需要使用其他模板或文档的样式，可以将其复制到当前的活动文档或模板中，而不必重复创建相同的样式。复制与管理样式的操作步骤如下：

（1）打开需要接收新样式的目标文档，在“开始”选项卡上的“样式”选项组中，单击“对话框启动器”按钮，打开“样式”任务窗格。

（2）单击“样式”任务窗格底部的“管理样式”按钮，打开“管理样式”对话框，如图 5-16 所示。

（3）单击左下角的“导入/导出”，打开“管理器”对话框中的“样式”选项卡。在该对话框中，左侧区域显示的是当前文档中包含的样式列表，右侧区域显示的是 Word 默认文档模板中包含的样式。

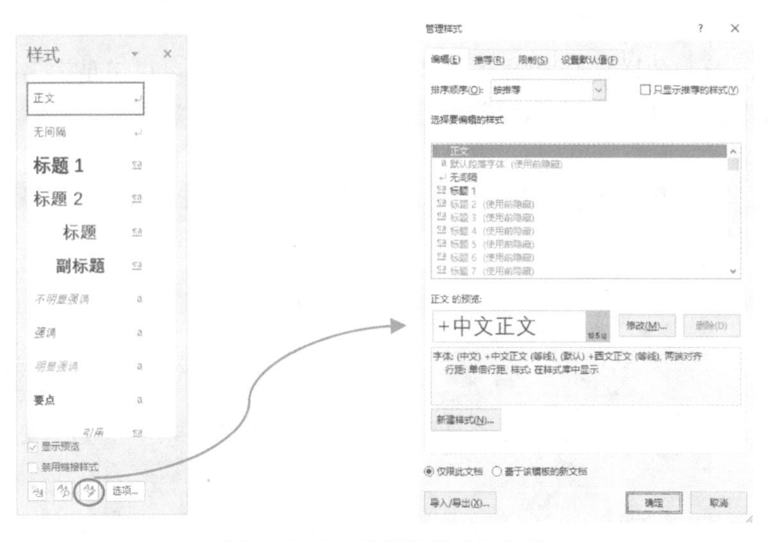

图 5-16　打开"管理样式"对话框

(4) 此时,可以看到右边的"样式的有效范围"下拉列表框中显示的是"Normal. dotm(共用模板)",而不是包含有需要复制到目标文档样式的源文档。为了改变源文档,单击右侧的"关闭文件"按钮,原来的"关闭文件"按钮就会变成"打开文件"按钮,如图 5-17 所示。

图 5-17　"管理器"对话框中的"样式"选项卡

(5) 单击"打开文件"按钮,打开"打开"对话框。

(6) 在"文件类型"下拉列表中选择"所有 Word 文档",找到并选择包含需要复制到目标文档样式的源文档后,单击"打开"按钮将源文档打开。

(7) 选中右侧样式列表中所需要的样式类型,然后单击"复制"按钮,即可将选中的样式复制到左侧的当前目标文档中。

(8) 单击"关闭"按钮,结束操作。此时就可以在当前文档的"样式"任务窗格中看到已添加的新样式了。

在图 5-17 所示的"管理样式"对话框中,还可以对样式进行其他管理,如新建或修改新样式、删除新样式、改变排列顺序、设置样式的默认格式等。

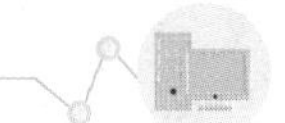

4. 修改样式

如果样式库中的样式无法满足格式设置的要求，用户可以对其进行修改，操作过程为：

(1) 在“样式”任务窗格中，右击所要修改的样式(如标题 1)，在弹出的下拉菜单中执行“修改”命令，打开“修改样式”对话框，如图 5-18 所示。

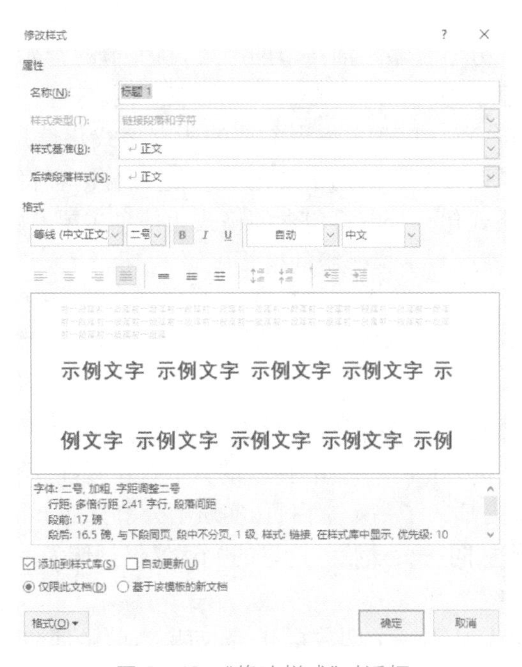

图 5-18 “修改样式”对话框

(2) 在“格式”选项组中进行相应的格式设置，或者单击下方的“格式”按钮，在弹出的下拉菜单中执行相应的命令，并在打开的相应格式设置对话框中进行设置。

(3) 设置完毕，单击“确定”按钮，则文档中应用该样式的所有文本或段落被统一设置为修改后的格式。

5.1.7 使用分隔符

分隔符是用来作为段与段之间，节与节之间的分隔，使不同的段落或章节更加分明，同时也免去了敲一大堆回车的麻烦。

分隔符分为分页符和分节符两大类。

1. 分页符

分页符包含 3 种类型(见图 5-19)：

(1) 分页符：标记一页终止并开始下一页的点，实现分页的功能。

(2) 分栏符：指示分栏符后面的文字将从下一栏开始，实现分栏的功能。

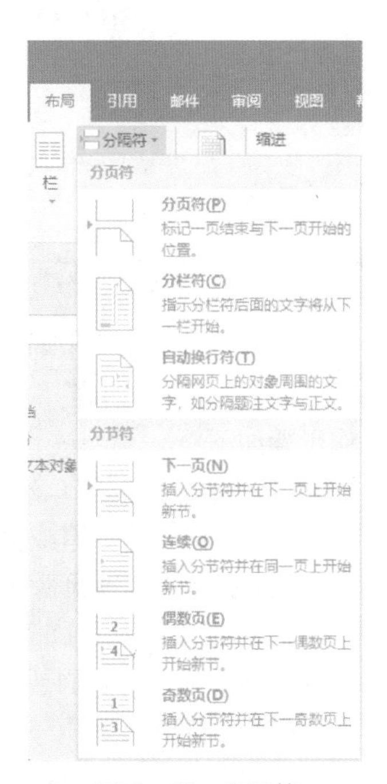

图 5-19 分隔符

(3) 自动换行符：分隔网页上的对象周围的文字，如分隔题注文字与正文。

2. 分节符

一个文档可以划分为若干节，节是文档格式化的最大单位。在新建文档时，Word 2016 将整篇文档默认为是一节。为了便于对文档进行格式化，可以将文档分成多节，每节根据需要设置不同的格式。

节用分节符来标志。分节符表示前一节的结束，新一节的开始，文档的页面格式从该位置起发生变化。分节符显示为包含“分节符”字样的双虚线。

分节符为非打印字符，Word 2016 将当前节的所有格式化信息都存储在分节符中。删除分节符也就同时删除了该分节符前的格式化信息，这部分内容将变成下一节的组成部分，并按下一节的格式进行格式化。分节符包含的格式化信息主要有：文本边界、页边距、纸张大小、页码的格式、位置与顺序、多栏排版的格式等等。

插入分节符的办法是将光标定位在要插入分节符的位置，然后选择功能区中“布局”选项卡，单击“页面设置”组中的“分隔符”按钮，在弹出如图 5-19 所示的分隔符下拉列表中选择所需类型的分节符即可。

可插入的分节符有 4 种类型，它们的功能如下：

(1) 下一页：表示新节从下一页开始，插入的分节符位置在新页的开头。与分页符的功能表面上看起来一致，都是插入了一个空白页，实质上分节符的下一页不仅分页且分节。

(2) 连续：表示新节从同一页开始。这里的“节”仅仅是作为一种逻辑分界线出现，它在此时和段落标记类似。

(3) 偶数页：表示新节从下一个偶数页开始，如果当前是偶数页，则下面的奇数页为一空页。

(4) 奇数页：表示新节从下一个奇数页开始，如果当前是奇数页，则下面的偶数页为一空页。

5.2 长文档编辑

5.2.1 为不同的节添加不同的页眉和页脚

当文档分为若干节时，可以为文档的各节创建不同的页眉或页脚，例如可以在一个长篇文档的“目录”与“内容”两部分应用不同的页脚样式。为不同节创建不同的页眉或页脚的操作步骤如下：

(1) 先将文档分节，然后将鼠标光标定位在某一节中的某一页上。

(2) 在该页的页眉或页脚区域中双击鼠标，进入页眉和页脚编辑状态。

(3) 插入页眉或页脚内容并进行相应的格式化。

(4) 在“页眉和页脚工具|设计”选项卡的“导航”选项组中，单击“上一条”或“下一条”按键进入到其他节的页眉或页脚中。

(5) 默认情况下，下一节自动接收上一节的页眉页脚信息，如图 5-20 所示。在“导航”选项组中单击“链接到前一节”按钮，可以断开当前节与前一节中的页眉(或页脚)之间的链接，页眉和页脚区域将不再显示“与上一节相同”的提示信息，此时修改本节页眉和页脚信息

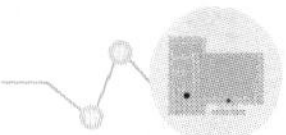

不会再影响前一节的内容。

(6) 编辑修改新节的页眉或页脚信息。在文档正文区域中双击,即可退出页眉页脚编辑状态。

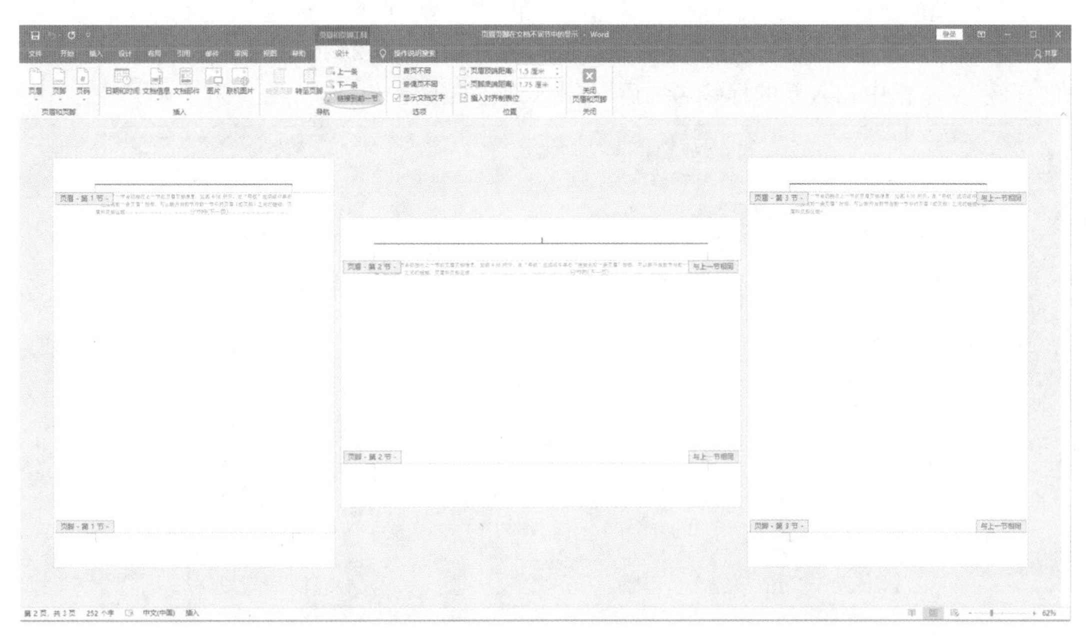

图 5 - 20　页眉页脚在文档不同节中的显示

5.2.2　图、表和公式的自动编号

题注是一种可以为文档中的图表、表格、公式或其他对象添加的编号标签,如果在文档的编辑过程中对题注执行了添加、删除或移动操作,则可以一次性更新所有题注编号,而不需要再进行单独调整。所以插入题注并在文中引用可以实现对图、表和公式的自动编号。

1. 插入题注

在文档中定义并插入题注的操作步骤如下:

(1) 在文档中定位光标到需要添加题注的位置。例如一张图片下方的说明文字之前。

(2) 在"引用"选项卡上,单击"题注"选项组中的"插入题注"按钮,打开如图 5 - 21 所示的"题注"对话框。

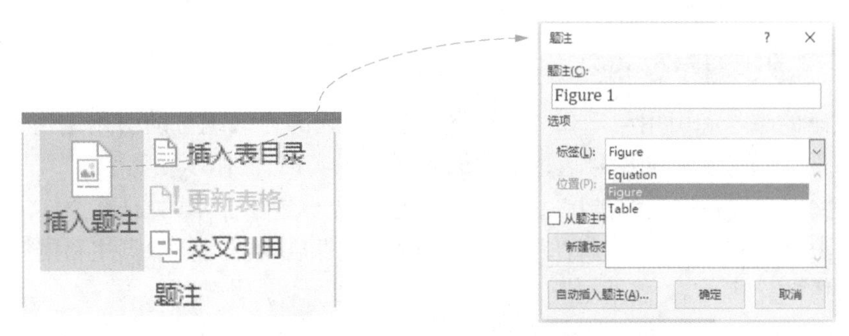

图 5 - 21　打开"题注"对话框

(3) 在“标签”下拉列表中,根据添加题注的不同对象选择不同的标签类型。

(4) 单击“编号”按钮,打开如图 5-22 所示的“题注编号”对话框,在“格式”下拉列表中重新指定题注编号的格式。如果选中“包含章节号”复选框,则可以在题注前自动增加标题序号(该标题应已经应用了内置的标题样式)。单击“确定”按钮完成编号设置。

(5) 单击“题注”对话框的“新建标签”按钮,打开如图 5-23 所示的“新建标签”对话框,在“标签”文本框中输入新的标签名称后,单击“确定”按钮。

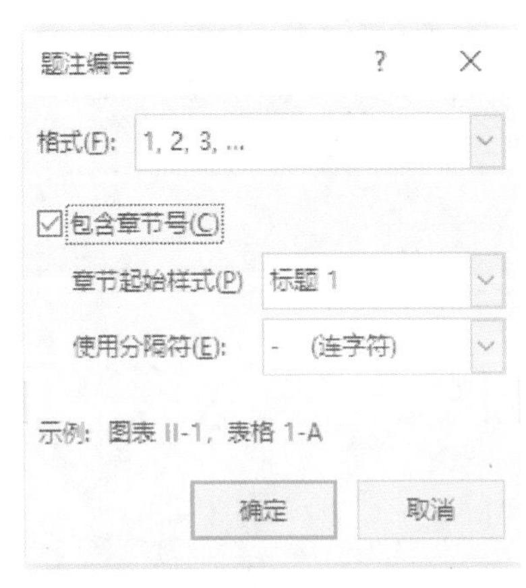

图 5-22 “题注编号”对话框

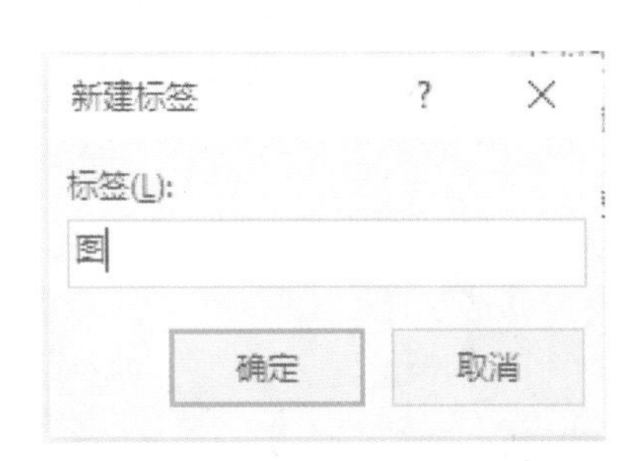

图 5-23 “新建标签”对话框

(6) 所有设置均完成后单击“确定”按钮,即可将题注添加到相应的文档位置。

2. 交叉引用题注

在编辑文档过程中,经常需要引用已插入的题注,如“参见第 4 章”“如图 2-2 所示”等。

在文档中引用题注的操作方法是:

(1) 首先在文档中应用标题样式、插入题注,然后光标定位于需要引用题注的位置。

(2) 在“引用”选项卡上,单击“题注”选项组中的“交叉引用”按钮,打开“交叉引用”对话框。

(3) 在该对话框中,选择引用类型、设定引用内容,指定所引用的具体题注。

(4) 单击“插入”按钮,在当前位置插入引用,如图 5-24 所示。单击“关闭”按钮退出对话框。

交叉引用是作为域插入到文档中的,当文档中的某个题注发生变化后,只需进行一下打印预览,文档中的其他题注序号及引用内容就会随之自动更新。

5.2.3 参考文献的编号和引用

参考文献的编号和引用与 5.2.2 节的图、表和公式的自动编号的引用题注和交叉引用题注是类似的。参考文献的编号通过引用插入尾注来实现,操作步骤如下:

(1) 在文档中选择需要添加尾注的文本,或者将光标置于文本的右侧。

(2) 单击“引用”选项卡→“脚注”组右下角的对话框启动器,打开“脚注和尾注”对话框。

(3) 选择“尾注”→“文档结尾”。

(4) 单击“插入”按钮,插入参考文献尾注。

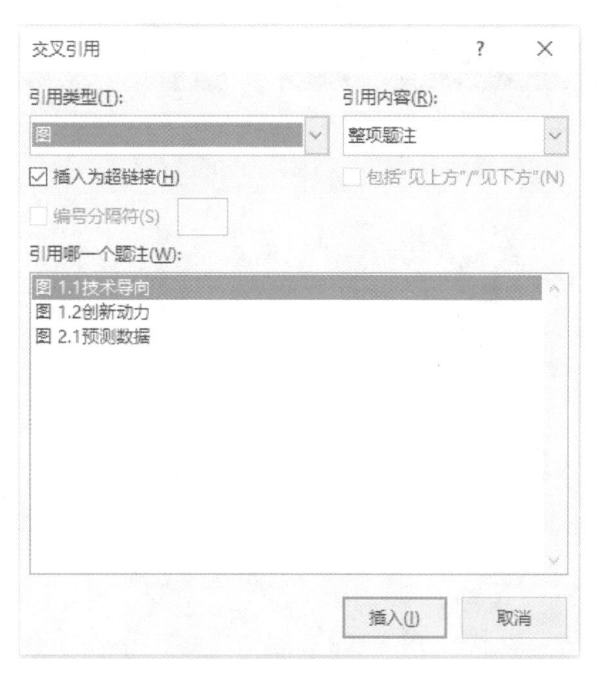

图 5－24 通过“交叉引用”对话框在文档中插入题注引用

(5) 如果需要在其他位置引用同样的参考文献，单击“引用”选项卡→“题注”组→“交叉引用”按钮，选择“引用类型”为尾注，选择对应“尾注编号(带格式)”。

5.2.4 自动生成目录

目录通常是长篇幅文档不可缺少的一项内容，它列出了文档中的各级标题及其所在页码，便于文档阅读者快速检索、查阅到相关内容。自动生成目录时，最重要的准备工作是为文档的各级标题应用样式，最好是内置标题样式。

1. 利用目录库样式创建目录

Word 2016 提供的内置“目录库”中包含多种目录样式可供选择，可代替编制者完成大部分工作，使得插入目录的操作变得异常快捷、简便。

在文档中使用“目录库”创建目录的操作步骤如下：

(1) 首先将鼠标光标定位于需要建立目录的位置，通常是文档的最前面。

(2) 在“引用”选项卡上的“目录”选项组中，单击“目录”按钮，打开目录库下拉列表，系统内置的“目录库”以可视化的方式展示了许多目录的编排方式和显示效果。

(3) 如果事先为文档的标题应用了内置的标题样式，则可从列表中选择某一种“自动目录”样式，Word 2016 就会自动根据所标记的标题在指定位置创建目录，如图 5－25 所示。如果未使用标题样式，则可通过单击“手动目录”样式，然后自行填写目录内容。

2. 自定义目录

除了直接调用目录库中的现成目录样式外，还可以自定义目录格式，特别是在文档标题应用了自定义后，自定义目录变得更加重要。自定义目录格式的操作步骤如下：

(1) 首先将鼠标光标定位于需要建立目录的位置，通常是文档的最前面。

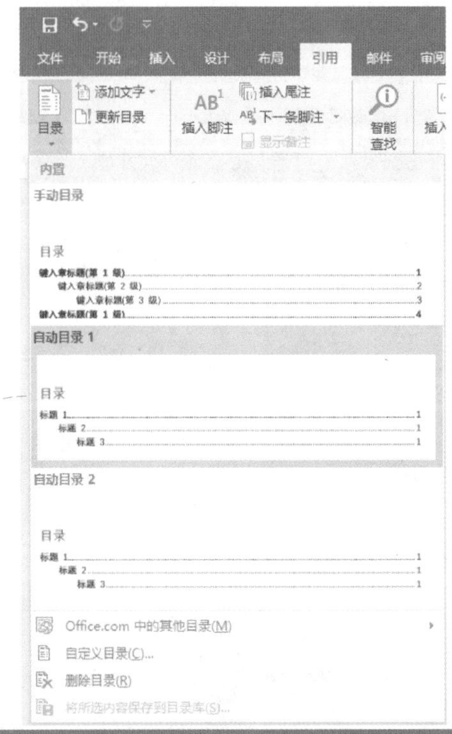

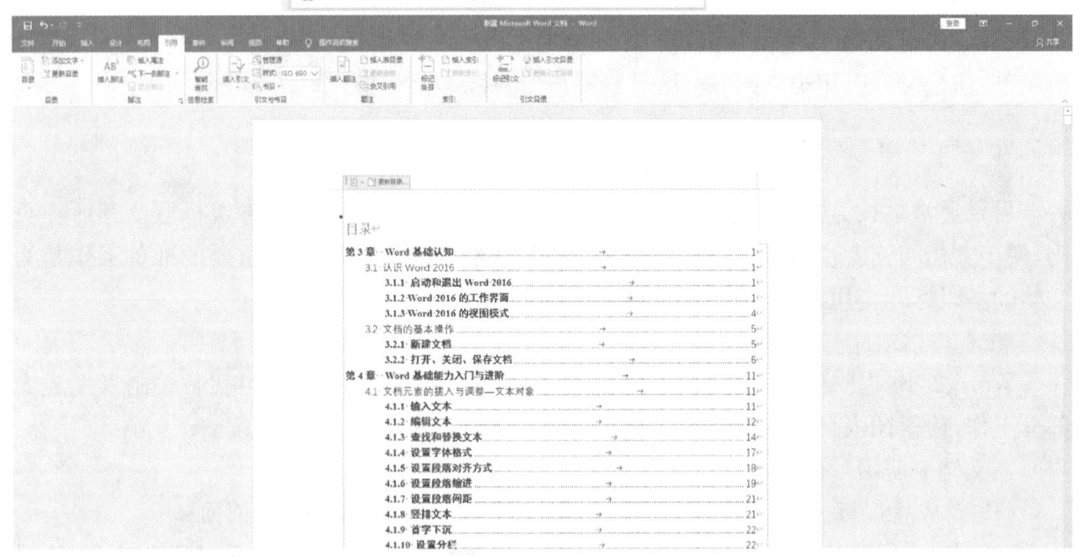

图 5-25　通过"目录库"在文档中插入目录

(2) 在"引用"选项卡上的"目录"选项组中,单击"目录"按钮。

(3) 在弹出的下拉列表中执行"自定义目录"命令,打开如图 5-26 所示的"目录"对话框。在该对话框中可以设置页码格式、目录格式以及目录中的标题显示级别,默认显示 3 级标题。

(4) 在"目录"选项卡中单击"选项"按钮,打开如图 5-27 所示的"目录选项"对话框,在"有效样式"区域中列出了文档中使用的样式,包括内置样式和自定义样式。在样式名称旁

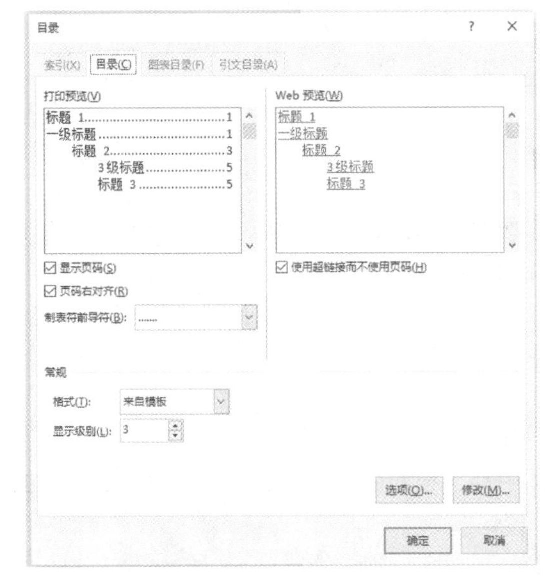

图 5－26　“目录”对话框

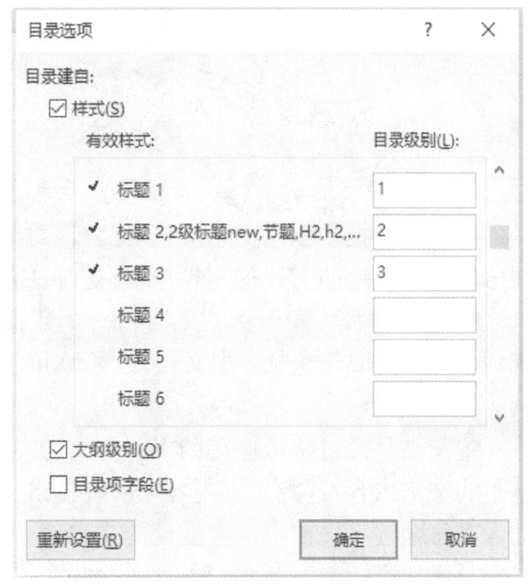

图 5－27　“目录选项”对话框

边的“目录级别”文本框中输入目录的级别(可以输入 1 到 9 中的一个数字)，以指定样式所代表的目录级别。如果希望仅使用自定义样式，则可删除内置样式的目录级别数字，例如删除“标题 1”“标题 2”和“标题 3”样式名称旁边的代表目录级别的数字。

(5) 当有效样式和目录级别设置完成后，单击“确定”按钮，关闭“目录选项”对话框。

(6) 返回到“目录”对话框后，可以在“打印预览”和“Web 预览”区域中看到创建目录时使用的新样式设置。如果正在常见的文档将用于在打印页上阅读，那么在创建目录时应包括标题和标题所在页面的页码，即选中“显示页码”复选框，以便快速翻到特定页面。如果创建的是用于联机阅读的文档，则可以将目录各项的格式设置为超链接，即选中“使用超链接而不使用页码”复选框，以便读者可以通过单击目录中的某项标题转到对应内容。最后，单击“确定”按钮完成所有设置。

3. 更新目录

目录也是以域的方式插入到文档中的。如果在创建目录后，又添加、删除或更改了文档中的标题或其他目录项，可以按照如下操作步骤更新文档目录：

(1) 在“引用”选项卡上的“目录”选项目中，单击“更新目录”按钮；或者在目录区域中右击，从弹出的快捷菜单中选择“更新域”选项，打开如图 5－28 所示的“更新目录”对话框。

(2) 在该对话框中选择“只更新页码”或者“更新整个目录”的选项，然后单击“确定”按钮即可按照指定要求更新目录。

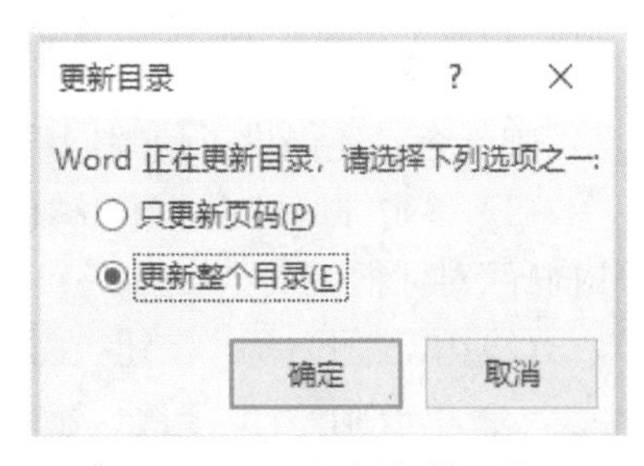

图 5－28　更新文档目录

5.3 邮件合并

5.3.1 什么是邮件合并

如果希望批量创建一组文档,比方说寄给多客户的信函,Word 2016 提供一种强大的功能可以快速便捷的实现这一操作,就是邮件合并的功能。

邮件合并就是将一个主文档和一个数据源结合起来,合并生成一批输出文档的功能。邮件合并的三要素包括:主文档、数据源和合并文档。

1) 主文档

主文档是经过特殊标记的 Word 文档,它是用于创建输出文档的“蓝图”。其中包含了基本的文本内容,这些文本内容在所有输出文档中都是相同的。此外还有合并域,它是用来插入在每个输出文档中发生变化的文本。

2) 数据源

数据源是一个数据列表,包含用户希望合并到输出文档的数据。Word 的邮件合并功能支持多种类型的数据源,主要包括:

Microsoft Office 地址列表:在邮件合并过程中,“邮件合并”任务窗格提供创建“Office 地址列表”的功能。

Microsoft Word 数据源:使用 Word 文档作为数据源,该文档应只包含 1 个表格,此表格的第一行必须存标题,其他行包含邮件合并所需数据记录。

Microsoft Excel 工作表:可以从工作簿内任意工作表或命名区域选择数据。

Microsoft Outlook 联系人列表:在“Outlook 联系人列表”中直接检索联系人信息。

Microsoft Access 数据库:在 Access 数据库中创建数据源信息。

HTML 文件:使用只包含一个表格的 HTML 文件,表格第一行必须存放标题行。

3) 合并文档

邮件合并的最终文档是一份可以独立存储或输出的 Word 文档,其中包含了所有的输出结果。

邮件合并功能将主文档和数据源合并在一起,形成一系列的最终文档。数据源有多少条记录,就可以生成多少份最终结果。

5.3.2 使用邮件合并技术制作信封

邮件合并还提供了信封制作功能,操作步骤如下:

(1) 单击“邮件”选项卡→“创建”组→“中文信封”按钮,打开如图 5-29 所示的“信封制作向导”对话框。

(2) 单击“下一步”按钮,在如图 5-30 所示的“选择信封样式”对话框,选择信封样式。

(3) 单击“下一步”按钮,在如图 5-31 所示的“选择生成信封的方式和数量”对话框中,选择“基于地址簿文件,生成批量信封”。

(4) 单击“下一步”按钮,在如图 5-32 所示的“从文件中获取并匹配收件人信息”对话框中,单击“选择地址簿”,在打开的对话框中选择 Excel 的数据源“邮件合并信封数据源. xlsx”,

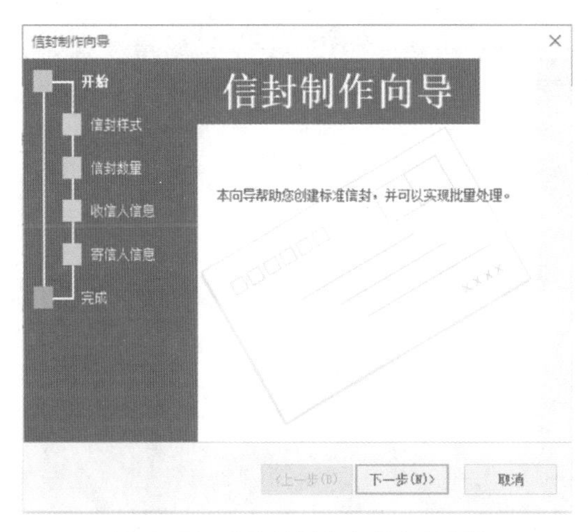

图 5-29　“信封制作向导”对话框

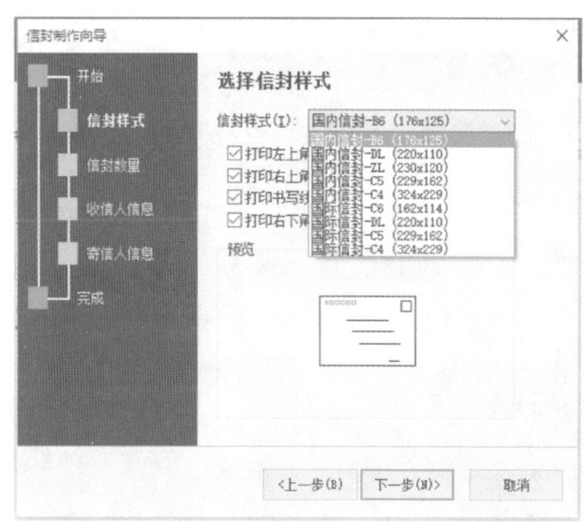

图 5-30　“选择信封样式”对话框

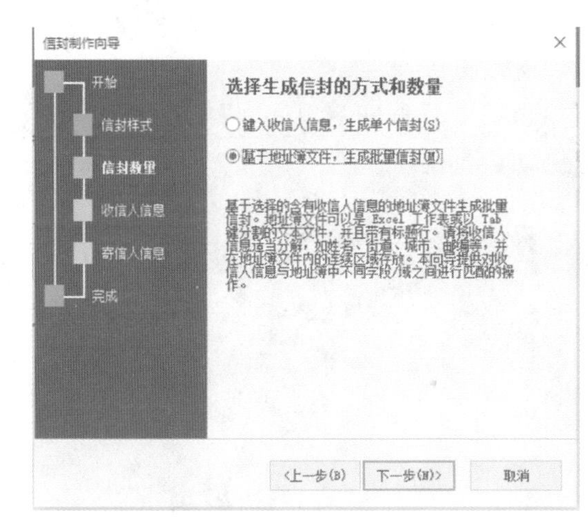

图 5-31　“选择生成信封的方式和数量”对话框

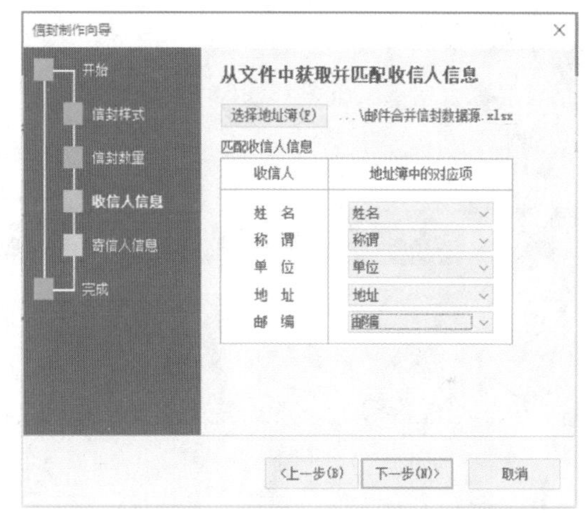

图 5-32　“从文件中获取并匹配收件人信息”对话框

单击“打开”按钮，返回到“信封制作向导”。

（5）在“地址簿中的对应项”各个下拉列表中，分别选择与收信人信息匹配的字段。

（6）单击“下一步”，在对话框中输入寄信人的信息：包括姓名、单位、地址和邮编。

（7）单击“下一步”，然后单击“完成”，之后关闭“信封制作向导”对话框。生成如图 5-33所示的中文信封。

（8）对生成的文档进行保存。

3. 运用邮件合并制作邀请函

在日常工作和生活中，有时会需要制作一些信函或者邀请函发送给客户，这种时候就用到了 Word 2016 的邮件合并技术。

下面来利用 Word 2016 的邮件合并的功能，制作邀请函。

（1）双击打开邮件合并的主文档“Word.docx”，主文档如图 5-34 所示。

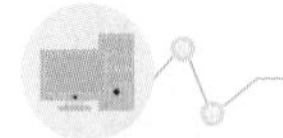

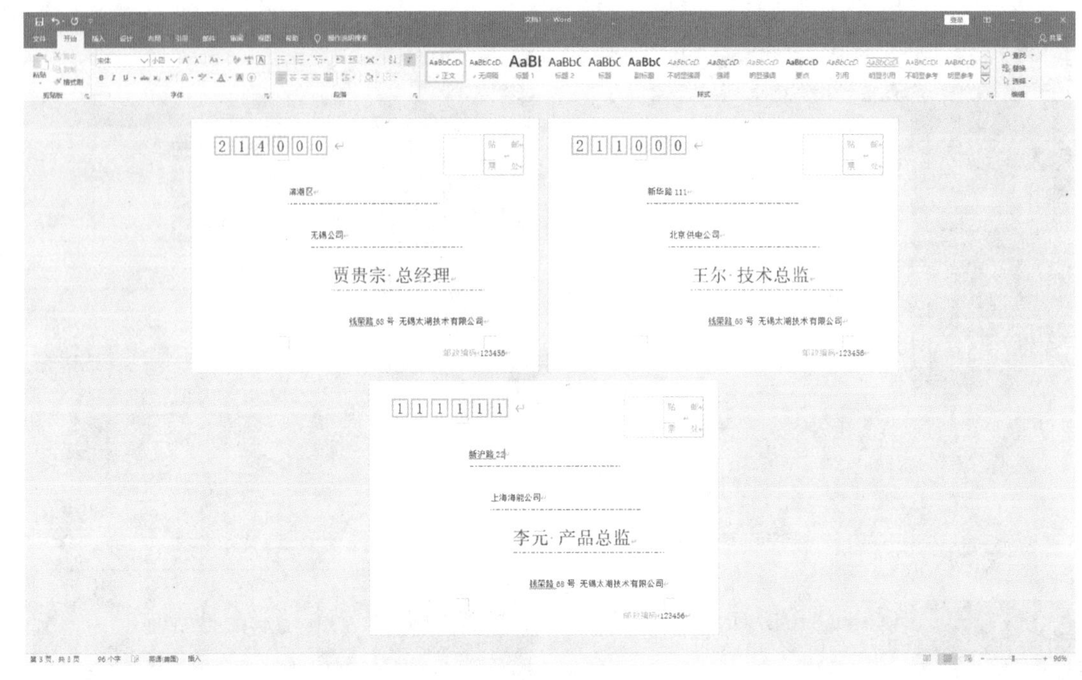

图 5 - 33　使用向导生成的中文信封

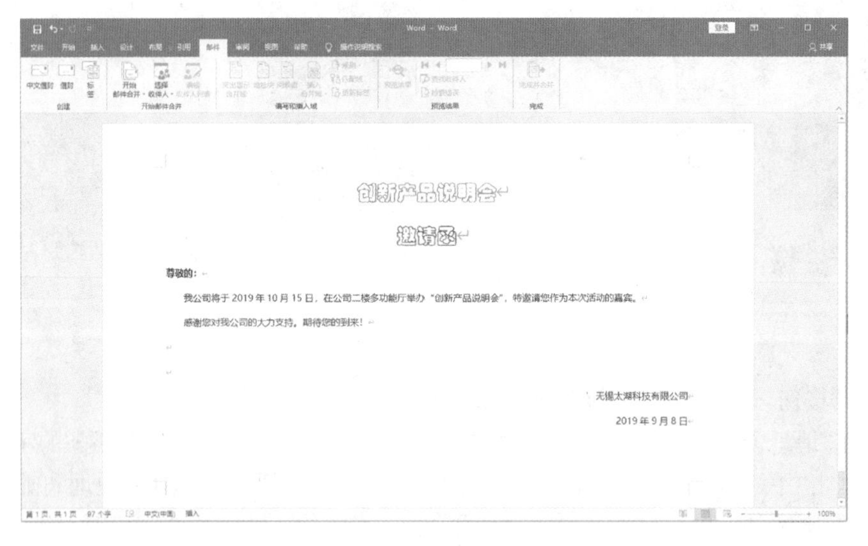

图 5 - 34　邮件合并的主文档

(2) 单击“邮件”选项卡→“开始邮件合并”功能组→“选择收件人”下拉按钮→“使用现有列表”,打开“选取数据源”对话框。选择“通讯录. xlsx”,单击“打开”按钮,导入数据源。如图 5 - 35 所示。

(3) 在主文档的文本“尊敬的”之后定位光标。单击“邮件”选项卡→“编写和插入域”功能组→“插入合并域”下拉按钮→选择域名“姓名”,将姓名域插入到“尊敬的”后面,如图 5 - 36 所示。

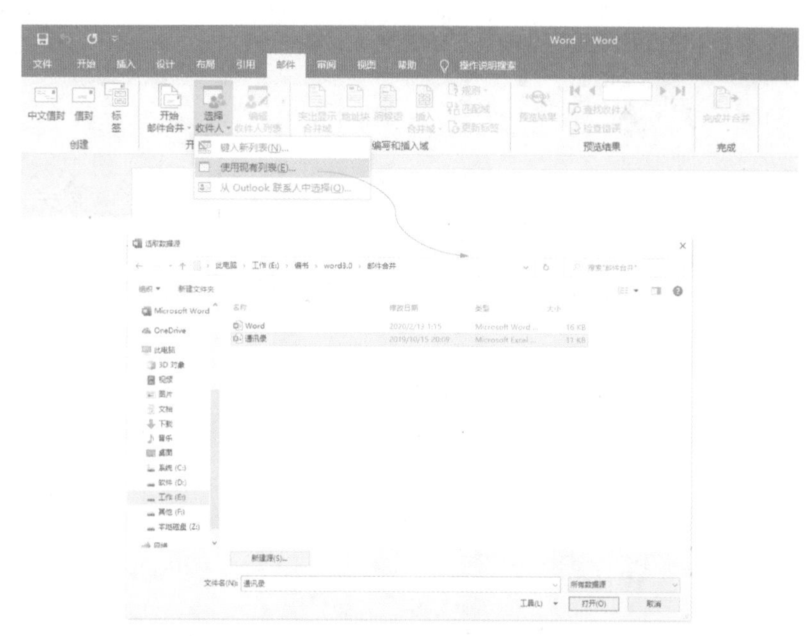

图 5 - 35　导入数据源

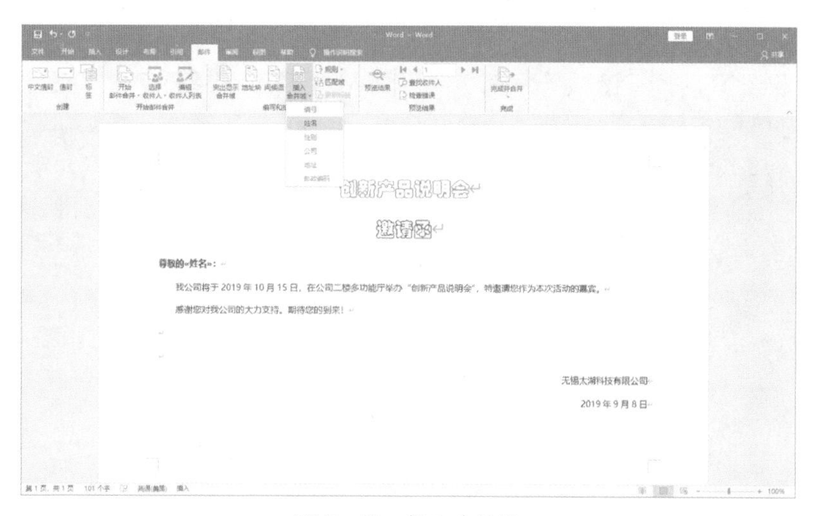

图 5 - 36　插入合并域

(4) 将光标定位到姓名域的后面，单击"邮件"选项卡→"编写和插入域"功能组→"规则"下拉选项卡→"如果…那么…否则…"按钮，打开"插入 Word 域：如果"对话框，在"域名"中选择"性别"，"比较条件"选择"等于"，"比较对象"中输入"女"，在"则插入此文字"的文本框中输入"女士"，在"否则插入此文字"的文本框中输入"先生"，单击"确定"。如图 5 - 37 所示。

(5) 利用格式刷，将主文档中的域"先生"的格式设置成与"尊敬的"格式一样。

(6) 单击"邮件"选项卡→"完成"组→"完成并合并"按钮，在下拉列表中执行"编辑单个文档"命令，弹出的对话框中合并全部记录然后单击"确定"按钮。

(7) Word 将会把"通讯录. xlsx"文件中的收件人信息自动添加到主文档"Word. docx"中，最后生成一个合并后的文档，新文档如图 5 - 38 所示，将其另存为"Word-邀请函. docx"。

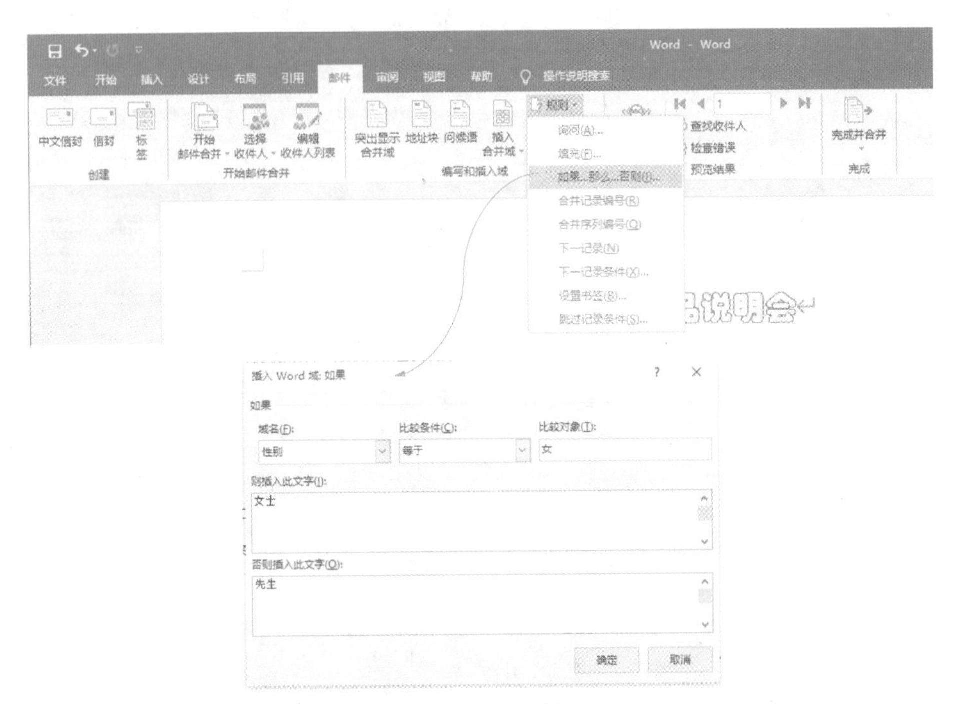

图 5－37　插入规则

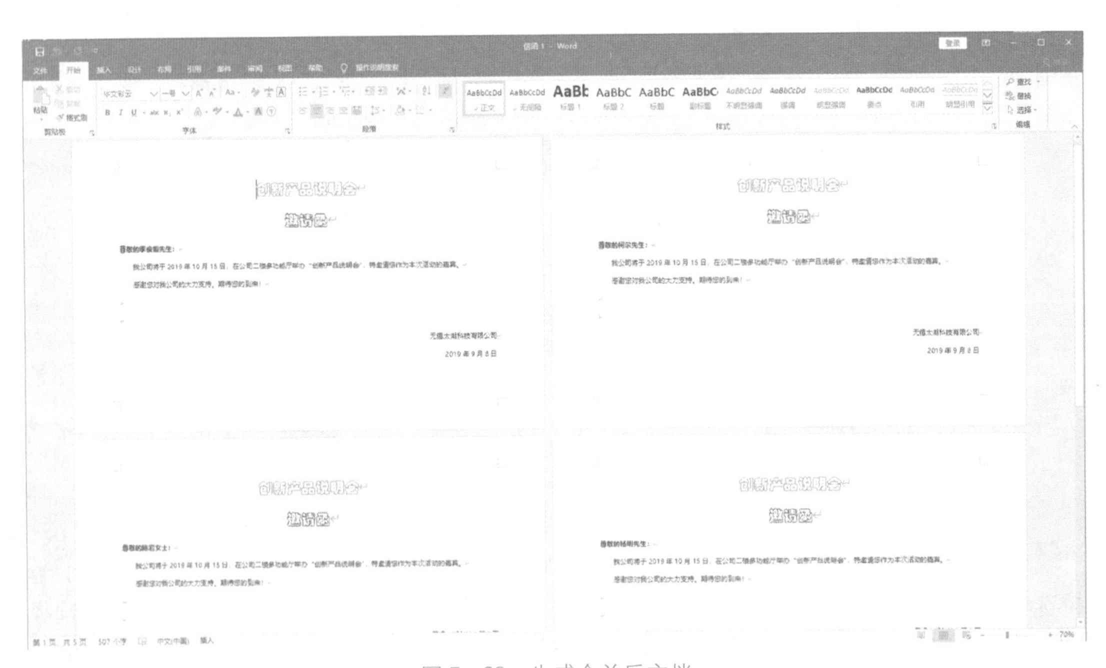

图 5－38　生成合并后文档

扫描二维码，
获取本章实验

第 3 篇

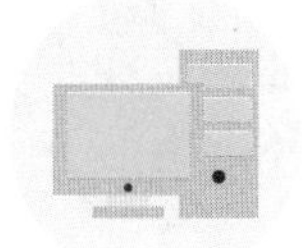

Excel 2016 阶段提升

面向对象思维方式下的Excel核心知识图谱

对象	单元格 → 行/列/单元格区域 →	工作表 工作簿
属性	数据操作：增、删、改、查 数据计算：公式、函数 数据展示：图表、筛选、排列	复制、删除、移动 保护 格式化、打印

扫描二维码，
获取立体化学习资料
（Office 知识图谱微课）

第 6 章

Excel 2016 基础应用

Excel 2016 是微软公司针对 Windows 10 环境开发的一款全新的用于表格文件制作的专业软件。在 Excel 2016 中，电子表格软件功能的方便性、操作的简易性、系统的智能性都达到了一个新的境界。

Excel 2016 可以为用户带来更加人性化的操作方式，提供全面的表格数据统计和计算功能，不论是多庞大的数据通过其筛选、计算、函数等操作都可以达到预期效果。其直观的界面、出色的计算功能和图表工具使 Excel 2016 成为最流行的个人计算机数据处理软件。Excel 2016 基础应用部分介绍了 Excel 2016 的使用以及对单元格、工作表和工作簿的基本操作，为后续 Excel 2016 进阶和高阶应用的学习做好铺垫。

6.1 认识 Excel 2016

6.1.1 启动和退出 Excel 2016

启动 Excel 2016 的方法有 3 种，用户可根据自己的习惯和具体情况，采取其中的任何一种方法。

(1) 通过“开始”菜单启动：执行“开始”→“所有程序”→Microsoft Office→Microsoft Excel 2016 命令。

(2) 通过桌面快捷方式启动：双击 Excel 快捷方式图标即可。

(3) 通过“文档”启动：双击计算机存储的某个 Excel 2016 文档。

用户使用完 Excel 2016 之后，需要退出 Excel 2016。退出的方法有以下 4 种：

(1) 单击标题栏右侧的“关闭”按钮，关闭 Excel，如图 6-1 所示。

(2) 右击工具栏空白处，弹出如图 6-2 所示的菜单，单击“关闭”按钮，关闭 Excel。

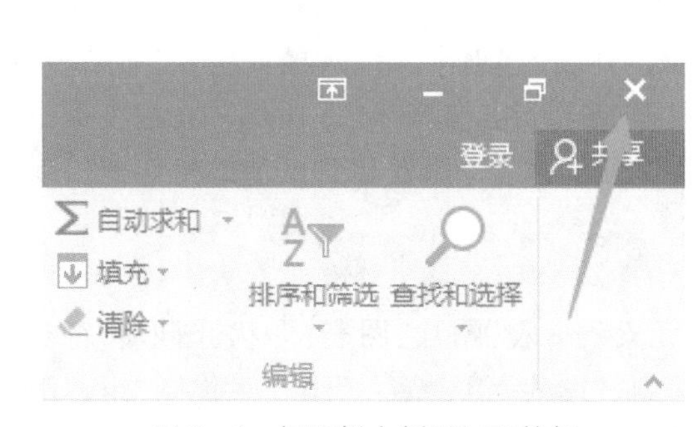

图 6-1　标题栏右侧“关闭”按钮

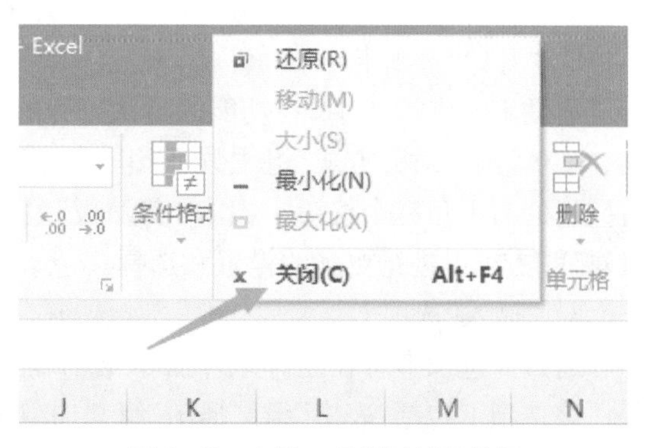

图 6-2　右键工具栏“关闭”按钮

(3) 单击“文件”按钮，在弹出的菜单中单击“关闭”按钮，如图 6-3 所示，关闭 Excel。

图 6-3 “文件”选项卡中“关闭”按钮

(4) 按组合键“Alt+F4”。

6.1.2 Excel 2016 的工作界面

Excel 2016 工作界面由 Excel 应用程序窗口和 Excel 工作簿窗口两部分组成。

1. 应用程序窗口

Excel 应用程序窗口与其他应用程序窗口的大部分组成元素相同，均是由用户图形界面中的标准元素构成的，比如标题栏、快速访问工具栏、功能选项卡和状态栏等。

功能区中的各个选项卡提供了各种不同的命令，并且将相关命令进行了分组。以下是对各 Excel 选项卡的概述。

1) “文件”选项卡

该选项卡包含了 Excel 的许多基本操作，例如“信息”“新建”“打开”“保存”“另存为”“打印”“共享”“导出”“发布”“关闭”等选项，如图 6-4 所示。

2) “开始”选项卡

启动 Excel 2016 后，在功能区默认打开的就是“开始”选项卡。该选项卡包含“剪贴板”组、“字体”组、“对齐方式”组、“数字”组、“样式”组和“编辑”组，如图 6-5 所示。在选项卡中有些组的右下角有个按钮 ，比如“剪贴板”组，该按钮表示这个组还包含其他的操作窗口或者对话框，可以进行更多的设置和选择。

3) “插入”选项卡

通过此选项卡可在工作表中插入各种绘图元素——表、图片、图表、形状、图形和符号等。该选项卡包括“表格”组、“插图”组、“加载项”组、“图表”组、“演示”组、“迷你图”组、“筛

图 6－4　“文件”选项卡

图 6－5　“开始”选项卡

选器”组、“链接”组、“文本”组、“符号”组，如图 6－6 所示。

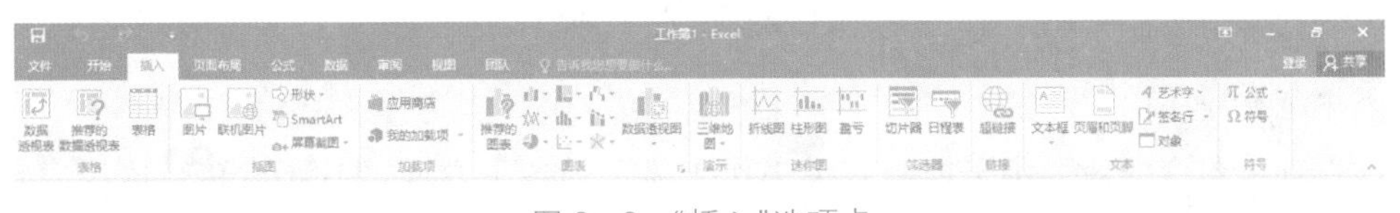

图 6－6　“插入”选项卡

4）“页面布局”选项卡

此选项卡包含的命令可影响工作表的整体外观，包括一些与打印有关的设置。该选项卡包括“主题”组、“页面设置”组、“调整为合适大小”组、“工作表选项”组、“排列”组，如图 6－7 所示。

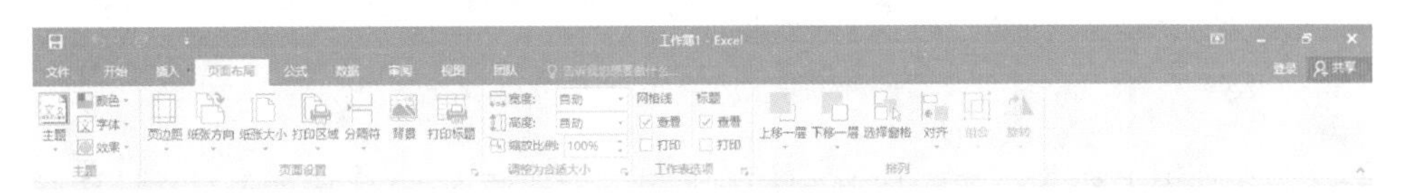

图 6－7　“页面布局”选项卡

5）“公式”选项卡

使用此选项卡可插入公式、命名单元格或区域、访问公式审核工具，以及控制 Excel 执行计算的方式。该选项卡包括“函数库”组、“定义的名称”组、“公式审核”组和“计算”组，如图 6－8 所示。

6）“数据”选项卡

该选项卡提供了 Excel 中与数据相关的命令，可从外部获取数据，对数据进行排序、合

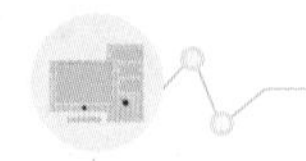

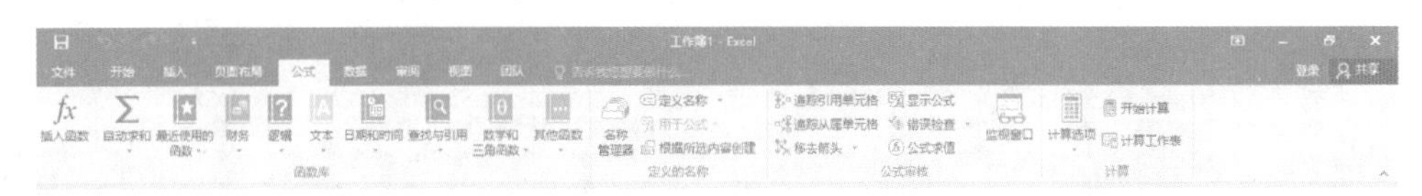

图 6-8 "公式"选项卡

并、分类汇总等,该选项卡包括"获取外部数据"组、"获取和转换"组、"连接"组、"排序和筛选"组、"数据工具"组、"预测"组、"分级显示"组,如图 6-9 所示。

图 6-9 "数据"选项卡

7) "审阅"选项卡

该选项卡包含的工具用于检查拼写、翻译单词、添加注释及保护工作表,该选项卡包括"校对"组、"中文简繁转换"组、"见解"组、"语言"组、"批注"组和"更改"组,如图 6-10 所示。

图 6-10 "审阅"选项卡

8) "视图"选项卡

该选项卡包含的命令用于控制有关工作表显示的各个方面,如拆分窗口、冻结窗口、分页预览等。该选项卡包括"工作簿视图"组、"显示"组、"显示比例"组、"窗口"组、"宏"组,如图 6-11 所示。此选项卡上的一些命令也可以在状态栏中获取。

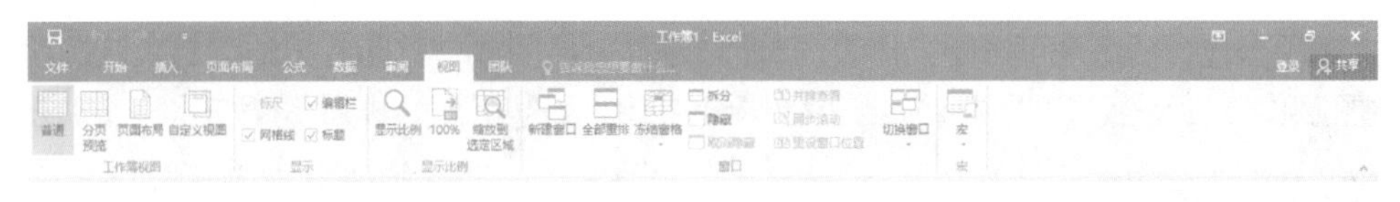

图 6-11 "视图"选项卡

除了上述选项卡外,Excel 2016 还包括一些上下文选项卡,这些选项卡只在操作对应的对象时才会出现。例如,创建图表时,会出现 2 个上下文选项卡:"设计"和"格式",如图 6-12 和图 6-13 所示,这 2 个选项卡均在"图表工具"中。创建数据透视表时,会出现两个上下文选项卡:"分析"和"设计",这两个选项卡均在"数据透视表工具"中,如图 6-14、图 6-15 所示。

图 6-12 "图表工具"→"设计"选项卡

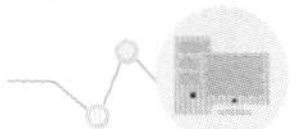

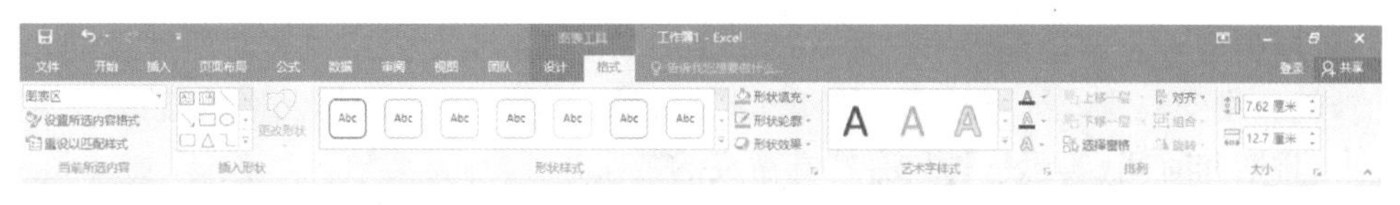

图 6－13 “图表工具”→“格式”选项卡

图 6－14 “数据透视表工具”→“分析”选项卡

图 6－15 “数据透视表工具”→“设计”选项卡

通过“图表工具”→“设计”选项卡，可以修改已经创建好的图表的类型、样式、布局，修改图表的标题、图例、坐标轴等图表属性等。

通过“图表工具”→“格式”选项卡，可以对图表的文本、背景、框架或图例进行格式化。

通过“数据透视表工具”→“分析”选项卡，可以将数据透视表的数据进行分组，并且对数据源、值汇总方式和值显示方式等进行修改。

通过“数据透视表工具”→“设计”选项卡，可以对数据透视表的样式和布局等进行修改。

2. 工作簿窗口

工作簿窗口是由工作表区、工作表标签、标签滚动按钮、滚动条等构成，以下对各个部分进行概述。

(1) 工作表区。该部分包括单元格、网格线、行号、列标、滚动条和工作表标签。

(2) 工作表标签。该部分是用来显示工作表的名称，想激活相应的工作表只需单击工作表标签，那么被激活的工作表就被称为当前工作表。

(3) 滚动条。如果想要将文档中窗口无法显示的部分显示出来，可以拖动滚动条内的滑块，或单击两端的箭头按钮。

(4) 标签滚动按钮。该部分位于状态栏上方，单击箭头可显示其他的工作表标签。

(5) 工作簿控制按钮。该部分是位于文档标题栏上的，它可以对工作簿窗口进行最大化、最小化及关闭操作。

6.2 Excel 的基本操作——单元格

6.2.1 输入数据

在 Excel 中大部分的操作都是围绕着单元格来完成的。单元格可输入公式和常量两种基本的数据类型。公式是基于用户输入的数值计算,如果改变公式计算时所涉及的单元格中的值,就会改变公式的计算结果。常量是指不以等号(=)开头的单元格数值,其中包括数字、文本、日期和时间(属于一种具有特殊意义的数字)。

1. 输入数字

数字指的是仅包含下列字符的字符串:1,2,3,4,5,6,7,8,9,0,+,-,(,),/,$,%,.,E,e。

如果在单元格中输入的字符串包含了上述字符以外的字符,那么 Excel 就将其认定为一个文本,比如 World、abcd1234 等。默认情况下,数字总是靠单元格的右侧对齐,而文本总是靠单元格的左侧对齐。

输入数字时,需要先选中单元格,然后在该单元格中输入数字,在编辑栏区域将显示“取消”按钮 、“输入”按钮 以及当前活动单元格的内容,在“名称”框中则显示当前活动单元格的单元格引用。用户可单击“输入”按钮 或者按“Enter”键完成此次数据的输入,也可单击“取消”按钮 或按“Esc”键取消此次数据的输入,如图 6-16 所示。

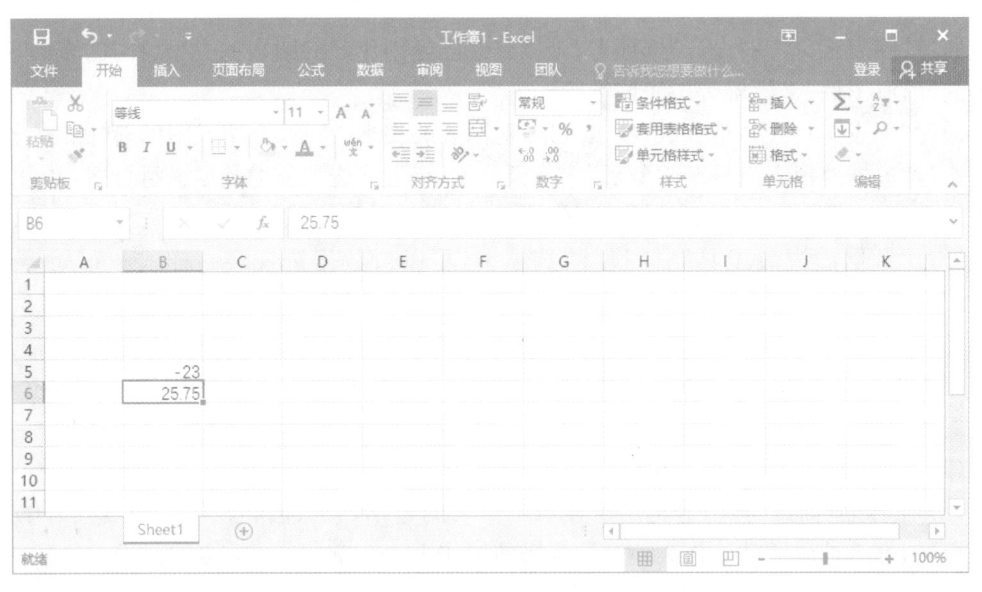

图 6-16 数据的输入

例 6.1 在 Excel 表格中输入以下数字:

(1) -90　　负数的输入。

(2) 11.25　　小数的输入。

(3) 0 3/4　　分数的输入,若直接输入 3/4,则表示 3 月 4 日。

(4) 1E8　　科学计数法的输入。

(5) (500)　　负数的输入。

如果在单元格中输入的数字太长,Excel 会采用科学计数法来显示该数字,并且只对该数字保留 15 位的精度。

2. 输入文本

在单元格中输入文本的方法与输入数字的方法类似：首先选择单元格，然后在单元格中输入文本。值得注意的是，在 Excel 2016 中，文本可以用数字、非数字字符、汉字和空格的组合，如输入“2XYZ815”“123－456”“666－888”和“计算机基础”。

在一个单元格中可以输入多达 32 000 个半角字符。当所输入的文本长度是大于单元格的宽度时，文本将溢出到下一个单元格中显示（若未显示可能是这些单元格中已经包含数据）。如果下一个单元格中是包含数据的，那么 Excel 将截断输入文本的显示。值得注意的是，此处被截断的文本实际上还是存在的，只是看不到而已。如果想要显示完整的输入文本，那么就需要将工作表的文本显示格式进行修改了。

除此之外，还可以将数字作为文本输入到单元格中，比如通常需要输入的电话号码、学号等，尤其是当输入的首个字符是零时，必须要将该字符作为文本输入，否则该字符前面的零会不显示。

也可以按照以下方法进行输入：

'199300889193（前面加上半角单引号）

或＝"199300889193"（这种方法属于公式的简单应用，将数字括在半角双引号内）

提示

在输完文本后，按 Enter 键，活动单元格自动下移到下一个单元格，若按 Tab 键，活动单元格自动右移到下一个单元格。有的时候输入日期或时间，单元格中的内容由“#”填充，则表明输入的字符串的长度超过了单元格的宽度，则需要调整单元格的宽度，可手动拖动该单元格的右边线，或者双击右边线都可使其正常显示。

3. 输入日期和时间

输入日期和时间的方法与输入数字和文本的方法有所不同，Excel 2016 中对输入日期和时间的格式进行了严格的规定，用户在输入时必须严格遵守该规定才可以正确地输入日期和时间。Excel 2016 是将日期和时间格式作为特殊的类型进行数字处理的。时间或日期类型的数据在工作表中的显示方式取决于该数据所在的单元格的数字格式。如果在单元格中输入 Excel 2016 可以识别的日期和时间数据后，该数据的单元格格式会自动更改为内置的日期和时间格式。需要注意的是，默认的日期和时间类型的数据是在该单元格中右对齐的；如果 Excel 2016 不能识别输入的日期或时间格式，则会将单元格中输入的内容看作文本，并且在单元格中左对齐。

例 6.2　输入以下日期和时间：

（1）2020－5－20　　输入 2020 年 5 月 20 日。

（2）8/11　　输入当前年度 8 月 11 日。

（3）December 8　　输入当前年度 12 月 8 日。

（4）2020－5－20 14:50　　输入 2020 年 5 月 20 日 14 时 50 分。

4. 输入公式

使用公式有助于分析工作表中的数据，操作步骤如下：

(1) 选定要输入公式的单元格。
(2) 在单元格中输入一个等号“=”。
(3) 输入公式的内容。
(4) 输入完毕后,按 Enter 键。

6.2.2 填充数据

在 Excel 2016 中制作表格时,经常会遇到前、后单元格数据相关联的情况,比如序数 1, 2, 3, …,连续的月份和日期等。这时,可以通过数据的填充完成该表格的制作。主要可以通过以下几种方法进行填充。

1) 拖动鼠标

选中当前的单元格,在该单元格的右下角会出现一个黑色的小方块,这个小方块称为填充手柄,此时按下鼠标左键向下拖动,即可完成数据的自动填充。

如果当前单元格的初始值为纯字符或纯数字,那么拖动鼠标自动填充实际上是将初始值向拖动的方向进行复制;如果初始值中前部分是文字,后部分是数字,那么拖动鼠标自动填充时文字不变,右边的数字递增(向右或向下填充)或递减(向上或向左填充);如果在拖动鼠标的同时,按住 Ctrl 键,则数字不变,相当于是向拖动方向复制;如果初始值是数值型数据时,那么在拖动鼠标的同时按住 Ctrl 键,则会产生一个公差为 1 的等差序列。用户也可以通过手动的方法自动填充等差序列,要求在序列开始处的两个相邻单元中输入序列的第一个和第二个数值,然后选定这两个单元格,再将鼠标指针指向填充手柄,拖拽鼠标即可完成等差序列的填充。

2) “填充”命令

选取初始值所在单元格,从该单元格开始向某一方向选择与该数据相邻的空白单元格区域,单击“开始”选项卡的“编辑”组,在其中单击“填充”按钮,弹出如图 6 - 17 所示的下拉列表,执行“序列”命令,在打开的“序列”对话框中进行相应的选择,如图 6 - 18 所示;最后单击“确定”按钮。

图 6 - 17 “填充”下拉列表

图 6 - 18 “序列”对话框

3) 自定义序列及填充

对于系统未设置而又经常使用的序列,可以按照下述方法进行自定义。

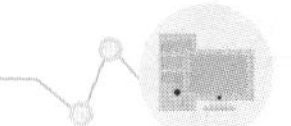

(1) 基于已有项目列表的自定义填充序列。

① 首先在工作表的单元格中依次输入一个序列的每个项目，每个项目占用一个单元格，如第一分队、第二分队、第三分队、第四分队，然后选择该序列所在的单元格区域，如图 6－19 所示。

图 6－19　输入序列

② 依次单击“文件”选项卡→“Excel 选项”→“高级”，向下拖动“Excel 选项”对话框右侧的滚动条，直到“常规”区出现，如图 6－20 所示。

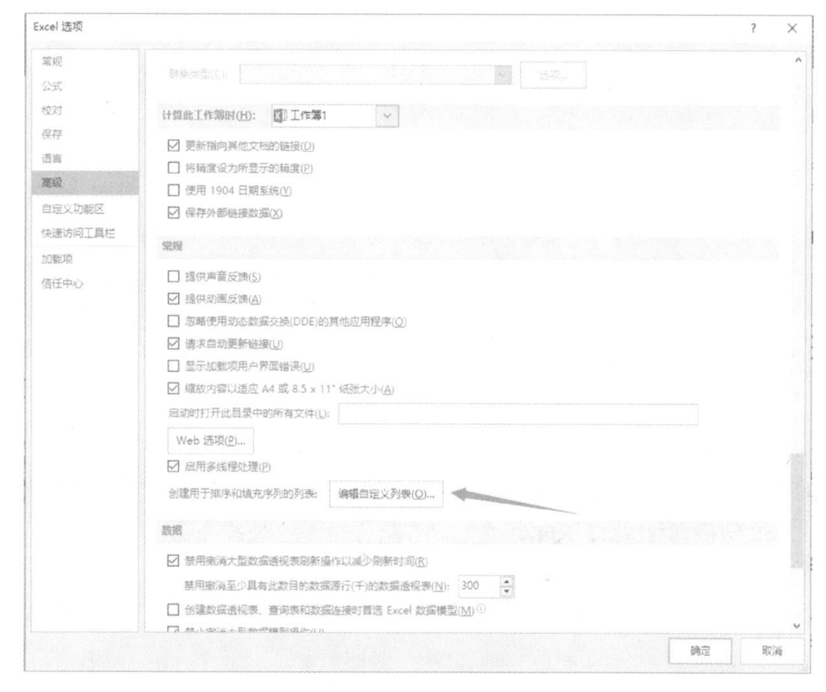

图 6－20　“Excel 选项”对话框

③ 单击“编辑自定义列表”按钮，打开“自定义序列”对话框。

④ 确保工作表中已输入序列的单元格引用显示在“从单元格中导入序列”框中，然后单击“导入”按钮，选定项目将会添加到“自定义序列”框中，如图 6－21 所示。

⑤ 单击“确定”按钮退出对话框，完成自定义序列。

(2) 直接定义新项目列表。

① 依次单击“文件”选项卡→“选项”→“高级”，向下拖动右侧的滚动条，在“常规”区中单击“编辑自定义列表”按钮，打开“自定义对话框”。

② 在左侧的“自定义序列”列表中单击最上方的“新序列”，然后在右侧的“输入序列”文本框中输入序列的各个条目：从第一个条目开始输入，输入每个条目后按 Enter 键确认。

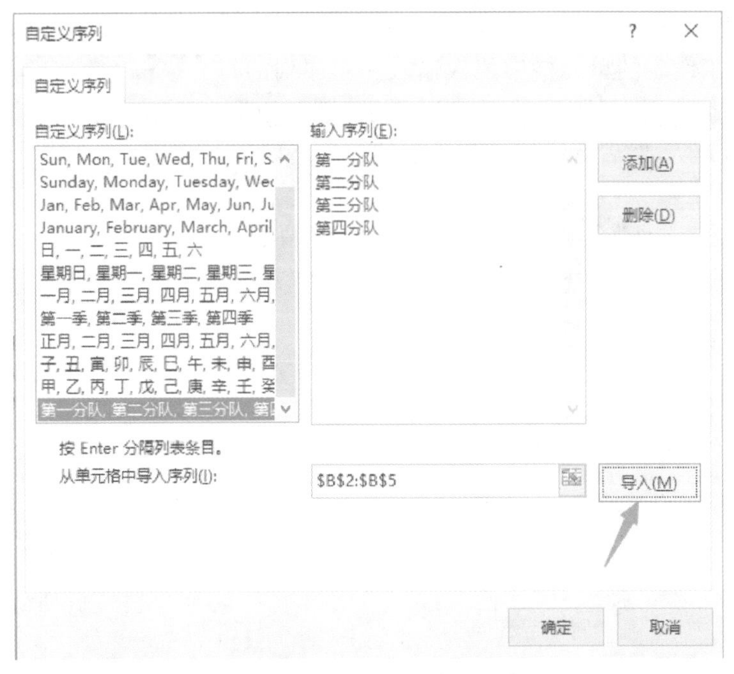

图 6-21 "自定义序列"对话框

③ 全部条目输入完毕后,单击"添加"按钮。

④ 单击"确定"按钮退出对话框,新定义的序列就可以使用了。

(3) 自定义序列的使用和删除。

自定义序列完成后,即可通过下述方法在工作表中使用:在某个单元格中输入新序列的第一个项目,拖动填充柄进行填充。

如需删除自定义序列,只需在如图 6-21 所示的"自定义序列"对话框的左侧列表中选择需要删除的序列,然后单击右侧的"删除"按钮,系统内置的序列不允许被删除。

6.2.3 编辑数据

1) 编辑、修改单元格数据

编辑或修改单元格数据的操作步骤如下:

(1) 双击被编辑或修改数据的单元格。

(2) 对数据内容进行修改或编辑。

(3) 按 Enter 键确认所做编辑或修改。

若要取消所做编辑或修改,按 Esc 键即可。

2) 删除单元格数据

删除一个单元格或某个区域中所包含内容的快速方法:先选定相应的单元格或单元格区域,然后按 Delete 键。

如果要有选择地删除单元格中的相关内容、格式以及批注等,可执行以下操作步骤:

(1) 选定被删除数据的单元格区域。

(2) 选择"开始"选项卡→"编辑"组,单击"清除"下拉按钮,弹出下拉列表。

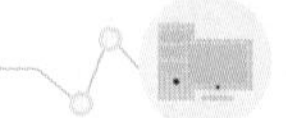

（3）从下拉列表中选择相应的清除选项，其中各选项的功能如表 6－1 所示。

（4）按 Enter 键确认完成。

表 6－1　清除选项

选项	功　　能
全部清除	清除单元格中的全部内容，格式、批注和超链接等
清除格式	仅清除单元格的格式，单元格的内容、批注和超链接均不改变
清除内容	仅清除单元格的内容，单元格的格式和批注均不改变
清除批注	仅清除单元格中包含的批注，单元格的内容、格式和超链接均不改变
清除超链接	仅清除文本中的超链接，单元格的内容、格式和批注均不改变

3）移动单元格数据

移动单元格数据是指将某个单元格中的数据从一个位置移到另一个位置，原位置的数据会消失。操作步骤如下：

（1）双击被移动数据的单元格。

（2）在单元格中选择要移动的数据。

（3）选择“开始”选项卡→“剪贴板”组，单击“剪切”按钮；或者右击，在弹出的快捷菜单中选择“剪切”选项。

（4）单击需要粘贴数据的单元格。

（5）选择“开始”选项卡→“剪贴板”组，单击“粘贴”按钮；或者右击，在弹出的快捷菜单中选择“粘贴”选项。

4）复制单元格数据

复制单元格数据是指将某个单元格或区域中的数据复制到指定位置，原位置的数据依然存在。操作步骤如下：

（1）双击被复制数据的单元格。

（2）在单元格中选择要复制的数据。

（3）选择“开始”选项卡→“剪贴板”组，单击“复制”按钮；或者右击，在弹出的快捷菜单中选择“复制”选项。

（4）单击需要粘贴数据的单元格。

（5）选择“开始”选项卡→“剪贴板”组，单击“粘贴”按钮；或者右击，在弹出的快捷菜单中选择“粘贴”选项。

6.2.4　单元格、单元格区域的选择

在 Excel 2016 中，选择单元格或单元格区域的方法多种多样，下面给出几种常见的选择方法。

（1）选择单元格。用鼠标单击该单元格。

（2）选择整行。单击行号选择一行。若需要选择连续的多行可用鼠标在行号上拖动选择连续多行。若需要选择不连续的多行可以按下 Ctrl 键单击行号选择不相邻的多行。

（3）选择整列。单击列号选择一列。若需要选择连续的多列可用鼠标在列号上拖动选

择连续多列。若需要选择不连续的多列可以按下 Ctrl 键单击列号选择不相邻的多列。

(4) 选择一个区域。在起始单元格中单击鼠标,按下左键不放拖动鼠标选择一个区域;或者按住 Shift 键的同时按箭头键以扩展选定区域;或者单击该区域的第一个单元格,然后按住 Shift 键的同时单击该区域中的最后一个单元格。

(5) 选择不相邻的区域。先选择一个单元格或者区域,然后按住 Ctrl 键不放选择其他不相邻区域。

(6) 选择整个表格。单击行号与列标相汇处,"全选"按钮,便选择了工作表的所有单元格。

6.2.5 插入、删除单元格

在对工作表的编辑中,插入、删除单元格是常用的一个操作。在工作表中插入单元格时,现有的单元格将发生移动,从而给新的单元格让出位置;在工作表中删除单元格时,周围的单元格会移动来填充空格。

1) 插入、删除单元格

插入、删除单元格(或区域)首先需要选中要插入、删除的单元格(或区域),然后选择"开始"选项卡→"单元格"组,在"插入"按钮的下拉列表中选择"插入单元格"选项(若是要删除单元格则单击"单元格"组中的"删除"按钮,在下拉列表中选择"删除单元格"选项),就会出现如图 6-22 所示的对话框。根据需求选中 4 个单选按钮之一,选中按钮后单击"确定"按钮,工作表将按选项中的要求插入(或删除)单元格。

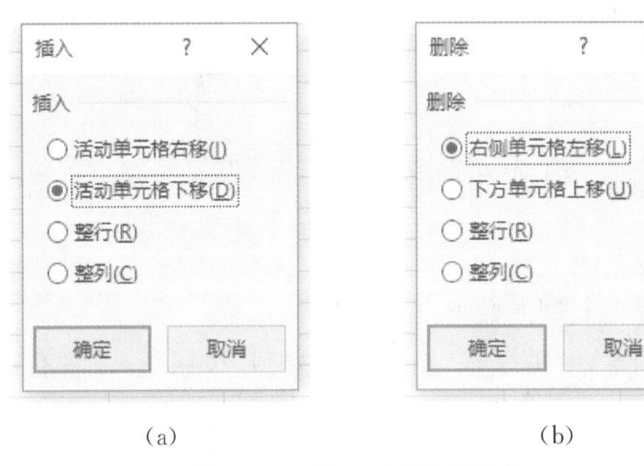

(a) (b)

图 6-22 插入或删除单元格

2) 插入行或列

在需要插入单元格的位置选定单元格,然后选择"开始"选项卡→"单元格"组,单击"插入"下拉按钮,在下拉列表中选择"插入工作表行"(或"插入工作表列")选项,则在工作表中插入整行(或整列)。

3) 删除行或列

删除行首先单击所要删除的行号,选择"开始"选项卡→"单元格"组,单击"删除"下拉按钮,之后单击"删除工作表行",被选中的行被删除,其下方的行整体向上移动。

删除列首先单击所要删除的列号,选择"开始"选项卡→"单元格"组,单击"删除"下拉按

钮，之后单击“删除工作表列”，被选中的列被删除，其右方的列整体向上移动。

6.2.6　查找和替换单元格内容

用查找功能可以迅速在表格中定位到要查找的内容，替换功能则可对表格中多处出现的同一内容进行修改，查找和替换功能可以交互使用。

1）查找

（1）选择“开始”选项卡→“编辑”组，单击“查找和选择”，从弹出的下拉列表中选择“查找”选项，弹出如图 6－23 示的“查找和替换”对话框。

图 6－23　“查找和替换”对话框

（2）单击“查找”选项卡，在“查找内容”下拉列表框中输入要查找的内容。

（3）单击“选项”按钮，在扩展选项中进行设置。

① 在“范围”下拉列表框中选择工作簿或工作表。

② 在“搜索”下拉列表框中选择行或列的搜索方式。

③ 在“查找范围”下拉列表框中选择值、公式或批注类型。

④ 若选中“区分大小写”复选框，则查找内容区分大小写。

⑤ 若选中“单元格匹配”复选框，则仅查找单元格内容与查找内容完全一致的单元格；否则，只要单元格中包含查找的内容，单元格就在查找之列。

⑥ 若选中“区分全/半角”复选框，则查找内容区分全角或半角。

（4）单击“查找下一个”按钮开始执行查找。

2）替换

在“查找与替换”对话框中单击“替换”选项卡，如图 6－24 所示。

（1）选择“开始”选项卡→“编辑”组，单击“查找和选择”，从弹出的下拉列表中选择“替换”选项，也可打开图 6－24 所示的对话框。

（2）对话框中的“范围”“搜索”“查找范围”“区分大小写”“单元格匹配”和“区分全/半角”功能与“查找”选项中的相同。

（3）在“查找内容”和“替换为”文本框中输入相应的内容。

（4）单击“全部替换”按钮，将工作表中所有匹配内容一次替换；单击“查找下一个”按钮，则当找到指定内容时，单击“替换”按钮单才进行替换，否则不替换当前找到的内容，系统

图 6-24 "查找"选项卡

自动查找下一个匹配的内容。

6.3 Excel 的基本操作——工作表

6.3.1 工作表的基本操作

在 Excel 2016 中,工作簿由不同类型的若干张工作表组成,一个工作簿中最多可以包含 255 个工作表,而工作表由存放数据的单元格组成,对工作表的操作其实就是对单元格的操作。

1. 选择工作表

在进行工作表操作时,需要选定相应的工作表。选择工作表的方法如表 6-2 所示。

表 6-2 工作表的选择方法

选 择	执 行
单张工作表	单击工作表标签,如果看不到所需的标签,那么单击标签滚动按钮可显示此标签,然后单击它
两张或多张相邻的工作表	先选中第一张工作表的标签,再按住 Shift 键单击最后一张工作表的标签
两张或多张不相邻的工作表	单击第一张工作表的标签,再按住 Ctrl 键单击其他工作表的标签
工作簿中所有工作表	用鼠标右击工作表标签,然后在弹出的快捷菜单中选择"选定全部工作表"选项

2. 添加与删除工作表

1) 添加工作表

打开 Excel 2016,系统会默认创建一个工作簿,选择一个工作表。添加单张工作表的方法有 3 种:

(1) 在选择的工作表标签上右击,然后在弹出的快捷菜单中执行"插入"命令,如图 6-25 所示,在"常用"选项卡下选择"工作表"选项,单击"确定"按钮,即可在所选工作表前插入

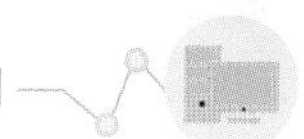

一张新的工作表。

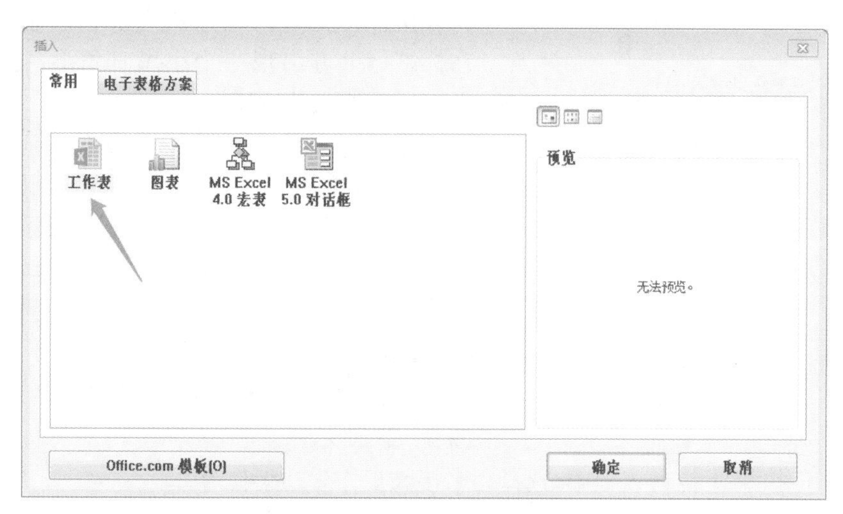

图 6-25　“插入”工作表对话框

(2) 选择“开始”选项卡→“单元格”组，单击“插入”下拉按钮，在弹出的下拉列表中选择“插入工作表”选项，同样可以在选中的工作表前插入一张新的工作表。

(3) 单击 sheet3 旁边的“新工作表”按钮 ⊕ ，即可在所选工作表后面插入一张新的工作表。

2) 删除工作表

如果已不再需要某个工作表，可以将该表删除。常用方法有以下两种：

(1) 选定要删除的工作表，选择“开始”选项卡→“单元格”组，单击“删除”下拉按钮，在弹出的下拉列表中选择“删除工作表”选项，如图 6-26 所示。

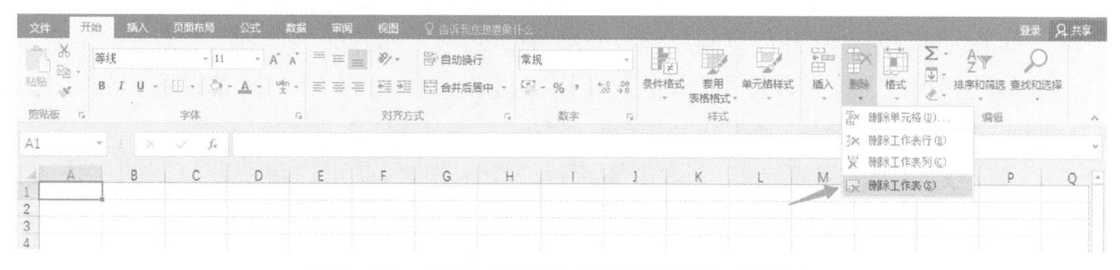

图 6-26　“开始”选项卡中“删除”按钮下拉列表

(2) 用鼠标右击要删除的工作表标签，从弹出的快捷菜单中选择“删除”选项。

3. 移动与复制工作表

用户可以轻易地在工作簿中移动或复制工作表，或者将工作表移动或复制到其他工作簿中。

1) 移动工作表

(1) 利用鼠标，可以在当前工作簿内移动工作表，操作步骤如下：

① 选定要移动的工作表标签。

图 6-27 “移动或复制工作表”对话框

② 按住鼠标左键并沿工作表标签拖动，此时鼠标指针将变成白色方块与箭头的组合。同时，在标签行上方出现一个小黑三角形，指示当前工作表所要插入的位置。

③ 释放鼠标左键，工作表即被移到新位置。

(2) 利用快捷菜单中“移动或复制”选项，可以在不同工作簿间移动工作表，操作步骤如下：

① 打开用于接收工作表的工作簿。

② 切换到包含需要移动工作表的工作簿，再选定工作表。

③ 右击弹出“移动或复制工作表”对话框，如图 6-27 所示。

④ 在“工作簿”下拉列表框中，选择用来接收工作表的工作簿。

⑤ 在“下列选定工作表之前”列表框中选择一个工作表，然后单击“确定”按钮，就可以将所要移动的工作表插入到指定的表之前。

2) 复制工作表

(1) 在同一工作簿内复制工作表，操作步骤如下：

① 选定要复制工作表的标签。

② 按住 Ctrl 键的同时按住鼠标左键并沿工作表标签拖动，此时鼠标指针将变成形状，同时，在标签行上方出现一个小黑三角形，指示当前工作表所要复制的位置。

③ 释放鼠标左键和 Ctrl 键，工作表即被复制到新位置。

(2) 在不同工作簿间复制工作表，操作步骤如下：

① 打开用于接收工作表的工作簿。

② 切换到包含需要复制的工作表的工作簿，再选定工作表。

③ 单击右键，执行“移动或复制”命令，弹出“移动或复制工作表”对话框，如图 6-27 所示。

④ 在“工作簿”下拉列表框中，单击选定用来接收工作表的工作簿；若要将所选工作表复制到新工作簿中，则选择“新工作簿”选项。

⑤ 在“下列选定工作表之前”列表框中选择一个工作表，就可以将所要复制的工作表插入到指定的表之前。

⑥ 选中“建立副本”复选框，然后单击“确定”按钮即可。

4. 切换工作表

当需要从当前工作表切换到其他工作表时，可以使用以下任意一种方法：

(1) 单击工作表标签，可以快速地在工作表之间进行切换。

(2) 通过键盘切换工作表：按 Ctrl+PageUp 键，选择上一工作表为当前工作表；按 Ctrl+PageDown 键，选择下一工作表为当前工作表。

5. 重命名工作表

在 Excel 2016 中，系统在新建一个工作簿时，工作表默认的名称是 Sheet1、Sheet2、Sheet3……的顺序来命名的。工作表名一般不代表特定意义，用户可以对工作表进行重命名。其操作步骤如下：

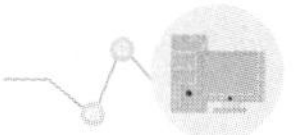

（1）选定要重命名的工作表。

（2）双击工作表标签使其激活，或者把鼠标指针指向选定的工作表标签进行右击，然后从弹出的快捷菜单中选择“重命名”选项，这时工作表标签上的名字被反白显示。

（3）输入新的工作表名称，按 Enter 键确定。

6.3.2 工作表的格式化

编辑好工作表内容后，需要对工作表进行格式化编排，使表格更加形象、整齐、美观。

1. 设置文字格式

在 Excel 2016 中，设置文本格式主要有 3 种方法：使用“开始”选项卡→“字体”组设置；使用“开始”选项卡→“单元格”组设置；利用快捷菜单设置。

1）使用“开始”选项卡→“字体”组设置

Excel 2016 的“开始”选项卡如图 6－28 所示。

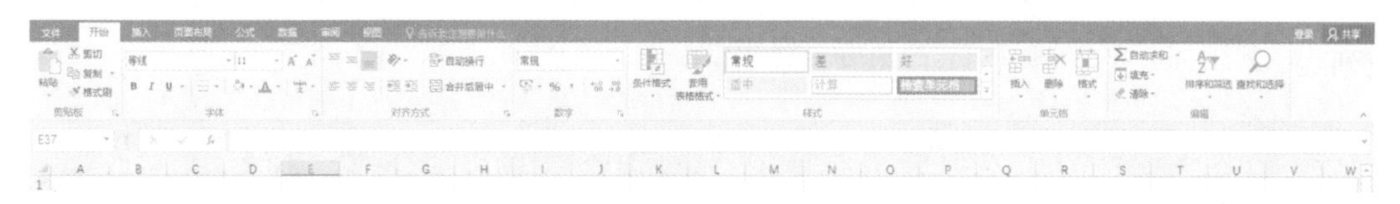

图 6－28 “开始”选项卡

（1）设置字体格式：首先需选定要设置字体的单元格区域；然后单击“字体”组→“字体”下拉列表框右侧的下拉按钮，弹出如图 6－29 所示的下拉列表框；最后从列表中选择所需的字体即可。

图 6－29 “开始”选项卡→“字体”组设置

(2) 在同一工作簿内复制工作表,操作步骤如下:

设置文本的字号:需先选定要改变字号的单元格区域,然后单击“字体”组“字号”下拉按钮,弹出“字号”下拉列表,从列表中选择所需的字号即可。

(3) 在同一工作簿内复制工作表,操作步骤如下:

设置文本的字形:“字体”组具有三个设置文本字形的按钮,即“加粗”B、“倾斜”I和“下划线”U,这 3 个选项可以同时选择,也可以只选一项。

(4) 在同一工作簿内复制工作表,操作步骤如下:

设置文本的颜色:需先选定要设置文本颜色的单元格区域,然后单击“字体”组→“字体颜色”下拉按钮,如图 6-30 所示,在颜色调色板中选择所需的颜色方框即可。

2) 使用“开始”选项卡→“单元格”组设置

利用菜单设置文字格式的操作步骤如下:

(1) 选择要进行文本格式设置的单元格区域。

(2) 选择“开始”选项卡→“单元格”组,单击“格式”下拉按钮,弹出如图 6-31 所示的下拉列表。

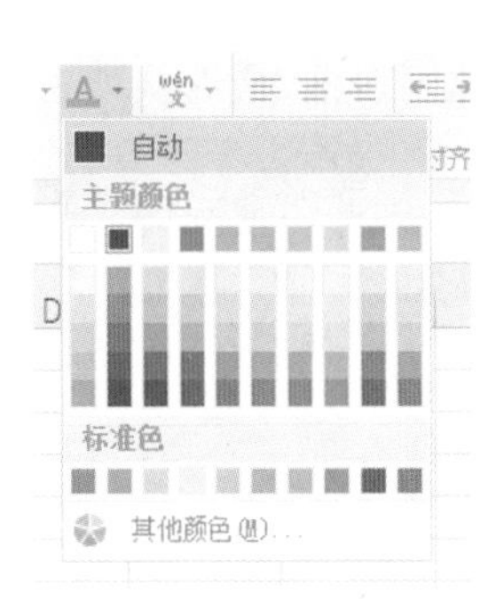

图 6-30　颜色调色板

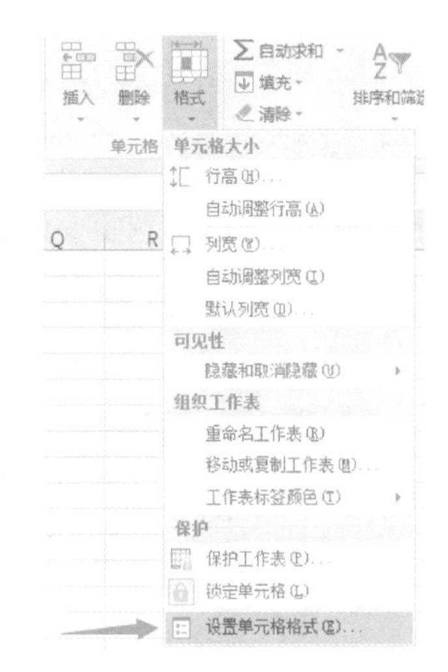

图 6-31　“单元格”分组中“格式”下拉列表

(3) 单击其中的“设置单元格格式”,弹出如图 6-32 所示的“设置单元格格式”对话框。在此可以进行“字体”“字形”“字号”“下划线”“颜色”等文本属性的设置。

(4) 单击“确定”按钮。

3) 利用快捷菜单设置

右击选中要设置格式的单元格,在弹出的快捷菜单中选择“设置单元格格式”,弹出如图 6-32 所示的“设置单元格格式”对话框,在该对话框中即可设置。

2. 设置对齐方式

在 Excel 2016 的默认情况下,单元格的文本靠左对齐,数字靠右对齐,逻辑值和错误值居中对齐,但用户可以改变对齐格式的设置。设置对齐格式主要通过 3 种方法:使用“开始”选项卡→“对齐方式”组进行设置;使用“开始”选项卡→“单元格”组设置;使用快捷菜单

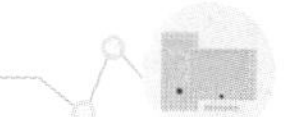

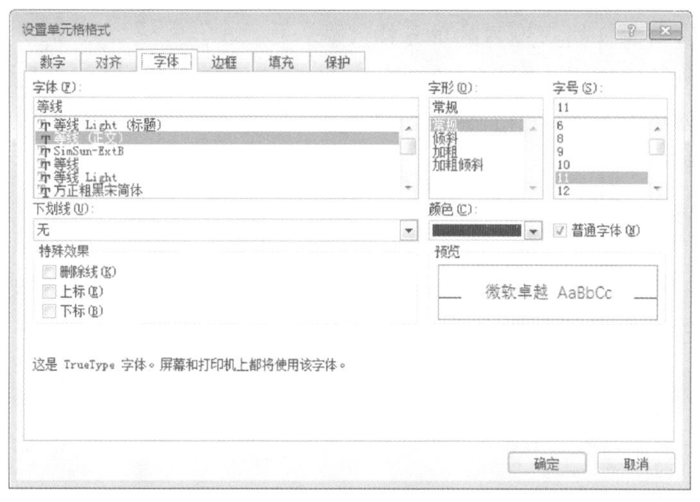

图 6-32　“设置单元格格式”对话框

设置。

1）使用“开始”选项卡→“对齐方式”组设置

如图 6-33 所示，在“开始”选项卡→“对齐方式”组中包含以下对齐格式按钮：“顶端对齐”“垂直居中”“底端对齐”“文本左对齐”“居中”“文本右对齐”“方向”下拉按钮、“减少缩进量”“增加缩进量”“自动换行”和“合并后居中”下拉按钮。它们的功能分别为：

（1）“顶端对齐”按钮：可以将选定的单元格区域中的内容沿单元格顶边缘对齐。

（2）“垂直居中”按钮：可以将选定的单元格区域中的内容沿单元格垂直方向居中对齐。

（3）“底端对齐”按钮：可以将选定的单元格区域中的内容沿单元格底边缘对齐。

（4）“文本左对齐”按钮：可以将选定的单元格区域中的内容沿单元格左边缘对齐。

（5）“文本右对齐”按钮：可以将选定的单元格区域中的内容沿单元格右边缘对齐。

（6）“居中”按钮：可以将选定的单元格区域中的内容居中。

（7）“合并后居中”下拉按钮：弹出如图 6-34 所示的下拉列表，从中选择选项。

（8）“自动换行”按钮：可以将选定单元格中超出列宽的内容自动换到下一行。

（9）“方向”下拉按钮：弹出如图 6-35 所示的下拉列表，从中选择选项。

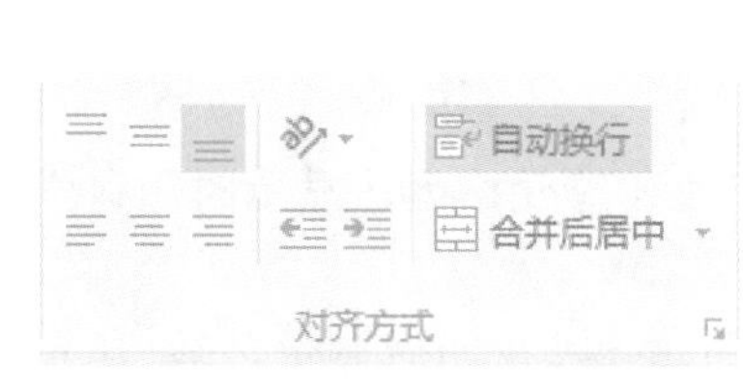

图 6-33　“对齐方式”组

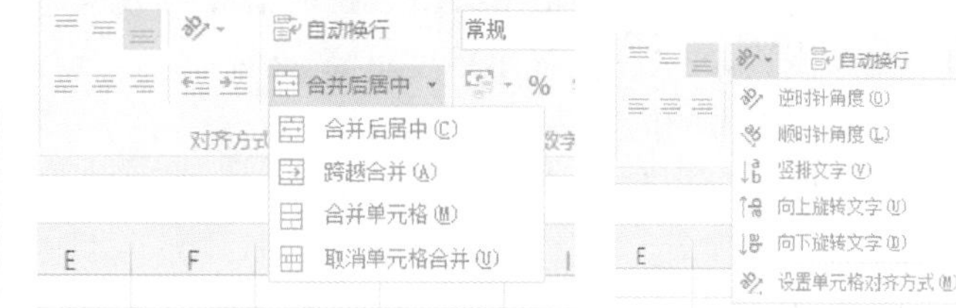

图 6-34　“合并后居中”下拉列表　　图 6-35　“方向”下拉列表

2）使用“开始”选项卡→“单元格”组设置

操作步骤如下：

(1) 选择要进行对齐格式设置的单元格区域。

(2) 单击“开始”选项卡→“对齐方式”组→“方向”下拉按钮“设置单元格对齐方式”，弹出如图 6-36 所示的“设置单元格格式”对话框。

图 6-36 “对齐”选项卡

(3) 在该对话框“对齐”选项卡中对文本进行水平、垂直方向对齐，以及旋转等操作。

(4) 单击“确定”按钮。

3) 使用快捷菜单设置

右击选中要设置格式的单元格，在弹出的快捷菜单中选择“设置单元格格式”，选择“对齐”选项，对话框如图 6-36 所示，可以对文本对齐方式、文本控制及文字方向进行设置。

3. 设置数字格式

数字格式是指表格中数据的外观形式，改变数字格式并不影响数值本身，数值本身会显示在编辑栏中。通常情况下，输入单元格中的数据是未经格式化的，尽管 Excel 会尽量将其显示为最接近的格式，但并不能满足所有需求。例如，当试图在单元格中输入一个人的 18 位身份证号时可能会发现直接输入一串数字后结果是错误的，这时就需要通过设置数字格式将其指定为文本，才能正确显示结果。

通常来说，在 Excel 表格中编辑数据时需要对数据进行数字格式设置，这样不仅美观，而且更便于阅读，或者使其显示精度更高。

1) Excel 提供的内置数字格式

(1) 常规：默认格式。数字显示为整数、小数，或者数字太大单元格无法显示时用科学计数法。

(2) 数值：可以设置小数位数，选择是否使用逗号分隔千位，以及如何显示负数(用负号、红色、括号或者同时使用红色和括号)。

(3) 货币：可以设置小数位数，选择货币符号，以及如何显示负数(用负号、红色、括号或者同时使用红色和括号)。该格式总是使用逗号分隔千位。

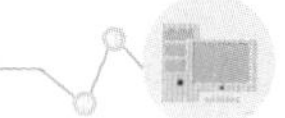

(4) 会计专用：与货币格式的主要区别在于货币符号总是垂直排列。

(5) 日期：分为多种形式，可以选择不同的日期格式。

(6) 时间：分为多种形式，可以选择不同的时间格式。

(7) 百分比：可以选择小数位数并总是显示百分号。

(8) 分数：共 9 种，可以从 9 种分数格式中选择一种格式。

(9) 科学计数：用指数符号(E)显示数字，例如 6.00E+05=600 000。可以设置在 E 的左边显示的小数位数，也就是精度。

(10) 文本：主要用于设置那些表面看来是数字，但实际是文本的数据。例如序号 001、002 就需要设置为文本格式才能正确显示出前面的零。

(11) 特殊：包括 3 种附加的数字格式，即邮政编码、中文小写数字和中文大写数字。

(12) 自定义：如果以上的数字格式都不能满足要求，可以自定义数字格式。

提示

如果一个单元格显示出一连串的"###########"标记，这通常意味着单元格宽度不够，无法显示全部数据长度，这时可以加宽该列或者改变数字格式。

2) 设置数字格式的基本方法

在 Excel 2016 中，设置数字格式也主要有 3 种方法：通过"开始"选项卡→"数字"组设置；通过"开始"选项卡→"单元格"组设置；使用快捷菜单设置。

(1) 使用"开始"选项卡→"数字"组设置。在"开始"选项卡→"数字"组中有 6 个格式化数字的按钮："常规"下拉列表、"会计数字格式"、"百分比样式"%、"千位分隔样式"，、"增加小数位数"和"减少小数位数"。它们的功能分别是：

① "常规"下拉按钮：在弹出的下拉列表中根据需要设置数字格式。

② "会计数字格式"下拉按钮：在弹出的下拉列表中根据需要在数字前面插入货币符号，并且保留两位小数。

③ "百分比样式"按钮：将选定单元格区域的数字乘以 100，在该数字的末尾加上百分号。

④ "千位分隔样式"按钮：将选定单元格区域的数字从小数点向左每三位整数之间用千分号分隔。

⑤ "增加小数位数"按钮：将选定单元格区域的数字增加一位小数。

⑥ "减少小数位数"按钮：可以将选定单元格区域的数字减少一位小数。

(2) 使用"开始"选项卡→"单元格"组设置。使用菜单设置数字格式的操作步骤如下：

① 选择要进行数字格式设置的单元格区域。

② 选择"开始"选项卡→"单元格"组，单击"格式"下拉按钮，弹出"格式"下拉列表，单击"设置单元格格式"选项，弹出"设置单元格格式"对话框。

③ 单击"数字"选项卡，在"分类"列表框中选择所需要的格式，在右侧可进行相应格式的设置，如图 6-37 所示。

④ 单击"确定"按钮。

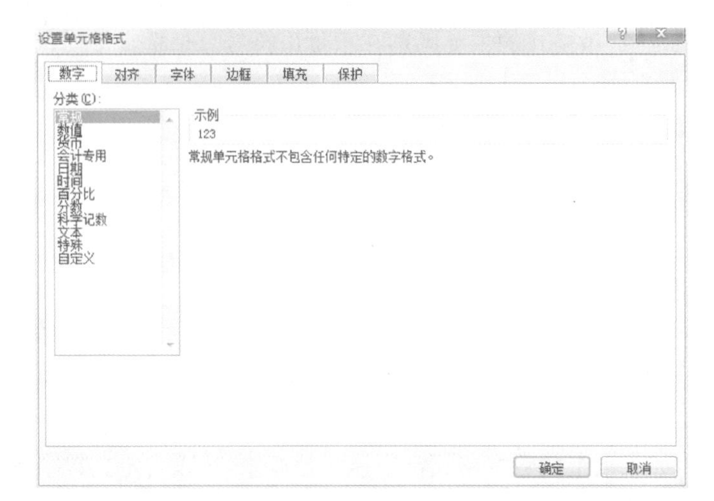

图 6－37 “数字”选项卡

(3) 使用快捷菜单设置。右击选中要设置格式的单元格,在弹出的快捷菜单中选择“设置单元格格式”,如图 6－37 所示,在分类列表中进行设置。

4. 设置边框和底纹

1) 设置边框

(1) 利用“边框”选项自动设置:

① 选择要进行边框设置的单元格区域。

② 选择“开始”选项卡→“字体”组,单击“所有框线”下拉按钮,弹出如图 6－38 所示的下拉列表,在“边框”选项中选择所需边框,Excel 2016 会自动设置。

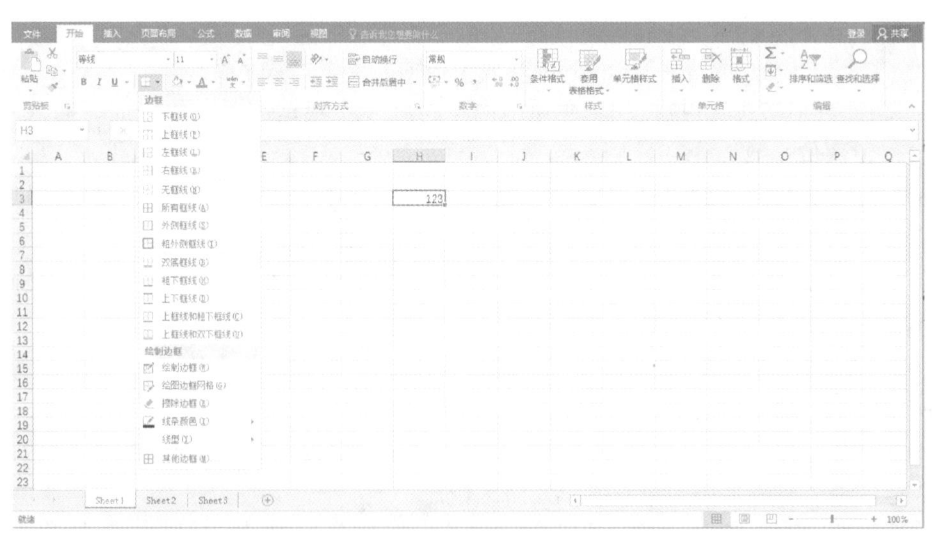

图 6－38 “边框”下拉列表

(2) 利用“其他边框”设置:

① 在页面上选择要设置边框的单元格区域。

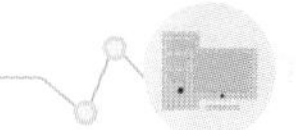

② 选择“开始”选项卡→“字体”组，单击“边框”下拉按钮，在展开的下拉列表“绘制边框”选项中选择“其他边框”，打开“设置单元格格式”对话框，或是右击弹出快捷菜单，选择“设置单元格格式”选项，打开“设置单元格格式”对话框，在“边框”选项卡中设置，如图 6－39 所示。

图 6－39 “边框”选项卡对话框

2）设置底纹

(1) 选择要进行底纹设置的单元格区域。

(2) 如上所述打开“设置单元格格式”对话框，选择“填充”选项卡，在该选项卡中可以对所选区域进行颜色和图案的设置，如图 6－40 所示。

(3) 单击“确定”按钮。

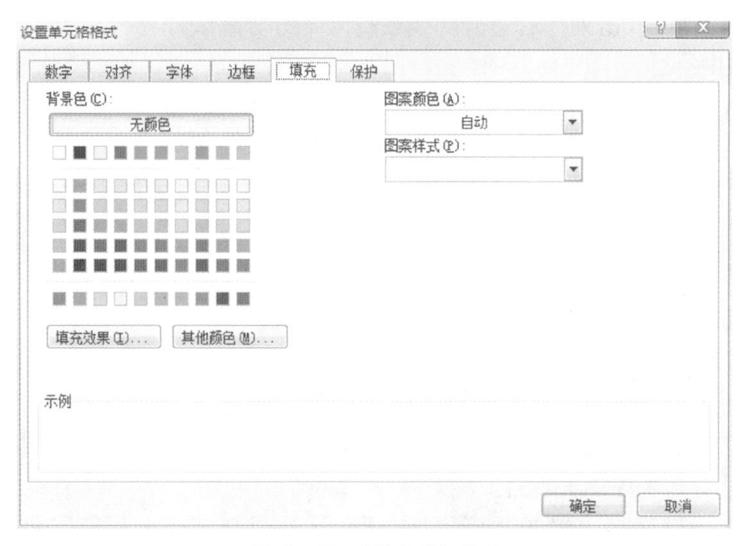

图 6－40 “填充”选项卡

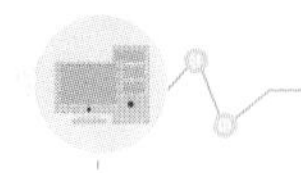

5. 设置行高和列宽

虽然行高和列宽并不影响工作表储存数据,但是用户打印工作表时需要能够完整显示数据和对齐格式,因此,有时需要改变行高和列宽。

1) 通过菜单改变行高和列宽

(1) 选定操作区域,要改变行高则选中某一行或者几行;要改变列宽则选中一列或者几列。

(2) 选择"开始"选项卡→"单元格"组,单击"格式"下拉按钮,在弹出的下拉列表中选择"行高",如图 6-41 所示,在"行高"对话框内输入行的高度,单击"确定"按钮完成更改行高的操作。

或利用快捷菜单:右击,在弹出的快捷菜单中选择"行高",弹出"行高"对话框,输入行的高度,单击"确定"按钮即完成更改行高的操作。

改变列宽的操作和改变行高的操作基本相同,如图 6-42 所示。

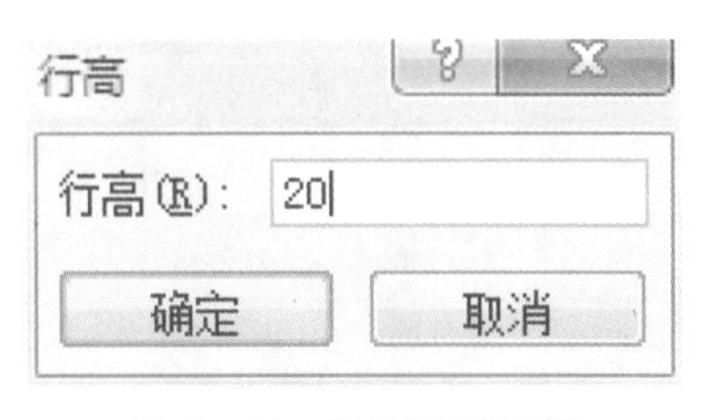

图 6-41 "行高"对话框

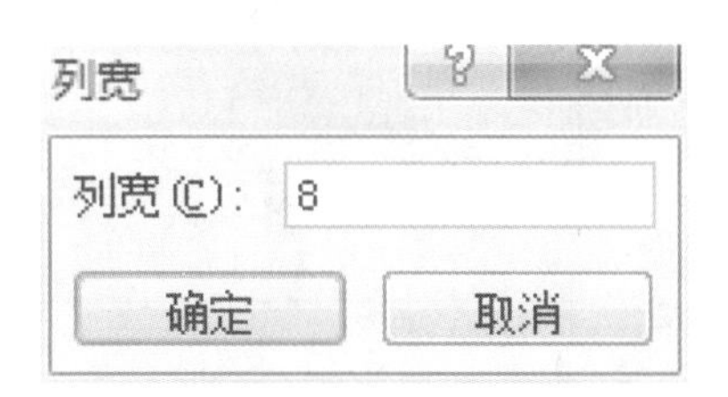

图 6-42 "列宽"对话框

2) 使用鼠标进行拖动

(1) 选择一行或若干行,移动鼠标至任一行号下方的分隔线上(此时鼠标指针形状改变成上、下箭头),拖动鼠标至恰当位置并释放鼠标,则选定的行都以此设定的高度为准。

(2) 列宽的设置与行高设置相似。另外,若要调整大小以适合该列中最长输入项或该行中最大号字体高度,双击列标右边分隔线或行号下方分隔线即可。

6. 自动套用格式

Excel 2016 提供了丰富的表格格式供用户套用,操作过程如下:

(1) 选择要进行自动套用格式的单元格区域。

(2) 选择"开始"选项卡→"样式"组,单击"套用表格格式"下拉按钮,在弹出的如图 6-43 所示的下拉列表中选择表格样式。

(3) 单击某一表格样式,弹出如图 6-44 所示的"套用表格式"对话框,选中"表包含标题"复选框,单击"确定"按钮,即可应用预设的表格样式。

7. 设定与使用主题

主题是一组可统一应用于整个文档的格式集合,其中包括主题的颜色、字体(包括标题字体和正文字体)和效果(包括线条和填充效果)等。通过应用文档主题,可以快速设定文档格式基调并使其看起来更加美观且专业。

Excel 2016 提供许多内置的文档主题,还允许通过自定义并保存来创建自己的文档主题。

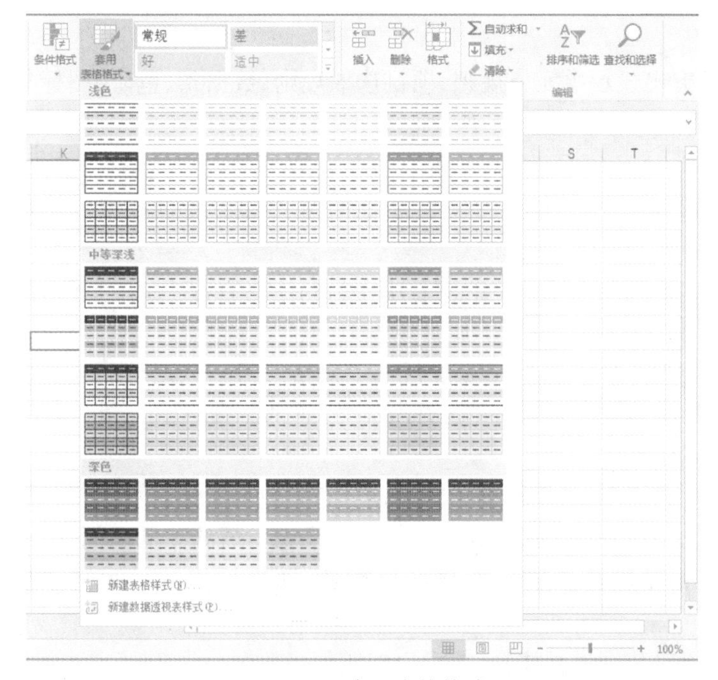

图 6－43　套用表格格式

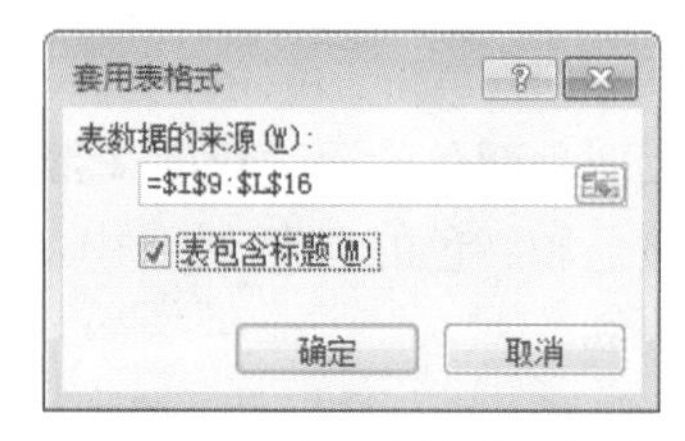

图 6－44　“套用表格式”对话框

1）使用内置主题

设置主题的基本方法如下：

(1) 打开需要应用主题的工作簿文档，在“页面布局”选项卡上的“主题”组中单击“主题”按钮。

(2) 打开如图 6－45 所示的主题列表，从中选择需要的主题类型即可。

2）自定义主题

自定义主题包括设定颜色搭配、字体搭配、显示效果搭配等。自定义主题的基本方法如下：

(1) 在“页面布局”选项卡的“主题”组中，单击“颜色”按钮选择一组主题颜色，通过执行“新建主题颜色”命令可以自行设定颜色组合。

(2) 单击“字体”按钮选择一组主题颜色，通过执行“新建主题字体”命令可以自行设定字体组合。

(3) 单击“效果”按钮选择一组主题效果。

(4) 保存自定义主题。在“页面布局”选项卡的“主题”组中，单击“主题”按钮，从打开的主题列表最下方单击“保存当前主题”按钮，在弹出的对话框中输入主题名称即可。

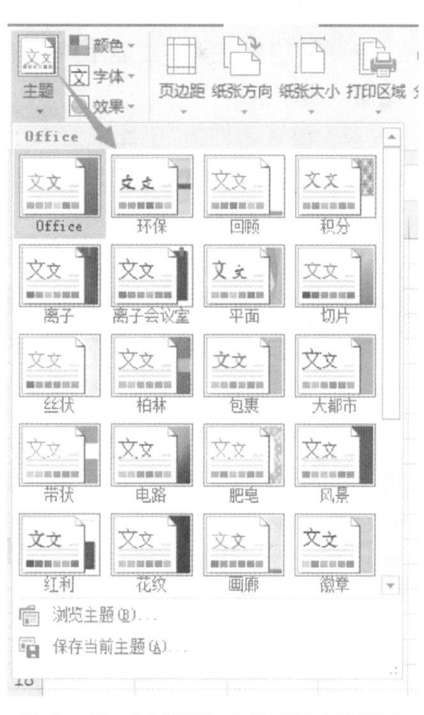

图 6－45　“主题”组中的可选主题列表

新建主题将会显示在主题列表最上面的“自定

义"区域以供选用。

8. 应用条件格式

"条件格式"下拉列表中包括突出显示单元格规则、项目选取规则、数据条、色阶、图标集等,每一个列表中又包含有自己的列表,如图 6-46 所示。

各项条件规则的功能说明如下:

(1) 突出显示单元格规则:通过使用大于、小于、等于、包含等比较运算符限定数据范围,对属于该数据范围内的单元格设定格式。

(2) 项目选取规则:可以将选定单元格区域中的前若干个最高值或后若干个最低值、高于或低于该区域平均值的单元格设定特殊格式。

(3) 数据条:数据条可帮助查看某个单元格相对于其他单元格的值。数据条的长度代表单元格中的值。数据条越长,表示值越高;数据条越短,表示值越低。在观察大量数据中的较高值和较低值时,数据条尤其有用。

(4) 色阶:色阶作为一种直观的指示,可以帮助了解数据分布和数据变化。双色刻度使用两种颜色的深浅程度来帮助比较某个区域的单元格,颜色的深浅表示值的高低。例如,在黄色和红色的双色刻度中,可以指定较高值的单元格颜色更黄,而较低值的单元格颜色更红。

(5) 图标集:使用图标集可以对数据进行注释,并可以按阈值将数据分为 3~5 个类别。每个图标代表一个值的范围。例如,在三相交通灯图标集中,红色的交通灯代表较高值,黄色的交通灯代表中间值,绿色的交通灯代表较低值。

下面将数值大于等于 60 的单元格背景色改为绿色为例,介绍条件格式的设置方法:

(1) 选中需要设置限定条件的数据,单击"开始"选项卡→"样式"组→"条件格式"按钮,在下拉列表中选择"突出显示单元格规则"→"其他规则"选项,打开"新建格式规则"对话框(见图 6-47)。

(2) 设置条件为"单元格值大于或等于 60",单击对话框中的"格式"按钮,打开"设置单元格格式"对话框,切换到"填充"选项卡,在"背景颜色"中选取一种颜色,如绿色。

图 6-46 "条件格式"下拉列表

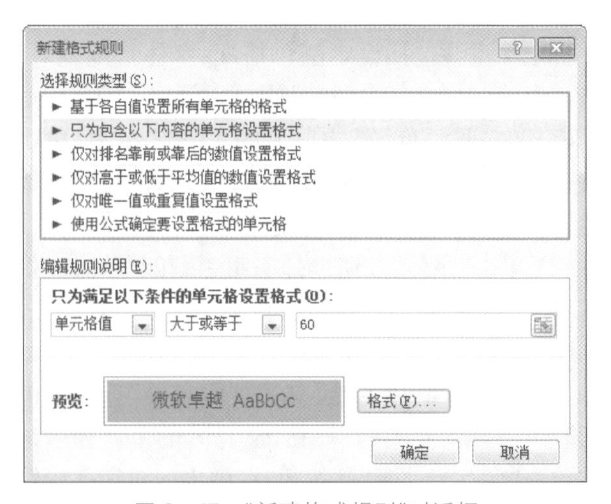

图 6-47 "新建格式规则"对话框

6.3.3　工作表的页面设置

在“页面布局”选项卡的“页面设置”组，“页边距”“纸张方向”“纸张大小”“打印区域”等选项可方便地对页面进行设置，如果需要设置更多的内容可以单击“页面设置”对话框启动按钮。

在“页面布局”选项卡的“页面设置”组中单击右下角的对话框启动按钮，弹出“页面设置”对话框，其中有 4 个选项卡，如图 6－48 所示。

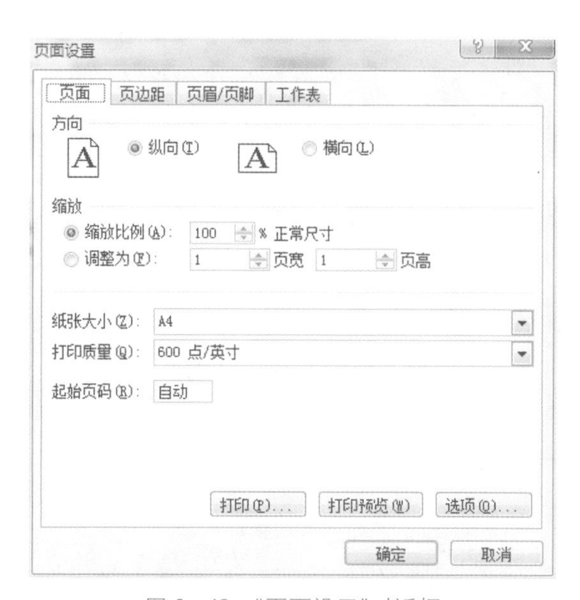

图 6－48　“页面设置”对话框

页面设置包括对页边距、页眉/页脚、纸张大小及方向等项目的设置。页面设置的基本方法是：

(1) 打开要进行页面设置的工作表。

(2) 在“页面布局”选项卡上的“页面设置”组中进行各项页面设置。

① 页边距。单击打印预览窗口的“页边距”按钮，可以用拖动页边界线的方法调整页边距。这里可以更细致地设置页边距；将“页面设置”对话框切换到“页边距”选项卡，如图 6－49 所示，在此选项卡中可以预览设置的效果，按照需要进行上、下、左、右页边距的设置，在对话框左下角的“居中方式”组中，可设置表格在整个页面的水平或垂直方向上居中打印。

② 纸张方向。单击“纸张方向”按钮，设定横向或纵向打印。

③ 纸张大小。单击“纸张大小”按钮，选定与实际纸张相符的纸张大小。执行最下边的“其他纸张大小”命令，打开“页面设置”对话框的“页面”选择卡，在“纸张大小”下拉列表中选择合适的纸张。

提示

在不同的打印机驱动程序下允许选择的纸张类型可能会有所不同。

④ 设定打印区域。可以设定只打印工作表的一部分,设定区域以外的内容将不会被打印输出。设置方法是:首先选择某个工作表区域,然后单击“打印区域”按钮,从下拉列表中执行“设置打印区域”命令。

(3) 设置页眉页脚。单击“页面设置”组右侧的对话框启动器,打开“页面设置”对话框,选择“页眉/页脚”选项卡,从“页眉”或“页脚”下拉列表中选择系统预置的页眉页脚内容,单击“自定义页眉”或“自定义页脚”按钮,打开相应的对话框,可以自行设置页眉或页脚内容,如图 6-50 所示。在“页眉”对话框中设置页眉,它们将出现在页眉行的左、中、右位置,其内容可以是文字、页码、工作簿名称、时间、日期等(见图 6-51)。文字需要输入,其余均可通过单击中间相应的按钮来设置。

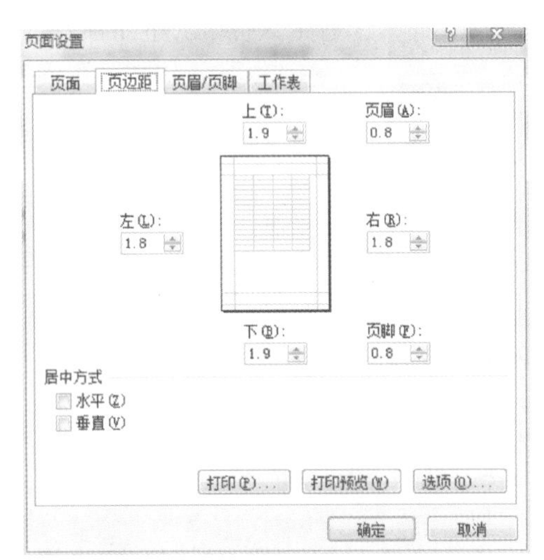

图 6-49 “页边距”选项卡

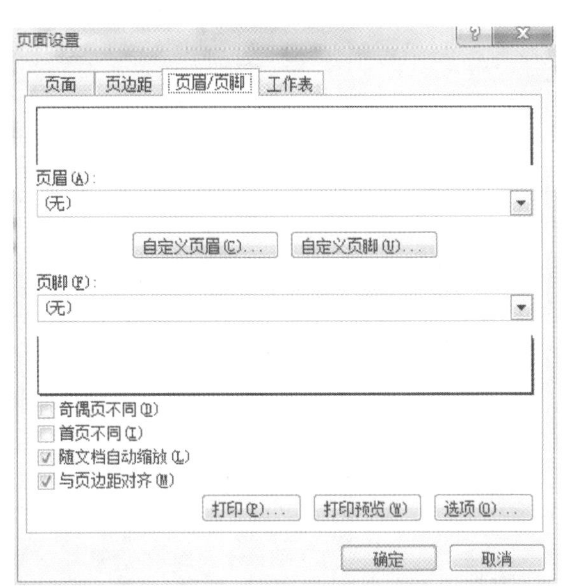

图 6-50 “页眉/页脚”选项卡

中间的按钮含义如下:

A(字体):输入页眉文字后,单击该按钮,设置字体、字形和字号等。

(当前页码):单击该按钮,自动输入当前页码。

(总页数):单击该按钮,自动输入总页数。

(当前日期):单击该按钮,自动输入当前日期。

(当前时间):单击该按钮,自动输入当前时间。

(文件路径):单击该按钮,确定路径。

(当前工作簿名称):单击该按钮,自动输入当前工作簿名称。

(当前工作表名称):单击该按钮,自动输入当前工作表名称。

(插入图片):单击该按钮,插入图片。

(设置图片格式):单击该按钮,设置图片格式。

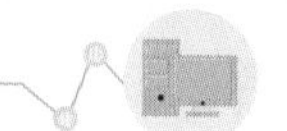

> **提示**
>
> 在“页边距”选项卡中，可以设置页眉页脚距页边的位置。一般情况下，该距离应比相应的上下页边距要小。

(4) 还可以同时在其他选项卡中进行相应设置。设置完毕后，单击“确定”按钮退出。

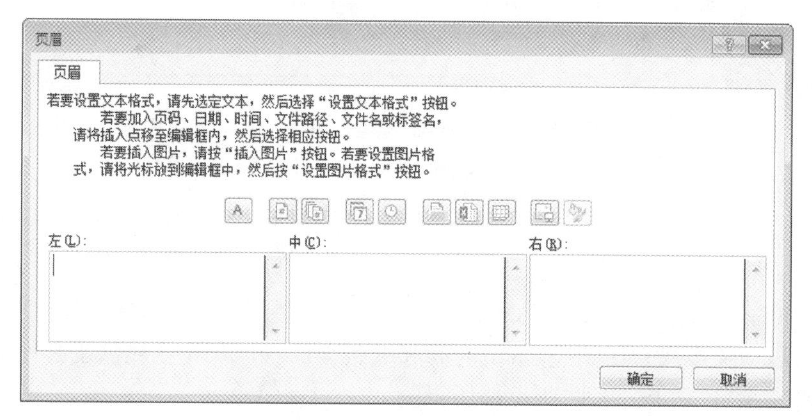

图 6-51　“页眉”对话框

6.3.4　工作表的打印格式设置

1. 设置打印标题

当工作表纵向超过一页长或者横向超过一页宽的时候，需要指定在每一页上都重复打印标题行或列，以使数据更加容易阅读和识别。设置打印标题的基本方法是：

(1) 打开要设置重复标题行的工作表。

(2) 在“页面布局”选项卡上的“页面设置”组中，单击“打印标题”按钮，打开“页面设置”对话框的“工作表”选项卡，如图 6-52 所示。

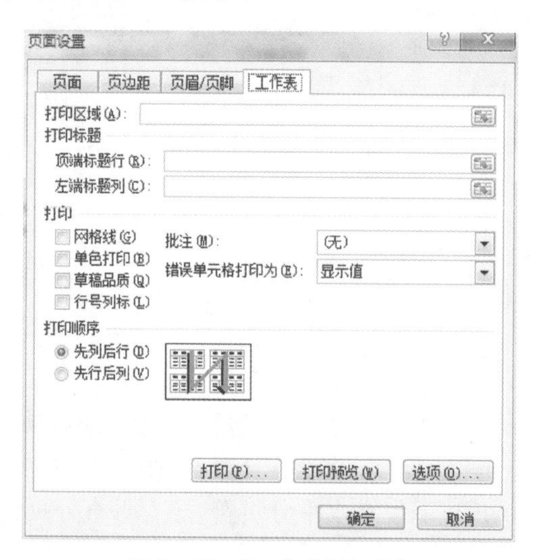

图 6-52　“工作表”选项卡

(3) 单击“顶端标题行”框右侧的“压缩对话框”按钮,从工作表中选择要重复打印的标题行行号,可以选择连续多行,例如可以指定 1~6 行为重复标,然后按 Enter 键返回对话框。

(4) 用同样的方法在“左端标题列”框中设置重复的标题列。另外,还可以直接在“顶端标题行”或“左端标题列”框中直接输入行列的绝对引用地址。例如,可以在“左端标题列”框中输入 $B:$E 表示要重复打印工作表 BCDE 四列。

(5) 设置完毕后,单击对话框下方的“打印预览”按钮,当表格超宽超长时,即可在预览状态下看到除首页外的其他页上重复显示的标题行或列。

提示

Excel 中设置为重复打印的标题行或列只在打印输出时才能看到,正常编辑状态下的表格中不会在第二页上显示重复的标题行或列。

2. 打印预览

工作表和图表建立后,可以将其打印出来。我们希望可以在打印前能看到实际的打印效果,这样可以避免多次打印调整,浪费时间和纸张。Excel 2016 就提供了打印前能看到实际效果的“打印预览”功能,实现“所见即所得”。

在打印预览中,可能会发现页面设置不合适,比如页边距太小或者分页不适当等问题。可以在预览模式下对表格进行调整,直到调整到满意的效果后再打印。

单击“文件”选项卡中的“打印”按钮,在窗口右侧显示“打印预览”的窗口,如图 6-53 所示。窗口默认显示的是工作表的第一页,其形式就是实际打印出来的效果。在“打印预览”的窗口下方还显示了当前显示的页数以及总页数。

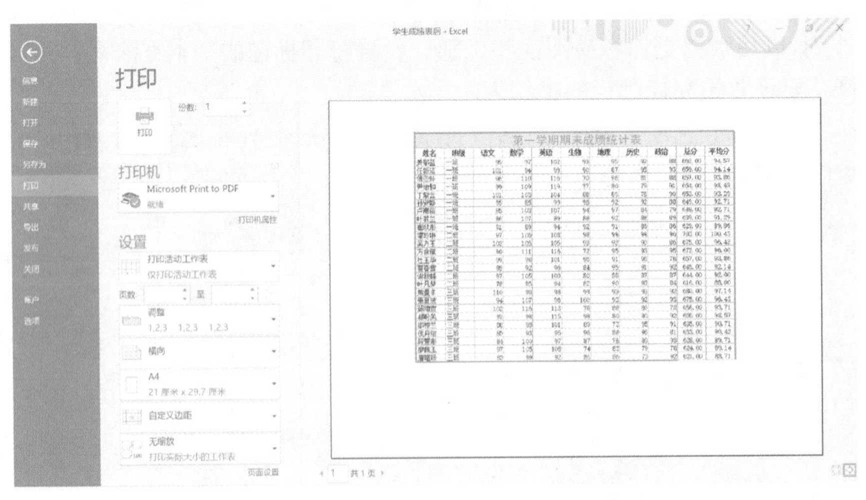

图 6-53 “打印预览”窗口

“分页预览”功能使工作表的分页变得十分容易。进入分页预览模式后,工作表中分页处用蓝色线条表示,称为分页符。若未设置过分页符,则分页符用虚线表示,否则用实线表示。每页均有“第 X 页”的水印,不仅有水平分页符,还有垂直分页符。

1）改变分页位置

（1）单击“视图”选项卡→“工作簿视图”组中的“分页预览”按钮，进入分页预览模式，如图 6－54 所示。

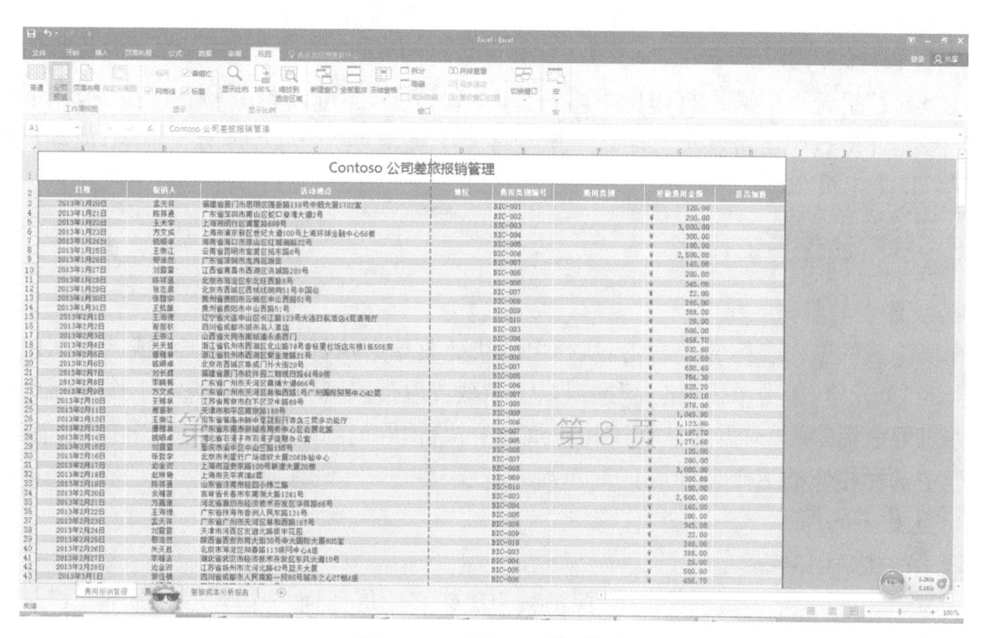

图 6－54 “分页预览”模式

（2）鼠标指针移到分页符，指针呈双向箭头，拖动分页符到目标位置，则就会按新位置进行分页。

2）插入分页符

若干工作表中的内容不止一页，系统就会自动在其中插入分页符，工作表按此分页打印。有时需要将某些内容打印在一页中。比如，一个表格若按系统分页将会分两页打印，为了使该表格能够在一页中打印，可以在该表格开始插入水平分页符，在表格后面也插入水平分页符，这样表格就可以独占一页。若插入垂直分页符，则可以控制打印的列数。插入分页符的方法如下：

（1）单击分页符插入位置（新页左上角的单元格）。

（2）单击“页面布局”选项卡→“页面设置”组中“分隔符”按钮，在下拉列表中选择“插入分页符”选项。

3）删除分页符

（1）单击分页符下的第一行的单元格。

（2）选择“分隔符”下拉列表中的“删除分页符”选项。

3. 打印设置

1）设置打印机

单击打印预览页面中“打印机”，在下拉列表框中选择一台打印机。

2）设置打印范围

在打印预览页面“设置”栏中可设置打印范围。在“页数”框中可输入打印的起始页至终止页,若仅打印一页,如第 3 页,则起始页号和终止页号均输入 3,不输入页数的情况下默认打印全部页数。

在“打印活动工作表”下拉列表中可选择打印当前工作表的活动工作表、整个工作簿或选定区域。

3) 设置打印份数

在“份数”组合框中输入打印份数,若打印 2 份以上,还可以单击“调整”按钮,在下拉列表中选择是逐份打印还是逐页打印。一般顺序是 1 页、2 页……,1 页、2 页……;而逐页打印顺序是:1 页、1 页、2 页、2 页……

6.3.5 隐藏和保护工作表

1. 工作表的隐藏

在要隐藏的工作表标签上右击,从弹出的快捷菜单中执行“隐藏”命令;或者在“开始”选项卡上的“单元格”组中单击“格式”按钮,从“隐藏或取消隐藏”下执行“隐藏工作表”命令。

如果要取消隐藏,只需要从上述相应菜单中执行“取消隐藏”命令,在打开的“取消隐藏”对话框中选择相应的工作表即可。

2. 工作表的保护

1) 保护整个工作表

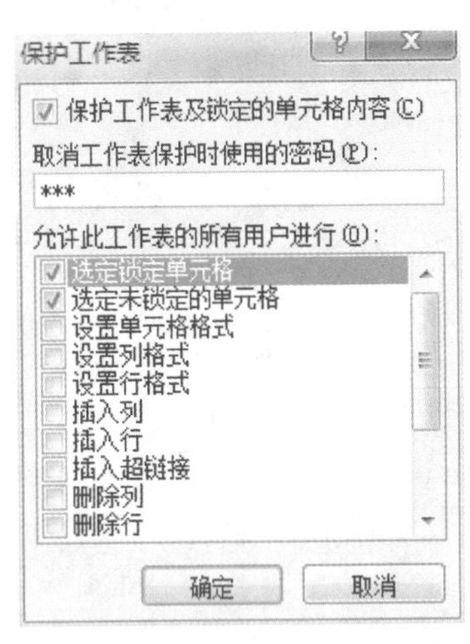

图 6-55 “保护工作表”选项卡

保护整个工作表使得任何一个单元格都不允许被更改的方法是:

(1) 打开工作簿,选择需要设置保护的工作表。

(2) 在“审阅”选项卡上的“更改”组中,单击“保护工作表”按钮,打开如图 6-55 所示的“保护工作表”对话框。

(3) 在“允许此工作表的所有用户进行”列表中,保持选定锁定单元格和选定未锁定的单元格为勾选状态。

(4) 在“取消工作表保护时使用的密码”框中输入密码,该密码用于设置者取消保护,要牢记自己的密码。

(5) 单击“确定”按钮,重复确认密码后完成设置。此时,在被保护工作表的任意一个单元格中试图输入数据或更改格式时,均会出现如图 6-56 所示的提示信息。

2) 取消工作表的保护

选择已设置保护的工作表,在“审阅”选项卡上的“更改”组中单击“撤销工作表保护”,打开“撤销工作表保护”对话框,如图 6-57 所示。

图 6-56 设置保护的工作表后将不允许他人更改

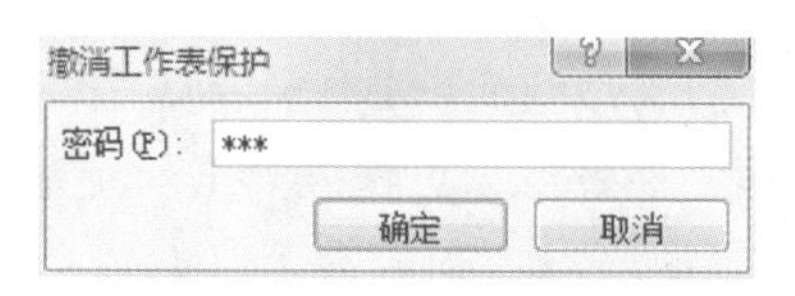

图 6-57　撤销工作表保护

在“密码”框中输入设置保护时使用的密码，单击“确定”按钮。如果未设密码，则会直接取消保护状态。

3) 解除对部分工作表区域的保护

保护工作表后，默认情况下所有单元格都将无法被编辑。但在实际工作中，有些单元格中设置的原始数据还是允许输入和编辑的，为了能够更改这些特定的单元格，可以在保护工作表之前先取消对这些单元格的锁定。

(1) 选择要设置保护的工作表。如果工作表已被保护，则需要现在“审阅”选项卡上的“更改”组中，单击“撤销工作表保护”撤销保护。

(2) 在工作表中选择要解除锁定的单元格或者单元格区域。

(3) 在“开始”选项卡上的“单元格”组中，单击“格式”按钮，从打开的下拉列表中执行“设置单元格格式”的命令，打开“设置单元格格式”对话框。

(4) 在“保护”选项卡下，单击“锁定”取消对该复选框的选择，单击“确定”按钮，当前选定的单元格区域将会被排除在保护范围之外。

(5) 设置隐藏公式。如果不希望他人看到公式或函数的构成，可以隐藏该公式。在工作表中选择需要隐藏的公式所在的单元格区域，再次打开“设置单元格格式”对话框，在“保护”选项卡中保证“锁定”复选框被选中的同时再单击选中“隐藏”复选框，单击“确定”按钮。此时，公式不但不能被修改还不能被看到。

(6) 在“审阅”选项卡上的“更改”组中，单击“保护工作表”，打开“保护工作表”对话框。

(7) 输入保护密码，在“允许此工作表的所有用户进行”列表中设定允许他人能够更改的项目后，单击“确定”按钮。

此时，在取消锁定的单元格中就可以输入数据了。另外，在被隐藏的公式列中只能看到计算结果，既不能修改也无法查看公式本身。

6.4　Excel 的基本操作——工作簿

6.4.1　工作簿的组成与基本操作

1. 基本概念

1) 单元格

单元格是 Excel 2016 中最小的组成单位，工作行和列交叉的矩形框称为单元格。在单元格内可以存放简单的字符或数据，也可以存放多达 32 000 个字符的信息，单元格可通过地址来标识，即一个单元格可以用列号(列标)和行号(行标)来标识，如 B2。列号在前，行号在后。

2）工作表

打开 Excel 2016，映入眼帘的工作画面就是工作表，工作表是在 Excel 2016 中用于存储和处理数据的主要文档，也称为电子表格。工作表是 Excel 完成一项工作的基本单位，可以输入字符串(包括汉字)、数字、日期、公式、图表等丰富的信息。工作表由排列成行、列的单元格组成，列号是按字母排列，A～XFD 共 16 384 列，行号按阿拉伯数字自然排列，计 1～1 048 576行，可以视作无限大，远大于 Excel 2003 的列、行数。在工作表中输入内容之前首先要选定单元格。每张工作表有一个工作表标签与之对应(如 Sheet1)。用户可以直接单击工作表标签名来切换当前工作表。

3）工作簿

在 Excel 2016 中，一个文件即为一个工作簿，一个工作簿由一个或多个工作表组成，它可以用来组织各种相关信息，可同时在多张工作表上输入并编辑数据，并且可以对多张工作表的数据进行汇总、分析计算。当启动 Excel 时，Excel 将自动产生一个新的工作簿 Book1。在默认情况下，Excel 为每个新建工作簿创建 3 张工作表，标签名分别为 Sheet1、Sheet2、Sheet3，可用来分别存放诸如学生信息、学生成绩、教师信息等相关信息。

2. 工作簿的基本操作

1）创建工作簿

(1) 利用菜单命令创建空白工作簿：打开“文件”选项卡→单击“新建”按钮，就可以出现如图 6－58 所示的界面。

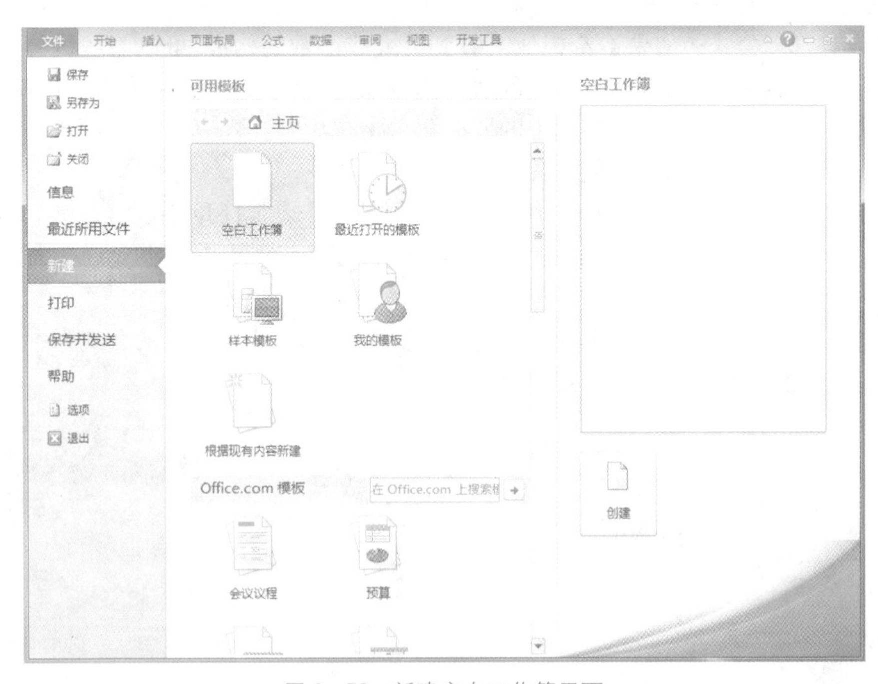

图 6－58　新建空白工作簿界面

(2) 选择“可用模板”→“空白工作簿”，双击“空白工作簿”或单击右下角“创建”按钮，即可创建一个新的空白工作簿。

2）打开工作簿

（1）找到要打开的工作簿文件，直接双击打开。

（2）找到要打开的工作簿文件，右击，在弹出的快捷菜单中选择“打开”选项。

（3）启动 Excel 2016 应用程序后，利用菜单打开工作簿：打开“文件”选项卡，单击“打开”按钮，弹出“打开”对话框，选择要打开的工作簿文件后打开，如图 6－59 所示。

图 6－59　“打开”对话框

若在“打开”对话框中配合使用 Ctrl 键或 Shift 键，可以选中多个不连续或连续的工作簿文件，并打开它们。

3）保存工作簿

在使用 Excel 2016 过程中，保存工作簿是非常重要的操作之一。用户可在工作过程中随时保存文件，以免因计算机突然断电或者系统发生意外等原因造成不必要的损失。保存工作簿的方法主要有 4 种：

（1）在操作过程中随时单击“快速访问工具栏”上的“保存”按钮。

（2）打开“文件”选项卡，单击“保存”按钮可以保存工作簿。

（3）打开“文件”选项卡，单击“另存为”按钮可以保存工作簿。

（4）按 Ctrl＋S 组合键。

对于尚未保存过的工作簿，执行“保存”命令后，将会打开“另存为”对话框，用户需在其中指定文件名称及保存文件的位置，然后单击“保存”按钮即可保存文件，如图 6－60 所示。

4）共享工作簿

在 Excel 2016 中，如果允许多个用户对一个工作簿同时进行编辑，可以设置共享工作簿。

图 6-60 “另存为”对话框

(1) 单击功能区中“审阅”选项卡→“更改”组中“共享工作簿”按钮，打开“共享工作簿”对话框。

(2) 勾选“允许多用户同时编辑，同时允许工作簿合并”复选框，然后切换到“高级”选项卡，在其中进行共享工作簿的相关设置。

(3) 设置完成后，单击“确定”按钮。

5) 切换工作簿

在移动、复制或者查找工作表时经常需要在若干个工作簿之间进行切换。以工作簿 1 和工作簿 2 之间的切换为例介绍切换方法。

(1) 打开工作簿 1，然后单击“最小化”按钮将其最小化。

(2) 打开工作簿 2，选择“视图”选项卡，单击“窗口”组中的“切换窗口”按钮，弹出其下拉列表。

(3) 单击下拉列表中的工作簿 1，即可切换至工作簿 1。

6) 加密工作簿

如果对已经打开的工作簿进行加密设置，则需要输入正确的密码才可以打开或者编辑工作表中的数据。

(1) 打开需要设置密码的工作簿，切换到“文件”选项卡，单击“另存为”，从而打开“另存为”对话框。

(2) 单击“另存为”对话框右下角的“工具”下拉按钮，单击弹出菜单中的“常规选项”，打开“常规选项”对话框。

(3) 在文本框中设置工作簿的“打开权限密码”和“修改权限密码”，勾选“建议只读”复选框。

(4) 单击“确定”按钮，打开“确认密码”对话框，要求重新输入设置的修改权限密码，输入完成后单击“确定”按钮。

(5) 单击“另存为”对话框中的“保存”按钮，保存工作簿。

6.4.2　隐藏与保护工作簿

有时需要对工作簿中的数据进行一定的保护，可以设置其隐藏或保护属性。

1. 隐藏工作簿

Excel 2016 可以同时打开多个工作簿，针对某些特殊情况可能需要隐藏一个或几个工作簿，需要这些工作簿时再显示这些工作簿。操作步骤是切换到需要隐藏的工作簿窗口，选择“视图”选项卡；如图 6-61 所示，在显示的“窗口”组中单击“隐藏”按钮，当前工作簿就被隐藏起来。

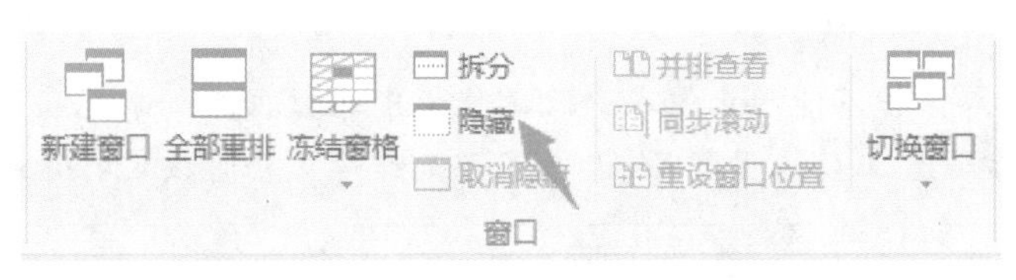

图 6-61　“视图”选项卡上的“窗口”组

如要取消隐藏，在“视图”选项卡上的“窗口”组中单击“取消隐藏”按钮，在打开的“取消隐藏”对话框中选择需要取消隐藏的工作簿名称，单击“确定”按钮即可。

2. 保护工作簿

当不希望他人对工作簿的结构或窗口进行改变时，可以设置工作簿保护。操作步骤如下：

(1) 打开需要保护的工作簿。

(2) 在“审阅”选项卡上的“更改”组中，单击“保护工作簿”按钮，打开“保护结构和窗口”对话框，如图 6-62 所示。

(3) 在对话框中按照需要进行各项设置，其中：

① 选中“结构”复选框，将阻止他人对工作簿的结构进行修改，包括查看已隐藏的工作表，移动、删除、隐藏工作表或更改工作表的表名，插入新工作表，将工作表移动或复制到另一工作簿中等。

② 选中“窗口”复选框，将阻止他人修改工作簿窗口的大小和位置，包括移动窗口、调整窗口大小或关闭窗口等。

(4) 如果要防止他人取消工作簿保护，可在“密码(可选)”框中输入密码，单击“确定”按钮，在随后弹出的对话框中再次输入相同的密码进行确认。

如果不提供密码，任何人都可以取消对工作簿的保护。如果使用密码，一定要牢记自己的密码，否则自己也无法再对工作簿的结构和窗口进行设置。

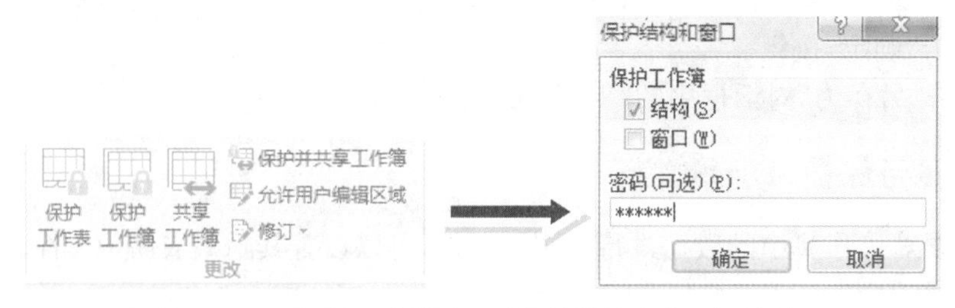

图 6-62　通过"更改"组打开"保护结构和窗口"对话框

取消对工作簿的保护,只需再次在"审阅"选项卡上的"更改"组中单击"保护工作簿"按钮,如果设置了密码,则在弹出的对话框中输入密码即可。

提示

此处的工作簿保护不能阻止他人更改工作簿中的数据。如果想要达到保护数据的目的,可以进一步设置工作表保护,或者在保存工作簿文档时设定打开或修改密码。

扫描二维码,
获取本章实验

第7章

Excel 2016 进阶应用

Excel 2016 具有出色的计算功能和图表工具，在 Excel 进阶应用中，将展现它强大的数据分析和处理功能。下面将介绍如何快速操作行列数据并核对表格信息；如何快速地查找到重复项并删除，如何快速标记满足条件的单元格，如何验证用户输入的数据；如何应用公式和函数进行高效的数据分析和处理，如何通过图表来直观地展现数据，使数据更易分析。通过本章的学习，将进一步提高学习者对数据的分析和处理能力。

7.1 数据行列操作

7.1.1 排序

Excel 可以对数值、日期、文本等进行排序，其中对数值的排序依据是数值的大小；对文本的排序依据是文本的首字母。通常，排序是将数据清单中的记录按某列值的大小重新排列记录次序，一次排序最多可以选择 3 个关键字："主要关键字""次要关键字""第三关键字"。排序先按"主要关键字"排序，当"主要关键字"相等时，检查"次要关键字"大小，若"次要关键字"相等，则检查"第三关键字"大小，从而决定记录的排序次序。另外，每种关键字都可以选择按"升序"或"降序"排列。排序主要有 3 种方法，下面先介绍两种。

1）利用工具按钮

利用工具按钮可完成对某一列进行升序或降序排列，排序的数据可以是数字也可以是文本。选择数据区域中的某一个单元格区域，单击"开始"选项卡→"编辑"组→"排序和筛选"按钮，在下拉列表中有两个排序选项：A↓Z升序或Z↓A降序，选择其一即可。排序前如图 7-1 所示。

	A	B	C	D	E	F	G
1	公司名称	1月	2月	3月	4月	5月	总计
2	A公司	200	169	202	171	204	946
3	B公司	168	201	170	230	172	941
4	C公司	120	121	122	123	124	610
5	D公司	150	151	152	153	154	760

图 7-1 排序前

	A	B	C	D	E	F	G
1	公司名称	1月	2月	3月	4月	5月	总计
2	C公司	120	121	122	123	124	610
3	D公司	150	151	152	153	154	760
4	B公司	168	201	170	230	172	941
5	A公司	200	169	202	171	204	946

图 7-2 排序后

将光标定位在 G2 单元格中，选择"升序"按钮，按照总计列的数据升序排序，如图 7-2 所示。

提示

没有命令能恢复数据清单原来的次序,要想恢复可以在排序前复制一个工作表副本,以便日后恢复(当然在排序时,可以撤销排序,恢复原有次序)。

2) 自定义排序

如果数据要按“房租”“工资奖金”“日常生活费”“学习用品”的顺序排序时,Excel 的现有排序功能无法直接实现。这种情况可以使用自定义排序来实现。

(1) 单击“开始”选项卡→“编辑”组→“排序和筛选”按钮,在下拉列表选择“自定义排序”选项,主要关键字设置为“收支摘要”,在“次序”下拉列表中选择“自定义序列”选项。

(2) 打开“自定义序列”对话框,输入序列(房租、工资奖金、日常生活费、学习用品),并单击“添加”按钮,此时新序列显示在左侧的列表框中;选中新添加的序列,单击“确定”按钮,如图 7-3 所示;返回“排序”对话框,再次单击“确定”按钮即可。

图 7-3 自定义排序

7.1.2 筛选

在日常的工作和生活中,我们会经常运用到 Excel 中的筛选功能从复杂的数据表格中生成我们指定的数据。筛选,顾名思义,就是找出满足给定条件的数据在工作表中的显示,而不显示不满足条件的数据。因此,筛选是一种用于查找数据清单中满足给定条件的快速方法。它与排序不同,它并不重排数据清单,而只是将不必显示的行暂时隐藏。

自动筛选是按照一定的条件自动将满足条件的内容筛选出来。

例 7.1 筛选出个人收支表中一天支出金额大于等于 500 的记录。

(1) 打开“个人收支表”,选中 A1:E32 单元格区域,单击“开始”选项卡→“编辑”组→“排序和筛选”按钮,在下拉列表中选择“筛选”选项,此时选中的单元格右侧出现三角形按

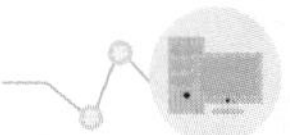

钮▾。

(2) 单击“支出金额”标题字段右侧的下三角按钮，在下拉列表中依次选择“数字筛选”→“大于等于”选项，打开“自定义自动筛选方式”对话框。

(3) 在“显示行”选项组的文本框中输入条件值“500”，单击“确定”按钮，结果显示的只有支出金额大于等于 500 的日消费信息，如图 7－4 所示。

图 7－4　自动筛选

7.1.3　实现数据行列转置

在实际应用中，经常碰到需要将横向数据转换为竖式排列的问题，常见的方法是执行“选择性粘贴”→“转置”命令。

下面通过一个实例介绍数据行列转置的方法。

例 7.2　将“公司销售情况”工作簿中的数据进行行列转置。

操作步骤如下：

(1) 打开“公司销售情况”工作簿，如图 7－5 所示。

(2) 选中 A1：E7 单元格区域，按 Ctrl＋C 组合键复制区域，注意该区域为普通区域。

(3) 选择 A10 单元格后，右击，在弹出的快捷菜单中执行“选择性粘贴”→“转置”命令，结果如图 7－6 所示。

	A	B	C	D	E
1	公司名称	A公司	B公司	C公司	D公司
2	1月	200	168	120	150
3	2月				
4	3月				
5	4月				
6	5月				
7	总计	200	168	120	150

图 7－5　转置前

	A	B	C	D	E	F	G
1	公司名称	A公司	B公司	C公司	D公司		
2	1月	200	168	120	150		
3	2月						
4	3月						
5	4月						
6	5月						
7	总计	200	168	120	150		
8							
9							
10	公司名称	1月	2月	3月	4月	5月	总计
11	A公司	200					200
12	B公司	168					168
13	C公司	120					120
14	D公司	150					150

图 7－6　转置结果

7.1.4 分列

在 Excel 中有一个功能叫作分列,它的功能主要体现在对数据的有效拆分。比如人事部门在统计人员信息时,可能会将人员的信息写在一个单元格中,当中只是用空格符号分隔了一下,这样会对后续的统计造成很大的困扰。这时候分列功能就可以发挥大作用,具体操作技巧我们用一个案例来介绍。我们先展示一个数据源,如图 7-7 所示。

选中需要分列的数据,打开“数据”选项卡,单击“分列”,单击分隔符号,然后单击“下一步”,如图 7-8 所示。

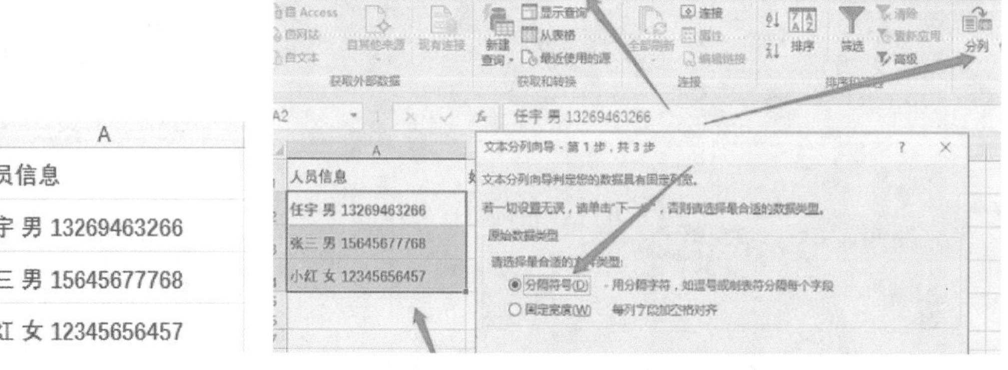

图 7-7 人员信息

图 7-8 分列向导 1

进入分列向导第二步,在对话框中,分隔符号选择“空格”,因为要分列的单元格里的数据使用空格隔开的,如图 7-9 所示。

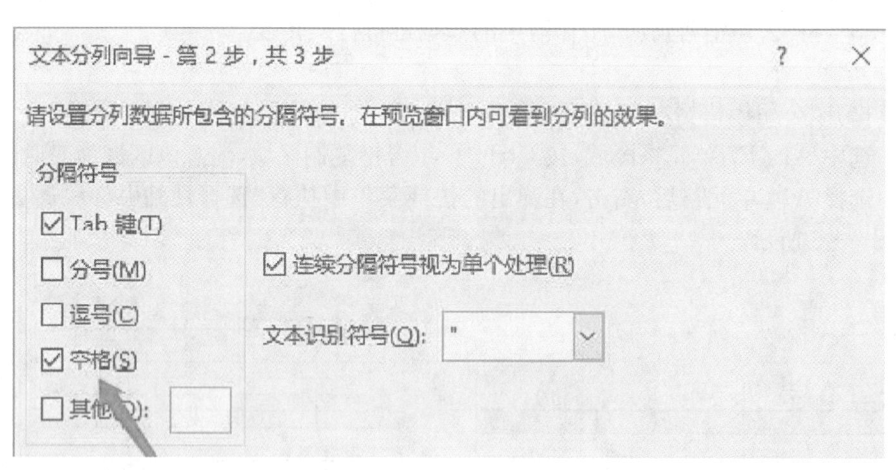

图 7-9 分列向导 2

单击“下一步”,数据列格式选择“常规”,选中目标区域也就是说将拆分出来的数据放到什么位置,具体操作如图 7-10 所示。单击“完成”,最终输出的结果如图 7-11 所示。

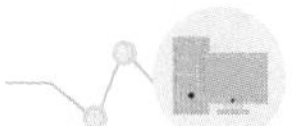

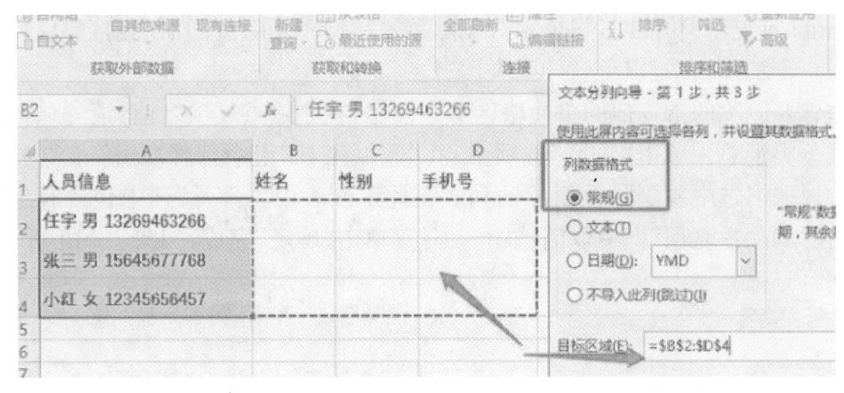

图 7 - 10　分列向导

	A	B	C	D
1	人员信息	姓名	性别	手机号
2	任宇 男 13269463266	任宇	男	13269463266
3	张三 男 15645677768	张三	男	15645677768
4	小红 女 12345656457	小红	女	12345656457

图 7 - 11　分列结果

7.2　数据的自动化处理

7.2.1　删除重复项

有时候重复数据是很有用的，然而有时候也会使数据变得更难以理解。使用条件格式查找并突出显示重复数据，通过此方式查看重复项，并决定是否要删除它们。

选择要检查重复项的单元格（注意：Excel 无法在数据透视表的“值”区域突出显示重复项），单击“开始”→“条件格式”→“突出显示单元格规则”→“重复值”，打开“重复值”对话框，在“值，设置为”旁边的框中，选择想要应用于重复值的格式，然后单击“确定”，如图 7 - 12 所示。

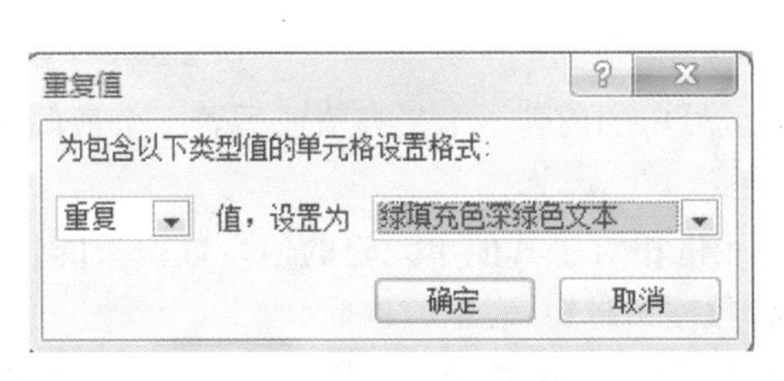

	A	B	C	D
1	名称		每月价格	
2		一月	二月	三月
3	挖掘工具	¥0.00	¥32.00	¥43.00
4	自行车燃料棒	¥0.00	¥5.00	¥5.00
5	自行车燃料棒	¥0.00	¥12.00	¥18.00
6	非手扶骑行装备	¥250.00	¥220.00	¥180.00
7	密码锁	¥30.00	¥20.00	¥15.00
8	钥匙锁	¥0.00	¥11.00	¥22.00
9	标准固定链	¥0.00	¥26.00	¥25.00
10	豪华固定链	¥0.00	¥55.00	¥53.00
11	专属固定链	¥0.00	¥85.00	¥99.00
12	挖掘工具	¥0.00	¥32.00	¥43.00
13	自行车燃料棒	¥0.00	¥5.00	¥5.00
14	自行车燃料棒	¥0.00	¥12.00	¥18.00
15	非手扶骑行装备	¥250.00	¥220.00	¥180.00

图 7 - 12　设置重复值格式

使用“删除重复项”功能时,将会永久删除重复数据。删除重复项之前,建议最好将原数据复制到另一个工作表中,以免意外丢失信息。

选择包含要删除的重复值的单元格区域。注意,在删除重复项之前,请先从数据中删除所有大纲或分类汇总。单击“数据”选项卡,在“数据工具”组中选择“删除重复项”,然后在“列”下选中或取消选中要删除重复项的列。在此工作表中,“一月”列中包含有想保留的价格信息,可在“删除重复项”框中取消选中“一月”,单击“确定”完成,如图 7-13 所示。

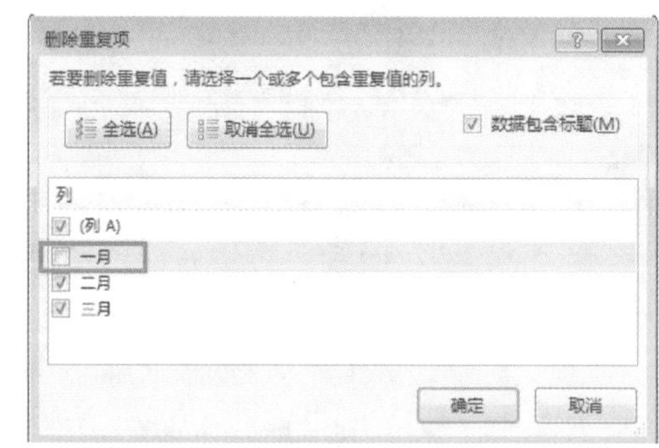

图 7-13 删除重复项

图 7-14 设置条件格式

7.2.2 条件格式

使用条件格式可以帮助你直观地查看和分析数据、发现关键问题以及识别模式和趋势。采用条件格式易于达到以下效果:突出显示所关注的单元格或单元格区域;强调异常值;也可使用数据栏、色阶和图标集直观地显示数据。条件格式根据指定的条件更改单元格的外观。如果条件为 True,则设置单元格区域的格式。如果条件为 False,则不设置单元格区域的格式。“条件格式”下拉列表中包括“突出显示单元格规则”“项目选取规则”“数据条”“色阶”“图标集”等,每一个列表中又包含有自己的列表,如图 7-14 所示。

(1) 突出显示单元格规则:通过使用“大于”“小于”“等于”“包含”等运算符来限定数据范围,对属于该数据范围内的单元格设定特定格式。

(2) 项目选取规则:可以将选定单元格区域中的前若干个最高值或后若干个最低值、高于或低于该区域平均值的单元格设定特定格式。

(3) 数据条:数据条可用于查看某个单元格相对于其他单元格的值。数据条的长度代表单元格中的值。数据条越长,表示值越高;数据条越短,表示值越低。

(4) 色阶:色阶作为一种直观的指示,可以帮助了解数据分布和数据变化。双色刻度使用两种颜色的深浅程度来帮助比较某个区域的单元格。颜色的深浅表示值的高低。比如,在红

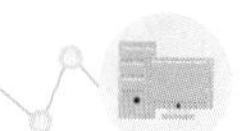

色和蓝色的双色刻度中，可以指定较高值单元格的颜色更红，而较低值单元格的颜色更蓝。

（5）图标集：使用图标集可以对数据进行直观显示，并可以按阈值将数据分为 3～5 个类别。每个图标代表一个值的范围。比如，在交通灯图标集中，红色的交通灯代表较高值，黄色的交通灯代表中间值，绿色的交通灯代表较低值。

例 7.3　下面使用条件格式将数值大于 100 的单元格设为“浅红填充色深红色文本”为例。

操作步骤如下：

（1）选中需要限定条件的数据，单击“开始”选项卡→“样式”组→“条件格式”按钮，在下拉列表中选择“突出显示单元格规则”→“大于”选项，打开“大于”对话框。

（2）“为大于以下值的单元格设置格式”设置为“100”；格式设置为“浅红填充色深红色文本”如图 7 - 15 所示。

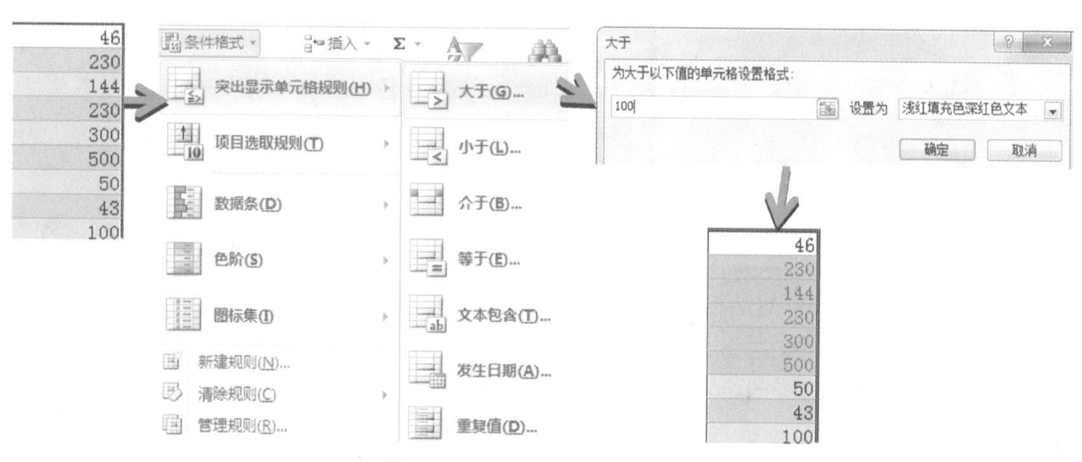

图 7 - 15　设置单元格条件格式

7.2.3　数据验证控制

在 Excel 中输入数据时，进行数据验证控制，可以给我们节约很多的时间，也可以让别人在我们制作好的表格中输入数据时提高输入的准确性，下面通过一个实例介绍数据验证控制的方法。

例 7.4　对学生的性别和身份证号码进行有效性控制。操作步骤如下：

（1）打开学生成绩工作表，如图 7 - 16 所示。

	A	B	C	D	E	F
1						
2						
3	姓名	身份证号	性别	语文	数学	英语
4	王周			43	54	65
5	张伟			87	76	84
6	范潇潇			65	54	23
7	董国			98	56	86
8	刘伟			45	65	344

图 7 - 16　学生成绩表

(2) 设置性别列只能输入“男”和“女”,需要选择性别列中的单元格,然后单击“数据”选项卡下“数据工具”组中的“数据验证”按钮,如图 7-17 所示。

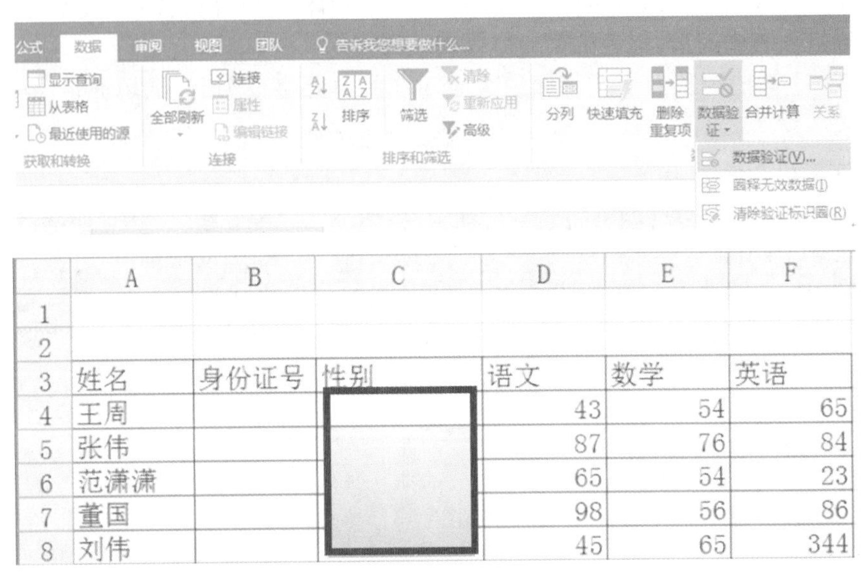

图 7-17 数据有效性设置(1)

(3) 打开“数据验证”对话框,在其中设置“验证条件”“允许”为“序列”,然后来源中输入“男,女”中间用英文下的逗号分开,单击“确定”按钮。在性别列中,我们现在不需要输入男女了,只需要用鼠标操作选择即可,这样可以节省我们输入的时间。操作步骤如图 7-18 所示。

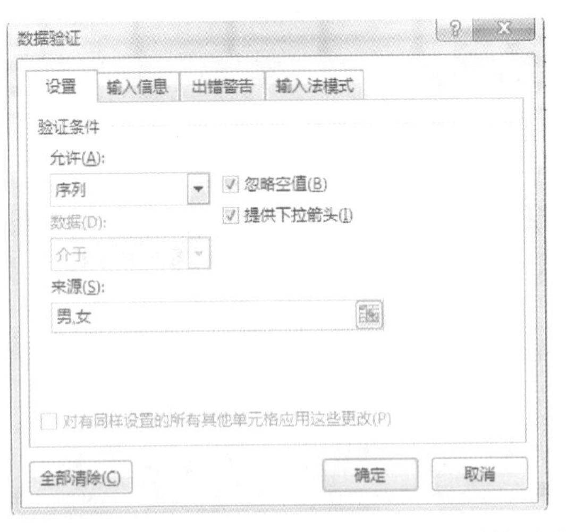

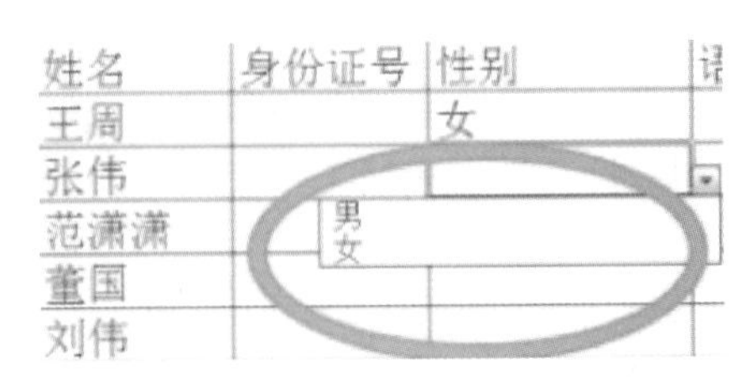

图 7-18 数据有效性设置(2)

(4) 使用数据验证控制还可以控制身份证号的输入,身份证号通常为 18 位,首先设置身份证号位置的单元格格式为文本,因为超过 11 位的数字会用科学计数法来表示。然后打开“数据验证控制”对话框,设置数据有效性的条件为文本长度,数据长度设为 18,如图 7-19所示。

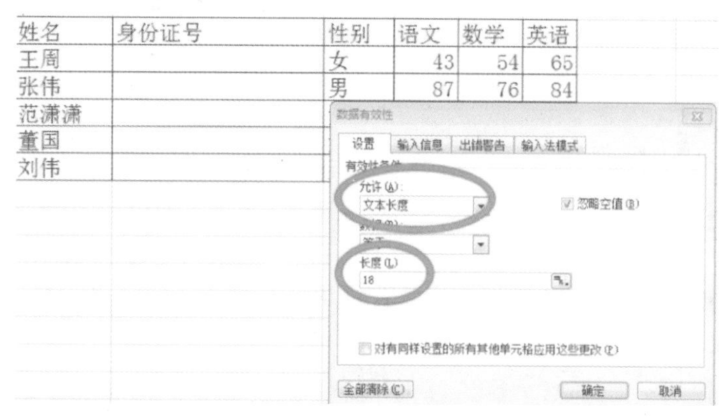

姓名	身份证号	性别	语文	数学	英语
王周		女	43	54	65
张伟		男	87	76	84
范潇潇					
董国					
刘伟					

图 7－19　身份证号的数据有效性设置

(5) 当用户输入不足 18 位时，将弹出错误对话框，如图 7－20 所示。

姓名	身份证号	性别	语文	数学	英语
王周	14042116896564	女	43	54	65
张伟		男	87	76	84
范潇潇		女	65	54	23
董国		女	98	56	86
刘伟		男	45	65	344

Microsoft Excel
输入值非法。
其他用户已经限定了可以输入该单元格的数值。
重试(R)　取消

图 7－20　输入警告

7.3　数据的计算神器之一：公式

Excel 具备强大的数据分析与处理功能，其中公式(包括函数)起到非常重要的作用。

7.3.1　公式的组成

公式以等号“＝”开头，后面包含各种运算符、常量、函数以及单元格引用等。使用公式可以进行许多计算：对单元格中的数据进行计算；对工作表中的数据进行计算；对文本进行操作和比较。

要创建一个公式，首先需要选定一个单元格，输入一个等于号“＝”，然后在其后输入公式的内容，按 Enter 键就可以按公式计算得出结果。

例 7.5　把 8 乘以 3 除以 2 再加上 4 的运算用公式表示出来，就是“＝4 * 3/2＋8”。

例 7.6　计算圆的面积，可以用公式“＝PI() * A3^2”来表示，其中 PI()函数用来返回 π 值 3.141 592 6…引用 A3 返回单元格 A3 的数值(圆半径)。

综上所述，公式中包含的基本元素如下：

（1）常量：不会发生变化的值。例如，数字 110，文本“图书编号”等是常量。

（2）函数：系统预先编写好的公式，可以对一个或多个值进行函数运算，并返回一个或多个值。函数可以简化工作表中的公式符号、缩短运行时间，在进行复杂数据处理或计算时，更显示其优越性。

（3）运算符：用以指定表达式内执行的计算类型的标记或符号。

7.3.2 运算符

在 Excel 公式中，运算符可以分为 4 种类型：

1）算术运算符

算术运算符包括：＋(加)、－(减)、*(乘)、/(除)、%(百分比)、^(指数)。运算的优先级是先乘方、后乘除、再加减，如有括号先计算括号内部的公式。

例 7.7 统计生产进度情况，如图 7-21 生产进度表所示。

B7 fx B3+B4+B5+B6

	A	B	C	D	E	F	G	H	I
1		生产进程表							
2		一月份	二月份	三月份	四月份	合计			
3	一车间	120	100	125	140				
4	二车间	150	130	140	165				
5	三车间	110	100	110	120				
6	四车间	80	70	90	95				
7	合计	B3+B4+B5+B6							
8									

图 7-21 生产进度表

操作步骤如下：

（1）选定单元格 B7。

（2）输入公式“＝B3＋B4＋B5＋B6”。

（3）按 Enter 键。计算结果显示在单元格 B7 中，而公式显示在编辑栏上。若需修改公式，可在编辑栏中进行，方法同编辑字符串。

（4）选定单元格 B7，将填充柄拖至 E7 单元格并释放。

此时 B7 的公式，填入到 C7～E7 单元格。注意 C7～E7 单元格的公式并不相同，如 C7 单元格的公式为 C3＋C4＋C5＋C6。

用同样的方法可以实现按行求和。

2）比较运算符

比较运算符包括：＝(等于)、＞(大于)、＜(小于)、＞＝(大于等于)、＜＝(小于等于)。使用上述运算符可对两个值进行比较，比较运算的结果是逻辑值：结果成立时为 TRUE，否则为 FALSE。

在使用比较运算符进行比较的时候，应该注意以下几点：

（1）对于数值型数据，应该按照数值的大小进行比较，例如 100＞50。

（2）对于文字型数据，西文字符应按照 ASCII 码进行比较，中文字符按照拼音进行比较。例如“A”＜“a”(A 的 ASCII 码为 65，a 的 ASCII 码为 97)。

（3）对于日期型数据，日期越靠后的数据越大，例如 13/03/16(表示 2013 年 3 月 16 日)＞12/03/16(表示 2012 年 3 月 16 日)，此外时间型数据不能进行比较。

3）连接运算符（“&”）

“&”（或称和号）用来连接不同单元格的数据，即是将一个或多个文本字符串连接起来产生一串新文本。参与连接运算的数据可以是文本，也可以是数字。连接文本时，文本两边必须使用英文双引号；连接数字时，数字两边的双引号可有可无。

例 7.8　将两个文本值连接起来产生一个连续的文本值（“Hello”&“WuXi”，即显示“HelloWuXi”）；如 A1 单元格的数据为“演员”，在 E1 单元格中输入公式“＝A1&‘黄渤’”后，在 E1 中显示“演员黄渤”。

4）引用运算符

引用运算符包括：（冒号）、（逗号）和空格。使用引用运算符可以将单元格区域合并计算。

冒号（：）：区域运算符，用以对两个引用间的所有单元格进行引用。

例 7.9　AVERAGE（A1：D1）表示对 A1～D1 单元格中的数值计算算术平均值。

逗号（，）：联合运算符，用以连接两个以上的单元格区域，即将多个引用合并为一个引用。

例 7.10　AVERAGE（B5：B15，D5：D15）表示对 B5～B15 单元格、D5～D15 单元格中的数值计算算术平均值。

空格（　）：交叉运算符，表示两个单元格区域的交叉集合，即不同区域共同包含的单元格。

例 7.11　AVERAGE（A1：D1　A1：B4）表示对 A1、B1 单元格中的数值计算算术平均值。

5）运算符的优先级别

如果公式中包含多个运算符，优先级别高的运算符先运算；若优先级相同，则从左到右计算（单目运算除外）；若要改变运算的优先级，可利用括号将先计算的部分括起来。

在 Excel 2016 中，运算符优先级由高到低如表 7－1 运算符的优先级所示。

表 7－1　运算符的优先级

运　算　符	说　　明
：（冒号）	引用运算符—区域运算符
（单个空格）	引用运算符—区域运算符
，（逗号）	引用运算符—联合运算符
－	负号
%	百分比
^	乘方
* 和/	乘和除
＋和－	加和减
&	连接两个文本字符串（连接）
=　<　>　<=　>=　<>	比较运算符

7.3.3 公式的操作

1. 公式的复制

在多个单元格或一片区域中,需要使用功能相同的公式时,只需输入一次,然后使用“公式复制”功能即可。常用的“公式复制”方法如下。

(1) 使用剪贴板复制:选中被复制的单元格,单击“复制”按钮,选中要复制的目标单元格或单元格区域,选择“粘贴”选项即可。

(2) 使用鼠标操作:将鼠标指向被复制的单元格的右下角,当鼠标变成实心十字时,拖动鼠标到需要复制的目标单元格即可。这是公式复制最常用的方法。

(3) 选定区域,再输入公式,然后按 Ctrl+Enter 组合键即可,也可以在区域内的所有单元格中输入同一个公式。

这种复制不是简单的原样复制,而是对单元格区域进行了引用。

例 7.12 采用公式复制方法计算各位教师的工资。

如图 7-22 所示,经过公式复制计算出各位教师的工资数。

I6 =F6+G6+H6

	A	B	C	D	E	F	G	H	I
1	教师登记表								
2	工号	姓名	性别	职称	部门	基本工资	岗位津贴	课时津贴	工资
3	10001	李奇	男	教授	计算机	3500	1500	1200	6200
4	10002	徐仙	男	副教授	外语	3010	1000	800	4810
5	10003	张胜利	男	讲师	计算机	2540	500	500	3540
6	10004	朱晓晓	女	讲师	经管	2540	500	450	3490
7	10005	李丽	女	助教	外语	2010	250	300	2560
8	10006	王华	女	教授	经管	3500	1500	1450	6450
9	10007	朱军	男	讲师	外语	2540	500	650	3690
10	10008	沈建国	男	副教授	计算机	3010	1000	850	4860

图 7-22 公式的复制

2. 移动公式

创建公式之后,可以将它移动到其他单元格中,移动后,原单元格中的内容消失,目标单元格若改变了公式中元素的大小,此单元格的值也会做出相应的改变。

在移动公式的过程中,单元格的绝对引用不会改变,而相对引用则会改变。

移动公式的操作如下:

(1) 选定被移公式的单元格,将鼠标移动在该单元格的边框上,待鼠标形状变为箭头。

(2) 按住鼠标左键,拖动鼠标到目标单元格,松开鼠标按键,即完成了公式的移动。

3. 删除公式

在 Excel 2016 中,当使用公式计算出结果后,可以设置删除该单元格的公式,并保留结果。操作过程如下:

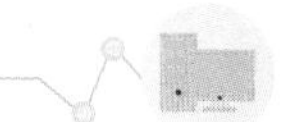

（1）右击被删除公式单元格，在弹出的快捷菜单中选择“复制”选项，然后打开“开始”选项卡，在“剪贴板”组中单击“粘贴”下的三角按钮，从弹出的下拉列表中选择“选择性粘贴”选项。

（2）打开如图 7-23“选择性粘贴”对话框所示的对话框，在“粘贴”选项区域中，选择“数值”单选按钮。

（3）单击“确定”，即可删除该单元格中的公式仅保留结果。

图 7-23　“选择性粘贴”对话框

例 7.13　将图 7-22 公式的复制所示的“教师登记表”中 I6 单元格（朱晓晓的工资）中的公式删除并保留计算结果。

按上述步骤删除公式并保留计算结果，如图 7-24 所示。

I6　f_x　3490

	A	B	C	D	E	F	G	H	I
1	教师登记表								
2	工号	姓名	性别	职称	部门	基本工资	岗位津贴	课时津贴	工资
3	10001	李奇	男	教授	计算机	3500	1500	1200	6200
4	10002	徐仙	男	副教授	外语	3010	1000	800	4810
5	10003	张胜利	男	讲师	计算机	2540	500	500	3540
6	10004	朱晓晓	女	讲师	经管	2540	500	450	3490
7	10005	李丽	女	助教	外语	2010	250	300	2560
8	10006	王华	女	教授	经管	3500	1500	1450	6450
9	10007	朱军	男	讲师	外语	2540	500	650	3690
10	10008	沈建国	男	副教授	计算机	3010	1000	850	4860

图 7-24　删除公式但保留结果

提示

若要将单元格中的计算结果和公式一起删除，只需选定要删除的单元格，然后按键盘上的“Delete 键”即可。

7.4 数据(单元格)的引用

单元格引用就是标识工作表上的单元格或单元格区域，指明公式中所使用的数据的位置。在 Excel 中，可以引用同一工作表不同部分的数据，同一工作簿不同工作表的数据，甚至不同工作簿的单元格数据。

7.4.1 三个引用运算符

(1) :(冒号)——区域运算符。如 B2：F5 表示 B2 单元格到 F5 单元格矩形区域内的所有单元格。

(2) ,(逗号)——联合运算符。将多个引用合并为一个引用，如 SUM(B5：B15，D4：D12)，表示 B5～B15 以及 D4～D12 所有单元格求和(SUM 是求和函数)。

(3) 空格——交叉运算符。如 SUM(B5：B15　A7：D7)两区域交叉单元格之和，即 B7。

7.4.2 单元格或单元格区域引用一般式

单元格或单元格区域引用的一般式如下："工作表名！单元格"引用或"[工作簿名]工作表名！单元格"引用。

在引用同一工作簿单元格时，工作簿名可以省略，在引用同一工作表时，工作表名可以省略。

例 7.14 单元格引用示例。

"=E12+5"引用了同一工作表的 E12 单元格

"=Sheet2！A2+Sheet3！A2"引用了工作表 Sheet2 的 A2 单元格和工作表 Sheet3 的 A2 单元格

7.4.3 相对引用与绝对引用

1. 相对引用

随公式复制的单元格位置变化而变化的单元格引用称为相对引用。例如，在单元格 F3 中定义公式为"=B3+C3+D3+E3"，将 F3 复制到 F5 中，相对原位置，目标位置的列号不变，而行号要增加 2，因此单元格 F5 中的公式为"=B5+C5+D5+E5"；若把 F3 中的公式复制到 G6，相对原位置，目标位置的列号增加 1，行号增加 3，则 G6 中的公式为"=C6+D6+E6+F6"。

上例中 B3、C3、D3、E3、F3、F5、B5、C5、D5、E5、G6、C6、D6、E6、F6 等都是相对引用。

例 7.15 图 7-25 所示的是"高一(12)班第 1 小组 7 名学生的成绩表"，G3 单元格用来存放李小小的五门课的总成绩，其公式为"=B3+C3+D3+E3+F3"。将 G3 单元格的公式复制到 G4 单元格中，试采用相对引用方法计算章华的总成绩。

G4 单元格中的相对引用相应地从"=B3+C3+D3+E3+F3"改变为"=B4+C4+D4+E4+F4"，结果如图 7-26 所示。

G3 =B3+C3+D3+E3+F3

	A	B	C	D	E	F	G
1	高一（12）班成绩表						
2		语文	数学	英语	政治	历史	总成绩
3	李小小	110	145	110	80	85	530.00
4	章华	109	130	98	85	80	
5	张小文	90	98	89	78	71	
6	马丽	129	129	92	79	84	
7	孙薇然	98	110	120	81	80	
8	沈婷婷	106	107	109	89	79	
9	王梦	114	117	106	75	82	

图 7－25　相对引用

G4 =B4+C4+D4+E4+F4

	A	B	C	D	E	F	G
1	高一（12）班成绩表						
2		语文	数学	英语	政治	历史	总成绩
3	李小小	110	145	110	80	85	530.00
4	章华	109	130	98	85	80	502.00
5	张小文	90	98	89	78	71	
6	马丽	129	129	92	79	84	
7	孙薇然	98	110	120	81	80	
8	沈婷婷	106	107	109	89	79	
9	王梦	114	117	106	75	82	

图 7－26　相对引用

2. 绝对引用

有时并不希望全部采用相对引用。例如，公式中某一项的值固定存放在某单元格中，在复制公式时，该项引用不能改变，这样的单元格引用称为绝对引用。绝对引用的表示方式是在相对引用的行和列前加上＄符号，如在 F3 中定义公式“＝＄B＄3＋＄C＄3＋＄D＄3＋＄E＄3”，然后将 F3 中的公式复制到 F5 单元格，则 F5 单元格的值与 F3 相同，原因是绝对引用在公式复制时，不会随单元格的不同而变化，这一点与相对引用截然不同。

3. 混合引用

如仅在列号前加＄符号或仅在行号前加＄符号，表示混合引用。若单元格 F4 中的公式为“＝＄C＄4＋D＄4＋＄E4”，复制到 G5，则 G5 中公式为“＝＄C＄4＋E＄4＋＄E5”。公式中，C4 不变，D4 变成 E4(列号变化)，E4 变成 E5(行号变化)。

例 7.16　“九九乘法表”中的混合引用如图 7－27 所示。

B2 =$A2*B$1

	A	B	C	D	E	F	G	H	I	J
1		1	2	3	4	5	6	7	8	9
2	1	1	2	3	4	5	6	7	8	9
3	2	2	4	6	8	10	12	14	16	18
4	3	3	6	9	12	15	18	21	24	27
5	4	4	8	12	16	20	24	28	32	36
6	5	5	10	15	20	25	30	35	40	45
7	6	6	12	18	24	30	36	42	48	54
8	7	7	14	21	28	35	42	49	56	63
9	8	8	16	24	32	40	48	56	64	72
10	9	9	18	27	36	45	54	63	72	81

图 7－27　九九乘法表

提示

选择某单元格的全部公式后，利用 F4 键对其进行相对引用和绝对引用之间的相互转换时，按一次 F4 键转换为绝对引用，继续按两次转换为不同的混合引用，再按一次转换为相对引用。

7.5 数据的计算神器之二：函数

用户在使用 Excel 时经常会遇到各种复杂的运算，如果都要依赖自己编写、输入公式来运行，效率就会大大降低。Excel 具有强大的运算功能，这体现在给用户提供了丰富的函数，用户只需遵循函数的规则就可以轻松地运用它们完成复杂的运算。

函数通过接收参数后返回结果的方式来完成预定的功能。函数可以单独使用，也可以出现在公式表达式中，其格式为函数名(参数 1，参数 2，…，参数 n)。在函数中，“()”是不可省略的。

函数的功能不同，所接受参数的数据类型也不同，可以是文本、数值、逻辑值、错误值或单元格引用，甚至有的函数不需要参数。但是，不论有没有参数，函数的调用一定要有一对圆括号，没有参数时就写一对空的圆括号。虽然每个函数具有不同的功能，但是都有确定的返回值。当函数单独作为公式输入时，函数调用前应加等号“＝”。

7.5.1 函数的使用

1. 使用工具栏插入函数

选择要插入函数的单元格，然后在“公式”选项卡的“函数库”组中选择一种函数类别，在其下拉列表中选择具体的函数，例如单击“数学和三角函数”按钮，在下拉列表中选择求余数函数 MOD，打开“函数参数”对话框，会显示函数的名称、其各个参数、函数及其各个参数的说明、函数的当前结果以及整个公式的当前结果等，如图 7－28 所示。

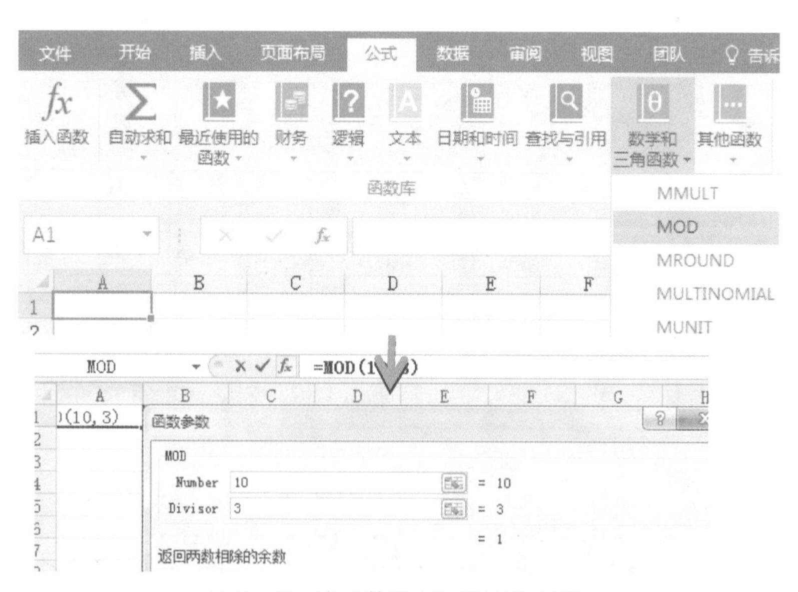

图 7－28　在函数库中选择 MOD 函数

2. 使用“插入函数”对话框

选择要插入公式的单元格，然后单击编辑栏上的“插入函数”按钮，弹出如图 7－29“插入函数”对话框；选择需要的函数，当在“选择函数”列表框内选择函数时，在对话框的下部会

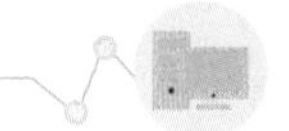

出现该函数的参数格式和对该函数的简要介绍，在对话框左下角是一个超链接，单击后进入该函数详细介绍界面。例如，选择 SUM 函数，然后，单击“确定”按钮。

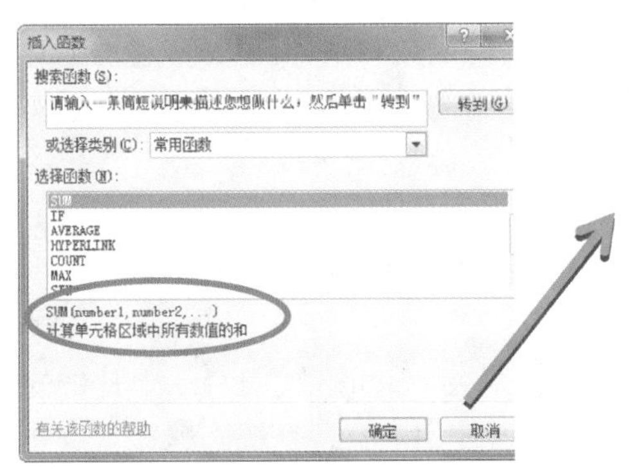

图 7-29 “插入函数”对话框

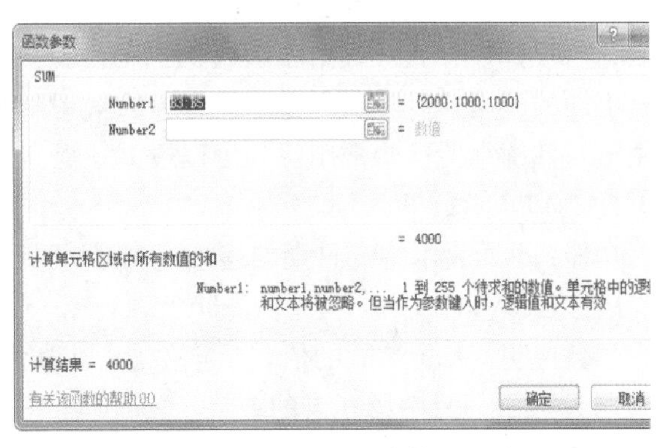

图 7-30 “函数参数”对话框

弹出“函数参数”对话框，输入参数，如图 7-30“函数参数”对话框所示。或者在工作表中选取要参与计算的单元格区域以输入参数，然后单击“确定”按钮，即可完成函数的输入。

3. 在单元格中浏览选择函数

(1) 在单元格中键入内容。在单元格中键入等号(=)，然后键入一个字母(如“a”)，查看可用函数列表，如图 7-31 函数浏览所示。使用向下键向下滚动浏览该列表。在滚动浏览列表时，将看到每个函数的屏幕提示(对该函数的简短说明)。例如，ABS 函数的屏幕提示是“返回给定数值的绝对值，即不带符号的数值”。

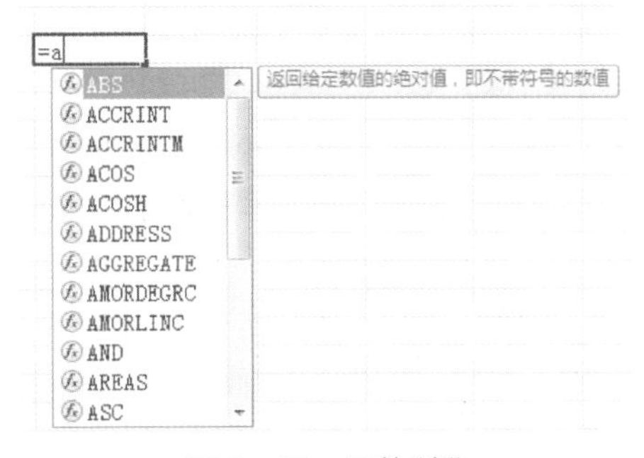

图 7-31 函数浏览

(2) 选择一个函数并填写其参数。在列表中，双击要使用的函数。Excel 将在单元格中输入函数名称，后面紧跟一个左括号，例如“=SUM(”；然后在左括号后面输入一个或多个参数，以及右括号。

(3) 按 Enter 键，Excel 将自动添加右括号，单元格将显示公式中所用函数的结果。选中该单元格，在编辑栏可以查看公式。

提示

Excel 提供了一条更方便的途径，即利用“自动求和”按钮∑，可以方便对行和列中的数据进行求和等常用操作：选定求和区域并在下方或右方留有一空行或空列，然后在“开始”选项卡的“编辑”组中单击“自动求和”按钮，在下拉列表中选择一种操作，如“求和”，便会在空行或空列上求出对应列或行的合计值，最后按 Enter 键。

7.5.2 常用函数

Excel 2016 内置函数包括常用函数、财务函数、日期与时间函数、数学与三角函数、统计函数、查找与引用函数、数据库函数、文本函数、逻辑函数、信息函数和工程函数等，它们都有各自不同的应用。以下所列是 Excel 中的常用函数，需要大家很好地掌握其语法规则和实际用法。熟练掌握这些常用函数可以极大地提高工作效率。

1. DATE 函数

功能：返回表示特定日期的连续序列号，即距离 1900-1-1 的天数。

语法：DATE(year, month, day)

参数说明：year 参数的值表示年份，可以包含 1～4 位数字，month 代表每年中月份的数字；day 表示一月中第几天的数字。Excel 将根据计算机所使用的日期系统来解释参数并返回特定日期对应的序列值；

示例：=DATE(2008, 7, 8)，返回 39637，该序列号表示 2008-7-8。

2. YEAR 函数

功能：返回某日期的年份，返回值为 1900～9999 之间的整数。

语法：YEAR(serial_number)

参数说明：serial_number 是一个日期值。

示例："=YEAR(DATE(2019, 10, 8))"的返回值为 2019。

3. TODAY 函数

功能：返回系统当前日期的序列号。如果需要无论何时打开工作簿时工作表上都能显示当前日期，可以使用 TODAY 函数实现这一目的。此函数也可以用于计算时间间隔。

语法：TODAY()

示例：如果知道某人出生于 1988 年，可以使用公式=YEAR(TODAY())−1988 计算出其的年龄。

4. NOW 函数

功能：返回当前日期和时间所对应的序列号。

语法：NOW()

示例：如果当前是 2019 年 11 月 15 日上午 11 点 20 分，则公式"=NOW()"返回 2019-11-15 11:20。

5. SUM 函数

功能：求和计算。

语法：SUM(number1, number2, …)

参数说明：number1, number2,…想要相加的数值参数，参数个数为 1～255。number1 必选，其他参数可选。

示例："=SUM(1, 2, 3)"表示将 1、2、3 三个数字相加，结果为 6。"=SUM("5", 15, TRUE)"是将 5、15 和 1 相加，结果为 21。在计算中，文本值"5"被转换为数字，逻辑值 TRUE 被转换为数字 1；"=SUM(A2: A5, 16)"是将单元格 A2、A3、A4、A5 中的数字相加，然后将结果与 16 相加。

6. SUMIF 函数

功能：对满足条件的单元格的数值求和。

语法：SUMIF(range，criteria，sum_range)

参数说明：range 是用于条件计算的单元格区域。每个区域中的单元格都必须是数字或名称、数组或包含数字的引用。空值和文本值将被忽略。criteria 是用于确定对哪些单元格求和的条件，其形式可以为数字、表达式、单元格引用、文本或函数。sum_range 可选，是要求和的实际单元格区域。如果 sum_range 参数被省略，Excel 会对在 range 参数中指定的单元格求和。

示例：学生成绩表如图 7 - 32 学生成绩表所示，输入公式“=SUMIF(B2：B7，">80"，C2：C7)”表示将数学成绩在 80 分以上的英语成绩求和，结果为 260(C2+C4+C5)。

	A	B	C	D
1	姓名	数学	英语	
2	Alice	85	96	
3	Mike	72	87	
4	Jam	98	86	
5	Sam	88	78	
6	Sandy	69	82	
7	Rose	76	65	
8				

图 7 - 32　学生成绩表

7. SUMIFS 函数

功能：对区域(区域：工作表上的两个或多个单元格。区域中的单元格可以相邻或不相邻)中满足多个条件的单元格求和。

语法：SUMIFS（sum_range，criteria_range1，criteria1，[criteria_range2，criteria2]，...）

参数说明：sum_range 必需。对一个或多个单元格求和，包括数字或包含数字的名称、区域或单元格引用。忽略空白和文本值。criteria_range1 必需。在其中计算关联条件的第一个区域。criteria1 必需。条件的形式为数字、表达式、单元格引用或文本，可用来定义将对 criteria_range1 参数中的单元格进行条件判断。例如，条件可以表示为 32、">32"、B4、"苹果"或"32"。criteria_range2，criteria2，…可选。附加的区域及其关联条件。最多允许 127 个区域/条件对。

示例：学生成绩表如图 7 - 32 所示，输入公式“=SUMIFS(C2：C7，A2：A7，"=S*"，B2：B7，">80")”表示将姓名以“S”开头，数学成绩在 60 分以上的英语成绩求和，结果为 157(C5+C6)。

8. INT 函数

功能：将数字向下舍入到最接近的整数。

语法：INT(number)

参数说明：number 为需要进行向下舍入取整的实数。

示例：“=INT(5.9)”将 5.9 向下舍入到最接近的整数，结果为 5；“=INT(-5.9)”将-5.9向下舍入到最接近的整数，结果为-6。

9. RAND 函数

功能：返回大于等于 0 及小于 1 的均匀分布随机实数，每次计算工作表时都将返回一个新的随机实数。

语法：RAND()

参数：无。

示例：“=RAND()”产生一个介于 0～1 之间的随机数；“=RAND()*100”产生一个

0～100 之间的一个随机数。

10. MOD 函数

功能：返回两数相除的余数，结果的正负号与除数相同。

语法：MOD(number，divisor)

参数说明：number 是被除数，divisor 是除数。

示例："=MOD(7，5)"返回 7/5 的余数 2；"=MOD(5，-2)"返回 5/-2 的余数-1；"=MOD(-5，2)"的结果则为 1。

11. ABS 函数

功能：返回数字的绝对值。

语法：ABS(number)

参数说明：number 是需要计算其绝对值的实数。

示例："=ABS(8)"返回 8 的绝对值，结果为 8；"=ABS(-8)"返回-8 的绝对值，结果为 8。

12. EXP 函数

功能：返回 e 的 n 次幂。常数 e 等于 2.718 281 828 459 04，是自然对数的底数。

语法：EXP(number)

参数说明：number 是应用于底数 e 的指数。

示例："=EXP(2)"返回 e 的 2 次幂，结果为 7.389 056。

13. POWER 函数

功能：返回给定数字的乘幂。

语法：POWER(number，power)

参数说明：number 是底数，可以为任意实数；power 是指数，底数按该指数次幂乘方。

示例："=POWER(6，2)"返回 6 的 2 次方，即 $6^2=36$。

14. AVERAGE 函数

功能：计算所有参数的算术平均值。

语法：AVERAGE(number1，number2，…)

参数说明：number1，number2，…是要计算平均值的 1～255 个参数。

示例：如果 A1：A5 中的数值分别为 100、70、92、47 和 82，则公式"=AVERAGE(A1：A5)"返回(100+70+92+47+82)除以 5 的结果；"=AVERAGE(A1：A5，5)"则返回单元格区域 A1 到 A5 中数字与数字 5 的平均值。

15. COUNT 函数

功能：返回数字参数的个数。它可以统计数组或单元格区域中含有数字的单元格个数。

语法：COUNT(value1，value2，…)

参数说明：value1，value2，…是包含或引用各种类型数据的参数(1～255 个)，其中只有数字类型的数据才能被统计。

示例：如果 A1=90，A2="人数"，A3=""，A4=54，A5=36，则公式"=COUNT(A1：A5)"返回 3，因为 A3 为空，A2 中是文本，不是数据。

16. COUNTIF 函数

功能：计算区域中满足给定条件的单元格的个数。

语法：COUNTIF(range, criteria)

参数说明：range 为需要计算其中满足条件的单元格数目的单元格区域。criteria 为确定哪些单元格将被计算在内的条件，其形式可以为数字、表达式或文本。

示例：如果 A2：A5 中的内容为“苹果、桃子、苹果、梨子”，则“=COUNTIF(A2：A5, "苹果")”会返回 2，表示单元格区域 A2：A5 中包含“苹果”的单元格的个数为 2。

17. COUNTIFS 函数

功能：将条件应用于跨多个区域的单元格，并计算符合所有条件的次数。

语法：COUNTIFS(criteria_range1, criteria1, [criteria_range2, criteria2]…)

参数说明：criteria_range1 必需。在其中计算关联条件的第一个区域。

criteria1 必需。条件的形式为数字、表达式、单元格引用或文本，可用来定义将对哪些单元格进行计数。例如，条件可以表示为 32、">32"、B4、"苹果"或"32"。

criteria_range2, criteria2, …可选。附加的区域及其关联条件。最多允许 127 个区域/条件对。

示例：“=COUNTIF(A2：A7, ">80", B2：B7, "<100")”统计单元格区域 A2 到 A7 中包含大于 80 的数，同时在单元格区域 B2 到 B7 中包含小于 100 的数的行数。

18. MAX 函数

功能：返回一组值中的最大值。

语法：MAX(number1, number2, …)

参数说明：number1, number2, …是要从中找出最大值的 1～255 个数字参数。

示例：“=MAX(4, 8, 9)”返回最大值 9。

19. MIN 函数

功能：返回一组值中的最小值，用法类似于 MAX 函数。

语法：MIN(number1, number2, …)

参数说明：number1, number2, …是要从中找出最小值的 1～255 个数字参数。

示例：“=MIN(4, 8, 9)”返回最小值 4。

20. RANK 函数

功能：返回一个数字在数字列表中的排位。数字的排位是其大小与列表中其他值的比值(如果列表已排过序，则数字的排位就是它当前的位置)。此函数已被 RANK. AVG 函数和 RANK. EQ 函数取代，这些新函数可以提供更高的准确度。

语法：RANK(number, ref, order)

参数说明：number 是需要找到排位的数字。ref 是数字列表数组或对数字列表的引用，ref 中的非数值型值将被忽略。order 可选，是一数字，指明数字排位的方式。如果 order 为 0 或省略，Microsoft Excel 对数字的排位是基于 ref 为按照降序排列的列表。如果 order 不为 0，Microsoft Excel 对数字的排位是基于 ref 为按照升序排列的列表。

示例：A2：A6 中的数据为 8、4、9、3、2，“=RANK(A3, A2：A6, 0)”的结果为 3，说明 5 在表中的排位(降序)是第 3。

提示

函数 RANK 对重复数的排位相同。但重复数的存在将影响后续数值的排位。

21. VALUE 函数

功能：将表示数字的文字串转换成数字。

语法：VALUE(text)

参数说明：text 为带引号的文本，或对需要进行文本转换的单元格的引用。它可以是 Excel 可以识别的任意常数、日期或时间格式。如果 text 不属于上述格式，则 VALUE 函数返回错误值#value!。

示例：公式“=value("￥2,000")”返回 2000；“=VALUE("12：00：00")”返回 0.5，“=VALUE("24：00：00")”返回 1。

22. LEN 函数

功能：LEN 返回文本串的字符个数。LENB 返回文本串中所有字符的字节数。空格也将作为字符进行统计。

语法：LEN(text)或 LENB(text)

参数说明：text 是待要查找其长度的文本。

示例：如果 A1="喜欢看电影"，则公式“=LEN(A1)”返回 5，“=LENB(A1)”返回 10。

23. LEFT 函数

功能：根据指定的字符数返回文本串中的第一个或前几个字符。此函数用于双字节字符。

语法：LEFT(text，num_chars)或 LEFTB(text，num_bytes)

参数说明：text 是包含要提取字符的文本串；num_chars 指定函数要提取的字符数，它必须大于或等于 0。num_bytes 按字节数指定由 LEFTB 提取的字符数。

示例：如果 A1="喜欢看电影"，则“=LEFT(A1，2)”返回“喜欢”，“=LEFTB(A1，2)”返回“喜”。

24. MID 函数

功能：MID 返回文本串中从指定位置开始的特定数目的字符，该数目由用户指定。MIDB 返回文本串中从指定位置开始的特定数目的字符，该数目由用户指定，但 MIDB 函数可以用于双字节字符。

语法：MID(text，start_num，num_chars)或 MIDB(text，start_num，num_bytes)

参数说明：text 是包含要提取字符的文本串。start_num 是文本中要提取的第一个字符的位置，文本中第一个字符的 start_num 为 1，以此类推；num_chars 指定希望 MID 从文本中返回字符的个数；num_bytes 指定希望 MIDB 从文本中按字节返回字符的个数。

示例：如果 A1="喜欢看电影"，则公式“=MID(A1，4，2)”返回“电影”，=MIDB(A1，4，2)返回“空值”。

25. RIGHT 函数

功能：RIGHT 根据所指定的字符数返回文本串中最后一个或多个字符。RIGHTB 根据所指定的字节数返回文本串中最后一个或多个字符。

语法：RIGHT(text, num_chars)或 RIGHTB(text, num_bytes)

参数说明：text 是包含要提取字符的文本串；num_chars 指定希望 RIGHT 提取的字符数，它必须大于或等于 0。如果 num_chars 大于文本长度，则 RIGHT 返回所有文本。如果忽略 num_chars，则假定其为 1。Num_bytes 指定要提取字符的字节数。

示例：如果 A1="计算机基础"，则公式"=RIGHT(A1, 2)"返回"基础"，"=RIGHTB(A1, 2)"返回"础"。

26. IF 函数

功能：如果指定条件的计算结果为 TRUE，IF 函数将返回某个值；如果该条件的计算结果为 FALSE，则返回另一个值。

语法：IF(logical_test, value_if_true, value_if_false)

参数说明：logical_test 是计算结果可能为 TRUE 或 FALSE 的任意值或表达式。此参数可使用任何比较运算符。

value_if_true 是可选参数，表示计算结果为 TRUE 时所要返回的值。

value_if_false 是可选参数，表示计算结果为 FALSE 时所要返回的值。

示例："=IF(A2<=100,"预算内","超出预算")"用于判断 A2 中的数字是否小于等于 100，如果是，公式将返回"预算内"；否则，返回"超出预算"。

27. ROW 函数

功能：返回给定引用的行号。

语法：ROW([reference])

参数说明：reference 为需要得到其行号的单元格或单元格区域。

示例："=ROW(A6)"返回 6；若在 C7 单元格中输入公式"=ROW()"，其计算结果为 7。

28. COLUMN 函数

功能：返回给定引用的列标。

语法：COLUMN(reference)

参数说明：reference 为需要得到其列标的单元格或单元格区域。

示例："=COLUMN(A3)"返回 1；若在 C7 单元格中输入公式"=COLUMN()"，其计算结果为 3。

7.6　数据的可视化操作

7.6.1　迷你图

迷你图是一个微型图表，可提供数据的直观表示，它还可以显示一系列数值的趋势，或者突出显示最大值和最小值。与 Excel 工作表上的图表不同，迷你图不是对象，而是单元格背景中的一个微型图表。当打印工作表时，单元格中的迷你图会与数据一起进行打印。创建迷你图后还可以根据需要可以对迷你图进行自定义，如高亮显示最大值和最小值、调整迷你图颜色等。

1. 创建迷你图

在 Excel 2016 中创建迷你图非常简单，目前提供了 3 种形式的迷你图，即"折线图""柱形图”和“盈亏图”。

例 7.17 为学生成绩绘制如图 7-33 的数学成绩迷你图。

(1) 新建工作簿,输入相关数据。

(2) 选择要创建迷你图的单元格 G4。

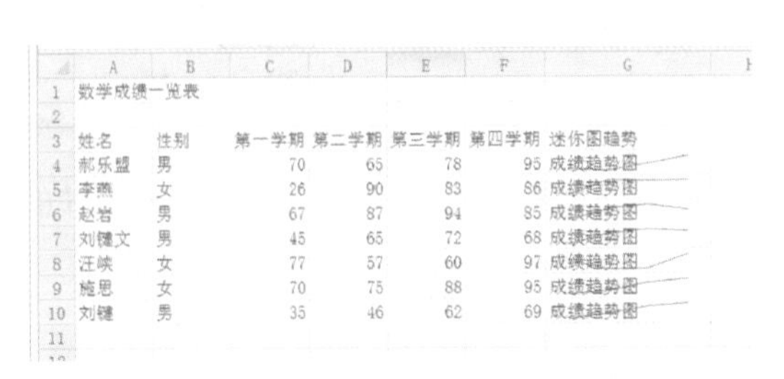

姓名	性别	第一学期	第二学期	第三学期	第四学期	迷你图趋势
郝乐盟	男	70	65	78	95	成绩趋势图
李燕	女	26	90	83	86	成绩趋势图
赵岩	男	67	87	94	85	成绩趋势图
刘健文	男	45	65	72	68	成绩趋势图
汪峡	女	77	57	60	97	成绩趋势图
施思	女	70	75	88	95	成绩趋势图
刘健	男	35	46	62	69	成绩趋势图

图 7-33 为数学成绩绘制迷你图

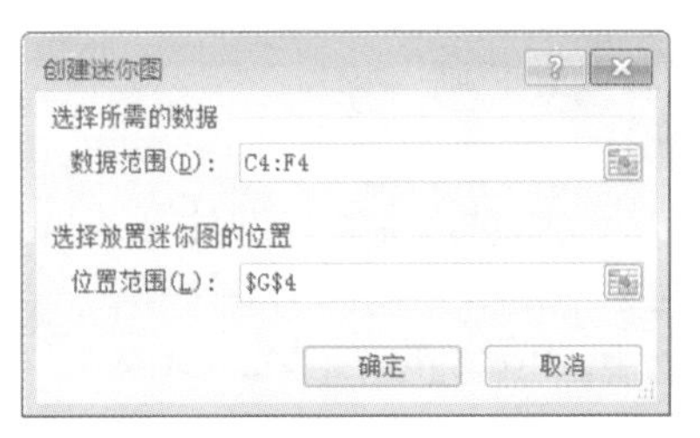

图 7-34 “创建迷你图”对话框

(3) 单击“插入”选项卡→“迷你图”组→“折线图”按钮,打开“创建迷你图”对话框,如图 7-34 所示。

(4) 输入数据范围 C4: F4,放置迷你图的位置 G4,单击“确定”按钮就可将迷你图放置到指定的单元格中。

(5) 向迷你图中添加文本,由于迷你图是以背景方式插入到单元格中,所以可以在单元格上直接输入文本。

(6) 复制迷你图,拖动迷你图单元格的填充柄可以向复制公式一样填充迷你图。

2. 编辑迷你图

当为某个单元格创建迷你图时,功能区会出现“迷你图工具”→“设计”选项卡,如图 7-35“迷你图工具”→“设计”选项卡所示。通过该选项卡可以修改迷你图类型,设置其显示格式及样式,修改迷你图坐标轴的格式等。

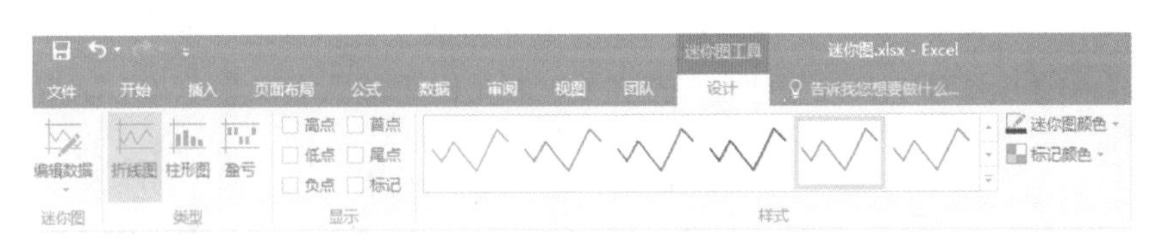

图 7-35 “迷你图工具”→“设计”选项卡

例 7.18 对图 7-33 的数学成绩迷你图进行适当的编辑。

(1) 突出显示数据点。在“迷你图工具”→“设计”选项卡的“显示”组中,选中“高点”和“低点”复选框,即数学成绩在四个学期中的最高分和最低分出现的学期。

(2) 设置迷你图样式与颜色,为迷你图修改外观样式。选择“设计”选项卡→“样式”组中的“强调文字颜色 6”选项,在“迷你图颜色”下拉列表中选择“粗细”→“2.25 磅”选项,突出显示成绩趋势,如图 7-36 所示。

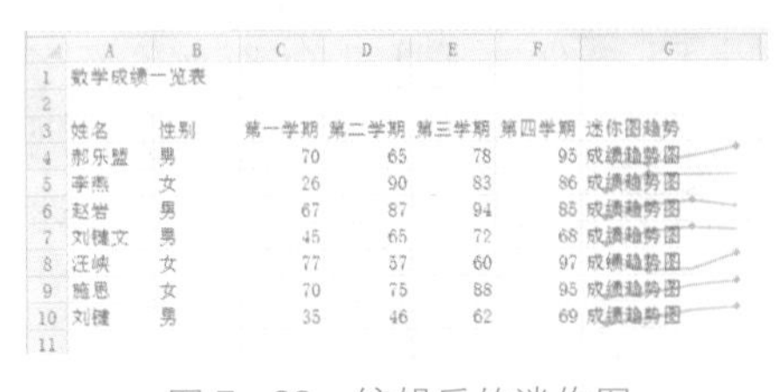

姓名	性别	第一学期	第二学期	第三学期	第四学期	迷你图趋势
郝乐盟	男	70	65	78	95	成绩趋势图
李燕	女	26	90	83	86	成绩趋势图
赵岩	男	67	87	94	85	成绩趋势图
刘健文	男	45	65	72	68	成绩趋势图
汪峡	女	77	57	60	97	成绩趋势图
施思	女	70	75	88	95	成绩趋势图
刘健	男	35	46	62	69	成绩趋势图

图 7-36 编辑后的迷你图

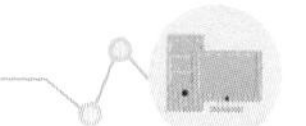

若要清除迷你图，选择要清除的迷你图单元格，单击“分组”组中的“清除”按钮即可。

7.6.2　图表的创建与编辑

图表是分析数据最直观的方式，这是因为图形可以比数据更加清晰易懂，它表示的含义更加形象直观，并且易于通过图表直接了解到数据之间的关系，分析预测数据的变化趋势。Excel 2016 提供了强大的用图形表示数据的功能，可以将工作表中的数据自动生成各种类型的图表，且各种图表之间可以方便地转换。

Excel 2016 提供的图表类型包括柱形图、折线图、饼图、条形图、面积图、散点图、股价图、曲面图、雷达图、树状图等 15 大类标准图表。图表可以有二维图表和三维图表，同时可以选择多种类型图表创建组合图。

1. 图表的主要术语

图 7 - 37 是一个关于公司销售额的柱形图，图表中常用的术语在图中已经标注出来，包括图表区、绘图区、图表标题、数据系列和数据点、数据标签、坐标轴标题及图例等。

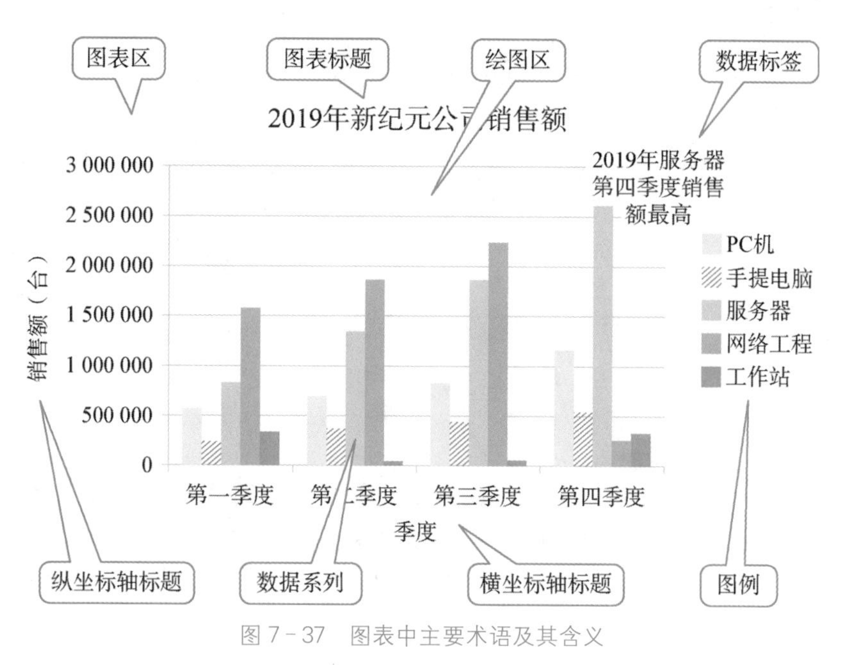

图 7 - 37　图表中主要术语及其含义

基本术语说明如下。

(1) 图表区：整个图表及其全部元素。

(2) 绘图区：通过轴来界定的区域，包括所有数据系列、分类名、刻度线标志和坐标轴标题。

(3) 数据系列和数据点：图表中每个数据系列具有唯一的颜色或图案并且在图表的图例中表示。可以在图表中绘制一个或多个数据系列(饼图只有一个数据系列)。

在图表中绘制的相关数据点的数据来自数据表的行或列。数据点在图表中绘制的单个值由条形、柱形、折线、饼图或圆环图的扇面、圆点和其他被称为数据标记的图形表示。相同颜色的数据标记组成一个数据系列。

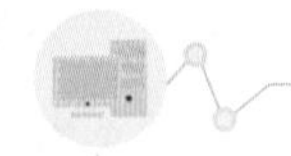

(4) 坐标轴：指界定图表绘图区的线条，用作度量的参照框架。其中 x 轴(横轴)称为水平分类轴，y 轴(纵轴)称为垂直数值轴。

(5) 图表标题：说明性的文本，可以自动与坐标轴对齐或在图表顶部居中。

(6) 数据标签：为数据标记提供附加信息的标签，数据标签代表源于数据表单元格的单个数据点或值。

(7) 图例：一个方框，用于标识图表中的数据系列、或分类制定的图案或颜色。

2. 创建图表

创建图表时，先选中需要用图表展示的数据，然后通过在“插入”选项卡的“图表”组中单击所需图表类型来创建基本图表。下面以创建簇状柱形图为例进行介绍。

可以选取一行或一列数据，也可选取连续或不连续的数据区域，但一般包括列标题和行标题，以便文字标注在图表上。本例中，选取不连续的单元格区域。

单击“插入”选项卡→“图表”组→“柱形图”按钮，在下拉列表中选择“簇状柱形图”选项，此时便创建了如图 7 - 38 图表的创建所示的图表。

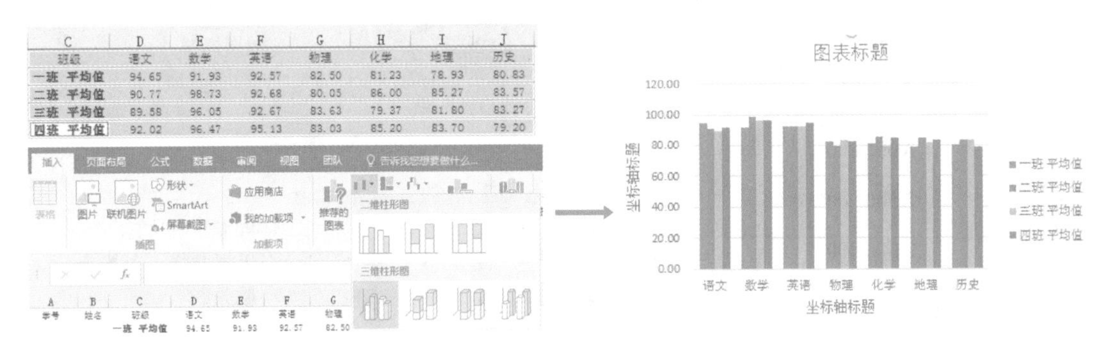

班级	语文	数学	英语	物理	化学	地理	历史
一班 平均值	94.65	91.93	92.57	82.50	81.23	78.93	80.83
二班 平均值	90.77	98.73	92.68	80.05	86.00	85.27	83.57
三班 平均值	89.58	96.05	92.67	83.63	79.37	81.80	83.27
四班 平均值	92.02	96.47	95.13	83.03	85.20	83.70	79.20

图 7 - 38　图表的创建

3. 更改图表的布局、样式

创建图表后，可以快速向图表应用预定义布局和样式，而无须手动添加或更改图表元素或设置图表格式。方法：在“设计”选项卡的“图表布局”组中单击“快速布局”，从下拉列表中选择要使用的图表布局；在“设计”选项卡的“图表样式”组中单击要使用的图表样式，如图 7 - 39图表布局和样式所示。

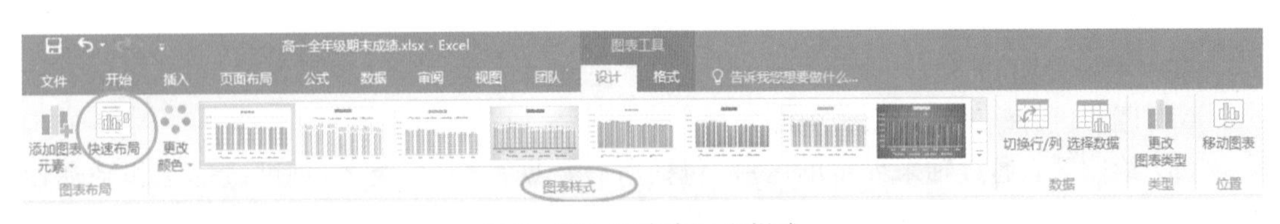

图 7 - 39　图表布局和样式

4. 添加标题、数据标签

为图 7 - 39 添加标题“各科班级平均分比较图”的方法是单击“图表工具”选项卡→“图表布局”组→“添加图表元素”→“图表标题”按钮，在下拉列表中选择“图表上方”选项，如图 7 -40 添加标题所示；然后在图表中显示的“图表标题”文本框中键入所需的文本。

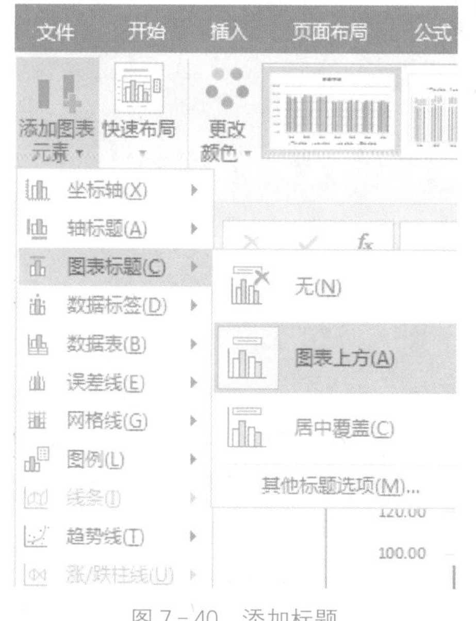

图 7－40　添加标题

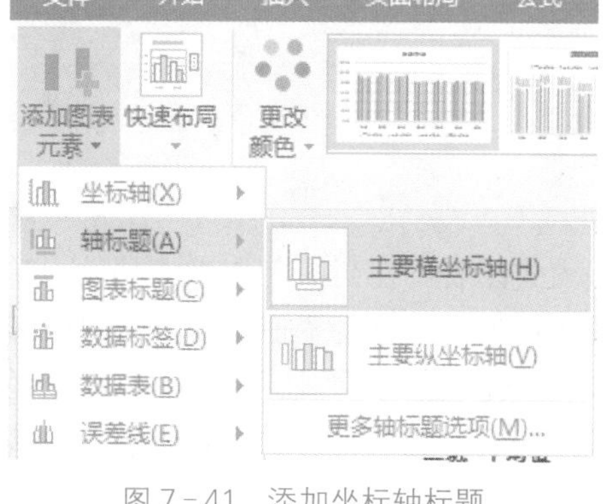

图 7－41　添加坐标轴标题

为“各科班级平均分比较图”图表添加坐标轴名称：横坐标为“科目”，纵坐标为“各班平均成绩”。方法是单击要为其添加坐标轴标题的图表中的任意位置，在“图表工具”选项卡→“图表布局”组→“添加图表元素”→“轴标题”按钮，在下拉列表中依次选择“主要横坐标轴”选项，如图 7－41 所示；在图表中显示的“坐标轴标题”文本框中键入“月份”。以类似的方法添加纵坐标标题。

如果要让四个班级的各科平均成绩值显示在图表中，可选中“图表工具”选项卡→“图表布局”组→“添加图表元素”→“数据标签”选项，在下拉列表中单击“数据标签外”按钮。

5. 隐藏、删除图例

创建图表时，会显示图例，可以在图表创建完毕后隐藏图例或更改图例的位置。单击“图表工具”选项卡→“图表布局”组→“添加图表元素”→“图例”按钮，在下拉列表中选择“无”选项，则隐藏图例。

要从图表中快速删除某个图例或图例项，可以选择该图例或图例项，然后按 Delete 键。还可以右击该图例或图例项，然后从弹出的快捷菜单中执行“删除”命令。

6. 显示、隐藏图表坐标轴

在创建图表时，会为大多数图表类型显示主要坐标轴。单击“图表工具”选项卡→“图表布局”组→“添加图表元素”→“坐标轴”按钮，在下拉列表中选择相关的选项：若要显示坐标轴，请选择“主要横坐标轴”“主要纵坐标轴”选项，然后选择所需的坐标轴显示选项；若要隐藏坐标轴，请选择“无”选项。

7. 图表的操作

可以将图表移动到工作表中的任意位置，或移动到新工作表或现有的其他工作表中。创建好图表后，选中图表，单击“设计”选项卡→“位置”组→“移动图表”按钮，弹出“移动图表”对话框，从中可以选择放置图表的位置，如图 7－42 所示。

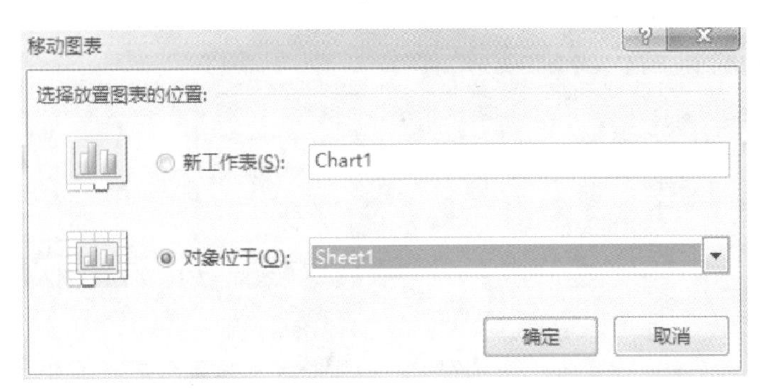

图 7-42 “移动图表”对话框

嵌入式图表可在当前工作表中移动。单击图表空白区域,这时图表边界四周出现 8 个控点的边框表示已选定。拖曳控点,可使图表缩小或放大;拖曳图表空白区的任一部分,可使图表在工作表中移动;还可以使用剪贴板复制图表;按 Delete 键可删除图表。

独立图表不能在当前工作表中移动,所以对于独立图表的移动和删除,实际就是移动和删除图表所在的工作表。

8. 添加或删除图表中的数据序列

方法 1:直接在图表上进行鼠标操作。例如,要删除如图 7-38 所示的图表中的“一班 平均值”数据,操作方法是:单击任意“一班 平均值”柱形条,这时“一班 平均值”各科目柱形条上都显示一个方块,表示已选定,按 Delete 键,便可删除“一班 平均值”数据序列。

方法 2:单击“设计”选项卡→“数据”组→“选择数据”按钮,在打开的“选择源数据”对话框中,进行添加和删除数据序列,如图 7-43。

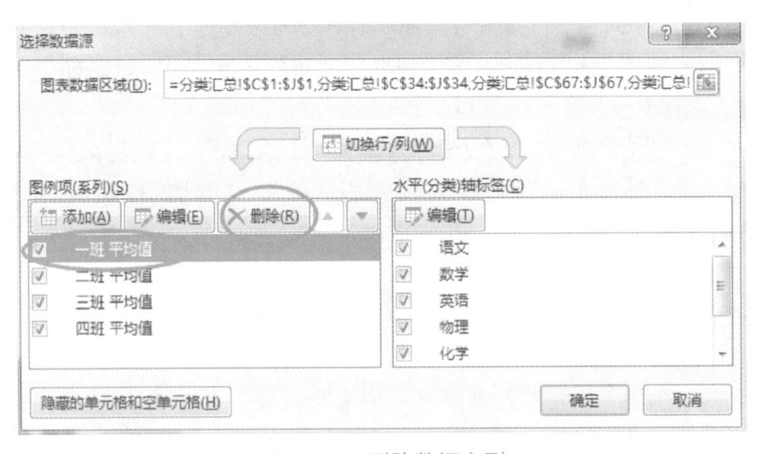

图 7-43 删除数据序列

9. 更改图表类型

例如,将如图 7-38 所示的簇状柱形图改为三维簇状柱形图,方法是单击“设计”选项卡→“类型”组→“更改图表类型”按钮,打开“更改图表类型”对话框,选择其中的三维簇状柱形图,单击“确定”按钮即可,如图 7-44 更改图表类型所示。

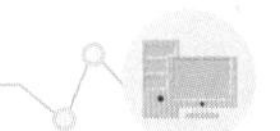

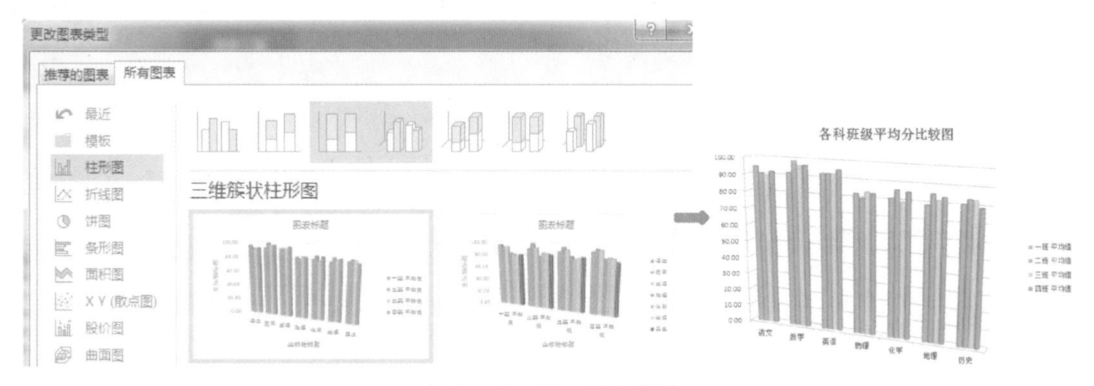

图 7 - 44　更改图表类型

7.6.3　美化图表

将基于散点图来介绍美化图表的方法，如图 7 - 45 左图所示，在 A1：C9 中输入所示数据；然后单击“插入”选项卡→“图表”组→“散点图”按钮，在下拉列表中选择“散点图”选项，创建如图 7 - 45 所示的散点图。

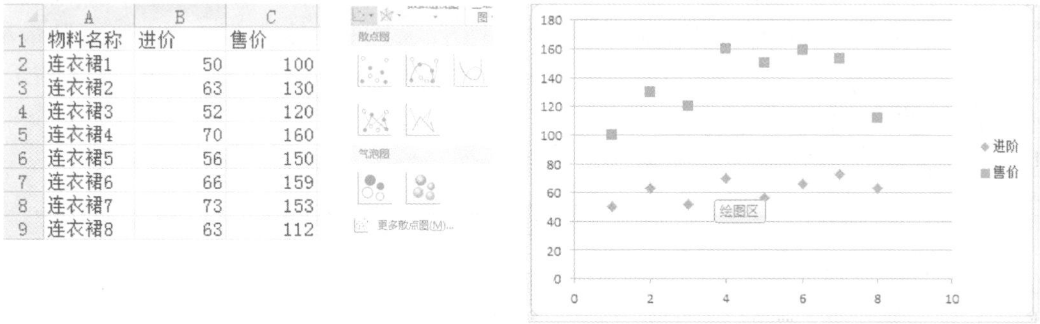

	A	B	C
1	物料名称	进价	售价
2	连衣裙1	50	100
3	连衣裙2	63	130
4	连衣裙3	52	120
5	连衣裙4	70	160
6	连衣裙5	56	150
7	连衣裙6	66	159
8	连衣裙7	73	153
9	连衣裙8	63	112

图 7 - 45　散点图

1. 设置网格线

网格线有横网格线和纵网格线两大类。单击“图表布局”组→“添加图表元素”→“网格线”按钮，然后在下拉列表中选择相应的选项即可，如图 7 - 46 所示。如果要设置网格线的线型、颜色等选项，则选择“更多网格线选项”选项，在弹出的窗口中进行设置。

创建散点图时，默认会显示主要横网格线，如果要隐藏网格线，则选择“无”选项即可。

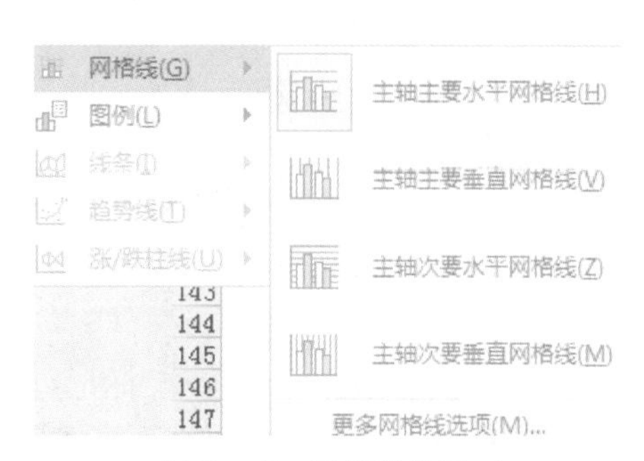

图 7 - 46　网格线的显示

2. 设置坐标轴

对于二维坐标图，坐标轴有横坐标轴和纵坐标轴。如果要设置坐标轴，可单击“图表布局”组→“添加图表元素”→“坐标轴”→“更多轴选项”按钮，打开“设置坐标轴格式”窗口，然后在“填充与线条”“效果”“大小与属性”“坐标轴选项”选项中进行设置，如图 7-47 坐标轴的设置所示。

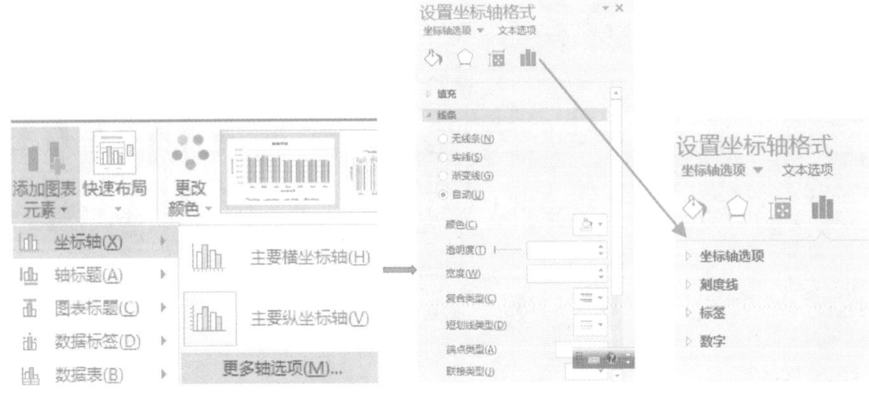

图 7-47　坐标轴的设置

创建图表时，会显示横坐标轴和纵坐标轴。但有时候，数据总体上离坐标的距离比较远，为了便于观察和分析，需要设置坐标轴的最小值。观察图 7-45，可以发现数据纵坐标的最小值为 0，此时要将其调整为 20，并将刻度线显示在内部。方法是选中纵坐标轴，在窗口右侧弹出的窗口中执行“设置坐标轴格式”命令，打开“设置坐标轴格式”对话框，设置“最小值”为“20”；然后在“刻度线”→“主要类型”下拉列表框中选择“内部”选项，如图 7-48 所示。横坐标轴的设置方法类似。

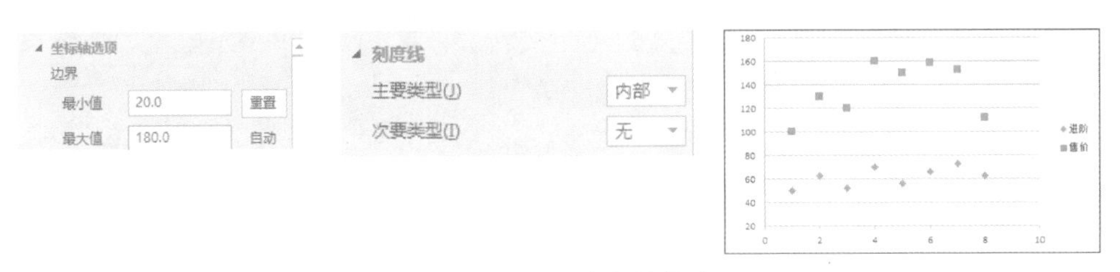

图 7-48　设置坐标轴格式

3. 设置数据系列格式

对于如图 7-45 散点图所示的散点图，如果希望将数据系列改成 7 磅的红色菱形，则可按如下步骤操作：

(1) 选中“售价”数据系列，在弹出的右侧窗口中执行“设置数据系列格式”设置。

(2) 选择“填充与线条”→“标记”标签，然后展开“填充”标记，选择“纯色填充”单选按钮，再选择红色。

(3) 单击“数据标记选项”标记，然后选中“内置”单选按钮，选择类型为菱形，大小设置为 7，如图 7-49 设置数据系列格式所示。

如果要添加线条，可在“线条颜色”中选择“实线”，然后在“线型”中设置线条的宽度和短划线类型。

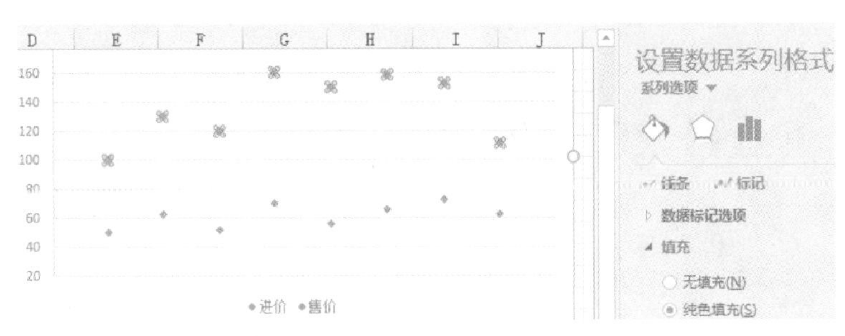

图 7－49　设置数据系列格式

4. 在图表中显示数据

如果要让整个数据系列都显示数据，则选择数据系列；如果要让单个数据点显示数据，则选中数据点。在弹出的右侧窗口中设置“设置数据点格式”即可。

5. 使用趋势线

趋势线是用图形的方式显示数据的预测趋势，并可用于预测分析。例如，图 7－45 左图中“进价”的数据近似是一种线性关系，可为其添加线性趋势线。具体方法是：单击“图表布局”组→“添加图表元素”→“趋势线”→“线性”按钮，在弹出的窗口中选择“进价”，如图 7－50 添加趋势线所示。如果要设置更多选项，则选择“其他趋势线选项”选项。

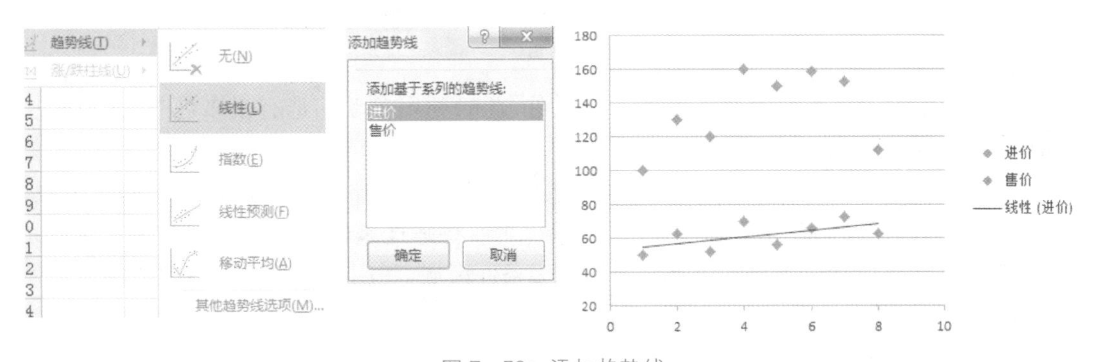

图 7－50　添加趋势线

扫描二维码，
获取本章实验

第8章

Excel 2016 高阶应用

Excel 有 90%的使用场景都在进行数据分析，通过本章的学习，我们使用 Excel 表格处理数据的能力将会有一个质的提升。在数据的高阶操作中，将介绍如何筛选出更复杂条件的数据；如何多条件来排序数据；如何对数据进行分类汇总以及合并计算；如何利用数组对行和列进行整体运算；作为 Excel 中最强大的数据分析工具如何使用"数据透视表"；如何使用模拟运算表实现数据的统计和预测；如何使用复杂函数进行数据处理；如何解决在公式使用过程中出现的问题。掌握了这些技能，Excel 将成为我们日常工作中必不可少的得力助手。

8.1 数据高阶操作

8.1.1 高级筛选

在实际应用中，常常涉及更复杂的筛选条件，此时利用自动筛选有很多局限，甚至无法完成，这时就需要使用高级筛选。

高级筛选一次就将所有条件全部指定，然后在数据清单中找出满足这些条件的记录。它在本质上与自动筛选并无区别，但可以在筛选之前将筛选条件定义在工作表另外的单元格区域中，这些放置筛选条件的单元格区域称为条件区域，利用筛选条件区域的条件用户便能一次性地将满足多个条件的记录筛选出来。

高级筛选是一种快速高效的筛选方法，它既可将筛选出的结果在源数据清单处显示出来，也可以把筛选出的结果放在另外的单元格区域之中。下面以如图 8-1 所示的"英语成绩表"为例，说明使用高级筛选的方法。

1）设置"与"复合条件

如果筛选条件有若干个条件，而且条件之间的关系是"与"运算，需要将多个条件的值分别写在同一行上。如图 8-1 所示的"英语成绩表"，筛选出机电系且口语和作文都在 80 分以上(不包括 80 分)的英语成绩情况，筛选条件设置如图 8-2 所示(条件写在同一行上)。

打开"数据"选项卡，在"排序和筛选"组中单击"高级"按钮，打开"高级筛选"对话框，如图 8-3 所示。在该对话框中"方式"选项区，根据需要选择相应的选项：

(1) 选择"在原有区域显示筛选结果"，则筛选结果显示在原数据清单位置(此例选择此项)。

(2) 选择"将筛选结果复制到其他位置"，则筛选后的结果将显示在另外的区域，与原工作表并存，但需要在"复制到"文本框中指定区域。

(3) 在"列表区域"文本框中输入要筛选的数据，可以直接在该文本框中输入区域引用，

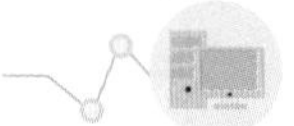

	A	B	C	D	E	F
1			英语成绩表			
2	姓名	系部	班级	听力	口语	作文
3	朱珠	机电系	2班	90	82	69
4	李小海	文法系	2班	85	61	68
5	王玲	计算机系	2班	77	79	90
6	孙丽	艺术系	3班	70	68	66
7	李小雨	机电系	1班	90	92	88
8	郭金花	文法系	1班	88	90	90
9	丁中华	计算机系	2班	84	72	78
10	徐仙	艺术系	3班	60	78	79
11	陈光	机电系	2班	72	82	80
12	王小旭	艺术系	3班	89	78	80
13	张华	计算机系	1班	72	76	81

图 8-1　英语成绩表

16	系部	口语	作文
17	机电系	>80	>80

图 8-2　含有“与”的高级筛选条件

也可以用鼠标在工作表中选定数据区域。

(4) 在“条件区域”文本框中输入含筛选条件的区域，可以直接在该文本框中输入区域引用，也可以用鼠标在工作表中选定数据区域。

(5) 如果要筛选掉重复的记录，则应选中“选择不重复的记录”复选框；单击“确定”按钮，筛选结果如图 8-3 所示。

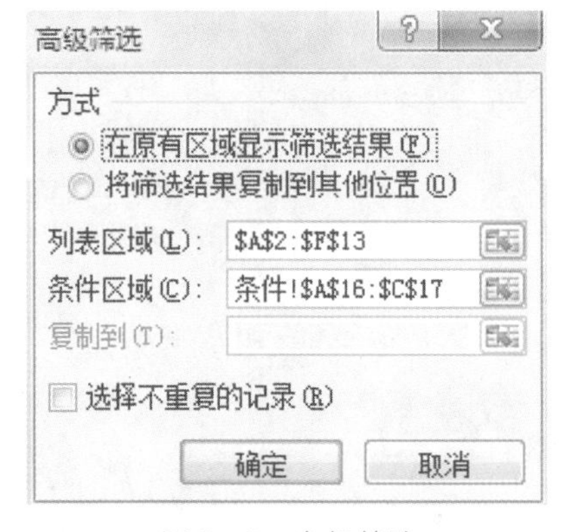

图 8-3　高级筛选

1			英语成绩表			
2	姓名	系部	班级	听力	口语	作文
7	李小雨	机电系	1班	90	92	88

图 8-4　含有“与”条件的高级筛选结果

2) 设置“或”复合条件

如果筛选条件有若干个条件，且条件之间的关系是“或”运算，需要将多个条件的值分别写在不同的行上。如图 8-1 所示的“英语成绩表”筛选出机电系或口语在 80 分以上(不包括 80 分)英语成绩情况，筛选条件设置如图 8-5 所示(条件写在不同行上)，筛选结果如图 8-6 所示。

19	系部	口语
20	机电系	
21		>80

图 8-5　含有“或”的高级筛选条件

	A	B	C	D	E	F
1			英语成绩表			
2	姓名	系部	班级	听力	口语	作文
3	朱珠	机电系	2班	90	82	69
7	李小雨	机电系	1班	90	92	88
8	郭金花	文法系	1班	88	90	90
11	陈光	机电系	2班	72	82	80

图 8-6　含有“或”条件的高级筛选结果

提示

要取消筛选，只要单击“数据”选项卡→“排序和筛选”组→“清除”按钮即可。

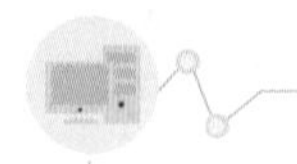

8.1.2 多条件排序

简单排序时只能使用一个排序条件。因此,排序后,表格中的数据可能仍然达不到用户的排序需求。这时,用户可以设置多个排序条件,这是针对使用单一条件排序后仍有相同数据的情况进行的一种排序方式。例如,当排序值相等时,可以参考第二个排序条件进行排序,以此类推。

例 8.1 如图 8-1 所示的“英语成绩表”,按“听力”从高到低降序排列数据记录,“听力”成绩相等者再按“口语”成绩降序排序。操作步骤如下:

(1) 选中“英语成绩表”中的 A3: F13 单元格区域,打开“数据”选项卡,在“排序和筛选”组中单击“排序”按钮,打开“排序”对话框。

(2) 在“排序”对话框的“主要关键字”下拉列表框中选择“听力”选项,在“排序依据”下拉列表框中选择“数值”选项,在“次序”下拉列表框中选择“降序”选项,如图 8-7 所示。

图 8-7 “排序”对话框

(3) 单击“添加条件”按钮,添加新的排序条件。在“次要关键字”下拉列表框中选择“口语”选项,在“排序依据”下拉列表框中选择“数值”选项,在“次序”下拉列表框中选择“降序”选项,如图 8-8 所示。

图 8-8 自定义排序条件

(4) 单击“确定”按钮,即可完成排序设置,效果如图 8-9 所示。

	A	B	C	D	E	F
1			英语成绩表			
2	姓名	系部	班级	听力	口语	作文
3	李小雨	机电系	1班	90	92	88
4	朱珠	机电系	2班	90	82	69
5	王小旭	艺术系	3班	89	78	80
6	郭金花	文法系	1班	88	90	90
7	李小海	文法系	2班	85	61	68
8	丁中华	计算机系	2班	84	72	78
9	王玲	计算机系	2班	77	79	90
10	陈光	机电系	2班	72	82	80
11	张华	计算机系	1班	72	76	81
12	孙丽	艺术系	3班	70	68	66
13	徐仙	艺术系	3班	60	78	79

图 8-9　多条件排序结果

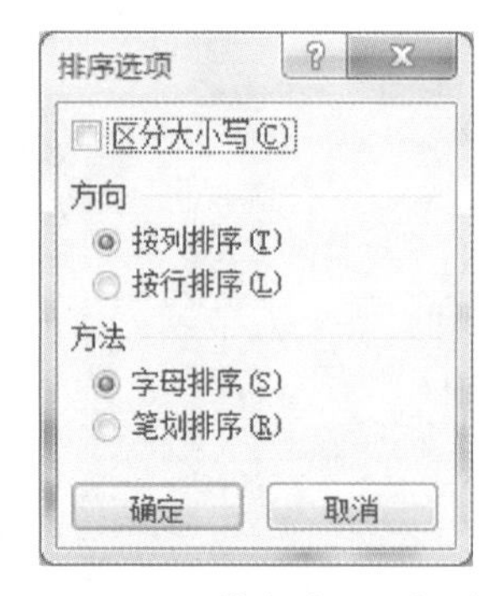

图 8-10　“排序选项”对话框

提示

① 若要删除已经添加的排序条件，则在如图 8-7 所示的“排序”对话框中选择该排序条件，然后单击上方的“删除条件”按钮即可；若要设置排序方法和排序方向等，单击“选项”按钮，在弹出的“排序选项”对话框中设置即可，如图 8-10 所示；若添加多个排序条件后，可以单击“排序”对话框上方的上下箭头按钮，调整排序条件的主次顺序。

② 在有些情况下，从其他应用程序导入的数据前面可能会有前导空格。请在对数据排序前先删除这些前导空格。可以手动执行此操作，也可以使用 TRIM 函数。

③ 对列进行排序时，隐藏的列不会移动；对行进行排序时，隐藏的列也不会移动。在对数据进行排序之前，最好先取消隐藏已隐藏的列和行。

④ 若要从排序中排除第一行数据（因为该行是列标题），需要在“排序”对话框中勾选“数据包含标题”复选框。

8.1.3　分类汇总

Excel 分类汇总是对工作表中的数据进行分类，然后统计同类记录的相关信息，包括求和、计数、平均值、最大值、最小值等，由用户进行选择。

在实际工作中，人们常常需要把众多的数据分类汇总，使得这些数据能提供更加清晰的信息。例如，在电脑公司的销售表中，通常需要知道每种产品的销售数量，销售额；在公司每月发放工资时，需要知道各个部门的总工资额，平均工资情况等。Excel 提供了该项功能，可以自动对数据项进行分类汇总。

分类汇总和分级显示是 Excel 中密不可分的两个功能。在进行数据汇总的过程中，常常需要对工作表中的数据进行人工分级，这样就可以更好地将工作表中的明细数据显示出来。需要指出的是：在分类汇总之前首先应对数据清单排序。

例 8.2　依据班级的“英语成绩表”，统计每班三门课的平均成绩。操作步骤如下：

（1）对分类汇总的字段进行排序：本例需要求“每班”的平均成绩，因而分类汇总的字段是“班级”，按照班级升序（或降序）进行排序，使得同一班级的记录排在一起，结果如图 8-11 所示。

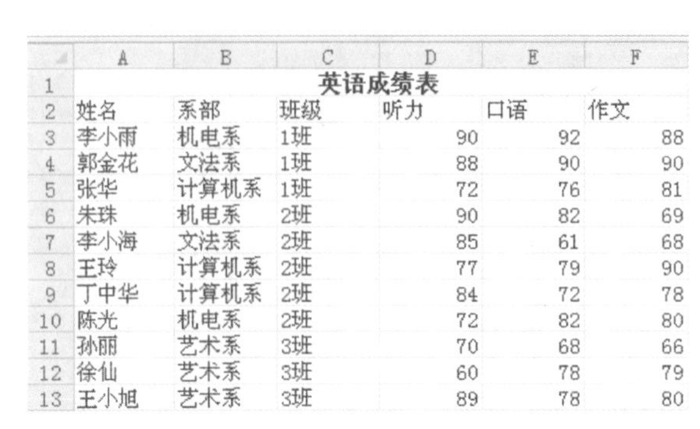

	A	B	C	D	E	F
1			英语成绩表			
2	姓名	系部	班级	听力	口语	作文
3	李小雨	机电系	1班	90	92	88
4	郭金花	文法系	1班	88	90	90
5	张华	计算机系	1班	72	76	81
6	朱珠	机电系	2班	90	82	69
7	李小海	文法系	2班	85	61	68
8	王玲	计算机系	2班	77	79	90
9	丁中华	计算机系	2班	84	72	78
10	陈光	机电系	2班	72	82	80
11	孙丽	艺术系	3班	70	68	66
12	徐仙	艺术系	3班	60	78	79
13	王小旭	艺术系	3班	89	78	80

图 8－11　按照“班级”进行“升序”排序

图 8－12　“分类汇总”对话框

(2) 单击数据中的任一单元格，在“数据”选项卡的“分级显示”组中，单击“分类汇总”按钮，打开“分类汇总”对话框，如图 8－12 所示。

(3) 在“分类字段”下拉框中选择所需字段作为分类汇总的依据，分类字段必须已经排序，在此选择“班级”。

(4) 在“汇总方式”的下拉框中，选择所需的统计函数，有求和、平均值、最大值和计数等多种函数，在此选择“平均值”。

(5) 在“选定汇总项”列表框中，选中需要对其汇总计算的字段前面的复选框：选“口语”“听力”和“作文”三个字段。

(6) “替换当前分类汇总”复选框，表示如之前有过分类汇总，那么本次分类汇总会将其替换；“每组数据分页”复选框，表示每一类分页显示；“汇总结果显示在数据下方”复选框，表示将分类汇总数放在本类的最后一行。

(7) 单击“确定”按钮，即可得到分类汇总结果，调整“平均值”的有效位为 2 位，如图 8－13 所示。

	A	B	C	D	E	F
1			英语成绩表			
2	姓名	系部	班级	听力	口语	作文
3	李小雨	机电系	1班	90	92	88
4	郭金花	文法系	1班	88	90	90
5	张华	计算机系	1班	72	76	81
6			**1班 平均值**	83.33	86.00	86.33
7	朱珠	机电系	2班	90	82	69
8	李小海	文法系	2班	85	61	68
9	王玲	计算机系	2班	77	79	90
10	丁中华	计算机系	2班	84	72	78
11	陈光	机电系	2班	72	82	80
12			**2班 平均值**	81.60	75.20	77.00
13	孙丽	艺术系	3班	70	68	66
14	徐仙	艺术系	3班	60	78	79
15	王小旭	艺术系	3班	89	78	80
16			**3班 平均值**	73.00	74.67	75.00
17			**总计平均值**	79.73	78.00	79.00

图 8－13　分类汇总结果

为了方便查看数据，可将分类汇总后暂时不需要使用的数据隐藏起来，减小界面的占用空间，只需单击分类汇总工作表左边列表树中的+按钮即可。当需要查看隐藏的数据时，可再将其显示，此时只需单击分类汇总工作表左边列表树中的-按钮。

提示

若要删除分类汇总，则可在“分类汇总”对话框中单击“全部删除”按钮。

8.1.4　合并计算

数据合并可以把来自不同数据源的数据进行合并汇总，所合并的工作表可以在同一个工作簿中，也可以位于不同的工作簿中。

例 8.3　将各分店销售数据按照月份和产品名称进行合并。在一个工作簿中已经有“分店 1”“分店 2”“分店 3”三个工作表，产品名称有 17 种，需要将这三个工作表进行合并，并将结果放在“合并”工作表中。原始数据如图 8－14 所示。

分店1

	A	B	C	D
1	产品名称	1月销量	2月销量	3月销量
2	电饼铛	76	90	70
3	电饭煲	52	60	70
4	电风扇	89	90	68
5	电话机	76	94	86
6	电火锅	70	90	60
7	电烤箱	81	71	94
8	电热毯	94	83	72
9	电蒸锅	73	94	68
10	豆浆机	95	80	99
11	加湿器	86	94	76
12	咖啡机	81	85	92
13	空气净化器	71	85	76
14	料理机	94	81	56
15	面包机	90	73	95
16	剃须刀	56	89	81
17	微波炉	49	79	72
18	饮水机	34	91	64

分店2

	A	B	C	D
1	产品名称	1月销量	2月销量	3月销量
2	电饼铛	79	55	81
3	电饭煲	64	75	96
4	电风扇	90	52	70
5	电话机	80	86	76
6	电火锅	70	60	52
7	电烤箱	82	85	96
8	电热毯	96	95	90
9	电蒸锅	75	81	80
10	豆浆机	68	95	81
11	加湿器	87	91	73
12	咖啡机	85	69	81
13	空气净化器	72	65	83
14	料理机	94	66	83
15	面包机	90	83	72
16	剃须刀	68	90	89
17	微波炉	52	82	88
18	饮水机	52	94	76

分店3

	A	B	C	D
1	产品名称	1月销量	2月销量	3月销量
2	电饼铛	81	94	96
3	电饭煲	66	75	95
4	电风扇	91	82	73
5	电话机	80	81	85
6	电火锅	73	64	82
7	电烤箱	81	83	85
8	电热毯	96	81	75
9	电蒸锅	81	89	55
10	豆浆机	70	60	52
11	加湿器	88	68	89
12	咖啡机	83	92	81
13	空气净化器	72	52	73
14	料理机	95	89	75
15	面包机	90	80	81
16	剃须刀	71	54	93
17	微波炉	60	79	88
18	饮水机	55	75	89

图 8－14　“销售数据合并”原始数据各工作表数据清单

（1）选择需要进行合并计算的单元格区域，即“合并”工作表的 B2：D18 单元格区域。

（2）单击“数据”选项卡→“数据工具”组→“合并计算”按钮，打开“合并计算”对话框，在“函数”下拉列表框中选择“求和”选项，在“引用位置”下拉列表中选择“分店 1”的 B2：D18 单元格区域，单击“添加”按钮；再选取“分店 2”的 B2：D18 单元格区域，单击“添加”按钮；再选取“分店 3”的 B2：D18 单元格区域，单击“添加”按钮，如图 8－15 所示；选中“创建指向源数据的链表”复选框，表示当源数据改变时，合并计算的结果也同步改变。

（3）单击“确定”按钮，结果如图 8－16 所示，合并计算结果以分类汇总的方式显示，单击左侧的“＋”可以显示源数据内容。

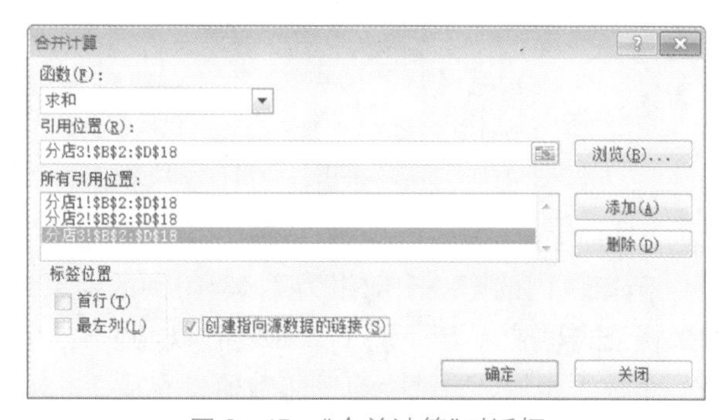

图 8－15　“合并计算”对话框

	A	B	C	D
1	产品名称	1月销量	2月销量	3月销量
5	电饼铛	236	239	247
9	电饭煲	182	210	261
13	电风扇	270	224	211
17	电话机	236	261	247
21	电火锅	213	214	194
25	电烤箱	244	239	275
29	电热毯	286	259	237
33	电蒸锅	229	264	203
37	豆浆机	233	235	232
41	加湿器	261	253	238
45	咖啡机	249	246	254
49	空气净化器	215	202	232
53	料理机	283	236	214
57	面包机	270	236	248
61	剃须刀	195	233	263
65	微波炉	161	240	248
69	饮水机	141	260	229

图 8－16　合并计算后的工作表

8.1.5 数组公式

数组就是单元的集合或是一组处理的值集合。可以写一个以数组为参数的公式，即数组公式，就能通过这个单一的公式，执行多个输入的操作并产生多个结果——每个结果显示在一个单元中。数组公式可以认为是 Excel 对公式和数组的一种扩充，换句话说，是 Excel 公式在以数组为参数时的一种应用。

数组公式可以看成是有多重数值的公式。与单值公式的不同之处在于它可以产生一个以上的结果。假设要将 A1：A50 区域中的所有数值舍入到 2 位小数位，然后对舍入的数值求和。很自然地就会想到使用公式"=ROUND(A1，2)+ROUND(A2，2)+…+ROUND(A50，2)"。有没有更简捷的算法呢？答案是肯定的，可以使用数组的方式输入公式，即{=SUM(ROUND(A1：A50，2))}。

输入数组公式时，首先必须选择用来存放结果的单元格区域(可以是一个单元格)，然后在编辑栏输入公式，再按 Ctrl+Shift+Enter 组合键锁定数组公式，Excel 将在公式两边自动加上花括号"{}"。

提示

①不要自己键入花括号，否则，Excel 认为输入的是一个正文标签。②数组公式中的参数必须为一连续的单元格区域。

例 8.4 计算购买股票的总股本。方法如下：

选中目标单元格 E3，在编辑栏中输入公式=SUM(B3：B5＊C3：C5)，然后按 Ctrl+Shift+Enter 组合键，在编辑栏可以看到公式的两端自动添加了"{}"符号，并在 E3 单元格中显示结算结果，如图 8-17 所示。

=SUM(B3：B5＊C3：C5)相当于=B3＊C3+B4＊C4+B5＊C5。为了便于理解，在 D3 中输入"=B3＊C3"，然后填充至 D5 单元格，这样 D3、D4、D5 就分别是每一只股票的股本，然后在 D5 单元格再输入"=SUM(D3：D5)"，这样总股本就出来了，如图 8-18 所示。可以发现填充计算和使用数组公式的结果是一样的，如果要计算的数据项很多，使用数组公式会更简洁方便。

E3　　{=SUM(B3:B5*C3:C5)}

	A	B	C	D	E	F
1						
2		股份	价格		总股本	
3	工商银行	2000	5.05		21400	
4	建设银行	1000	6.52			
5	交通银行	1000	4.78			
6						

图 8-17　数组公式示例

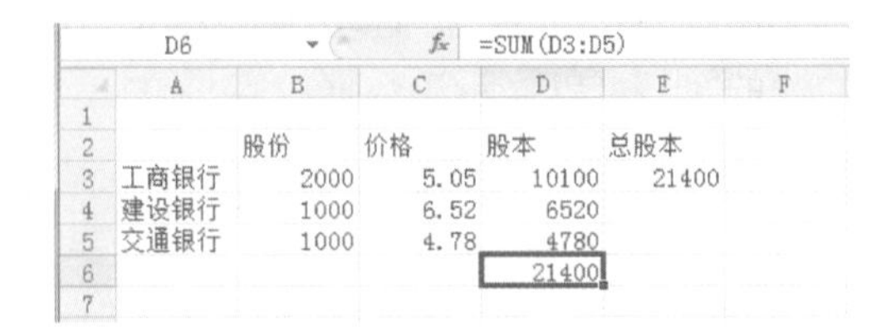

D6　　=SUM(D3:D5)

	A	B	C	D	E	F
1						
2		股份	价格	股本	总股本	
3	工商银行	2000	5.05	10100	21400	
4	建设银行	1000	6.52	6520		
5	交通银行	1000	4.78	4780		
6				21400		
7						

图 8-18　通过自动填充进行计算

例 8.5　= SUM({1，2，3} + {4，5，6}) 内的第一个数组为 1×3，得到的结果为 1+4、2+5 和 3+6 的 SUM，也就是 21。如果将公式写成 = SUM({1，2，3} + 4)，则第二个数据并不是数组，而是一个数值，为了要和第一个数组相加，Excel 会自动将数值扩充成 1×3 的数组。

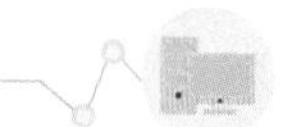

使用＝SUM({1，2，3}＋{4，4，4})做计算，得到的结果为 1＋4、2＋4 和 3＋4 的和，即 18。

提示

双击进入公式的编辑状态时，“{}”符号将消失，编辑完公式后，必须再次按 Ctrl＋Shift＋Enter 组合键。

如果要删除数组公式，选取数组公式所占有的区域后，按 Delete 键即可。

8.2　数据透视分析

数据透视表是一种对大量数据快速汇总、建立交叉列表的交互式工作表，它集合了排序、筛选和分类汇总的功能，用于对已有的数据清单、表和数据库中的数据进行汇总和分析，使用户简便、快速地在数据清单中重新组织和统计数据。数据透视表是专门针对以下用途设计的：

(1) 以多种用户友好方式查询大量数据。

(2) 对数值数据进行分类汇总和聚合，按分类和子分类对数据进行汇总，创建自定义计算和公式。

(3) 展开和折叠要关注结果的数据级别，查看感兴趣区域汇总数据的明细。

(4) 将行移动到列或将列移动到行(或“透视”)，以查看源数据的不同汇总。

(5) 对最有用和最关注的数据子集进行筛选、排序、分组和有条件地设置格式，使您能够关注所需的信息。

(6) 提供简明、有吸引力并且带有批注的联机报表或打印报表。

8.2.1　建立数据透视表

建立数据透视表主要分为 3 步：定义数据源、创建数据透视表和添加字段。

例 8.6　创建“小米手机 2012 年各地区销售表”数据透视表，按日统计各地区的平均销售量，并且按“销售型号”分页。数据清单如图 8－19 所示，操作步骤如下：

	A	B	C	D
1	小米手机2012各地区销售表（单位：万台）			
2	日期	销售地区	销售型号	销售数量
3	2012-1-1	广州	xt-01	212
4	2012-1-1	南宁	xt-01	342
5	2012-1-1	上海	xt-02	123
6	2012-1-3	北京	xt-02	121
7	2012-1-3	广州	xt-02	345
8	2012-1-3	沈阳	xt-02	234
9	2012-1-5	杭州	xt-02	121
10	2012-1-5	成都	xt-01	213
11	2012-1-5	广州	xt-01	567
12	2012-1-5	上海	xt-01	123
13	2012-1-5	北京	xt-03	123
14	2012-2-12	南宁	xt-03	111
15	2012-2-12	成都	xt-02	234
16	2012-2-12	北京	xt-02	124

图 8－19　小米手机 2012 年各地区销售表

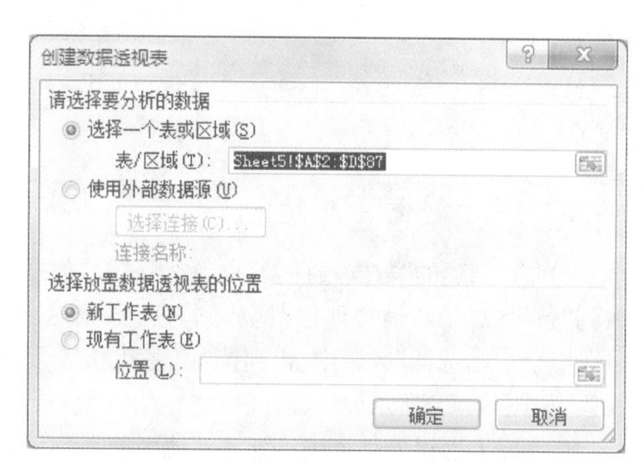

图 8－20　“创建数据透视表”对话框

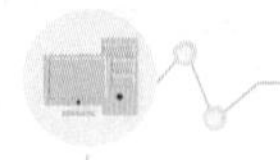

(1) 单击数据清单中的任一单元格,打开“插入”选项卡,在“表格”组中单击“数据透视表”按钮,在弹出的下拉列表中选择“数据透视表”选项,打开“创建数据透视表”对话框,如图 8-20 所示。

(2) 在“请选择要分析的数据”组中,选中“选择一个表或区域”单选按钮,然后单击“表/区域”后的,选定数据区域 A2：D87 单元格区域(表示“小米手机 2012 年各地区销售表”有 87 行)。在“选择放置数据透视表的位置”选项区域中选中“新工作表”按钮。

提示

在选择数据透视表位置时,若要将数据透视表放置在新工作表中,并以单元格 A1 为起始位置,单击“新工作表”;若要将数据透视表放置在现有工作表中,选择“现有工作表”,然后在“位置”框中指定放置数据透视表的单元格区域的第一个单元格。

(3) 单击“确定”按钮,此时在工作簿中添加一个新工作表,同时插入数据透视表,并将新工作表命名为“数据透视表”,如图 8-21 所示。

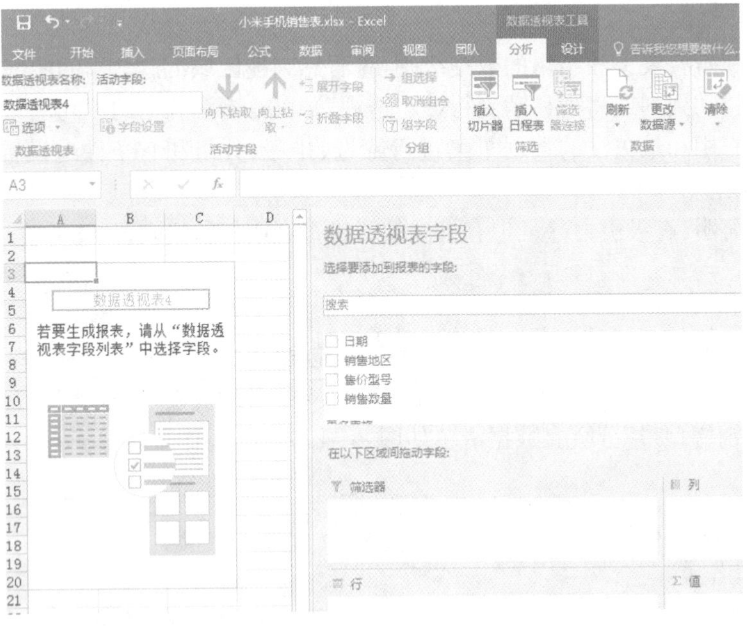

图 8-21 创建数据透视表

(4) 在创建的“数据透视表”中,右侧显示“数据透视表字段列表”窗口,将“日期”字段拖放到“行”区域中,“销售地区”拖放到“列”区域中,“销售数量”拖放到“值”区域中,“销售型号”拖放到“筛选器”区域中,得到按“销售型号”分页并且按日统计各地区总销售量的数据透视表,如图 8-22 所示。

(5) 要求透视表每页按日统计各地区的平均销售量,因此汇总方式应选择“平均值”,在此右击“求和项：销售数量”(A3 单元格),选择“值字段设置”菜单,弹出“值字段设置”对话框,如图 8-23 所示。

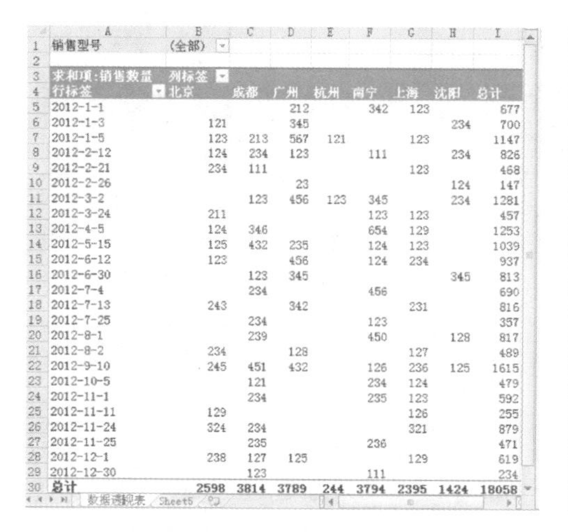

	A	B	C	D	E	F	G	H	I
1	销售型号	(全部)							
2									
3	求和项:销售数量	列标签							
4	行标签	北京	成都	广州	杭州	南宁	上海	沈阳	总计
5	2012-1-1			212		342	123		677
6	2012-1-3	121		345				234	700
7	2012-1-5	123	213	567	121		123		1147
8	2012-2-12	124	234	123		111		234	826
9	2012-2-21	234	111				123		468
10	2012-2-26			23				124	147
11	2012-3-2		123	456	123	345		234	1281
12	2012-3-24	211				123	123		457
13	2012-4-5	124	346			654	129		1253
14	2012-5-15	125	432	235		124	123		1039
15	2012-6-12	123		456		124	234		937
16	2012-6-30		123	345				345	813
17	2012-7-4		234			456			690
18	2012-7-13	243		342			231		816
19	2012-7-25		234			123			357
20	2012-8-1		239			450		128	817
21	2012-8-2	234		128			127		489
22	2012-9-10	245	451	432		126	236	125	1615
23	2012-10-5		121			234	124		479
24	2012-11-1		234			235	123		592
25	2012-11-11	129					126		255
26	2012-11-24	324	234				321		879
27	2012-11-25		235			236			471
28	2012-12-1	238	127	125			129		619
29	2012-12-30		123			111			234
30	总计	2598	3814	3789	244	3794	2395	1424	18058

图 8-22　数据透视表

(6) 在“值字段设置”对话框的“选择用于汇总所选字段数据的计算类型”区域选择“平均值”，即可得到按“销售型号”分页并且按日统计各地区平均销售量的数据透视表，并将“总计”字段(I4 单元格)改为“平均值”，如图 8-24 所示。

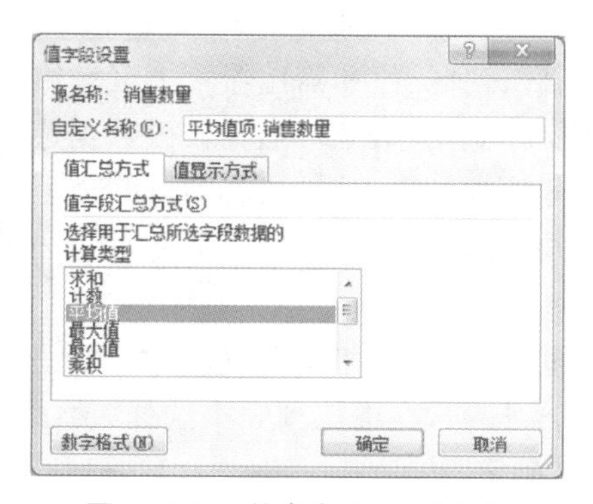

图 8-23　“值字段设置”对话框

	A	B	C	D	E	F	G	H	I
1	销售型号	(全部)							
2									
3	平均值项:销售数量	列标签							
4	行标签	北京	成都	广州	杭州	南宁	上海	沈阳	平均值
5	2012-1-1			212		342	123		226
6	2012-1-3	121		345				234	233
7	2012-1-5	123	213	567	121		123		229
8	2012-2-12	124	234	123		111		234	165
9	2012-2-21	234	111				123		156
10	2012-2-26			23				124	74
11	2012-3-2		123	456	123	345		234	256
12	2012-3-24	211				123	123		152
13	2012-4-5	124	346			654	129		313
14	2012-5-15	125	432	235		124	123		208
15	2012-6-12	123		456		124	234		234
16	2012-6-30		123	345				345	271
17	2012-7-4		234			456			345
18	2012-7-13	243		342			231		272
19	2012-7-25		234			123			179
20	2012-8-1		239			225		128	204
21	2012-8-2	234		128			127		163
22	2012-9-10	245	226	432		126	236	125	231
23	2012-10-5		121			234	124		160
24	2012-11-1		234			235	123		197
25	2012-11-11	129					126		128
26	2012-11-24	324	234				321		293
27	2012-11-25		235			236			236
28	2012-12-1	238	127	125			129		155
29	2012-12-30		123			111			117
30	平均值	186	212	291	122	237	160	203	212

图 8-24　更改“值汇总方式”的数据透视表

例 8.7　以图 8-24 所示的数据透视表为基础，统计 2012 年各地区四个季度每月的平均销售量，并对日期按照“季度”和“月”进行分组。操作步骤如下：

(1) 选中“日期”列，在“选项”选项卡的“分组”组中，单击“将所选内容分组”按钮，弹出“分组”对话框，如图 8-25 所示。

(2) 在“分组”对话框中设置“起始于 2012/1/1”，“终止于 2012/12/31”，“步长”为“月”、“季度”，单击“确定”按钮，得到如图 8-26 所示的销售量分组统计结果。

图 8-25 “分组”对话框

	A	B	C	D	E	F	G	H	I
1	销售型号	(全部)							
2									
3	平均值项:销售数量	列标签							
4	行标签	北京	成都	广州	杭州	南宁	上海	沈阳	平均值
5	⊟第一季								
6	1月	122	213	375	121	342	123	234	229
7	2月	179	173	73		111	123	179	144
8	3月	211	123	456	123	234	123	234	217
9	⊟第二季								
10	4月	124	346			654	129		313
11	5月	125	432	235		124	123		208
12	6月	123	123	401		124	234	345	250
13	⊟第三季								
14	7月	243	234	342		290	231		266
15	8月	234	239	128		225	127	128	187
16	9月	245	226	432		126	236	125	231
17	⊟第四季								
18	10月		121			234	124		160
19	11月	227	234			236	190		220
20	12月	238	125	125		111	129		142
21	平均值	186	212	291	122	237	160	203	212

图 8-26 销售量分组统计透视表

提示

若要将字段放置到布局部分的特定区域中,也可在字段部分中右击相应的字段名称,然后执行“添加到报表筛选”“添加到列标签”“添加到行标签”或“添加到值”等命令。

8.2.2 编辑数据透视表

数据透视表建立后,屏幕自动显示“数据透视表字段列表”任务窗格,利用它,可方便地修改数据透视表。

1. 字段的调整

从数据透视表创建过程中可以看出,数据透视表由行区、列区、值和筛选器 4 大区域组成,可以很容易将数据源中的字段拖至不同的区域,从而形成数据透视表。若需修改数据透视表,只需拖动字段到新的位置即可,如将“销售地区”拖至行字段区,然后再将“日期”拖至列字段区,便形成所要的透视表。若要删除某字段,只要将该字段从相关区域中拖出即可。

2. 数据区字段汇总方式的修改

数据透视表不仅可以对字段进行求和,而且可以对其进行计数,求平均值、最大值等。

单击“数据透视表字段列表”任务窗格中的“数值”项 ▾ 按钮,在下拉列表中选择“值字段设置”选项,打开如图 8-23 所示,选择汇总方式并单击“确定”按钮。

提示

数据透视表的数据值依赖于数据源的值,但对数据源值进行修改时,数据透视表并不会自动更新,必须在“数据”选项卡的“连接”组中单击“全部刷新”按钮。

基于数据清单生成数据透视表,数据清单中不能含有分类汇总数据。如果有分类汇总,必须清除分类汇总。

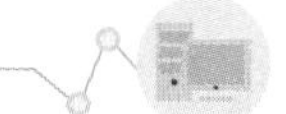

8.2.3　数据透视表的删除

删除数据透视表的操作如下：

（1）单击要删除的数据透视表的任意位置。

（2）在“数据透视表工具”选项卡中选择“设计”选项卡，在“操作”组中单击“选择”按钮，在弹出的菜单中选择“整个数据透视表”。

（3）按 Delete 键，数据透视表被删除，但建立数据透视表的源数据不变，数据透视表所在的工作表也保留。

8.2.4　数据透视图

数据透视图以图形形式表示数据透视表中的数据，此时数据透视表称为相关联的数据透视表。数据透视图是交互式的，这表示可以对其进行排序或筛选，来显示数据透视表数据的子集。创建数据透视图时，数据透视图筛选器会显示在图表区中，以便对数据透视图中的基本数据进行排序和筛选。在相关联的数据透视表中对字段布局和数据所做的更改，会立即反映在数据透视图中。

在基于数据透视表创建数据透视图报表时，数据透视图报表的布局（即数据透视图报表字段的位置）最初由数据透视表的布局决定。如果先创建了数据透视图报表，则通过将字段从“数据透视表字段列表”中拖到图表工作表上的特定区域，即可确定图表的布局。

例 8.8　基于图 8-26 中的数据透视表创建数据透视图。

（1）单击数据透视表，将显示“数据透视表工具”，在“分析”选项卡上的“工具”组中单击“数据透视图”按钮。

（2）弹出“插入图表”对话框中，单击所需的图表类型和图表子类型，如三维簇状柱形图，单击“确定”按钮。

与标准图表一样，数据透视图报表显示数据系列、类别、数据标记和坐标轴。还可以更改图表类型及其他选项，如标题、图例位置、数据标签和图表位置。

数据透视图中的大多数操作和标准图表中的一样。但是两者之间也存在以下差别：

① 与标准图表不同的是，数据透视图不可使用“选择数据源”对话框来交换数据透视图报表的行/列方向。但是，可以旋转相关联的数据透视表的行标签和列标签来实现相同效果。

② 数据透视图报表可以更改为除 XY 散点图、股价图或气泡图之外的任何其他图表类型。

③ 标准图表直接链接到工作表单元格。数据透视图报表基于相关联的数据透视表的数据源。与标准图表不同的是，不可在数据透视图报表的“选择数据源”对话框中更改图表数据范围。

8.3　模拟运算表

模拟运算表是一个单元格区域，用于显示公式中一个或两个变量的更改对公式结果的影响。模拟运算表提供了一种快捷手段，它可以通过一步操作计算多个结果；同时，它还是一种有效的方法，可以查看和比较由工作表中不同变化所引起的各种结果。

模拟运算表是一组命令的组成部分,这些命令也被称作模拟分析工具。使用模拟运算表即意味着执行模拟分析。模拟分析是指通过更改单元格中的值来查看这些更改对工作表中公式结果的影响的过程,如使用模拟运算表更改贷款利率和期限以确定可能的月还款额。

提示

模拟运算表无法容纳两个以上的变量。如果要分析两个以上的变量,则应改用另外一种模拟分析工具——方案。尽管只能使用一个或两个变量(一个用于行输入单元格,另一个用于列输入单元格),但模拟运算表可以包括任意数量的不同变量值。

模拟运算表根据行、列变量的个数,可分为变量模拟运算表和双变量模拟运算表。创建单变量模拟运算表还是双变量模拟运算表,取决于需要测试的变量和公式数。

8.3.1 单变量模拟运算表

若要了解一个或多个公式中一个变量的不同值如何改变这些公式的结果,请使用单变量模拟运算表。单变量模拟运算表的输入值被排列在一列(列方向)或一行(行方向)中。

例 8.9 通过公式 $Y=aX^2+bX+c$ 求 Y 的值。

其中参数 a, b, c 的值分别为 2, 5, 8,给定 8 个 X 值“0, 1, 2, 3, 4, 5, 6, 7”,需要计算出对应的 8 个 Y 值,如图 8-27 所示。

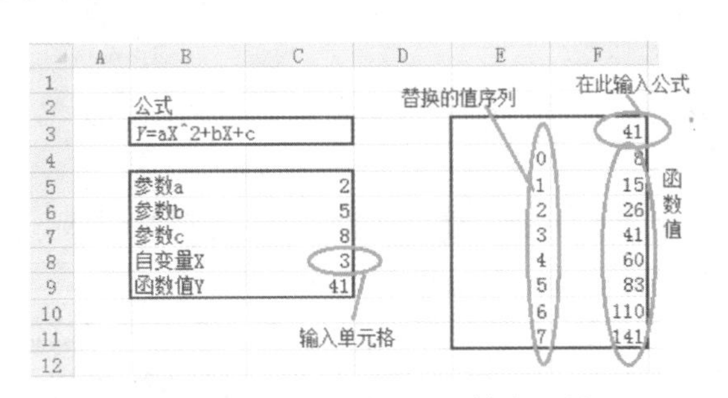

图 8-27 单变量模拟运算表示例

(1) 单变量模拟运算表中使用的公式必须仅引用一个输入单元格(在该单元格中,源于模拟运算表的输入值将被替换,相当于公式中的自变量),这里是 C8。

(2) 在一列或一行的单元格中,键入要替换的值列表。将值任一侧的几行和几列单元格保留为空白,本例在 E4: E11 输入 8 个给定的自变量的值。

(3) 如果模拟运算表为列方向的(变量值位于一列中),请在紧接变量值列右上角的单元格中键入公式;如果模拟运算表为行方向的(变量值位于一行中),请在紧接变量值行左下角的单元格中键入公式。本例的变量值位于一列, 在 F3 中输入公式 =C5 * POWER(C8, 2) + C6 * C8 + C7。

(4) 选定包含需要替换的数值和公式的单元格区域,这里选择 E3: F11。

(5) 单击“数据”选项卡→“预测”组→“模拟分析”按钮,然后在下拉列表中选择“模拟运

算表”选项。

(6) 如果模拟运算表为列方向，请在“输入引用列的单元格”文本框中，为输入单元格键入单元格引用；如果模拟运算表是行方向的，请在“输入引用行的单元格”文本框中，为输入单元格键入单元格引用。本例在“输入引用列的单元格”文本框中输入 C8，如图 8－28 所示。

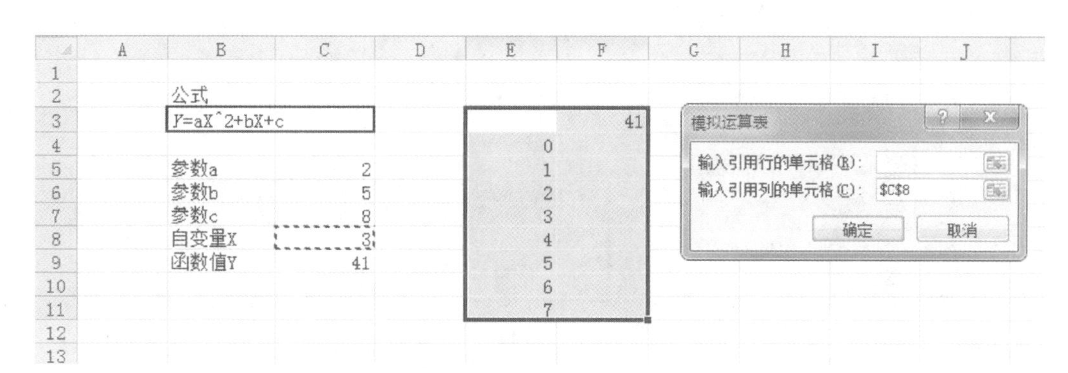

图 8－28　设置引用单元格

提示

模拟运算表的计算结果不能部分删除和修改，但可以整体删除。例如选中 F4：F11 区域，按 Delete 键即可删除。

例 8.10　一个横向单变量模拟运算表的应用。

使用单变量模拟运算表来查看不同的利率水平对使用 PMT 函数计算的月按揭付款的影响，如图 8－29 所示。

	A	B	C	D	E	F	G	H	I	J
1										
2		每月还款金额公式：PMT（年利率/12，期限，-贷款金额）								
3										
4										
5		年利率	8.50%		利率		7.90%	8%	9%	9.50%
6		期限（月）	36		每月还款	¥3,157	¥3,129	¥3,134	¥3,180	¥3,203
7		贷款金额	¥100,000							
8										

图 8－29　横向单变量模拟运算表

在 C5：C7 中数据公式的初始值，然后 G5：J5 单元格区域输入不同的利率，在 F6 单元格中输入公式“＝PMT(C5/12，C6，－C7)”；选中 F5：J6 单元格区域，单击“数据”选项卡→“预测”组→“模拟分析”按钮，然后在下拉列表中选择“模拟运算表”选项；在弹出的对话框设置“输入引用行的单元格”为 C5，单击“确定”按钮即可。

8.3.2　双变量模拟运算表

双变量模拟运算表使用含有两个输入值列表的公式。该公式必须引用两个不同的输入单元格。使用双变量模拟运算表可以查看一个公式中两个变量的不同值对该公式结果的影响。

例 8.11 双变量模拟运算表的应用。

可以使用双变量模拟运算表来查看利率和贷款期限的不同组合对月还款额的影响。在 PMT 公式中,年利率和期限是两个变量,结果如图 8-30 所示。

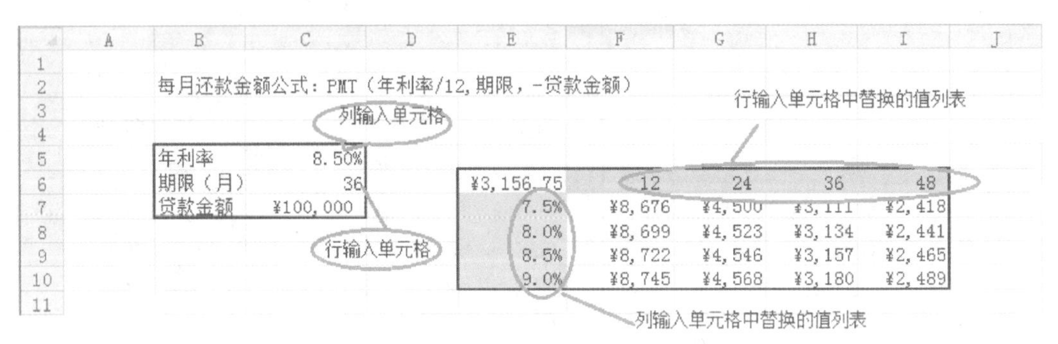

图 8-30 双变量模拟运算表

(1) 在单元格 C5:C7 中数据公式的初始值。

(2) 在单元格 E6 中键入公式"=PMT(C5/12, C6, -C7)",其中 C5 和 C6 是两个自变量。

(3) 在公式所在单元格的下方输入一个输入值列表。这里在 E7:E10 单元格中输入不同的利率。

(4) 在公式右边的同一行中,输入第二个列表。这里在 F6:I6 单元格中输入不同的贷款期限(月数)。

(5) 选择单元格区域,其中包含公式(E6)、数值行和列,以及要在其中放入计算值的单元格,本例选择 E6:I10。

(6) 单击"数据"选项卡→"预测"组→"模拟分析"按钮,在下拉列表中选择"模拟运算表"选项;在弹出的对话框设置"输入引用行的单元格"为 C6,"输入引用列的单元格"为 C5,然后单击"确定"按钮即可。

8.3.3 方案管理器

方案管理器是一种分析工具,每个方案允许建立一组假设条件,自动产生多种结果,并可以直观地看到每个结果的显示过程。

下面我们通过案例介绍如何利用方案管理器进行本量利分析,测算在成本上涨情况下,不调价、提价、降价等不同方案对利润的影响,从而为选择最优营销方案提供决策依据。

1. 建立分析方案

由于原材料和人工成本的持续增加,公司生产并内销的 B 产品近期成本上涨了 10%,导致利润下降明显。为了抵消成本上涨带来的影响,公司拟采取两种措施:第一种,提高单价 8%,因此导致销量减少 5%;另一种是降低单价 3%,这使得销量增加 20%。表 8-1 显示了上述 3 种不同的测算方案。

表 8-1　建立三种不同的测算方案

项目	方案 1	方案 2	方案 3
单价增长率/%	0.00	8.00	−3.00
成本增长率/%	10.00	10.00	10.00
销量增长率/%	0.00	−5.00	20.00

根据以上资料，通过方案管理器来建立分析方案，目标是测算价量不变、提价、降价这 3 种方案对利润额的影响。

2. 输入基础数据并构建公式

本案例基于“利润＝(销售单价－单位成本)＊销量”构建求解公式。

(1) 在最右侧插入一个空白工作表，并重命名为“方案管理”。

(2) 在工作表“方案管理”的单元格区域 B2：D8 中输入如图 8-31 所示的基础数据。

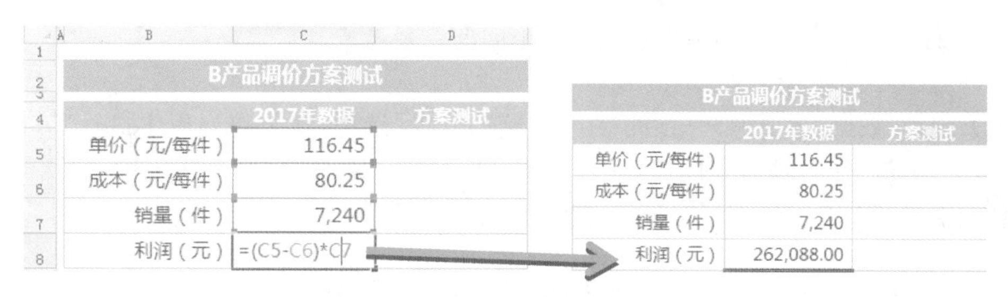

图 8-31　输入方案管理的基础数据

该基础数据列表中，D5、D6、D7 三个单元格为可变单元格，将用于显示不同方案的变量值。单元格 C8 中输入的是当前的利润计算公式“＝(C5－C6)＊C7”。

(3) 对工作表进行适当的格式化：调整字体、字号、添加边框底纹，设置数字格式等。其中，应将单元格区域 D5：D7 的数字格式设定为保留两位小数的百分比。

(4) 单元格 D8 中将会输入根据基础数据和变化的增长率计算新利润的公式。在构建新的利润公式之前，为了引用方便，需要提前为相关单元格进行如表 8-2 所列的名称定义。

表 8-2　为指定的可变单元格命名

单元格地址	新命名的名称	单元格地址	新命名的名称
C5	单价	D5	单价增长率
C6	成本	D6	成本增长率
C7	销量	D7	销量增长率

在创建方案前，为相关的单元格分别定义一个直观的、易于理解的名称，以方便创建方案时的公式引用，不仅可以大大简化创建方案的过程，也可有效增强后续生成的方案摘要的可读性。

(5) 定义名称后,便可在单元格 D8 中输入以下的新利润计算公式(见图 8-32):=单价 *(1+单价增长率)* 销量 *(1+销量增长率)-成本 *(1+成本增长率)* 销量 *(1+销量增长率)

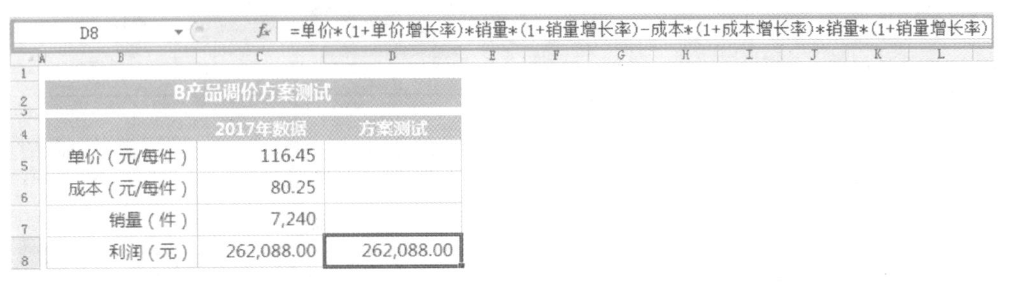

图 8-32 通过引用名称输入新的利润计算公式

3. 创建不同的调价方案

根据表 8-1 所列的 3 组数据创建 3 个不同的方案。

(1) 选择可变单元格所在的区域 D5:D7。

(2) 选择"数据"选项卡→"预测"组→"模拟分析"选项,从下拉列表中执行"方案管理器"命令,打开"方案管理器"对话框。

(3) 单击右上方的"添加"按钮,接着弹出"添加方案"对话框。

(4) 按照下列操作创建第一个方案:

① 在"方案名"文本框中输入方案名称"价量不变",代表只有成本变化的方案 1。

② 保证"可变单元格"区域为 D5:D7。

③ 单击"确定"按钮,打开"方案变量值"对话框,依次输入方案 1 的 3 个增长率,可以直接输入百分数,也可以转换为小数输入,如图 8-33 所示。

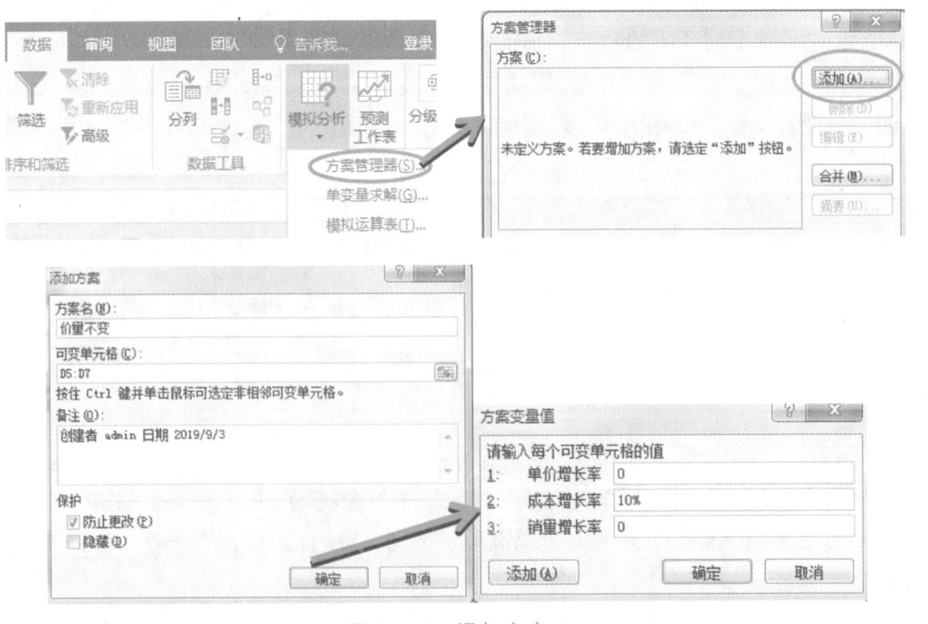

图 8-33 添加方案 1

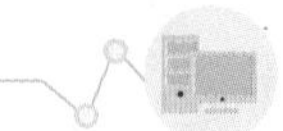

(5) 在“方案变量值”对话框中单击左下角的“添加”按钮，继续添加方案 2 和方案 3，分别命名为“提价”“降价”。注意，其引用的可变单元格区域 D5：D7 始终不变，如图 8 - 34 所示。

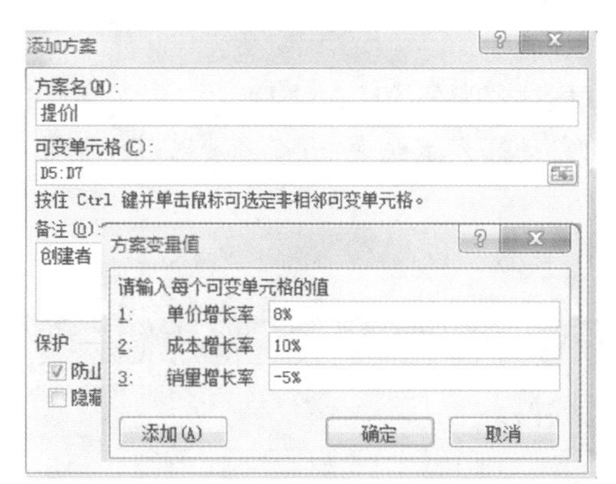

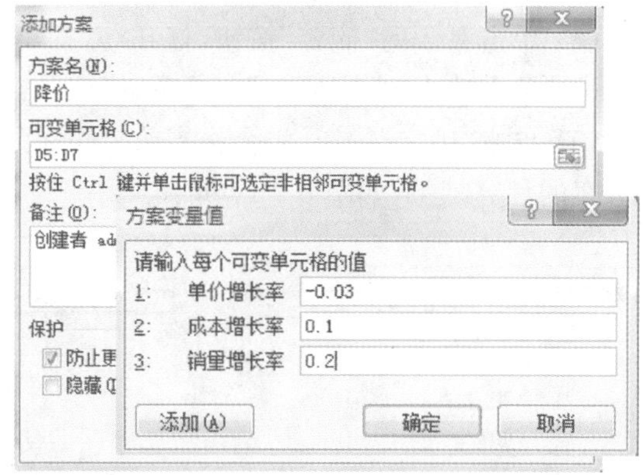

图 8 - 34　添加方案 2 和方案 3

(6) 在“方案变量值”对话框中单击“确定”按钮，返回到“方案管理器”对话框。

(7) 所有方案添加完毕后，单击“方案管理器”对话框中的“关闭”按钮。

4. 显示并执行方案

分析方案制定完成后，任何时候都可以执行方案，以查看不同的执行结果。

(1) 在“数据”选项卡的“数据工具”组中单击“模拟分析”按钮，从下拉列表中执行“方案管理器”命令，打开“方案管理器”对话框。

(2) 在“方案”列表框中选择方案“价量不变”，单击对话框下方的“显示”按钮，单元格区域 D5：D7 中自动显示该方案的 3 个增长率，同时 D8 单元格中计算出该方案的利润值，如图 8 - 35 所示。

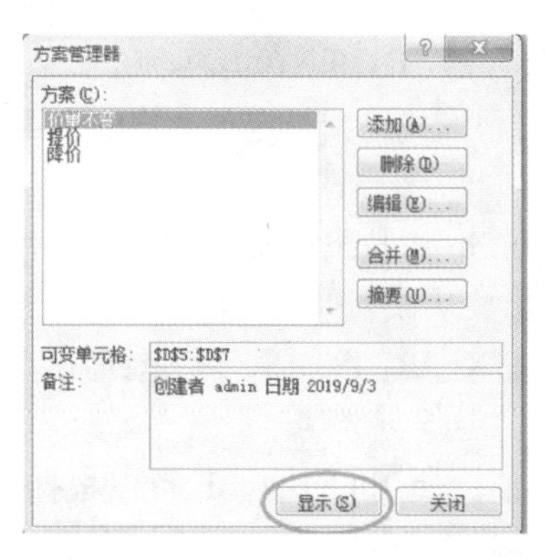

B产品调价方案测试		
	2017年数据	方案测试
单价（元/每件）	116.45	0.00%
成本（元/每件）	80.25	10.00%
销量（件）	7,240	0.00%
利润（元）	262,088.00	203,987.00

图 8 - 35　执行方案 1 的结果

(3) 依次选择其他两个方案，显示其测算结果。

(4) 执行完毕，单击“关闭”按钮退出对话框。

5. 建立方案报表

当需要将所有方案的执行结果都显示出来并进行比较时，可以建立合并的方案报表。

(1) 首先在可变单元格区域 D5：D7 中均输入 0，表示当前值是未经任何变化的基础数据。

(2) 在“数据”选项卡的“数据工具”组中单击“模拟分析”按钮，从下拉列表中执行“方案管理器”命令，打开“方案管理器”对话框。

(3) 单击右侧的“摘要”按钮，打开“方案摘要”对话框。

(4) 单击选中“方案摘要”单选项，指定“结果单元格”为公式所在的 D8。

(5) 单击“确定”按钮，将会在当前工作表之前自动插入工作表“方案摘要”，其中显示各种方案的计算结果，如图 8－36 所示。

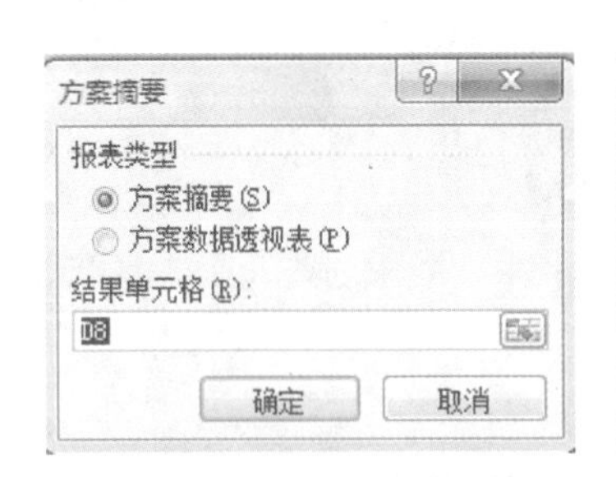

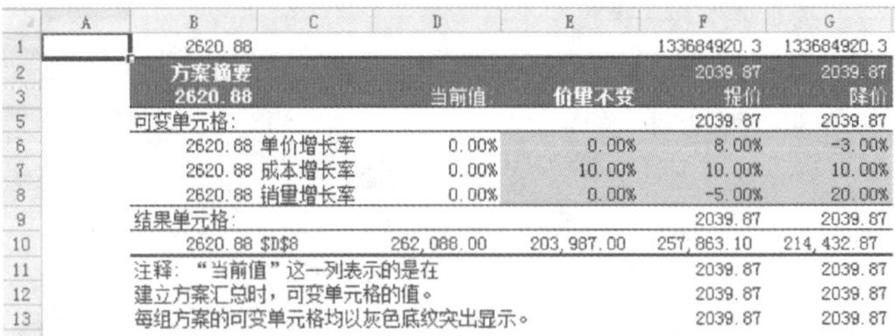

	A	B	C	D	E	F	G
1		2620.88				133684920.3	133684920.3
2		方案摘要				2039.87	2039.87
3		2620.88		当前值:	价量不变	提价	降价
5		可变单元格:				2039.87	2039.87
6		2620.88	单价增长率	0.00%	0.00%	8.00%	-3.00%
7		2620.88	成本增长率	0.00%	10.00%	10.00%	10.00%
8		2620.88	销量增长率	0.00%	0.00%	-5.00%	20.00%
9		结果单元格:				2039.87	2039.87
10		2620.88	D8	262,088.00	203,987.00	257,863.10	214,432.87
11		注释: “当前值”这一列表示的是在				2039.87	2039.87
12		建立方案汇总时，可变单元格的值。				2039.87	2039.87
13		每组方案的可变单元格均以灰色底纹突出显示。				2039.87	2039.87

图 8－36　建立“方案摘要”报表

(6) 经过比较，可以发现 3 个方案中“提价”方案的利润最高，但仍不及成本上涨前的利润高。

8.4　复杂函数操作

8.4.1　难点函数

1. INDEX 函数

功能：返回表格或区域中的数值或对数值的引用。函数 INDEX()有两种形式：数组和引用。数组形式返回指定单元格或单元格数组的值；引用形式返回指定单元格的引用。

语法：INDEX(array，row_num，column_num)

参数说明：array 为单元格区域或数组常数；row_num 为数组中某行的行序号，函数从该行返回数值；column_num 是数组中某列的列序号，函数从该列返回数值。

示例：如果 A1＝54、A2＝68、A3＝94，则“＝INDEX(A1：A3，2，1)”返回 68。

2. CHOOSE 函数

功能：使用 index_num 返回数值参数列表中的数值。使用 CHOOSE 可以根据索引号从最多 254 个数值中选择一个。例如，如果 value1～value7 表示一周的 7 天，当将 1～7 之间的数字用作 index_num 时，则 CHOOSE 返回其中的某一天。

语法：CHOOSE(index_num，value1，value2，…)

参数说明：index_num 是指定所选定的值参数。index_num 必须为 1～254 之间的数字，或者为公式或对包含 1～254 之间某个数字的单元格的引用。如果 index_num 为 1，函数 CHOOSE 返回 value1；如果为 2，函数 CHOOSE 返回 value2，以此类推。如果 index_

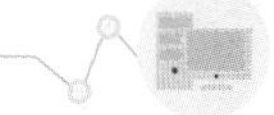

num 为小数，则在使用前将被截尾取整。

value1 是必需的，后续值是可选的，这些值参数的个数介于 1～254 之间，函数 CHOOSE 基于 index_num 从这些值参数中选择一个数值或一项要执行的操作。该参数可以为数字、单元格引用、已定义名称、公式、函数或文本。

示例："＝CHOOSE(2,"三星","苹果")"返回"苹果"；"＝SUM(A1：CHOOSE(3, A10, A20, A30))"与公式"＝SUM(A1：A30)"等价(因为 CHOOSE(3, A10, A20, A30) 返回 A30)。

3. VLOOKUP 函数

功能：在表格或数值数组的首列查找指定的数值，并由此返回表格或数组当前行中指定列处的数值。

语法：VLOOKUP(lookup_value, table_array, col_index_num, range_lookup)

参数说明：lookup_value 为需要在数据表第一列中进行查找的数值。Lookup_value 可以为数值、引用或文本字符串。当 vlookup 函数第一参数省略查找值时，表示用 0 查找。

table_array 为需要在其中查找数据的数据表，用于对区域或区域名称的引用。

col_index_num 为 table_array 中查找数据的数据列序号。col_index_num 为 1 时，返回 table_array 第一列的数值，col_index_num 为 2 时，返回 table_array 第二列的数值，以此类推。如果 col_index_num 小于 1，函数 VLOOKUP 返回错误值＃VALUE!；如果 col_index_num 大于 table_array 的列数，函数 VLOOKUP 返回错误值＃REF!。

range_lookup 为一逻辑值，指明函数 VLOOKUP 查找时是精确匹配，还是近似匹配。如果为 false 或 0，则返回精确匹配，如果找不到，则返回错误值＃N/A。如果 range_lookup 为 TRUE 或 1，函数 VLOOKUP 将查找近似匹配值，也就是说，如果找不到精确匹配值，则返回小于 lookup_value 的最大数值。如果 range_lookup 省略，则默认为近似匹配。

示例：如果 A1：A4 中的值分别为 23、45、50、65, B1：B4 中的值分别 2.1、2.2、2.3、2.4，"＝VLOOKUP(50, A1：B4, 2, TRUE)"使用近似匹配搜索 A 列中的值 50，然后返回同一行中 B 列的值(2.3)。

4. MATCH 函数

功能：可在单元格区域中搜索指定项，然后返回该项在单元格区域中的相对位置。如果需要获得单元格区域中某个项目的位置而不是项目本身，则应该使用 MATCH 函数而不是某个 LOOKUP 函数。

语法：MATCH(lookup_value, lookup_array, match_type)。

参数说明：lookup_value 为需要在 lookup_array 中查找的值。该参数可以为值(数字、文本或逻辑值)或对数字、文本或逻辑值的单元格引用。

lookup_array 是要搜索的单元格区域。

match_type 可选，可以为数字－1、0 或 1。该参数指定 Excel 如何在 lookup_array 中查找 lookup_value 的值。此参数的默认值为 1。

(1) 1 或省略：MATCH 函数会查找小于或等于 lookup_value 的最大值。lookup_array 参数中的值必须按升序排列。

(2) 0：MATCH 函数会查找等于 lookup_value 的第一个值。lookup_array 参数中的值可以按任何顺序排列。

(3) −1：MATCH 函数会查找大于或等于 lookup_value 的最小值。lookup_array 参数中的值必须按降序排列。

示例："=MATCH("b", {"a", "b", "c"}, 0)"会返回 2,即"b"在数组{"a", "b", "c"}中的相对位置。如果单元格区域 A1：A3 包含值 5、25 和 38,则=MATCH(25, A1：A3, 0)会返回数字 2,因为值 25 是单元格区域中的第 2 项。

8.4.2 函数应用

下面通过几个实例来演示函数在实际工作中的重要作用。

例 8.12 通过身份证号提取个人相关信息。

分析：目前中国公民的身份证号为 18 位,不要小看这 18 位数字,它包含了丰富的个人信息。其中,倒数第 2 位代表性别——奇数代表"男"、偶数代表"女;第 7 位到第 14 位代表出生年月日。一位人事管理员在管理人事档案时,只需要通过身份证号再结合应用相关的函数,就可以获取诸如性别、出生日期、年龄等信息而不必逐个输入。

操作步骤：

(1) 打开案例文档"公式和函数实例 1. xlsx",在工作表"素材"中首先为编号 DF001 的员工生成各项信息。

(2) 判断性别。在"性别"列的单元格 D4 中输入公式"=IF(ISODD(MID(C4, 17, 1)),"男","女")"。

公式解释：MID(C4, 17, 1)用于截取身份证号的第 17 位,ISODD(MID(C4, 17, 1)用于判断所截取的数字是否为奇数。当这个数字为奇数时,IF 函数的条件为真,D4 单元格中则显示"男",否则显示"女"。

(3) 获取出生日期。在"出生日期"列的 E4 单元格中输入公式,可从下列公式中任选其一：

=CONCATENATE(MID(C4, 7, 4),"年",MID(C4, 11, 2),"月",MID(C4, 13, 2),"日")

=MID(C4. 7, 4)&"年"&MID(C4, 11, 2)&"月"&MID(C4, 13, 2)&"日"

=DATE(MID(C4, 7, 4), MID(C4, 11, 2), MID(C4, 13, 2))

公式解释：首先通过函数 MID 依次提取年、月、日,再通过函数 CONCATENATE 或连接运算符 & 将它们连接在一起形成出生日期,或者通过 DATE 函数将提取的数字转换为正确的日期格式。

(4) 计算年龄。在"年龄"列的 F4 单元格中输入公式(1 年按 365 天计算)：

=INT((TODAY() − E4)/365),或者 =INT(YEARFRAC(E4, TODAY(),3))

公式解释：年龄列中需要填入员工的周岁,不足 1 年的应当不计入年龄。一般情况下,1 年按 365 天计算。因此,首先通过函数 TODAY 获取当前日期,然后减去该员工的出生日期,余额除以 365 天得到年限,再通过 INT 向下取整,得到员工的周岁年龄。这样得到的年龄是动态变化的,当进入下一个年度的生日时,年龄会自动增加 1 岁。

(5) 将各列公式向下填充至最后一行数据生成其他员工的相关信息。

例 8.13 对员工人数、工资等数据进行统计。

分析：在基础数据表制作完成后,常常需要获得一些统计数据,这就可能用到公式和函数。

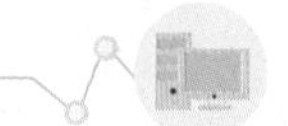

下面对案例文档进行员工数量、基本工资情况等方面的数据统计。

操作步骤：

(1) 打开案例文档“公式和函数实例 2. xlsx”，工作表“档案”中已存储了各位员工的相关信息。下面切换到工作表“统计”中完成各项计算。

(2) 统计全部员工数量。在 C3 单元格中输入函数 “＝COUNTA(档案！A4：A21)”(提示：函数所引用的单元格区域均可以通过鼠标直接选择而无须手动输入)。

由于每个员工必须有一个唯一编号，因此通过函数 COUNTA 统计员工档案表中“员工编号”列所在区域的非空单元格数量即可得知员工总人数。

(3) 统计女员工的数量。在 C4 单元格中输入函数 “＝COUNTIF(档案！D4：D21, "女")”。

通过单条件计数函数 COUNTIF 对“性别”列 D4：D21 中满足条件为“女”的单元格数量进行统计。

(4) 统计学历为本科的男性员工人数。在 C5 单元格中输入函数“COUNTIFS(档案！H4：H21,"本科",档案！D4：D21,"男")”。

当需要对满足两个及以上条件的数量进行统计时，需要用到多条件统计函数 COUNTIFS。上述公式表示对“学历”列 H4：H21 中为“本科”且“性别”列 D4：D21 中为“男”的员工数量进行统计。

(5) 计算和统计相关工资数据

• 基本工资总额：“＝SUM(档案！J4：J21)”，利用求和函数对基本工资列进行简单求和。

• 管理人员工资总额：“＝SUMIF(档案！G4：G21,"管理",档案！J4：J21)”，利用条件求和函数计算“部门”属于“管理”的所有人员的基本工资总和。

• 平均基本工资：“＝AVERAGE(档案！J4：J21)”，利用平均函数对基本工资列进行简单平均。

• 本科生平均基本工资：“＝AVERAGEIF(档案！H4：H21,"本科",档案！J4：J21)”，利用条件求平均值函数计算“学历”为“本科”的所有人员的平均基本工资。

• 最高基本工资：“＝MAX(档案！J4：J21)”，利用最大值函数获取基本工资列的最大值。

• 最低基本工资：“＝MIN(档案！J4：J21)”，利用最小值函数获取基本工资列的最小值。

(6) 找出工资最高和最低的人。

• 工资最高的人：“＝INDEX(档案！B4：B21, MATCH(MAX(档案！J4：J21),档案！J4：J21, 0))”

• 工资最低的人：“＝INDEX(档案！B4：B21, MATCH(MIN(档案！J4：J21),档案！J4：J21, 0))”

MATCH 函数用于获取工资列 J4：J21 中最大值或最小值所处的位置，该位置作为 INDEX 函数的参数，即可获取姓名列 B4：B21 同一行中的姓名。

在进行统计时，为了公式或函数引用方便，可以先将相关数据区域定义名称。

例 8.14 获取员工基本信息、计算工资的个人所得税。

分析：我们国家与工资薪金相关的个人所得税目前采用 7 级超额累进税率，计算起来比较复杂。通过公式和函数就可以比较方便地计算出来。

操作步骤:

(1) 打开案例文档“公式和函数实例 3. xlsx”,其中工作表“档案”中存放的是员工基本信息,“税率表”中存放的是目前我国工薪个人所得税 7 级税率表。需要在工作表“工资”中完成相关计算。

(2) 获取员工姓名、基本工资。由于员工的编号是固定且唯一的,因此可以利用 VLOOKUP 函数从员工档案表中直接获取相应数据。员工档案表中的数据区域 A3:J13 已被命名为“全体员工资料”,可以在公式或函数中直接引用,该区域的第 1 列(A 列)为员工编号、第 2 列(B 列为员工姓名、第 10 列(J 列)为基本工资。需要依次在员工档案表中查找相应的员工编号所对应的姓名、基本工资。根据以上描述,在工作表“工资”中进行下列操作(工资表中的 A 列为员工编号):

① 获取姓名。在“姓名”列的 B4 单元格中输入函数“=VLOOKUP(A4,全体员工资料,2, FALSE)”,按 Enter 键确认,然后向下填充公式到最后一个员工。该函数表示在档案表中精确查找与员工编号匹配的员工姓名。

② 获取基本工资。在“基本工资”列的 C4 单元格中输入函数“=VLOOKUP(A4,全体员工资料,10, FALSE)”,按 Enter 键确认,然后向下填充公式到最后一个员工。该函数表示在档案表中精确查找与员工编号匹配的员工基本工资。

③ 应纳税所得额。工资表中的“应纳税所得额”是税法中的一个概念,等于应得的全部工资减除税法规定的扣除标准。目前个人所得税的费用减除标准为每人每月 3 500 元。也就是说,有 3 500 元工资收入是不用缴税的。该项计算公式已事先构建完成了。

(3) 计算个人所得税。根据“税率表”中所列信息,个税所得税的计算公式为:“个人所得税=应纳税所得额 * 对应税率-对应速算扣除数”。例如,一个人的月工资总额 7 200 元,其应纳税所得额=7 200-3 500=3 700(元),在税率表中查找对应税率为 10%、速算扣除数为 105,则其应缴个人所得税为 3 700×10%-105=265(元)。

根据税率表中所列条件,通过多级 IF 函数嵌套,可构建出个人所得税计算公式,并通过 ROUND 函数对计算结果精确保留 2 位小数。据此,在 E4 单元格中输入下列公式并向下填充:

=ROUND(IF(D4<=1 500, D4 * 0.03, IF(D4<=4 500, D4 * 0.1-105, IF(D4<=9 000, D4 * 0.2-555,

IF(D4<=35 000, D4 * 0.25-1 005, IF(D4<=55 000, D4 * 0.3-2 755, IF(D4<=80 000, D4 * 0.35-5 505,

D4 * 0.45-13 505)))),2)

提示

计算个人所得税的方法还有不少,多级 IF 函数嵌套是比较常用且比较容易理解的。

为外还可以通过数组公式方式、INDEX 和 MATCH 函数组合方式等计算,大家可以自己试一试。

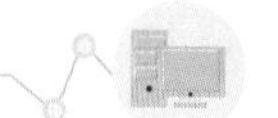

8.5　公式审核及出错检查

8.5.1　显示与隐藏公式

在 Excel 的默认状态下，输入的公式和调用的内部函数除了显示在编辑栏外，是不在当前的单元格内显示的。可以通过下面的方法来设置显示。

(1) 显示公式。单击“公式”选项卡→“公式审核”组→“显示公式”按钮，结果如图 8-37 所示，利用数组公式进行统计。工作表中存在公式的单元格都自动将公式显示出来，并且当选中某个单元格的时候，该单元格所引用的其他单元格会出现蓝色、绿色等颜色的边框。

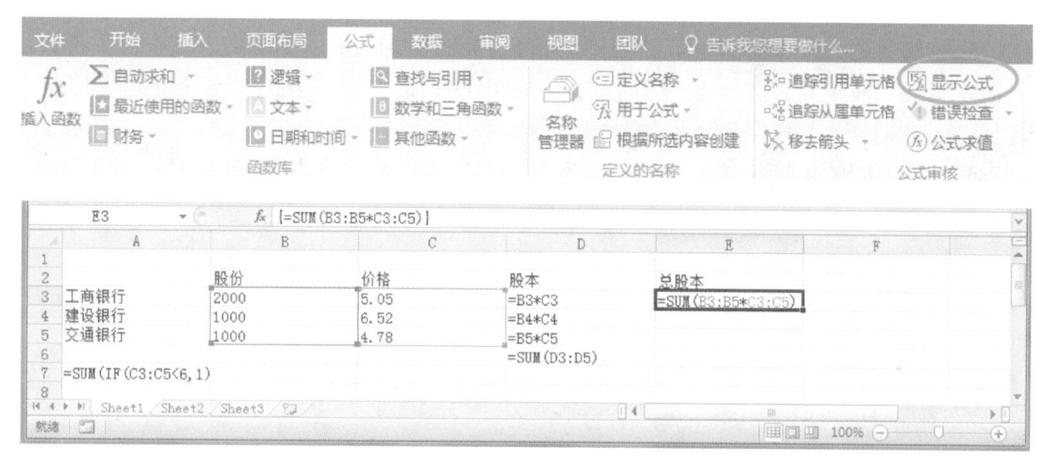

图 8-37　利用数组公式进行统计

(2) 隐藏公式。只需再次单击“公式”选项卡→“公式审核”组→“显示公式”按钮，即可让工作表恢复到默认状态，不再显示公式。

可以使用 Ctrl+～组合键来快速地显示和隐藏公式。

8.5.2　用追踪箭头标识公式

当编写的公式涉及大量单元格引用或单元格区域引用的时候，或者公式出现错误时，按公式中的单元格地址逐个地检查单元格速度很慢，下面介绍快速地检查公式中单元格引用的方法：

选择要检查的公式所在的单元格，如 D5 单元格，在“公式”选项卡的“公式审核”组中单击“追踪引用单元格”按钮，在工作表中出现了两条分别由 B5、C5 指向 D5 单元格的蓝色箭头，如图 8-38 追踪引用单元格所示，意思是：

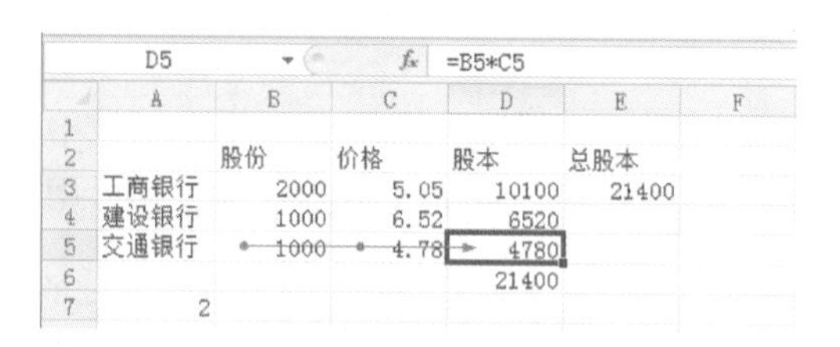

图 8-38　追踪引用单元格

D5 单元格内的数据是引用了 B5 和 C5 单元格内的数据计算得出的。

在“公式”选项卡的“公式审核”组中单击“追踪从属单元格”按钮,即可查出单元格内的数据被哪些单元格所引用。在图 8-38 中,B5 单元格被 D5 引用。

8.5.3 常见的公式错误信息与解决方案

1. #####错误

1) 出错原因

(1) 列宽不足以显示包含的内容。

(2) 输入了错误的日期。

(3) 输入了错误的时间。

2) 解决方案

(1) 增加列宽:参照前面章节的内容调整该列的列宽到适当值即可。

(2) 缩小字体填充:选择该列后右击,在弹出的快捷菜单中执行“设置单元格格式”命令,再切换到“对齐”选项卡,然后勾选“缩小字体填充”复选框即可。

(3) 应用不同的数字格式:在某些情况下,可以更改单元格中数字的格式,使其适合现有单元格的宽度。例如,可以减少小数点后的小数位数。

(4) 将错误的日期改为正确的。

(5) 将错误的时间改为正确的。

2. #REF! 错误

当在公式的计算结果中出现该错误时,就说明了公式中出现了无效的单元格引用。

1) 出错原因

(1) 删除了公式所引用的单元格。

(2) 将已引用的单元格粘贴到其他公式所引用的单元格上。

2) 解决方案

(1) 检查公式中的单元格的引用,并更改公式。

(2) 在删除或粘贴单元格之后出现该错误时,立即执行“撤消”命令以恢复工作表中的单元格。

3. #N/A 错误

当数值对函数或公式不可用时,会出现该错误。

1) 出错原因

(1) 遗漏数据,取而代之的是#N/A 或 NA()。

(2) 为 HLOOKUP、LOOKUP、MATCH 或 VLOOKUP 等工作表函数的 lookup_value 参数赋予了不适当的值。

(3) 数组公式中使用的参数的行数或列数与包含数组公式的区域的行数或列数不一致。

(4) 内部函数或自定义工作表函数中缺少一个或多个必要参数。

(5) 使用的自定义工作表函数不可用。

2) 解决方案

(1) 用新数据取代#N/A。

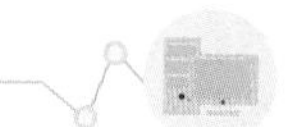

(2) 请确保 lookup_value 参数值的类型正确。例如,应该引用值或单元格,而不应引用区域。

(3) 如果要在多个单元格中输入数组公式,请确认被公式引用的区域与数组公式占用的区域具有相同的行数和列数,或者减少包含数组公式的单元格。

(4) 在函数中输入全部参数。

(5) 确认包含此工作表函数的工作簿已经打开并且函数工作正常。

4. ＃NUM! 错误

当公式或函数中使用无效的数字值时,就会出现该错误。

1) 出错原因

(1) 在需要数字参数的函数中使用了无法接受的参数。

(2) 使用了迭代计算的工作表函数,如 IRR 或 RATE,并且函数无法得到有效的结果。

2) 解决方案

(1) 确保函数中使用的参数是数字。例如,即使需要输入的值是"$1,000",也应在公式中输入"1 000"。

(2) 为工作表函数使用不同的初始值。

(3) 更改 Microsoft Excel 迭代公式的次数。

5. ＃VALUE 错误

(1) 错误原因：当使用错误的参数,或运算对象类型不匹配,或当自动更正公式功能不能更正公式时,将产生错误＃VALUE。

(2) 解决方法：确认公式或函数所需要的参数或运算符的正确性,确认公式引用的单元格所包含数值的有效性。

6. ＃NAME

(1) 错误原因：在公式中使用了 Excel 不能识别的文本,即函数名拼写错误、或引用了错误的单元格地址或单元格区域。

(2) 解决方法：确认使用的名称是否存在,如果所需的名称没有被列出,则添加相应的名称;如果名称存在拼写错误,则修改拼写错误。

7. ＃NULL!

(1) 错误原因：使用了不正确的区域运算或不准确的单元格引用,将产生错误值＃NULL!

(2) 解决方法：如果要引用两个不相交的区域,要使用联合运算符(逗号)。

8. ＃DIV/0!

(1) 错误原因：在公式中引用了空单元格或公式中有除数为零,将产生错误值＃DIV/0!

(2) 解决方法：修改单元格引用,或者修改除数的值。

扫描二维码,
获取本章实验

第 4 篇

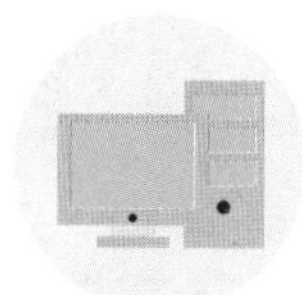

PowerPoint 2016 阶段提升

面向对象思维方式下的 PowerPoint 核心知识图谱

对象	占位符 →	幻灯片 →	节 →	演示文稿
属性	插入、编辑 布局调整 动画设置	增、删、移动 母版与版式设置 切换设置 交互设置 背景/主题	分节	放映设置 打包

扫描二维码，
获取立体化学习资料
（Office 知识图谱微课）

第 9 章

PowerPoint 2016 基础应用

PowerPoint 2016 是 Office 2016 的重要组成部分，它是 Microsoft 公司在 Windows 平台下开发的，广泛应用于学术报告、论文答辩、辅助教学、产品展示、工作汇报等场合下的多媒体演示。PowerPoint 2016 的默认文件扩展名是. pptx。

在 PowerPoint 2016 中，创建的幻灯片都保存在演示文稿中，因此，用户首先需要熟悉演示文稿的基本操作，包括演示文稿的新建、保存、打开、关闭，在幻灯片中插入文字、图片、艺术字、SmartArt、表格等对象，演示文稿的放映设置。

9.1 认识 PowerPoint 2016

9.1.1 PowerPoint 2016 工作界面

利用 PowerPoint 制作的文档称为演示文稿，演示文稿中的每一页称为幻灯片，每张幻灯片都是演示文稿中既相互独立又相互联系的成员。

默认情况下，只要安装了 Office 2016，PowerPoint 2016 即会被安装到计算机中，PowerPoint 2016 的工作界面与其他 Office 2016 组件类似，主要包含标题栏、功能选项卡、功能区、幻灯片编辑区、“大纲/幻灯片”窗格、“备注”窗格、状态栏等部分。

启动 PowerPoint 2016 应用程序以后，可以看到如图 9 - 1 所示的 PowerPoint 2016 工作界面。

1) 功能区选项卡

共有“文件”“开始”“插入”“设计”“切换”“动画”“幻灯片放映”“审阅”和“视图”9 个选项卡，提供了对演示文稿的各种操作。当选中某个选项卡时，系统将弹出相应的功能区列表。

2) 幻灯片编辑区

对幻灯片中文字、图片、表格、SmartArt 图形、图表、视频、音频、超链接和动画等对象的编辑操作均在此完成，因此幻灯片编辑区是制作演示文稿的操作平台。

3) 备注窗口

记录演讲者讲演时所需的一些提示重点，用来编辑幻灯片的一些备注文本。

4) 大纲/幻灯片选项卡

在本区中，通过“大纲”/“幻灯片”选项卡可以快速查看整个演示文稿中的任意一张幻灯片。其右侧也有关闭按钮×，单击该按钮可以将大纲/幻灯片选项卡窗口和备注窗口全部隐藏起来，凸显幻灯片编辑区的内容。

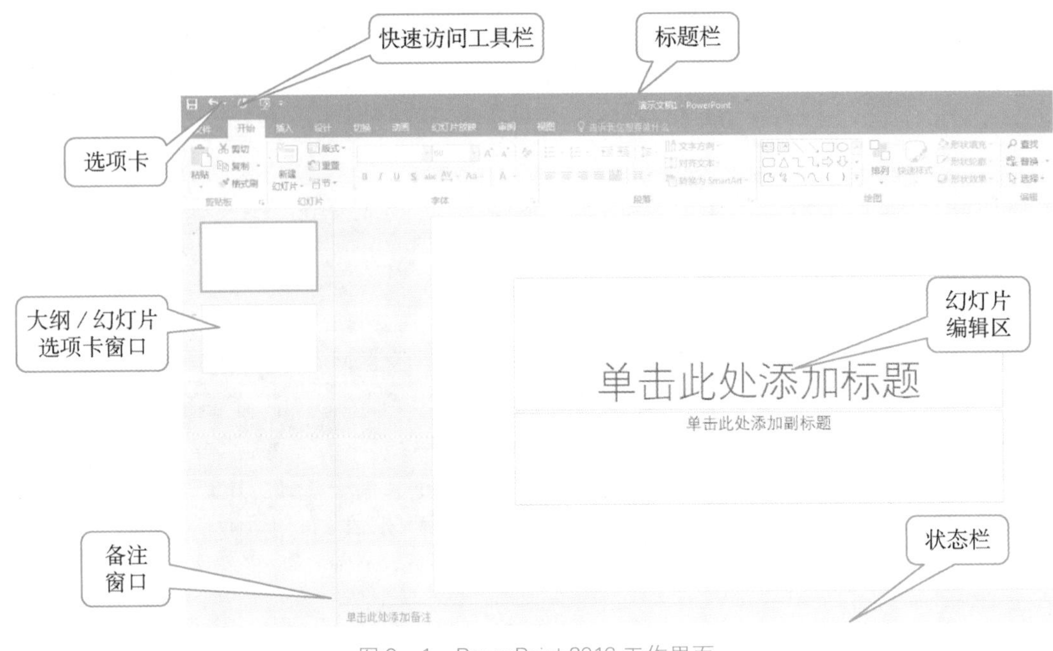

图 9-1 PowerPoint 2016 工作界面

5) 状态栏

此处显示出当前文档相应的某些状态要素。

6) 快速访问工具栏

提供了“保存”“撤销”“恢复”等常用快捷按钮,单击相应的按钮即可执行相应的操作。

9.1.2 PowerPoint 的视图模式

视图是 PowerPoint 文档在计算机屏幕上的显示方式,PowerPoint 2016 提供了 6 种视图模式,即“普通视图”“幻灯片浏览”“备注页”“阅读视图”“幻灯片放映视图”和“母版视图”。用户可以单击“视图”选项卡,在“演示文稿视图”选项组中选择切换不同的视图模式。

1) 普通视图

普通视图由三块不同的区域构成,它们是大纲/幻灯片窗口、幻灯片编辑区以及备注窗口,这是幻灯片默认的显示方式,如图 9-2 所示。普通视图主要用于对单张幻灯片进行处理。

2) 幻灯片浏览

可浏览幻灯片在演示文稿中的整体结构和效果。在此视图下,用户不能编辑单张幻灯片的中的具体内容。图 9-3 为 PPT 的幻灯片浏览模式。

打开视图有 2 种方法:单击视图按钮中的“幻灯片浏览视图”;单击“视图”→“演示文稿视图”→“幻灯片浏览”

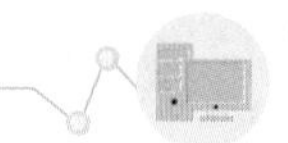

图 9－2　普通视图模式

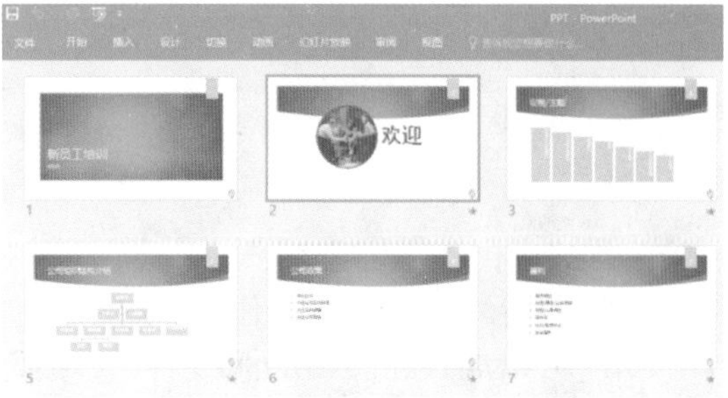

图 9－3　幻灯片浏览视图模式

3）备注页

备注页视图供演讲者使用，它的上方是幻灯片缩略图，下方记录演讲者演讲时所需要的提示重点，放映时备注内容不出现在屏幕上，如图 9－4 所示。

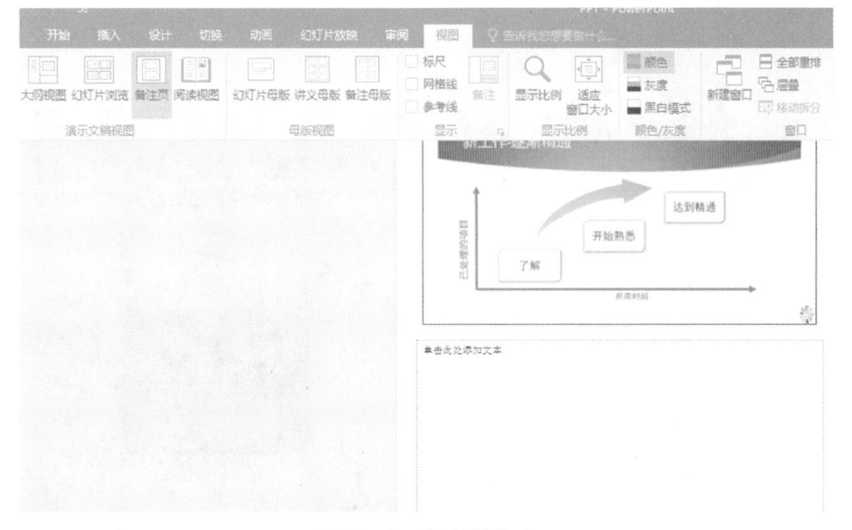

图 9－4　备注页模式

4）阅读视图

阅读视图是指把演示文稿作为适应窗口大小的幻灯片放映查看。用户如果想在一个设有简单控件以方便审阅的窗口中查看演示文稿，但是不想使用全屏的幻灯片放映，就可以在计算机室使用阅读视图，并且在页面上单击，可以翻看下一页。

5）幻灯片放映视图

用于放映演示文稿的视图。按 F5 键即可快速进入幻灯片放映视图，该视图会占据整个计算机屏幕，与观众在大屏幕上显示的效果完全相同。按 Esc 键即可退出幻灯片放映视图。

6）母版视图

母版视图是一个特殊的视图模式。

9.2 演示文稿的基本操作——幻灯片的新建与删除

9.2.1 创建演示文稿

创建演示文稿的基本操作步骤如下:

单击 PowerPoint 2016 的“文件”选项卡→“新建”按钮,其中有“空白演示文稿”“搜索联机模板和主题”等创建演示文稿的选项,如图 9-5 所示。

图 9-5 创建演示文稿

1. 创建空白演示文稿

(1) 打开如上图 9-5 所示的创建演示文稿的任务窗口。

(2) 选中“空白演示文稿”选项,然后单击“创建”按钮,即可新建一份空白的演示文稿。

启动 PowerPoint 2016 后,系统将自动新建一个默认文件名为“演示文稿 1”的空白演示文稿。

2. 根据模板创建演示文稿

模板是预先设计好的演示文稿样本,一般有明确用途,PowerPoint 系统提供了丰富多彩的模板供使用。

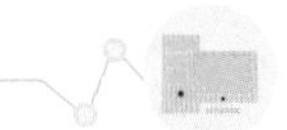

打开如上图 9－5 所示的“可用的模板和主题”任务窗口。选择一个模板，单击“创建”即可，如图 9－6 所示。

图 9－6　基于模板创建演示文稿

如果计算机已经接入互联网，用户可以在搜索框中搜索模板，选择所需的模板即可“下载”，下载完成后，可使用该模板创建新的演示文稿，如图 9－7 所示。

图 9－7　基于模板创建演示文稿

3. 从 Word 文档中发送

如果已经创建了 Word 文档，可以将其大纲发送到 PowerPoint 中快速形成新的演示文稿。这种方式只能发送文本，不能发送图表图像。

（1）在 Word 中，将需要传送到 PowerPoint 的段落分别应用内置样式标题 1、标题 2、标题 3……，其分别对应幻灯片中的标题、一级文本、二级文本……

（2）单击“文件”→“选项”→“快速访问工具栏”→“不在功能区中的命令”→“发送到 Microsoft PowerPoint”→“添加”。

(3) 单击“快速访问工具栏”中新增加的“发送到 Microsoft PowerPoint”按钮,即可完成发送。

9.2.2 添加幻灯片

图 9-8 “新建幻灯片”下拉菜单

默认情况下,启动 PowerPoint 时,系统新建一份空白演示文稿,同时新建一张幻灯片。在普通视图、幻灯片浏览视图和备注页视图下均可进行幻灯片添加操作。

通过下面三种方法,用户可以在当前演示文稿中添加新的幻灯片:

1. 命令法

执行“开始”→“新建幻灯片”命令,在下拉菜单中选择一种幻灯片版式(见图 9-8),系统就会在当前幻灯片之后插入一张新的空白幻灯片。

如果希望复制当前幻灯片,也可以单击“开始”→“新建幻灯片”,在上图 9-8 的下拉菜单中选择“复制所选幻灯片”选项。

2. 通过右键菜单

在幻灯片/大纲浏览窗格的“幻灯片”选项中右击某张幻灯片的缩览图或在两张幻灯片中间的位置右击,在弹出的快捷菜单中执行“新建幻灯片”命令,如图 9-9 所示。

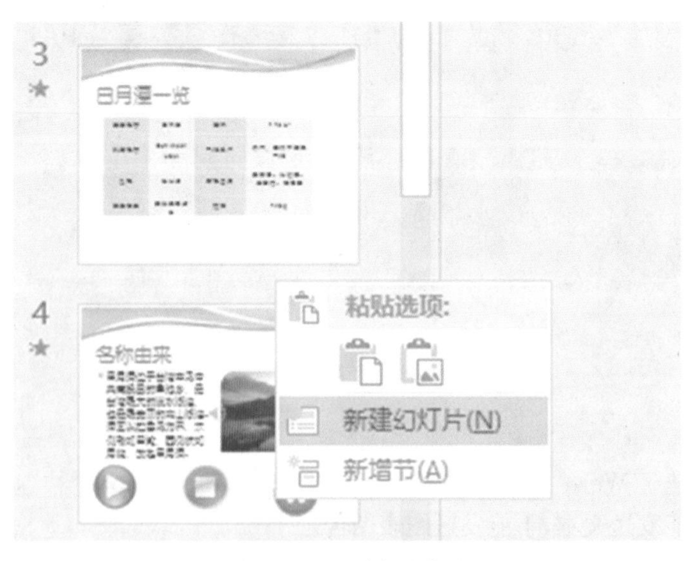

图 9-9 通过右键菜单

3. Enter 键法

在普通视图下,将鼠标定在左侧的大纲/幻灯片选项卡中,然后按下 Enter 键,同样可以

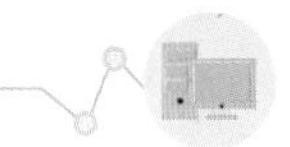

快速插入一张新的空白幻灯片。

9.2.3　选中幻灯片

在 PowerPoint 中，可以一次选中一张幻灯片，也可以同时选中多张幻灯片，然后对选中的幻灯片进行相应操作。在普通视图下窗口左侧的幻灯片/大纲窗格的“幻灯片”选项卡，采用以下 3 种方法选中幻灯片。

1）选择单张幻灯片

单击需要选中的幻灯片即可。

2）选择编号连续的多张幻灯片

单击起始编号的幻灯片，按住 Shift 键，再单击最后编号的幻灯片，此时将有多张幻灯片同时被选中。使用“Ctrl＋A”组合键，会选中所有的幻灯片。

3）选择编号不相连的多张幻灯片

按住 Ctrl 键，依次单击需要选择的每张幻灯片，此时被单击的多张幻灯片同时被选中；按住 Ctrl 键，再次单击已被选中的幻灯片，则取消选择该幻灯片。

9.2.4　删除幻灯片

删除多余的幻灯片是快速地清除演示文稿中大量冗余信息的有效方法。

（1）选中要删除的一张或多张幻灯片。

（2）按 Delete 键，剩下的幻灯片会自动重新编号。

除上述操作外，还可以在幻灯片浏览视图和普通视图中的大纲/幻灯片选项卡中，右击要删除的幻灯片，从弹出的快捷菜单中选择“删除幻灯片”按钮。

9.3　演示文稿的基本操作——幻灯片的编辑

9.3.1　插入图片和剪贴画

可以插入图片有 3 种：插入联机图片；从收集到的图片文件中选择；截取屏幕作为图片。

1. 插入联机图片

（1）单击“插入”→“图像”→“联机图片”。

（2）单击“搜索”，出现各式各样的联机图片。

（3）选择一个插入到幻灯片中，如图 9－10 所示。

可以在“搜索文字”，输入关键字，单击“搜索”，则搜索与关键字匹配的联机图片。

2. 插入图片

在演示文稿中插入剪贴画和图片与 Word 文档中的操作类似。在制作演示文稿过程

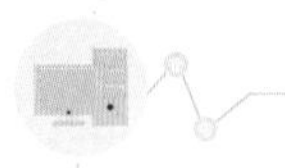

插入图片

必应图像搜索　　搜索必应

OneDrive - 个人　　浏览

图 9-10　插入联机图片

中，可以使用 PowerPoint 2016 提供的剪贴画来丰富幻灯片的版面效果，此外，在演示文稿中还可以插入本地磁盘或网络上的图片、艺术字等，更生动、形象地阐述其主题。

在插入图片时，应充分考虑幻灯片的主题，使图片和主题和谐一致。操作如下：

(1) 单击“插入”→“图片”，打开“插入图片”对话框。

(2) 定位到图片所在的文件夹，选中相应的图片文件，然后单击下“插入”按钮，将选择图片插入到幻灯片中。

(3) 用拖拉的方法调整图片的大小，并将其定位在幻灯片的合适位置上。也可通过“设置图片格式”对话框进行精确调整。选中图片，右击，在弹出的快捷菜单中执行“大小和位置”命令，打开“设置图片格式”对话框，如图 9-11 所示进行相应设置。

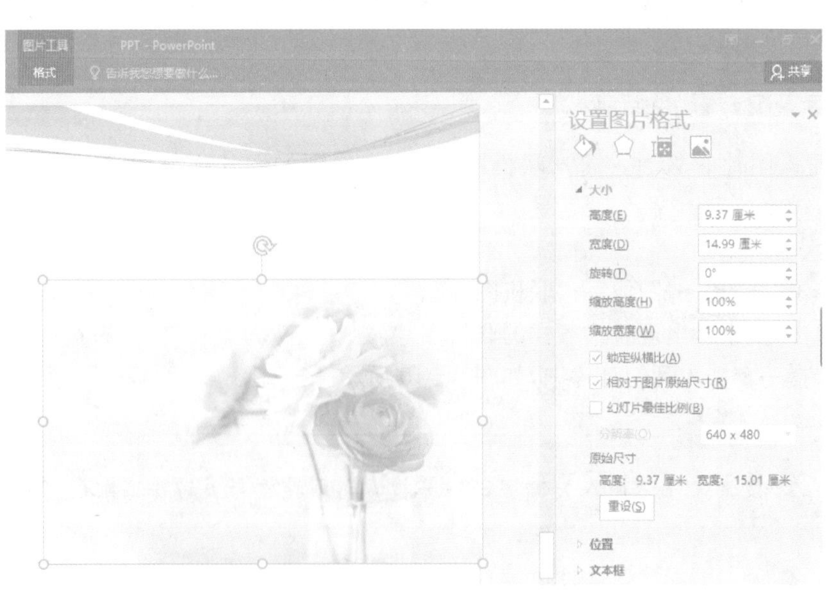

图 9-11　设置图片格式

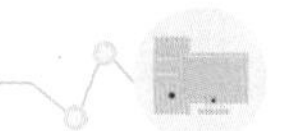

提示

在定位图片位置时，按住 Ctrl 键，再按动方向键，可以实现图片的微量移动，达到精确定位图片的目的。

图片插入以后，需要对图片进行编辑。选中图片，功能区就会显示“图片工具”选项卡。PowerPoint 2016 提供了很多图像处理效果，如图 9－12 所示，很多图像效果可以在其中完成，包括裁切图片、删除背景、更改亮度与清晰度、更改色彩、设置艺术效果等。

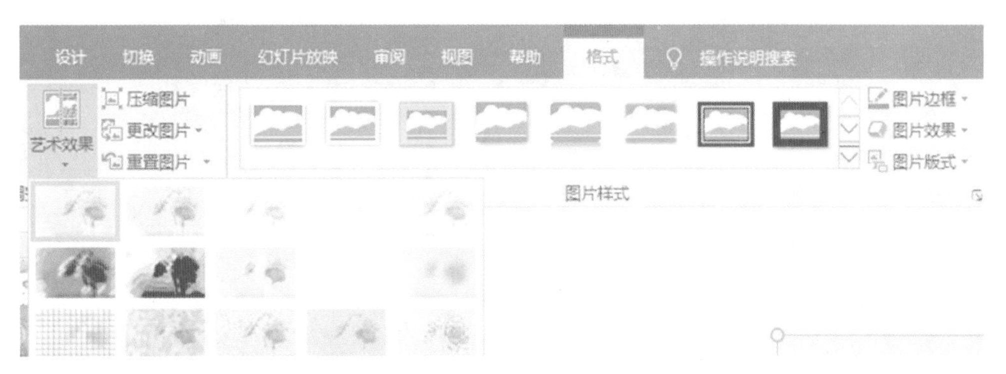

图 9－12　“图片工具”选项卡

9.3.2　插入艺术字

以艺术字的效果呈现文本，可以有更加亮丽的艺术效果，在幻灯片中可以创建艺术字，也可以将现有文本转为艺术字。

1. 创建艺术字

在幻灯片中插入艺术字的方法是：

(1) 选中要插入艺术字的幻灯片。

(2) 打开“插入”选项卡，单击“文本”组的“艺术字”，即可打开艺术字样式列表。

(3) 从列表中选择一个艺术字样式，幻灯片中出现指定样式的艺术字编辑框，输入新的艺术字文本代替原有提示内容“请在此放置您的文字”，如图 9－13 所示。

图 9－13　插入艺术字

(4) 拖动艺术字编辑框四周的尺寸控点，即可改变编辑框的大小。

2. 修饰艺术字

插入艺术字后,可以选中艺术字,改变字体和字号,还可以对艺术字内的填充、轮廓线和文本外观效果修饰处理。

(1) 选中需要修饰的艺术字,使其周围出现 8 个白色尺寸控点和一个绿色控点,拖动绿色控点可以旋转艺术字。

(2) 选中艺术字,出现"绘图工具→格式"选项卡,利用该选项卡的"艺术字样式"组可以更改艺术字样式,通过文本填充、文本轮廓、文本效果三个按钮可以进一步设置艺术字外观效果,如图 9-14 所示。

图 9-14 设置效果的艺术字

(3) 确定艺术字位置,通过鼠标拖动艺术字编辑框即可以将其大致定位。若希望精确定位,可以在"绘图工具→格式"选项卡的"大小"组,单击"对话框启动器",打开"设置形状格式"对话框,在"位置"窗口中设置精确位置。

提示

若想将普通文本转为艺术字,即可输入选择需要转换的普通文本,在"插入"选项卡,单击"文本"组的"艺术字",从列表中选择一个艺术字样式,将原文本删除即可。

9.3.3 插入形状和 SmartArt 图形

在幻灯片中可以自由绘制多种形状,通过排列、组合形状,可以得到组合图形。可用的形状有:线条、基本形状、箭头汇总、公式形状、流程图、星与旗帜、标注和动作按钮等。

1. 插入形状

利用"插入"选项卡→"插图"组→"形状"下拉列表中的各种图形,可以绘制出更好表达思想和观点的图形。在"绘图工具""格式"选项卡,对形状进行格式设置。

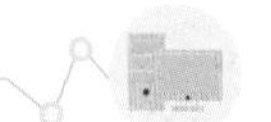

在演示文稿中插入和编辑图形与在 Word 中的操作类似。

2. 插入 SmartArt 图形

SmartArt 图形是 PowerPoint 2016 的一大特色，是一种智能化的矢量图形，是已经组合好的文本框、形状和线条。对于一些抽象的概念可以使用 SmartArt 图形来表达，更有助于读者理解和记住信息。在 PowerPoint2016 中内置了丰富的 SmartArt 图示库，供用户进行选择，如列表、流程、循环、层次结构、关系、矩阵、凌锥图、图片等。

（1）选中要编辑的幻灯片。

（2）单击“插入”→“SmartArt”，打开如图 9－15 所示的“选择 SmartArt 图形”对话框，用户可以从中选择一种类型，如“流程”“层次结构”或“关系”等，每种类型包含几种不同布局，用户选择后单击“确定”按钮。

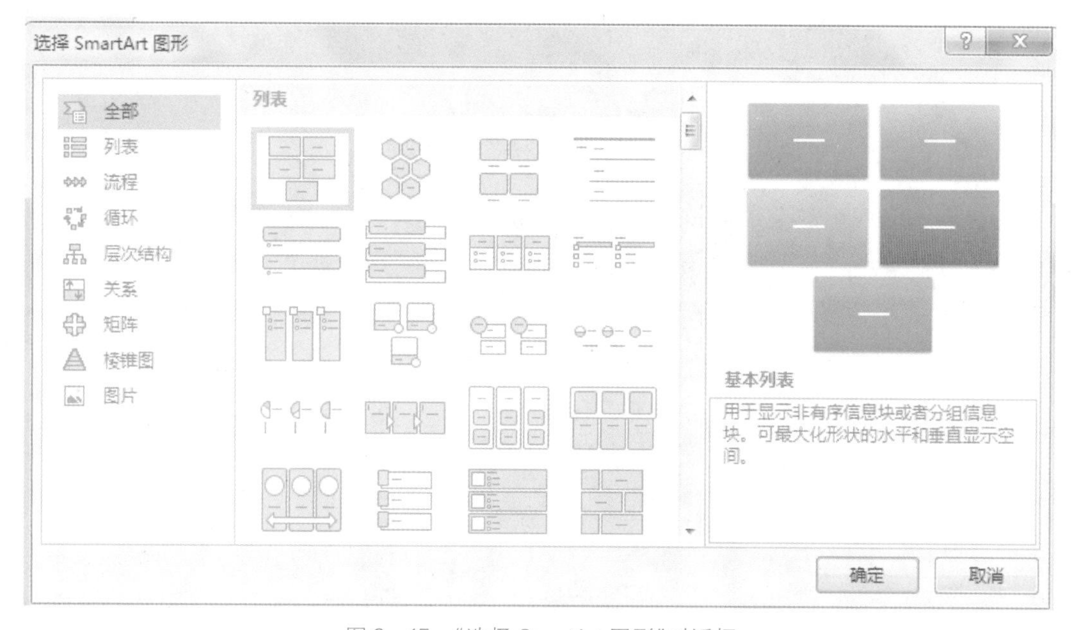

图 9－15　“选择 SmartArt 图形”对话框

（3）将文本转为 SmartArt 图形

幻灯片中输入文本，调整文本的级别，右击，“转换为 SmartArt”，从打开的列表中选择合适的 SmartArt 图形，如图 9－16 所示。或者单击“开始”→“段落”→“转换为 SmartArt”即可。

SmartArt 图形是信息和观点的视觉表示形式。用户可以从多种不同布局选择创建这类图形，从而快速、轻松、有效地传达信息。

插入 SmartArt 图形后，会出现“SmartArt 工具”→“设计”和“SmartArt 工具”→“格式”两个选项卡，可以对 SmartArt 图形进行编辑和修饰。

在“SmartArt 工具”→“设计”选项卡→“布局”组的布局列表中可选择其他样式，如“交替图片圆形”；在“SmartArt 样式”组→“更改颜色”下拉列表中可以更改 SmartArt 图形的主题颜色，如图 9－17 所示；在“SmartArt 样式”组的样式库中可以更改图形的样式，如“白色轮廓”。

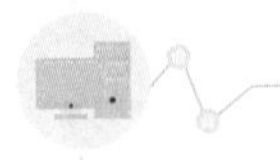

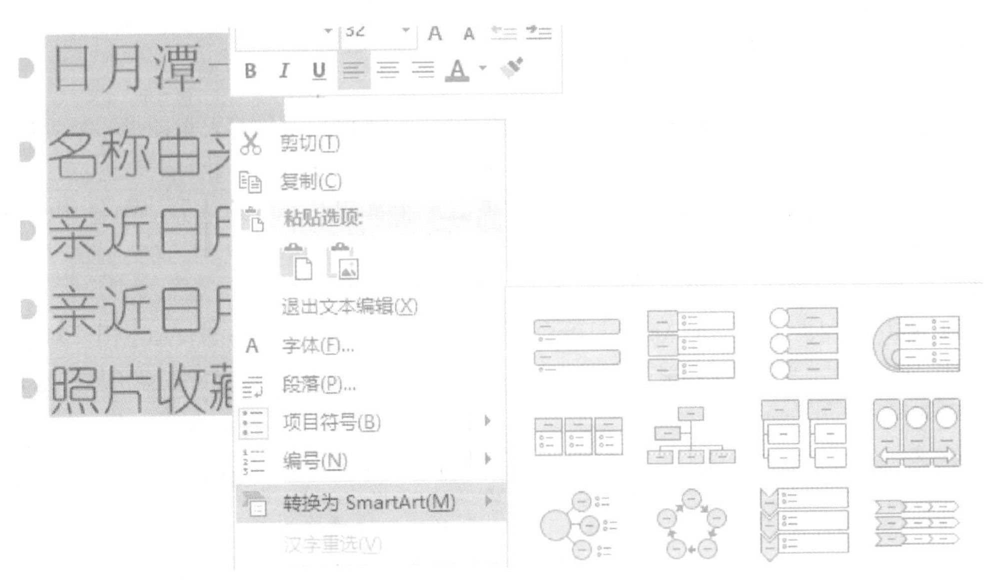

图 9-16　将文本转为 SmartArt 图形

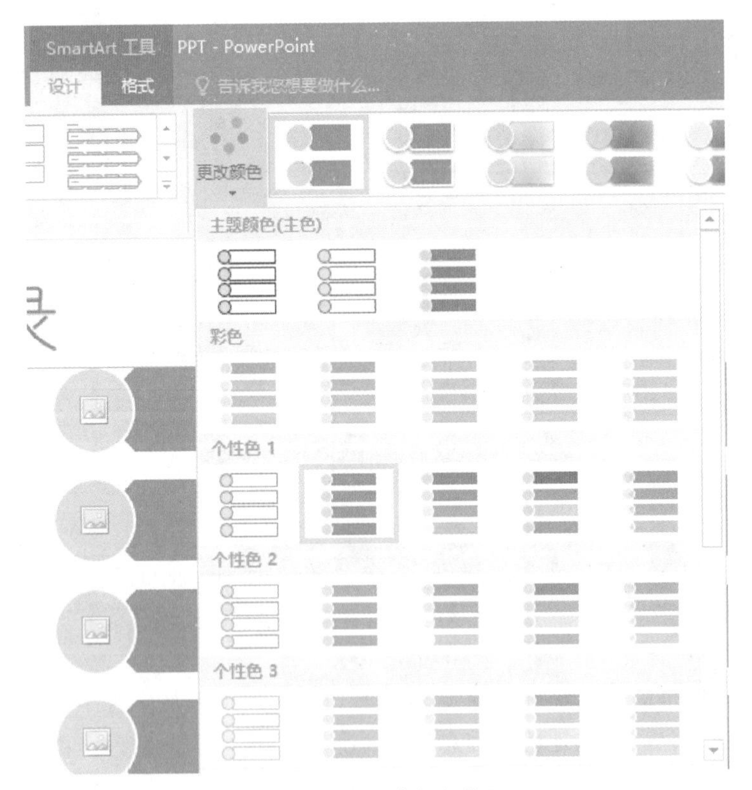

图 9-17　更改颜色搭配

9.3.4　插入表格

在幻灯片中插入表格是一种最常见的工作,应用表格可以使数据和事例都更加清晰。

1. 插入编辑表格

（1）定位到相应的幻灯片中。

（2）单击"插入"→"表格"，弹出如图 9－18 所示的下拉菜单，利用列数、行数的微调按钮，调节要插入表格的列数、行数，单击"确定"按钮，就可以在当前幻灯片中插入所需要的表格。

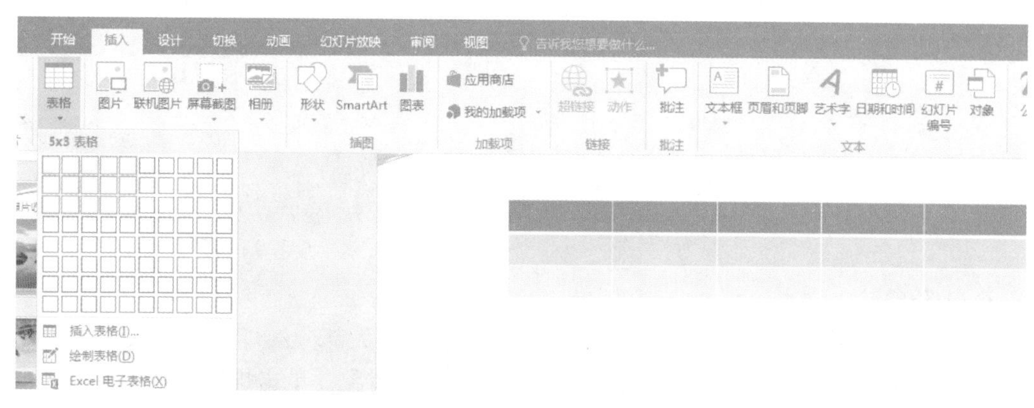

图 9－18　"表格"下拉菜单

（3）选中表格，使用"表格工具"→"设计"和"表格工具"→"布局"选项卡各命令组的命令，可以设置文本方式，调整行高、列宽，插入和删除行(列)。利用这两个选项卡可以对表格进行格式化、调整表格结构，如图 9－19 所示。

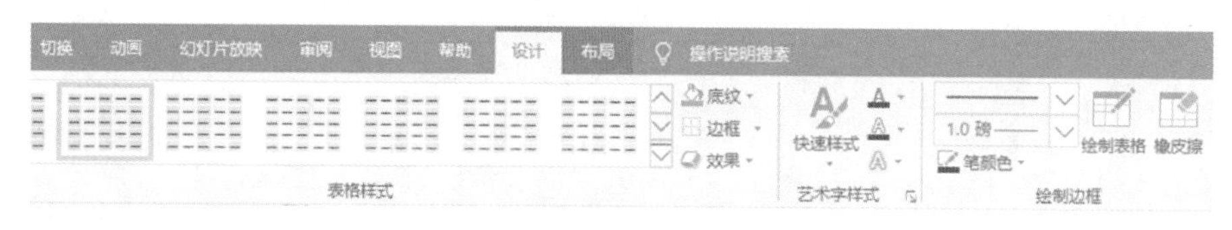

图 9－19　"表格工具"→"设计"

2. 插入 Excel 电子表格对象

直接在幻灯片中将 Excel 作为切入对象插入并编辑。操作如下：

（1）选择幻灯片。

（2）"插入""表格"，单击"表格"，从下拉列表中选择"Excel 电子表格"，就会以嵌入对象方式将电子表格插入到幻灯片中。

（3）可以像在 Excel 中一样，在单元格中添加文字，进行其他编辑操作。

（4）单击该表格外的任意位置即可退出编辑。

如需再次编辑，双击该表格即可重新进入 Excel 表格编辑状态。

9.3.5　编辑幻灯片文本

1. 添加文本

出现在幻灯片中的虚线框为占位符，绝大部分幻灯片版式中都有这种占位符。在这些占位符中可以放置标题及正文，或者是图表、表格和图片等对象，如图 9－20 所示。

图 9-20 幻灯片中的占位符

1）占位符输入文本

在幻灯片中，除了“空白”和“内容”等幻灯片版式外，绝大部分幻灯片版式都有这种占位符。在这些占位符中可以放置标题、正文，或者是图表等对象。单击即可进入编辑状态，可以输入文本。

2）利用文本框输入文本

在幻灯片中任意位置绘制文本框，输入文本并设置格式，如图 9-21 所示。在幻灯片中，文本框有横排文本框和竖排文本框两种。

图 9-21 文本框

注意：文本框中的文本也有两种：标题文本、段落文本。

区别是：标题文本不会自动换行，可以使用 Enter 键实现换行；段落文本会根据文本框的长度实现自动换行，高度会自动调整，但是长度不会自动调整。

3）在图形中输入文本

添加图形后，右击图形，在弹出的菜单中执行“编辑文字”命令，即可输入相应的文本，如图 9-22 所示。

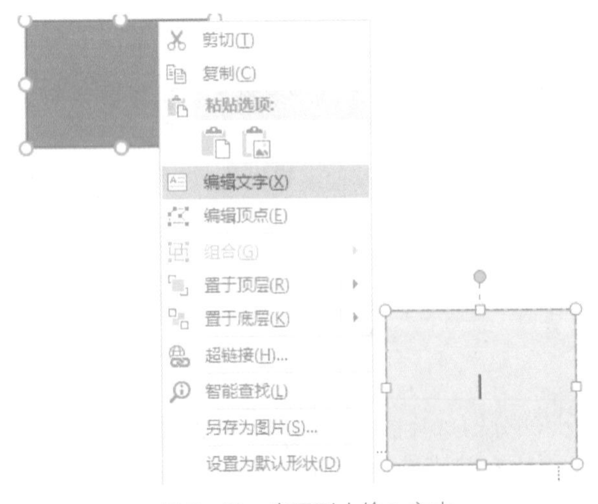

图 9-22 在图形中输入文本

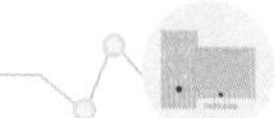

2. 设置文本格式

幻灯片的版式和设计主题中均自带文本格式，但是仍然可以对文本的文字和段落格式进行设置。

文本的编辑操作包括文本的删除、移动与复制等操作，其操作方法同 Word 等文字处理软件一样，均为先选定相应文本，再通过“开始”选项卡或快速访问工具栏或组合键执行相应操作。

文本的格式设置内容主要包括字体、字号、字形、颜色、效果、对齐方式、行距等。选定文本后，设置这些格式的主要方法有使用“开始”选项卡中的功能、快速访问工具栏或组合键。单击“字体”组的右下角的“对话框启动器”，在弹出的“字体”对话框中进行详细的文本格式设置。

3. 设置段落格式

(1) 选择一个或者多个段落。

(2) “开始”→“段落”中的各项工具，可对段落的对齐方式、分栏数、行距等进行设置，其中“降低级别列表”“提高级别列表”可以改变文本级别。

(3) 单击“对话框启动器”，即可进行详细的段落更改设置。

4. 添加项目符号和编号

通过设置项目符号和编号，可以体现文本的层次。

(1) 选择文本框或者文本框中的多个段落。

(2) “开始”→“段落”。

(3) 单击“项目符号”，如图 9－23 所示，直接应用所选项目符号。

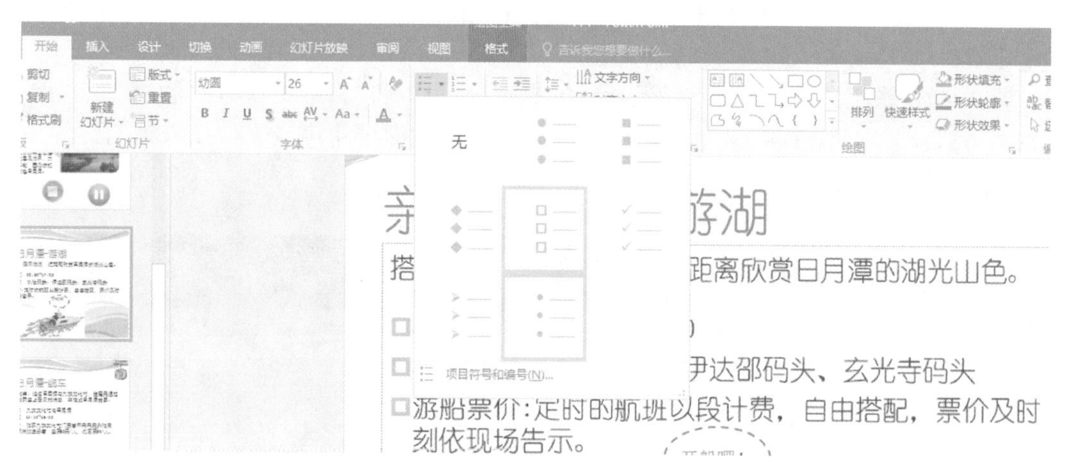

图 9－23　设置段落的项目符号和编号

单击“项目符号”旁边的黑色三角箭头，从下拉列表中选择一个符号。

单击“项目符号”→“项目符号和编号”，在弹出的菜单中，单击“自定义”，即可自定义项目符号。

单击“编号”，同项目符号。

注意：“降低级别列表”“提高级别列表”可以改变段落的文本级别。

9.3.6 插入多媒体

1. 音频的插入与编辑

PowerPoint 2016 提供了在幻灯片放映时播放音乐、声音和影片的功能,在幻灯片中可以插入.wav,.mid,.rmi 和.aif 等声音文件。插入声音有三种途径:“文件中的音频”剪辑;“剪贴画音频”剪辑;“录制音频”。同时,在放映幻灯片时也可以同步地播放 CD 音乐,以增强幻灯片演示的效果。在播放幻灯片时,这些插入的声音将一同播放。

可以在幻灯片中插入“剪贴画音频”,也可以插入声音文件,在幻灯片中插入“文件中的音频”。

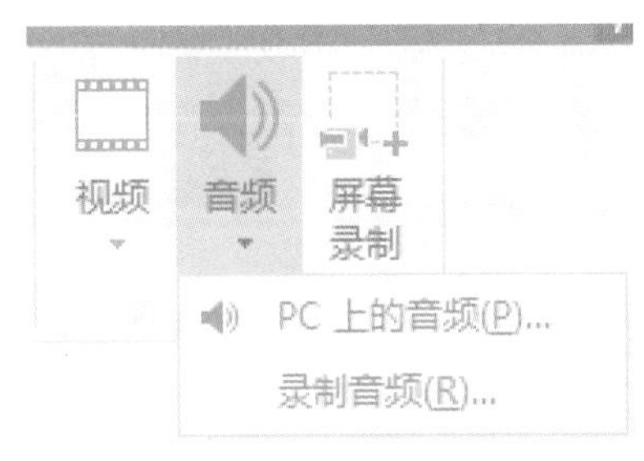

图 9-24 “音频”下拉列表

操作步骤为:

打开演示文稿,在第 1 张幻灯片中插入一段音频,并进行适当的剪辑。

(1) 打开“插入”选项卡,在“媒体”组的“音频”下拉列表中,选中“PC 上的音频”,如图 9-24 所示,即可打开“插入音频”对话框,选择需要插入的声音文件,单击“确定”。

各选项的区别如下:

单击“文件中的音频”,在“插入音频”对话框中找到并双击添加的音频文件。

单击“剪贴画音频”,在“剪贴画”窗格中找到并单击。

单击“录制音频”,打开“录音”对话框,输入音频名称,单击“录制”开始录音,单击“停止”结束录音。

(2) 此时,系统会弹出如图 9-25 所示的提示框,可以将“音频工具”→“播放”将声音播放设置为“自动”,或者在鼠标“单击时”播放,设置完成后即可将声音文件插入到幻灯片中,这时幻灯片中会显示一个小喇叭符号。

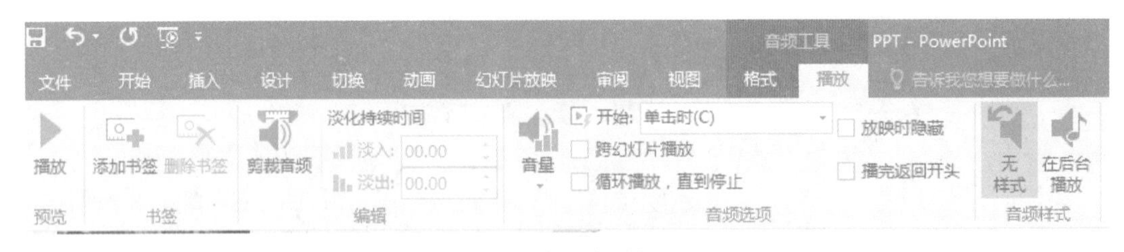

图 9-25 音频文件自动播放的设置

若通过在“音频工具”“播放”的“音频选项”中,单击“放映时隐藏”,则放映幻灯片时,观众看不到声音图标。

若选中声音图标,单击 Delete 即可删除声音图标。

单击“自动”,将在放映幻灯片时自动播放音频。

单击“单击时”,可在放映幻灯片时,通过单击音频手动播放。

单击“跨幻灯片播放”,在放映幻灯片时,单击切换到下一张幻灯片时播放音频。

提示

若"开始"设为"跨幻灯片播放"，同时选中"循环播放，直到停止"，则声音会伴随演示文稿的整个过程，直到结束。

2. 视频的插入与编辑

插入视频剪辑的步骤与添加声音非常相似，两者的主要区别在于视频不仅能够包含声音的效果，而且能够看到活动的影像。

在幻灯片中可插入"剪贴画视频""来自网站的视频"和"文件中的视频"，最常用的是插入文件中的视频。

插入视频的操作如下：

(1) 切换的普通视图，选择幻灯片。

(2)"插入""媒体"，单击"视频"，从打开的下拉列表中选择视频来源，如图 9-26 所示。

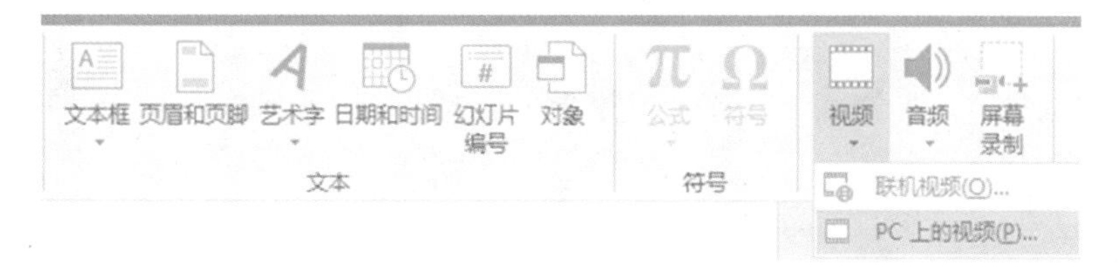

图 9-26　在幻灯片中插入视频

(3) 单击"PC 上的视频"，在"插入视频文件"对话框中，找到并双击需要的视频。若单击"插入"，直接插入所需视频。若想在演示文稿中链接外部视频或者视频文件，减少演示文稿的大小，单击"插入"旁边的黑色三角箭头，选择"链接到文件"，如图 9-27 所示。

图 9-27　插入视频时链接文件

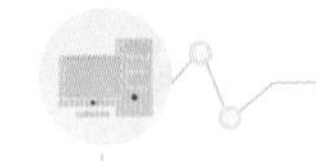

(4) 单击"联机视频",在如图 9-28 所示的"插入视频"对话框中,粘贴已经复制的视频的嵌入代码。

图 9-28 链接网站的视频

插入视频后,可以为视频设置播放选项:选中视频,通过如图 9-29 所示的"视频工具"→"播放"选项卡,即可设置视频播放方式,操作方法与音频基本相同。

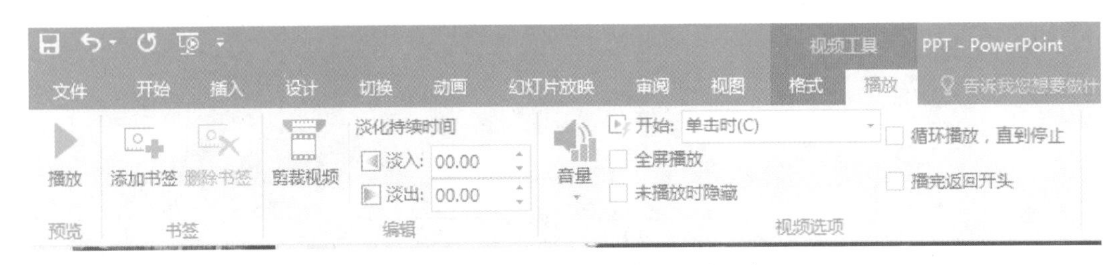

图 9-29 "视频工具"→"播放"选项卡

9.4 演示文稿的基本操作——幻灯片的放映

9.4.1 设置放映方式

1. 设置放映方式

具体步骤如下:

(1) 打开需要放映的演示文稿,在"幻灯片放映"选项卡的"设置"组单击"设置幻灯片放映方式"按钮。

(2) 打开"设置放映方式"对话框后(见图 9-30),在"放映类型"组中,选择适当的放映方式:"演讲者放映"(全屏幕)、"观众自行浏览"(窗口)和"在展台浏览"(全屏幕)。

(3) 在"放映幻灯片"选项组,可以设置幻灯片的播放范围默认为"全部",也可指定为连续的一组幻灯片,或者某个自定义放映中指定的幻灯片,放映部分幻灯片时,需要指定幻灯片的开始序号和终止序号。

(4) 在"换片方式",可以设定为"手动"或者使用排练时间自动换片。

(5) 在"放映选项",可以对放映过程中的某些选项进行设置,如是否设置旁白和动画、放映时标记笔的颜色设置等。

图 9－30　"设置放映方式"对话框

2. 自定义放映

一份演示文稿可能包含多个主题内容，需要在不同的场合、面对不同类型的观众播放，需要在放映前对幻灯片进行重新组织管理。自定义放映功能，可以在不改变演示文稿内容的前提下，只对放映内容进行重新组合。

具体步骤如下：

(1) 在"幻灯片放映"选项卡的"开始放映幻灯片"组单击"自定义幻灯片放映"按钮，从中选择"自定义放映"选项，即可打开"自定义放映"对话框，如图 9－31 所示。

(2) 单击"新建"按钮，在"定义自定义放映"对话框中，输入幻灯片放映名称，如图 9－32 所示。

图 9－31　"自定义放映"对话框

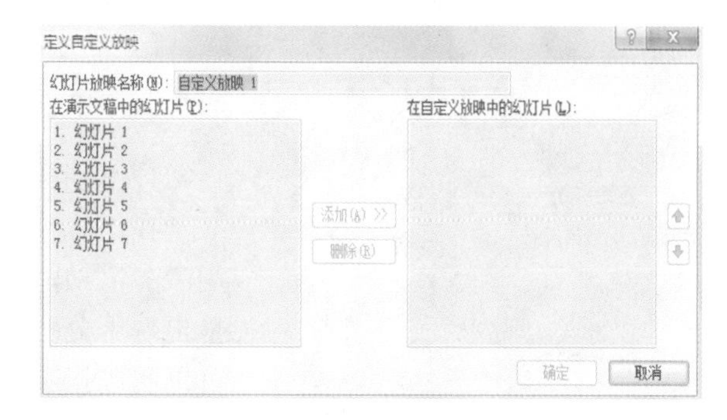

图 9－32　"定义自定义放映"对话框

(3) 在如图 9－32 所示的幻灯片列表中选择需要的幻灯片，单击"添加"按钮，将其放入"在自定义放映中的幻灯片"列表框中。

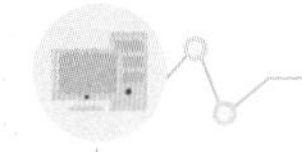

(4) 单击“确定”按钮。

(5) 重复步骤 2—4,可新建其他放映方案。

9.4.2 开始放映幻灯片

1. 放映全部幻灯片

具体步骤如下:

(1) 打开要放映的演示文稿,单击“幻灯片放映”选项卡的“开始放映幻灯片”组,从中选择“从头开始”按钮;也可以单击“从当前幻灯片开始”按钮,即可从当前幻灯片开始播放;

(2) 直接按快捷键 F5。

(3) 如果要结束幻灯片放映,按 Esc 键即可终止放映。还可以右击幻灯片,选择“结束放映”。

2. 隐藏幻灯片

选择需要隐藏的幻灯片,在“幻灯片放映”选项卡的“设置”组中单击“隐藏幻灯片”,这些幻灯片在演示文稿播放时将不会被显示。在预览视图的左上角可以看到显示的页码是被划掉的,如图 9-33 所示。

如果需要批量设置隐藏幻灯片可以同时按住 Ctrl 键以及需要隐藏的幻灯片,再次单击“隐藏幻灯片”按钮即可。

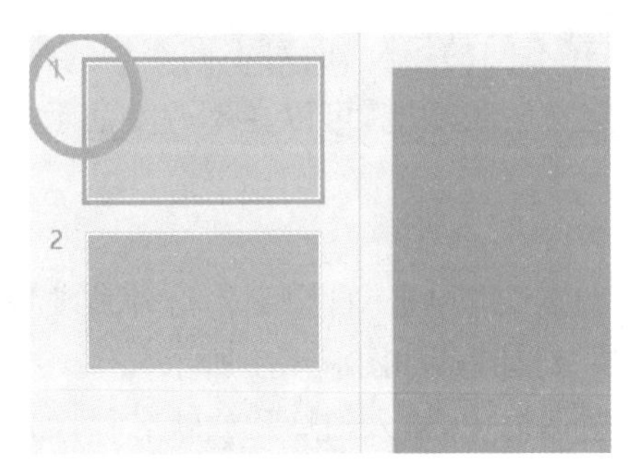

图 9-33 隐藏幻灯片显示效果

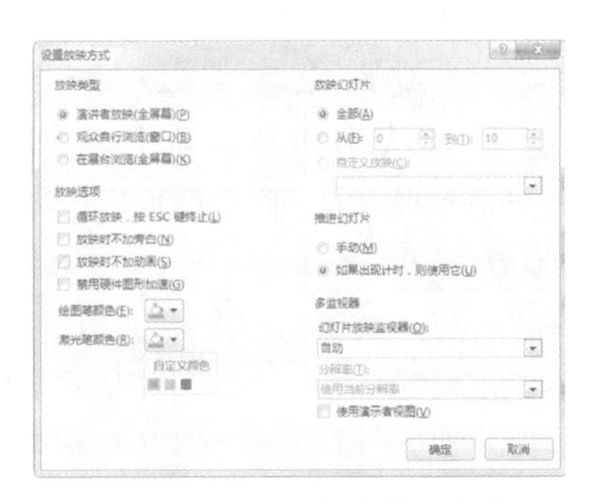

图 9-34 设置激光笔的颜色

9.4.3 使用激光笔和黑白屏

1. 使用激光笔

在幻灯片放映过程中,为指明重要内容,可以使用激光笔功能。按住 Ctrl 键的同时,按鼠标左键,屏幕出现十分醒目的红色圆圈的激光笔,移动激光笔,可以明确指示重要内容的位置。

改变激光笔颜色的方法:单击“幻灯片放映”“设置”“设置幻灯片放映”,出现“设置放映方式”对话框,单击“激光笔颜色”下拉,即可设置激光笔的颜色(红色、绿色和蓝色之一),如图 9-34 所示。

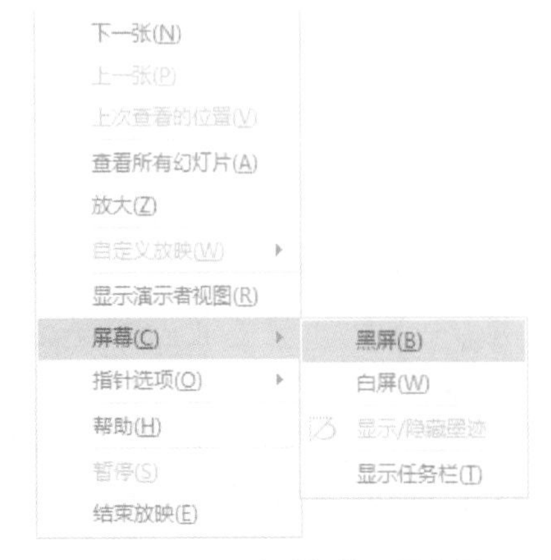

图 9-35 放映时切换至黑白屏

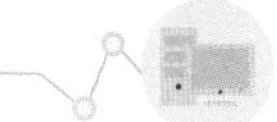

2. 放映时切换至黑白屏

有时候演示 PPT 的时候，希望可以让观众暂时不要关注 PPT 演示文档。操作步骤如下：

(1) 进入幻灯片放映模式。

(2) 右击，选择“屏幕”→“黑屏”或者“白屏”，如图 9-35 所示。

(3) 单击，即可还原到原来的界面。

9.4.4 添加标记

在幻灯片放映时，希望它能够像在黑板上讲课那样，随时都可以用粉笔勾画，给观众标注出重点以突出显示。

PowerPoint 在幻灯片放映时，提供了一个很好的绘图工具，可以画一些简单的图形，屏幕就像黑板一样。

在幻灯片放映时，操作步骤如下：

(1) 右键屏幕，单击“指针选项”→“墨迹颜色”，选择一个颜色，如图 9-36 所示。

(2) 右键屏幕，选择“指针选项”→“笔”，就可以给重点内容加以标注。

(3) 选择是否保留墨迹注释，如图 9-37 所示。

图 9-36　设置添加标注的笔迹颜色

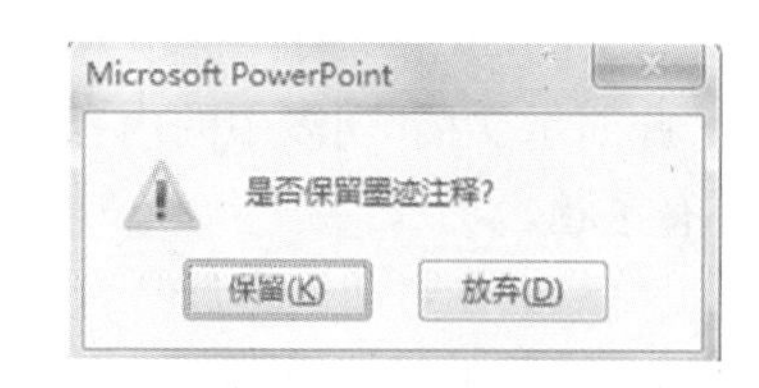

图 9-37　清除标记

注意：若要清除笔迹，则右击，单击“橡皮擦”或者“擦除屏幕上的所有墨迹”。

扫描二维码，获取本章实验

第 10 章

PowerPoint 2016 进阶应用

在 PowerPoint 2016 制作中，演示文稿的基础排版完成后，我们希望进一步提高 PPT 的制作质量和美观度。本章节我们熟悉 PPT 设计和美化的常用方法，掌握 PPT 展示必需的动画、切换效果，提高展示质量。为了达到更好的交互效果，我们可以在 PowerPoint 中为幻灯片的对象添加超链接和动画效果。

10.1 幻灯片的美化设计

10.1.1 主题设计

幻灯片主题设计系指将某个设计模板应用于当前演示文稿，使得当前演示文稿呈现出指定主题的外观。主题是一组格式，包含主题颜色、主题字体和主题效果三者的组合。

主题（即设计模板）包含预定义的格式（幻灯片样式）和配色方案，可将其应用到任意演示文稿，以创建独特的外观；用户也可任意修改现有模板，以适应自己独特的需要；用户还可用已创建的演示文稿，建立新的模板。

1. 应用内置主题

操作步骤：

(1) 在普通视图下或者幻灯片浏览视图下，选择一组幻灯片。如果选择了某一节，所选主题将会应用于所选节；若所选幻灯片未设节，也没有选择某组幻灯片，则所选主题会应用于当前文档的所有幻灯片。

(2) 单击“设计”选项卡→“主题”选项组，单击“所有主题”下拉菜单，如图 10-1 所示，“此演示文稿”列表中的内容是当前正在应用的主题，“内置”列表中的内容是系统提供的所有主题。

(3) 在对话框中选择合适的主题缩略图，单击该图，则整个演示文稿中的幻灯片都变为同一模板的格式；也可选定主题，右击，在弹出的快捷菜单中，选择“应用于选定幻灯片”选项，则在当前幻灯片中应用该主题。

2. 配色方案

配色方案是幻灯片的背景、文本等色彩的预设组合方案，用户通过设置配色方案可以快速地调整幻灯片的明暗和色彩组合。操作步骤：

(1) 首先对某幻灯片应用某一个内置主题。选择“设计”选项卡→“变体”选项组，单击“颜色”下拉按钮，弹出如图 10-2 所示的“颜色”下拉菜单。

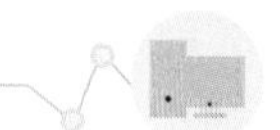

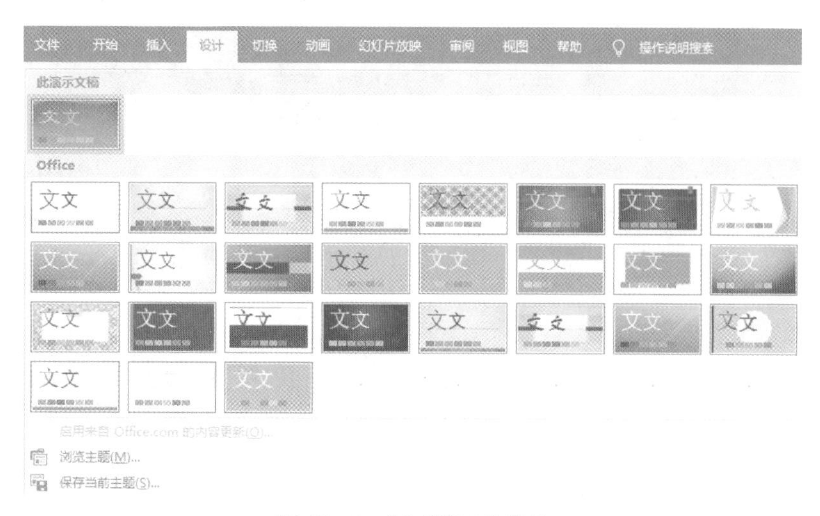

图 10－1　“主题”下拉菜单

图 10－2　“颜色”下拉菜单

（2）在下拉菜单中选择所需的配色方案，即可应用于所有的幻灯片。

用户若想自定义颜色设置，操作方法：

（1）单击“颜色”下拉菜单窗口最下方的“自定义颜色”按钮，打开如图 10－3 所示的“新建主题颜色”对话框进行修改，主题颜色的配色方案由多种对象的颜色组成，例如背景、强调文字颜色、超链接等，用户也可以自己定义对象，并对其设置主题颜色。

（2）设置完成“新建主题颜色”对话框中内容以后单击“保存”按钮，则方案中的每种颜色都会自动应用于幻灯片上的不同组件。

若想自定义字体，选择“设计”→“变体”→“字体”，即可设置已有字体，也可以单击“自定义字体”，进行设

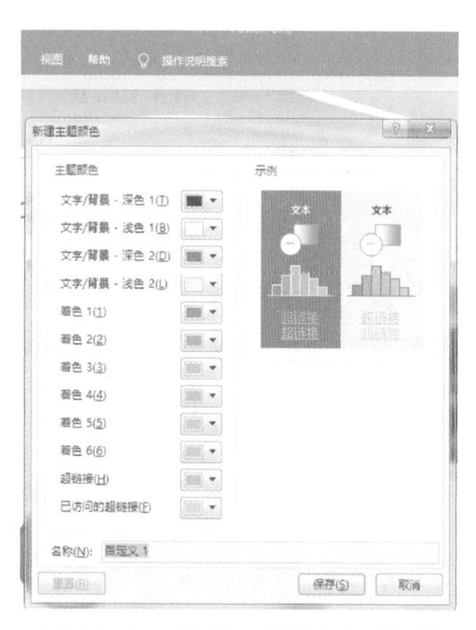

图 10－3　“新建主题颜色”对话框

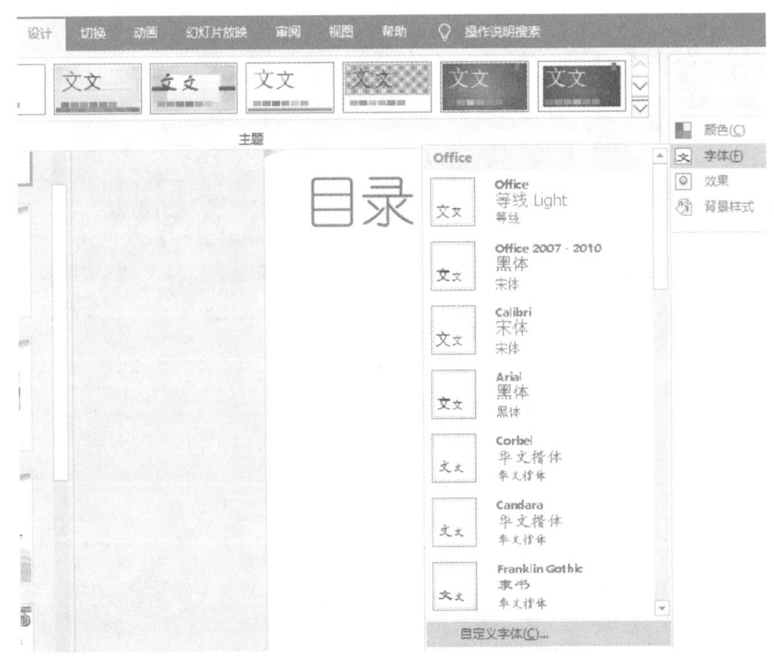

图 10-4　自定义主题字体

置。如图 10-4 所示。

另外,还可以通过"设计"→"效果",替换不同的效果集以快速更改这些对象的外观。

10.1.2　设置背景

背景设置功能可以用于设置主题背景,也可以用于设置某一幻灯片的背景。

1. 改变背景样式

既可以改变所有幻灯片的背景,也可以只改变选定幻灯片的背景。

(1) 选中当前幻灯片,执行"设计"→"自定义"→"设置背景格式"命令,重新设置背景的颜色、纹理、图案和艺术效果等,如图 10-5 所示。

(2) 设置完毕,单击"应用到全部"按钮,则应用于所有幻灯片。单击"重置背景",可以重新设置参数。

10.1.3　PPT 操作对象的选择与对齐

演示文稿中的每一张幻灯片是由若干对象组成的,插入幻灯片中的文字、图表、组织结构图及其他可插入元素,都是以对象的形式出现在幻灯片中。制作一张幻灯片的过程,实际上是编辑其中每一个对象的过程。

1. 选择窗格

在 PowerPoint 2016 中,若需同时选择多张叠放于下层的图片或对象,使用常规的选择方法一般不好操作,此时可通过"绘图"功能组快速实现。

其具体操作如下:

(1) 选择"开始"→"绘图"组,单击"排列"按钮,在弹出的下拉列表中执行"选择窗格"

图 10 - 5　设置幻灯片的背景

命令，打开“选择和可见性”任务窗格，如图 10 - 6 所示。

图 10 - 6　打开“选择和可见性”任务窗格

(2) 按住 Ctrl 键的同时单击鼠标选择所需对象，即可同时完成多个对象的选择，如图 10 - 7 所示。

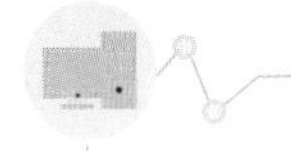

图 10-7　选择多个对象

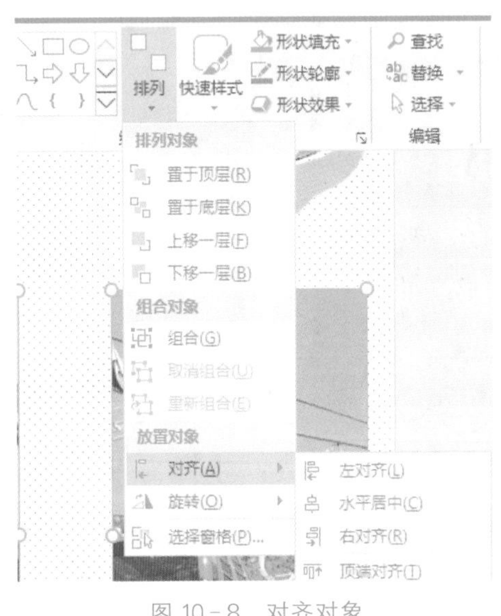

图 10-8　对齐对象

2. 排列

在一张幻灯片中，常常要插入多个对象(如图片、图形、文本框等)，如何让它们排列得整齐呢?方法如下：

选中需要对齐的对象，在“开始”选项卡的“绘图”组中单击“排列”按钮，在下拉菜单中执行“对齐”命令，选择一种对齐方式即可，如图 10-8 所示。

3. 自动对齐

按住 Ctrl 键，选择多张需要均匀排列的图片，选择“格式”→“排列”组，单击“对齐”按钮，在弹出的下拉列表中选择“横向分布”或“纵向分布”选项，可以让所选对象之间横向或纵向自动排列均匀。

10.2　幻灯片的切换设计

幻灯片切换效果系指演示文稿放映时幻灯片之间衔接的特殊形式，用于增强演示文稿的动态视觉感受。可设置幻灯片切换时的切换效果、切换速度、切换方式、切换声音等。

提示

一张幻灯片只能使用一种切换效果。

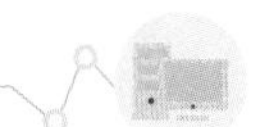

10.2.1　添加切换动画

（1）选中一张或多张幻灯片，若选中节，则同时为该节的所有幻灯片添加切换效果。

（2）单击"切换"选项卡→"切换到此幻灯片"组→单击选项组中的动画效果右侧下拉箭头，在弹出的下拉菜单中显示了所有的幻灯片切换效果，用户可以从中进行选择，如图 10－9 所示。

图 10－9　添加切换效果

10.2.2　设置切换动画

幻灯片切换属性包括效果选项、选片方式、持续时间和声音效果等。

（1）选中已添加效果的幻灯片，在"切换"选项卡，单击"效果选项"，可以选择切换属性。如图 10－10 所示。

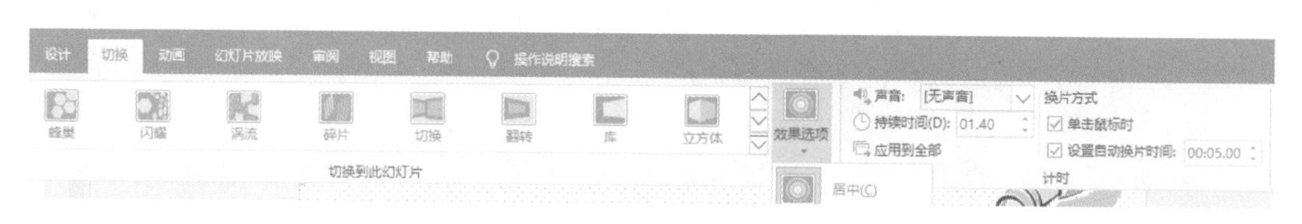

图 10－10　"切换"选项卡

（2）在"切换"→"计时"→"换片方式"中若选择"单击鼠标时"复选框，则用鼠标单击幻灯片切换到下一张幻灯片；若选择"设置自动换片时间"复选框，则幻灯片按设定时间自动切换至下一张幻灯片；若两者同时选择，则先到为先。

（3）在"切换"→"计时"→"声音"列表框中选择幻灯片切换时伴随的声音。若要求在幻灯片演示过程中始终留有声音，则选择"播放下一段声音之前一直循环"；在"持续时间"区中可以设置幻灯片切换速度。

（4）要将切换效果应用到选定的幻灯片，单击"计时"选项组中的"全部应用"按钮。

10.3 幻灯片的动画设计

为演示文稿中的文本、图片、形状、表格、SmartArt 图形和其他对象添加动画效果可以使幻灯片的这些对象按照一定的顺序运动起来，赋予他们进入、退出、大小和颜色变化等，突出重点，吸引注意力，又使得放映过程有趣。动画使用要恰当，遵循适当、简化和创新的原则。

PowerPoint 提供了四类动画：进入、强调、退出、动作路径。

(1) 进入效果。例如，可以使对象逐渐淡入焦点、从边缘飞入幻灯片或者跳入视图中。

(2) 退出动画。播放画面中的对象离开播放画面时的方式，例如，使对象飞出幻灯片等。

(3) 强调动画。播放画面时需要突出显示的对象，起到强调的作用，如更改颜色、沿着中心旋转。

(4) 动作路径。指定对象或文本移动的路径，它是幻灯片动画序列的一部分。

对某一对象，可以单独使用任何一种动画，也可以将多种动画效果组合在一起。另外，为幻灯片中的文本或对象添加动画效果可以使用“动画”选项卡进行设置。

10.3.1 添加动画效果

添加动画效果的方法有两种：

方法 1：

(1) 选择幻灯片中需要添加动画的文本或者对象。

(2) 在“动画”选项卡的“动画”组中，单击动画样式列表右下角的“其他”按钮，从动画列表中选择所需的动画效果，如若没有找到合适的动画效果，可以选择“更多进入效果”“更多强调效果”“更多退出效果”和“其他动作路径”，查看更多动画效果，如图 10-11 所示。

(3) 单击“预览”，可以测试动画效果。

方法 2：对多个对象应用多个动画效果。选中需要添加多个动画效果的某个对象，通过“动画”选项卡的“动画”组的列表应用第一个动画，在“高级动画”组中单击“添加动画”按钮，从列表中选择要添加的动画效果。

10.3.2 自定义动作路径

当系统预设的动作路径不能满足动画的设计要求时，可以通过自定义路径来设计对象的动画路径。自定义动画的动作路径：

(1) 选中某个对象，单击“动画”选项卡→“动画”组→“其他”按钮，在下拉列表中选择“动作路径”→“自定义路径”选项，如图 10-12 所示。

(2) 将鼠标指向幻灯片上，当光标变成“＋”时，按住鼠标左键拖出一个路径，至终点时双击鼠标，动画将按所画路径预览一次。

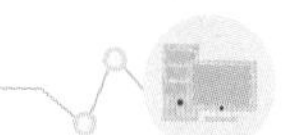

（3）右击已定义的路径动画，在弹出快捷菜单中可以执行“编辑顶点”命令，然后修改动画路径，可对路径上的顶点进行添加、删除、平滑等修改操作。

图 10－11　选择动画效果

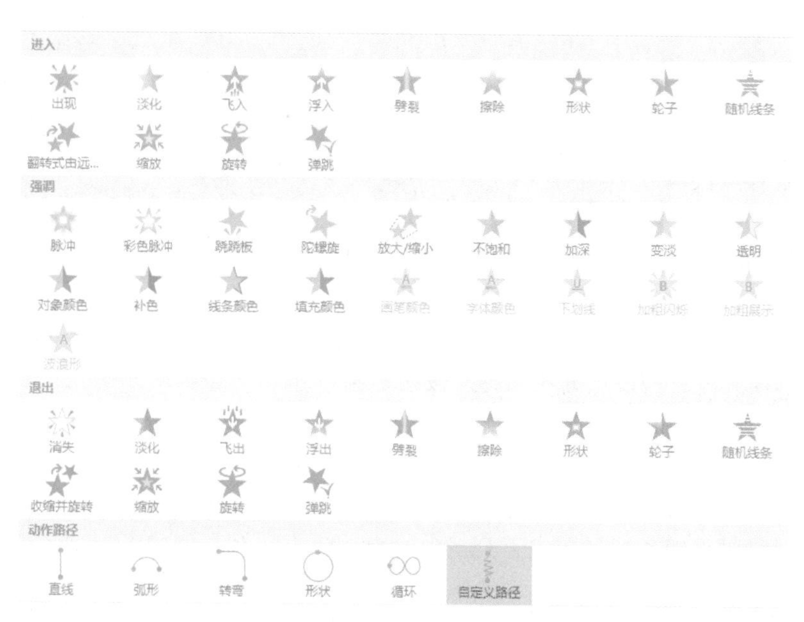

图 10－12　动画列表中的“自定义路径”选项

10.3.3 设置动画触发器

触发器是 PowerPoint 中的一项功能,可以将画面中的任一对象(包括一个图片、图形、按钮,一段文字或文本框等)设置为触发器,单击它,该触发器下的所有对象就能根据预先设定的动画效果开始运动,并且设定好的触发器可以多次重复使用。

触发器类似于 Authorware、Flash 等软件中的热对象、按钮、热文字等,单击后会引发一个或者一系列动作。例如播放指定的动画、声音或视频等。

图 10-13 声音控制

在幻灯片中可以用触发器控制声音,例如教师在制作课件中,加上一段背景音乐,可以实现如下功能:学生朗读课文时播放音乐,可以停止,可以重新播放。

实例为"春晓"幻灯片添加一个背景音乐,同时通过 3 个按钮来控制背景音乐的播放、暂停和停止,如图 10-13 所示。

操作如下:

(1) 插入声音文件:在幻灯片中的适当位置,单击"插入"选项卡的"媒体"组,选择"音频"中的"PC 上的音频"。

(2) 在幻灯片右下角处添加三个按钮:切换到"插入"选项卡的"插图"组,单击"形状",在下拉列表中选择"动作按钮:空白"选项,在幻灯片右下角添加第一个按钮。在弹出的对话框中,设置参数,"动作设置"对话框中选中"无动作"单选按钮,如图 10-14 所示。

右击"编辑文字"按钮,修改为"播放"。

同理,添加另外 2 个按钮:"暂停""停止"。

(3) 将声音文件设定为用"播放"按钮控制:

① 选择小喇叭图标,单击"动画"选项卡的"高级动画"组,选择"动画窗格"选项,幻灯片右侧出现"动画窗格"窗口,可以看到背景音乐已经在列表中。

② 右击"计时"选项,在"播放音频"对话框中,参数设置如下:

单击"触发器"按钮,选择"单击下列对象时启动效果",在其右侧的下拉列表中选择触发对象"动作按钮:空白 4:播放",如图 10-15 所示。

③ 单击"确定"。

(4) 将声音文件暂停设定为用"暂停"按钮控制:

① 选中小喇叭图标,单击"动画"选项卡的"高级动画"组,执行"添加动画"命令,在下拉列表中选择"暂停",则在右侧动画窗格中出现了"暂停"效果。

② 双击控制格,在"暂停音频"对话框中的"计时"选项卡中,设置触发器的参数如下:

单击"触发器"按钮,选择"单击下列对象时启动效果",在右侧的下拉列表框中选择触发对象"动作按钮:空白 5:暂停"。

③ 单击"确定"即可。

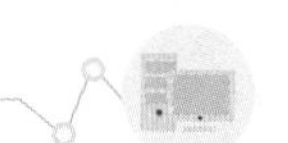

图 10－14　添加空白的动作按钮

图 10－15　设置播放按钮参数

（5）将声音文件停止设定为用停止按钮控制：

同理，选中小喇叭图标，在“添加动画”下拉列表中选择“停止”选项，同步骤（4），将触发对象设定为“动作按钮：空白 6：停止”按钮。

图 10－16　设置暂停按钮

10.3.4　设置动画计时选项

为对象应用动画后，可以进一步设置动画效果、动画开始播放的时间及播放速度、调整动画的播放顺序等。

前提是必须选择对象，使用户针对某一文本或图片对象单独设置动画风格，用户通过设置自定义动画可以很方便地设置幻灯片标题和正文的动画风格。

1. 设置效果选项

操作步骤如下：

（1）在普通视图下，选定幻灯片中某个对象。

（2）单击如图 10－17 所示的“动画”选项卡→“动画”选项组“效果选项”，从下拉列表中选择一个效果选项。可用效果选项与所选对象的类型以及应用于对象的动画类型有关，不同的对象、动画类型可用的效果选项是不同的，有的动画类型无法设置效果选项。

图 10－17　为动画效果设置效果选项

2. 其他属性设置

可在“动画”选项卡中对设置了动画的对象做进一步设置操作，例如“开始”“持续时间”等选项，调整所选对象的动画顺序及参数；还可以单击“动画”选项组的右下角按钮“对话框启动器”，打开如图 10－18 对话框，设置动画声音，动画方向等。

图 10－18　“效果选项”对话框

单击“动画”选项卡最左边的“预览”按钮，可在原视图中播放预览该对象自定义的动画。

3. 统一管理动画

如果对幻灯片中的多个对象都设置了动画效果，默认情况下动画是按照设置的先后顺序播放的，可以根据需要改变播放顺序。

（1）单击动画旁边的编号标记。

（2）在“动画”→“计时”中，选择“对动画重新排序”下的“向前移动”使当前动画前移一位；“向后移动”使当前动画后移一位。

（3）在“动画窗格”中，对当前幻灯片中所有设置了动画的对象进行统一管理，在弹出的“动画窗格”界面中动画效果按播放的顺序从上到下排列编号，在幻灯片上设置动画效果的项目也会出现与列表中相对应的序号标记。要改变动画顺序，可在“动画窗格”界面的动画列表中选择要移动的项目，并将拖到列表中所需的位置。

在“动画窗格”界面中选中某一个动画项目，如图 10－19 所示，也可以从右侧的下拉箭头弹出的下拉菜单中对该动画进行详细设置。

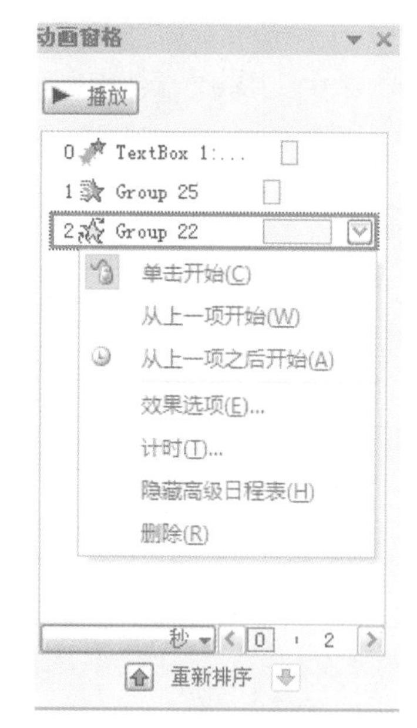

图 10－19　“动画窗格”界面

提示

在 PowerPoint 2016 中提供了“动画刷”功能，“动画刷”与 Microsoft Office 组件中 Word 的“格式刷”功能类似，用它可以轻松快速地复制动画效果：选中已设置了动画效果的对象 A，单击“动画刷”，然后再选中对象 B，就可以设置对象 B 具有与对象 A 相同的动画效果。

10.4　幻灯片的交互设计

10.4.1　添加动作按钮

演示文稿放映时，演讲者操作幻灯片上的对象去完成下一步的某项即定的功能，称这项即定功能为该对象的动作。

可以操作的有：将演示文稿的内置按钮形状作为动作按钮，并为其分配单击鼠标或者其他动作时按钮将会执行的动作；还可以为图片或者 SmartArt 图形中的文本等对象分配动作。

对象的动作设置提供了在幻灯片放映中人机交互的一个途径，使演讲者可以根据自己的需要选择幻灯片的演示顺序和展示演示内容，可以在众多的幻灯片中实现快速跳转、运行特定程序、插入音频和视频等操作。

1. 添加动作按钮并且分配动作

（1）单击“插入”→“插图”→“形状”按钮，找到“动作按钮”，单击要添加的动作按钮。

(2) 在幻灯片的某个位置单击并通过拖动鼠标绘制出按钮形状。

(3) 放开鼠标,弹出如图 10-20 所示对话框,在该对话框中设置要触发的操作。如果要播放声音,选中“播放声音”复选框。

(4) 单击“确定”按钮。

图 10-20　添加动作按钮并分配动作

2. 为图片或其他对象添加动作

(1) 选中文本、图片或者其他对象。

(2) 单击“插入”“链接”,单击“动作”,打开动作设置对话框。设置参数,确定即可。

10.4.2　添加超链接

超链接和动作设置可以从本幻灯片跳转至其他幻灯片、文件、外部程序或网页。用户可以在演示文稿中添加超级链接,并可以利用它跳转到不同的位置,例如本演示文稿中的其他幻灯片、其他演示文稿中的幻灯片、Word 文档、Excel 电子表格、电子邮件地址等,从而使幻灯片获得的信息量更加丰富。

选中某一幻灯片的某个对象,单击“插入”选项卡→“链接”组→“超链接”按钮,或者右击,执行快捷菜单中的“超链接”命令,弹出“插入超链接”对话框,设置播放时幻灯片跳转的位置为“现有文件或网页”“本文档中的位置”“新建文档”和“电子邮件地址”中的某个位置。

超级链接操作方法如下:

(1) 选定用作超链接标志的文本、图形等对象。

(2) 单击选项卡“插入”→“链接”组的“链接”按钮,打开如图 10-21 所示的“插入超链接”对话框。

(3) 在该对话框中的“链接到”区域选择链接指向的类型:“现有文件或网页”“本文档中的位置”“新建文档”“电子邮件地址”。选择“现有文件或网页”,在“查找范围”“链接到文件”

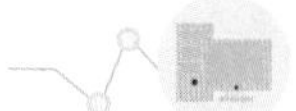

图 10－21　“插入超链接”对话框

对话框、“地址”等选项中选择，选定后单击“确定”按钮，便建立了超链接。在放映时单击该链接即可实现链接跳转。

若要编辑或删除超链接，可在普通视图中，右击用作超链接的对象，在快捷菜单中单击“编辑超链接”或“取消超链接”选项。

扫描二维码，
获取本章实验

第 11 章

PowerPoint 2016 高阶应用

PowerPoint 2016 是综合性很强的软件，必须拓展思路，结合相关软件，尤其是 Office 软件，确保举一反三、触类旁通。在 PowerPoint 2016 制作排版中，应用大纲、版式、母版功能可以使结构更加清晰，增强用户的大局观和综合处理信息的能力。

11.1　使用“母版”与“版式”快速制作布局幻灯片

11.1.1　母版的制作

设置演示文稿外观主要有背景、主题设计、母版和版式等方法。幻灯片母版通常用来制作具有统一标志、背景、占位符格式、各级标题文本的格式等的幻灯片。

如果需要同时对多个相同版式的幻灯片进行修改，就可以利用幻灯片母版进行修改。幻灯片母版是幻灯片层次结构中的顶级幻灯片，是一组用于设定不同版式的幻灯片外观效果的特殊幻灯片，它存储有关演示文稿的主题和幻灯片版式的所有信息，包括背景、颜色、字体、效果、占位符的大小和位置。

母版分为三类：幻灯片母版、讲义母版、备注母版。每个相应的幻灯片视图都有与其相对应的母版，要切换到母版，只需选择“视图”选项卡→“母版视图”，再根据需要选择与视图相对应的母版。一张幻灯片中可以包含多个母版，每个母版又可以拥有不同的版式。

1. 幻灯片母版

母版中最常用的是幻灯片母版，它决定了除标题幻灯片以外所有幻灯片的格式。操作方法为：

(1) 单击“视图”选项卡→“幻灯片母版”，打开如图 11 - 1 所示的“幻灯片母版”窗口，它

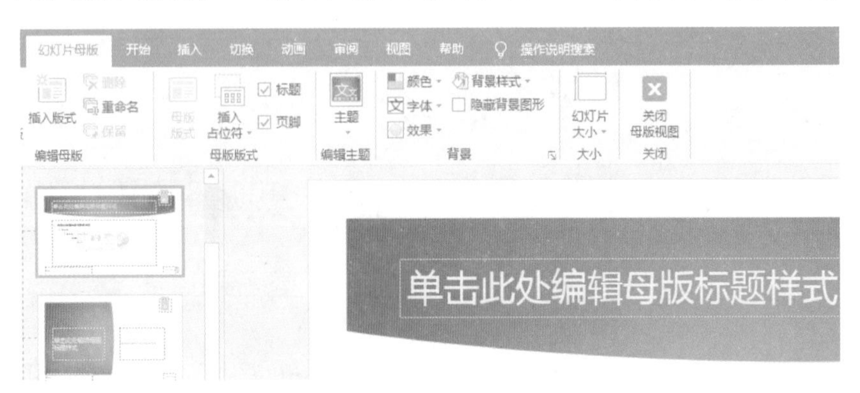

图 11 - 1　“幻灯片母版”窗口

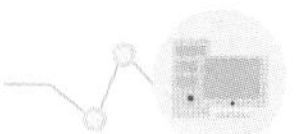

有 5 个“占位符”，分别是“单击此处编辑母版标题样式”“单击此处编辑母版文本样式”“日期”“页脚”和“数字”，用于确定幻灯片母版的版式。

(2) 在幻灯片母版中选择对应的占位符，设置字符格式、段落格式等。

修改母版中某一对象格式，则除标题幻灯片以外，所有幻灯片对应对象的格式将随之变动。如果在母版中插入某一对象，则能使得每张幻灯片都出现该对象。

2. 讲义母版

按照讲义母版设置的是讲义的格式，打印演示文稿时，可以选择以讲义方式打印，每个页面可以包含一、二、三、四、六或九张幻灯片，该讲义可供听众在以后的会议中使用。操作方法：

(1) 单击“视图”选项卡→“讲义母版”，打开如图 11－2 所示“讲义母版”窗口，有 4 个“占位符”，分别是“页眉”“日期”“页脚”和“页码”。

(2) 分别确定占位符中的内容即可。

图 11－2　“讲义母版”窗口

3. 备注母版

备注窗口是供演讲者备注使用的空间，备注母版是供用户设置备注幻灯片的格式。“备注母版”窗口如图 11－3 所示。

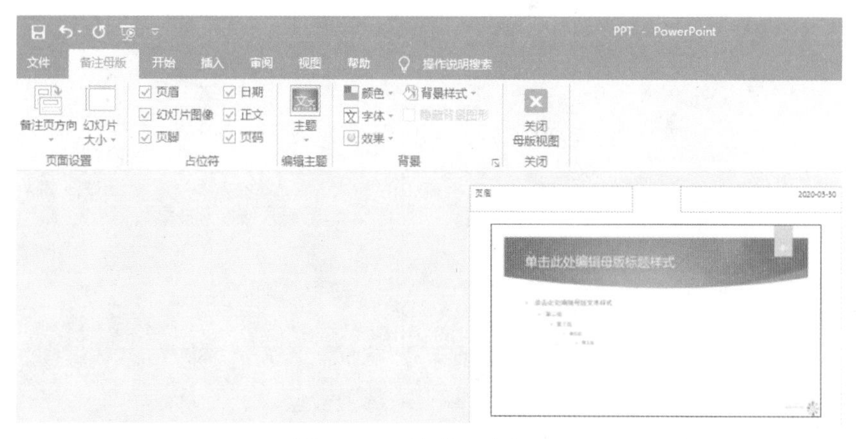

图 11－3　“备注母版”窗口

不管是何种幻灯片,若对幻灯片母版做了修改,则以后使用该母版的幻灯片也会随之变化。修改母版的操作方法:单击“视图”选项卡→“母版视图”组中的“幻灯片母版”“讲义母版”“备注母版”,即可进入母版编辑状态,对母版进行修改。

然而,并非所有幻灯片在每个细节上都必须与母版保持一致,此时,用户只需将当前幻灯片置为要修改的幻灯片,然后选择“设计”选项卡→“背景样式”下拉按钮,用户就可以选择与母版不同的背景格式了。

4. 母版的修改

进入幻灯片母版视图设计界面,单击“幻灯片母版”选项卡下“编辑母版”组中的“重命名”按钮,弹出“重命名版式”对话框,修改版式名称,单击“重命名”按钮。

在母版视图中选中某个版式,可以对其设置背景格式、文本等的修改。

如果要插入新的版式,可以单击“幻灯片母版”选项卡下“编辑母版”组中的“插入版式”按钮。若对版式中的某些占位符修改,可以单击“幻灯片母版”选项卡下“母版版式”组中的“插入占位符”按钮,在下拉列表中选择“内容”,在标题占位符下方使用鼠标绘制出一个矩形框。

11.1.2 幻灯片版式的应用

PowerPoint 2016 启动后,建立一个空演示文稿时,默认情况下,第一张幻灯片是标题幻灯片版式。

幻灯片版式设计的操作步骤:

(1) 单击“开始”→“幻灯片”选项组的“幻灯片版式”图形按钮,弹出如图 11-4 所示的下拉菜单。

图 11-4 “幻灯片版式”下拉菜单

(2) 单击其中的任一版式缩略图，该版式即可应用到当前所选幻灯片。

用户可以通过设置幻灯片版式选择幻灯片里的标题、文本及图片等对象的布局。幻灯片上的标题、文本、图形等对象在幻灯片上所占的位置称为占位符，它表现为一个虚框，框内往往有“单击此处添加标题”之类的提示语，一旦鼠标单击之后，提示语会自动消失。

占位符一般由幻灯片版式决定，单击它即可选定，双击它时可以插入相应的对象。

11.2　使用“大纲”与“分节”创建结构清晰的 PPT 文本

1. 大纲视图调整结构

一些演示文稿中展示的文字具有不同的层次结构，有时还需要带有项目符号，使用大纲视图能够在幻灯片中很方便地创建这种文字结构的幻灯片。操作步骤如下：

(1) 打开需要设计的幻灯片，单击“视图”→“大纲视图”，如图 11-5 所示。然后插入一张空白幻灯片，如图 11-6 所示。

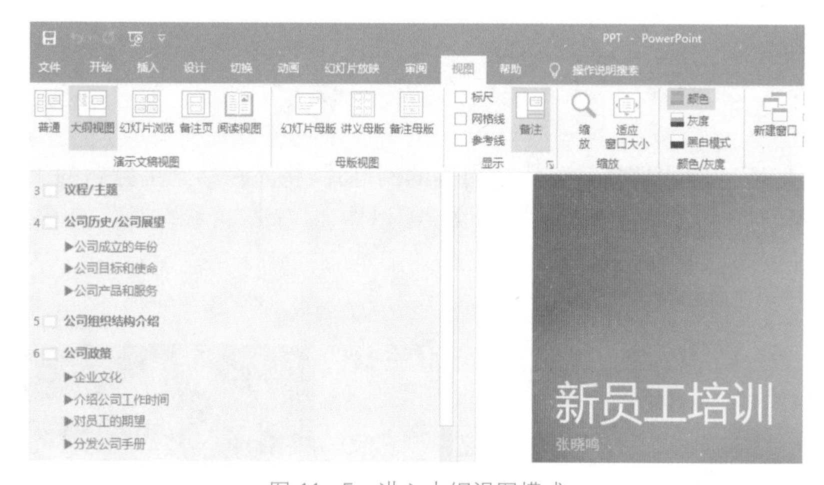

图 11-5　进入大纲视图模式

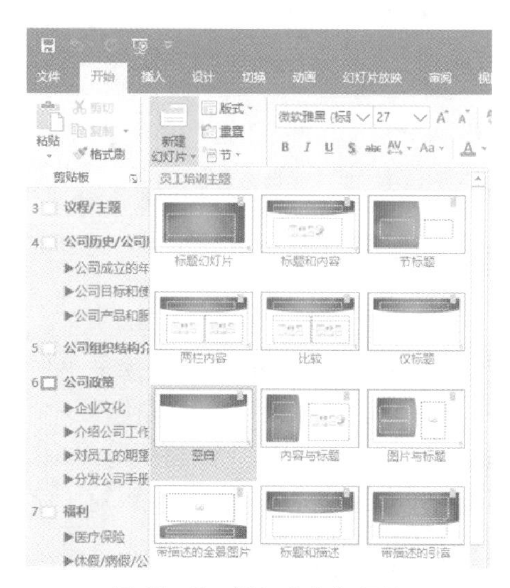

图 11-6　插入空白幻灯片

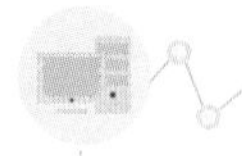

(2) 在"大纲"窗格中选择这张空白幻灯片,在幻灯片图标后面直接输入幻灯片标题:福利待遇,如图 11-7 所示。

图 11-7 输入幻灯片标题

(3) 在"大纲"窗格中选择需要添加内容的幻灯片,将光标移到主标题的末尾,按 Enter 键插入一张新幻灯片,然后在图标后输入文字:退休金,右击"降级"按钮,如图 11-8 所示。

图 11-8 输入下级标题

注意:在"大纲"窗格中右击某个标题文字,执行快捷菜单中的"升级"命令,将该标题提高一个级别,选择快捷菜单中的"降级"选项则可以将其降低一个级别,如图 11-9 所示。

(4) 在"大纲"视图中添加到幻灯片中的文字的格式是可以进行修改的。在"大纲"窗格中选择某个标题文字,在"开始"选项卡的"字体"组中可以对文字的字体、大小和颜色等进行设置,如这里更改文字的字体,如图 11-10 所示。

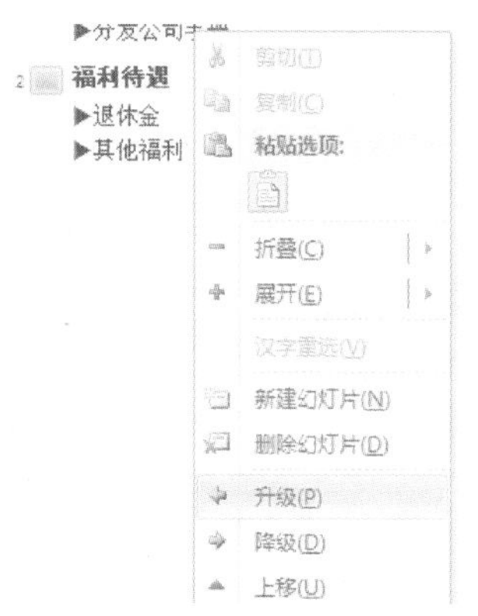

图 11－9　设置标题的级别

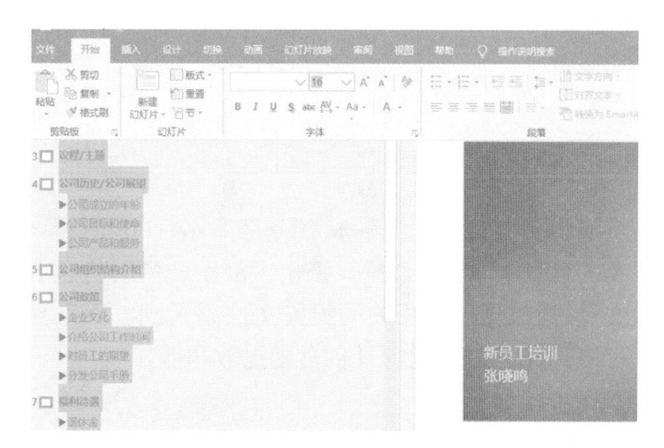

图 11－10　修改文字字体

2. 节的功能

PowerPoint 2016 增加了“节”的功能，用户可以实现对演示文稿中的幻灯片进行类似于文件夹式的分组管理。操作步骤为：

（1）选中需要“节”管理的幻灯片。

（2）打开“开始”选项卡→“幻灯片”选项组，单击“节”，如图 11－11 所示，在其下拉菜单中可执行“新增节”“重命名节”“删除所有的节”等命令。

图 11－11　“节”下拉菜单

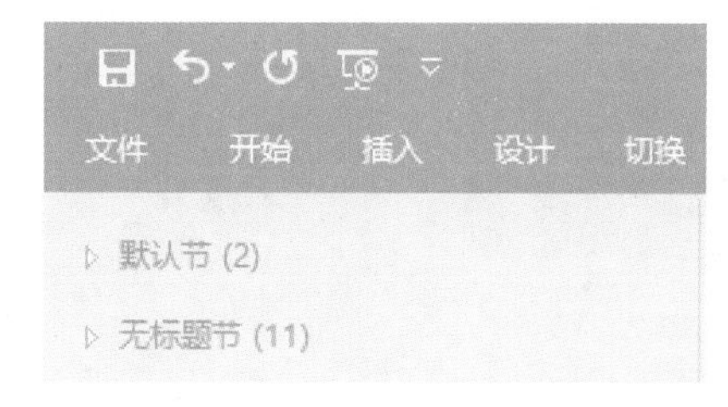

图 11－12　“节”的“全部折叠”效果

若用户单击“节”下拉菜单中的“全部折叠”，则当前的演示文稿被分节，每个节都有相应的不同数量的幻灯片，如图 11－12 所示。

演示文稿分节之后有助于规划文稿结构，编辑和维护起来也能大大节省时间。当用户需要打印演示文稿中某一个节的所有幻灯片时，可在“文件”选项卡→“打印”，选择设置需要打印的节，就可以方便地、有选择地打印分好的节。

11.3 使用幻灯片的打包和发布功能

11.3.1 打包演示文稿成 CD

将演示文稿打包并刻录成 CD,是 PowerPoint 2016 的重要功能之一。在 CD 刻录机迅速普及的背景下,PowerPoint 推出了演示文稿的打包和刻录功能,通过该功能,用户可以将演示文稿、播放器以及相关的配置文件刻录到 CD 光盘中,并制作成专门的演示文件光盘,甚至可以选择是否让光盘具备自动播放功能。

操作步骤如下:

(1) 打开要打包的演示文稿。

(2) 单击“文件”选项卡→“导出”按钮,选择“将演示文稿打包成 CD”,如图 11-13 所示,弹出界面右侧“将演示文稿打包成 CD”对话框。

图 11-13 “导出”界面

(3) 单击该对话框中“打包成 CD”按钮,弹出如图 11-14 所示的“打包成 CD”对话框,默认情况下包含链接文件和 PPT 播放器。

(4) 在该对话框中,“将 CD 命名为”框中可更改默认的 CD 命名;可以根据个人需求确定打包目标。

单击“复制到文件夹”按钮,可打开“复制到文件夹”对话框,命名文件夹的名称和存放位置。

单击“复制到 CD”按钮,若计算机上装有刻录机,则会把所有文件刻录到 CD 上。

单击“选项”按钮,可进一步设置字体、密码等内容。

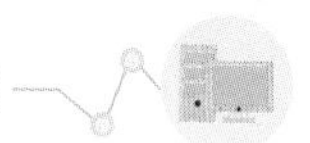

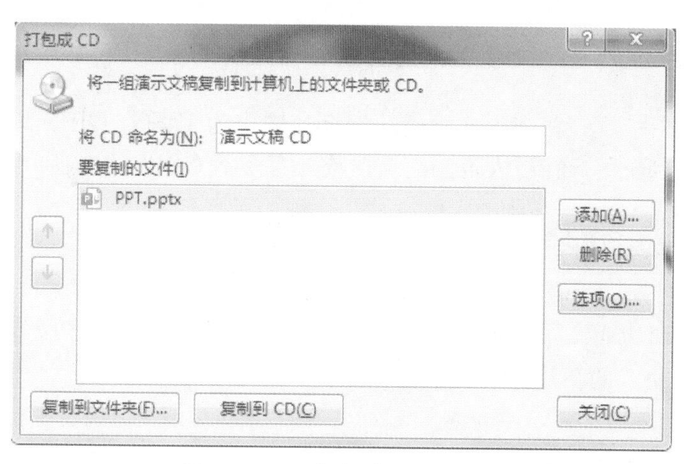

图 11－14　"打包成 CD"对话框

11.3.2　发布幻灯片

如果需要在幻灯片存储在共享位置以供其他人使用，可以使用幻灯片的共享功能。

操作步骤如下：

(1) 打开要打包的演示文稿。

(2) 单击"文件"选项卡→"共享"按钮，选择"与人共享""电子邮件""联机演示"，如图 11－15所示，弹出相应对话框。

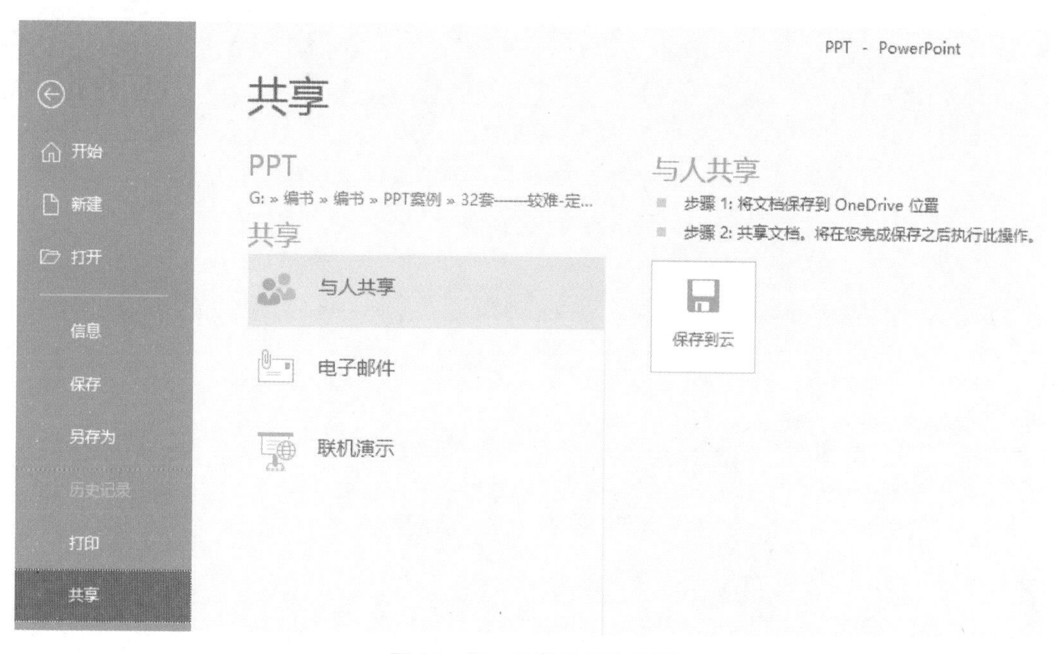

图 11－15　共享幻灯片界面

11.3.3 输出为 PNG 图片

PowerPoint 2016 支持将演示文稿中的幻灯片输出为 JPEG、GIF、TIFF、PNG、BMP 等格式的文件,有利于用户在更大范围内交换或共享演示文稿中的内容。

步骤如下:

(1) 打开要保存的幻灯片。

(2) 单击"文件"→"另存为",选择保存类型: PNG,单击"保存"。

(3) 出现对话框提示,选择保存"每张幻灯片",还是"仅当前幻灯片",即可将幻灯片中内容保存为 PNG 格式的图片,如图 11-16 所示。

图 11-16 导出幻灯片弹框提示

扫描二维码,
获取本章实验

第 5 篇

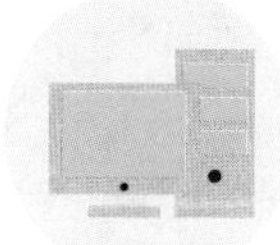

Office 考试宝典

第 12 章

Office 操作中的易错点

本章是全书的收尾章节，重点关注学生在知识点运用过程中的典型错误操作。通过展示典型错误操作的表征，并对错误原因进行解析，给出解决方案。帮助学生进一步从错误的识别和纠正中加深对知识点的理解，巩固学习成果。

12.1 Word 操作中的易错点

12.1.1 易错点 1——设置页边距和纸张方向的顺序易错

1. 现象

要求调整文档纸张大小为 A4 幅面，纸张方向为横向；并调整上、下页边距为 2.5 厘米，左、右页边距为 3.2 厘米，这个要求在实施过程中容易出现误操作，部分操作者习惯先设置页边距，再设置纸张方向，这样设置后会发现设置的上、下页边距和左、右页边距颠倒了，如图 12-1 所示。

图 12-1 错误页面设置结果

2. 问题解析

出现问题的原因是先设置了页边距，然后再设置纸张方向，设置的顺序错了，Word 默认的纸张方向是纵向，如果在默认的情况下设置好上、下页边距为 2.5 厘米，左、右页边距为 3.2厘米，之后再设置纸张方向为横向时，会将设置好的上、下页边距和左、右页边距颠倒过来，导致错误的结果。

3. 解决办法

先设置好纸张方向为横向，再设置上、下页边距为 2.5 厘米，左、右页边距为 3.2 厘米。

可按如下步骤完成：

(1) 打开案例素材文件夹下的 Word.docx。

(2) 单击“布局”选项卡下“页面设置”组中的对话框启动器按钮，弹出“页面设置”对话框。切换至“纸张”选项卡，选择“纸张大小”组中的“A4”选项，如图 12-2 所示。

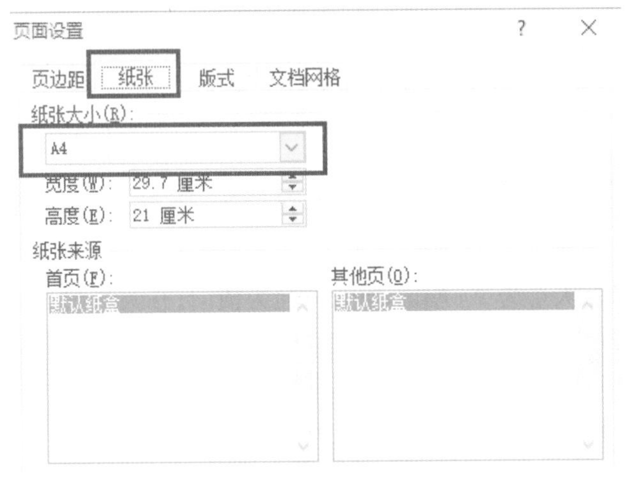

图 12-2　设置纸张大小

(3) 切换到“页边距”选项卡，执行“纸张方向”选项下的“横向”命令，如图 12-3 所示。

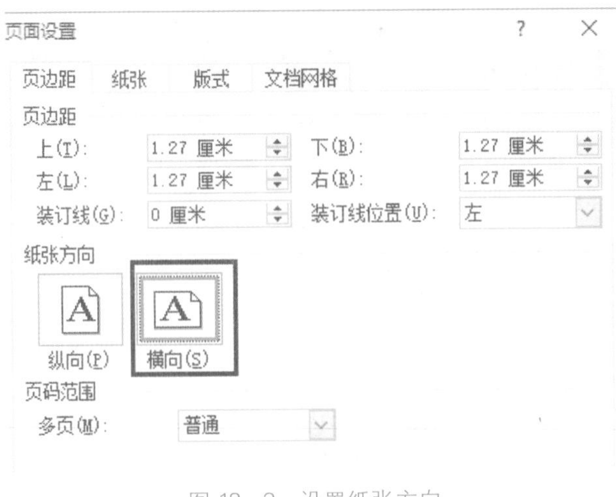

图 12-3　设置纸张方向

（4）在“上”微调框和“下”微调框中皆设置为“2.5 厘米”，在“左”微调框和“右”微调框中皆设置为“3.2 厘米”，设置好后，单击“确定”按钮，如图 12－4 所示。

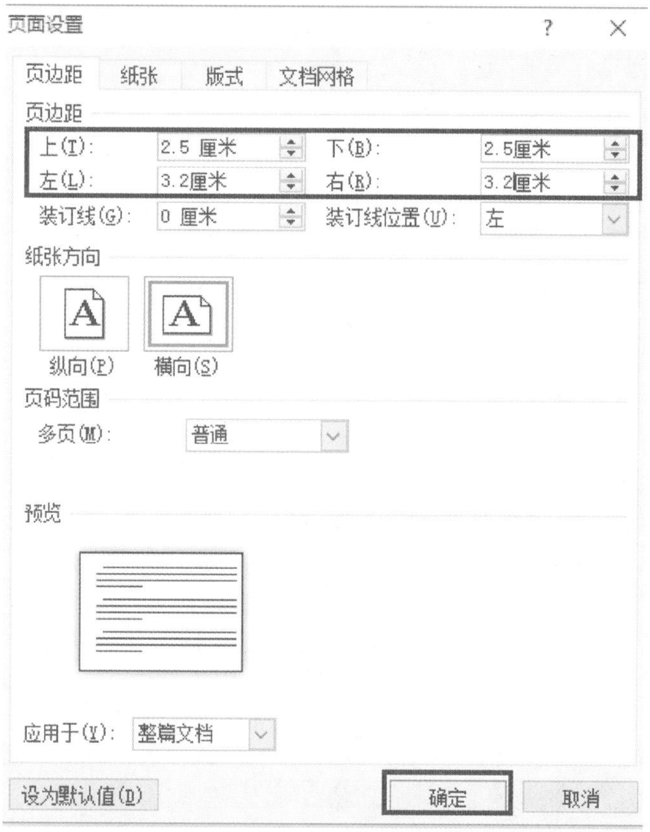

图 12－4　设置“页边距”

12.1.2　易错点 2——图片先设环绕方式，再改位置

1. 现象

要求在 Word 文档的左下角位置插入一幅图片，调整其大小及位置，不影响文字排列、不遮挡文字内容。这个要求在实施过程中容易误操作，如果在文档的末尾处插入图片，然后用鼠标直接移动图片到文档的左下角，会发现图片始终与最后一行文字在同一行，没办法按照要求将图片插入到文档的左下角，如图 12－5 所示。

2. 问题解析

出现错误的原因是默认情况下，插入到 Word 文档中的图片是作为字符插入到 Word 文档中，其位置随着其他字符的变动而改变，用户不能自由移动图片，如果需要将图片移动到特定的位置，需要设置图片的环绕方式。

3. 解决办法

先在 Word 文档中插入图片，然后将图片的环绕方式设置为“四周型”，再将图片移动到文档的左下角。

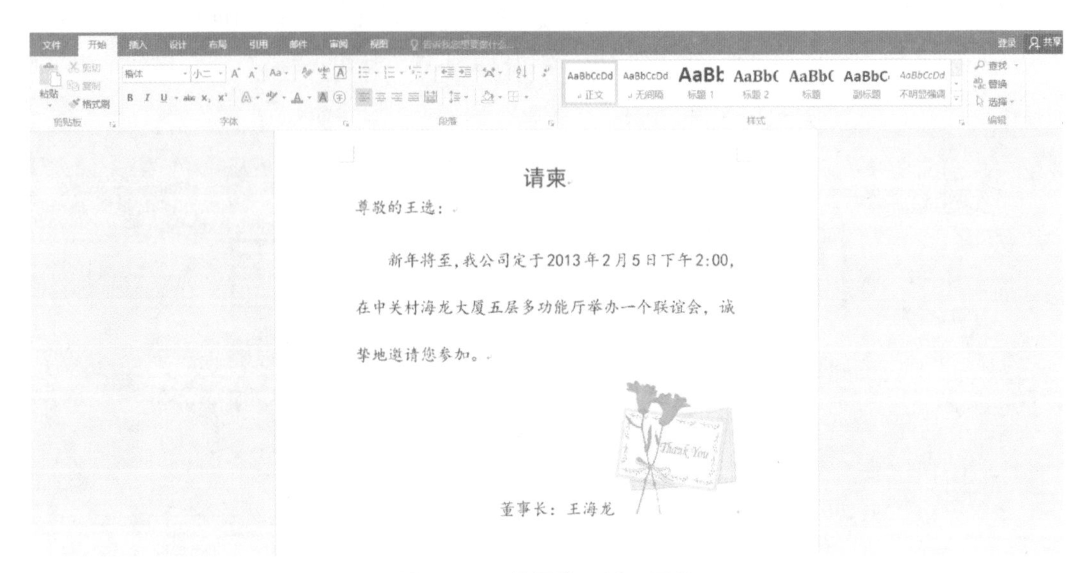

图 12-5　错误位置插入图片

可按如下步骤完成：

(1) 打开案例素材文件夹下的 Word. docx。

(2) 将光标置于正文下方，单击“插入”选项卡下拉“插图”组中的“图片”按钮，在弹出的“插入图片”对话框中，选择案例素材文件夹下的图片(图片. png)，单击“插入”按钮，如图 12-6 所示。

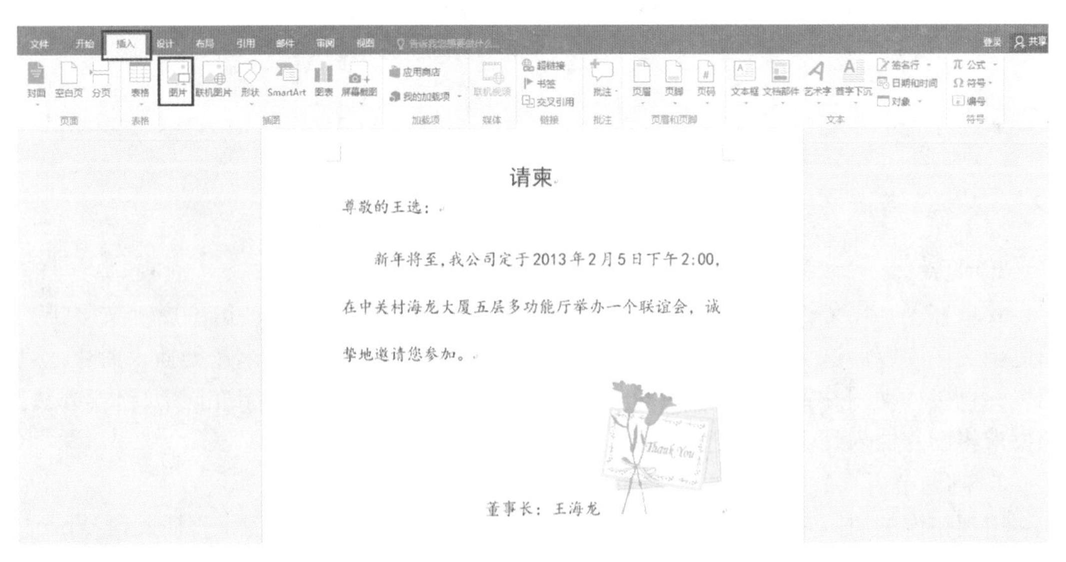

图 12-6　插入图片

(3) 选中图片，右击，在弹出的快捷菜单中选择“大小和位置”选项，启动“布局”对话框，切换到“大小”选项卡，将“高度”→“绝对值”→“宽度”→“绝对值”文本框中的值修改为其他数值，如图 12-7 所示。

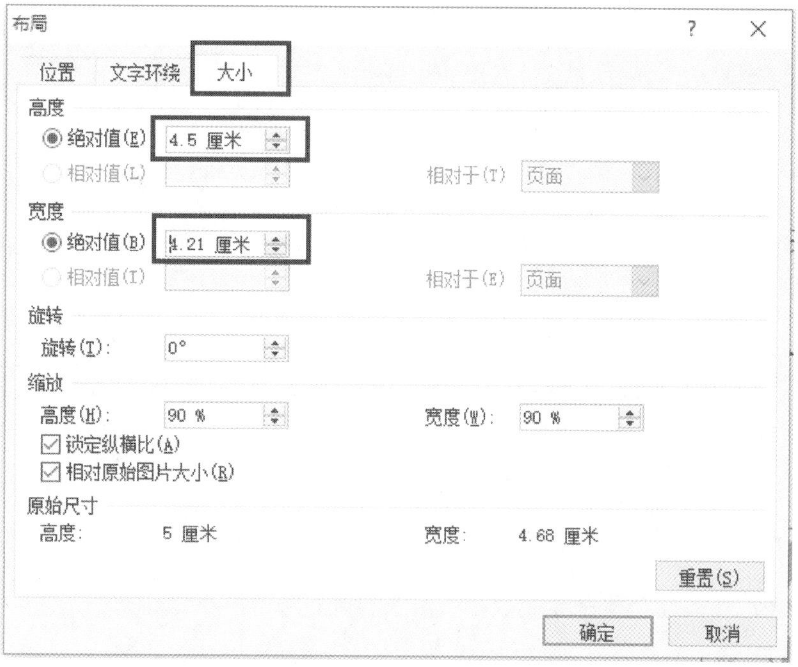

图 12 - 7　设置图片大小

(4) 切换到“文字环绕”选项卡,在“环绕方式”选项组中选择“浮于文字上方”,单击“确定”按钮退出对话框,如图 12 - 8 所示。

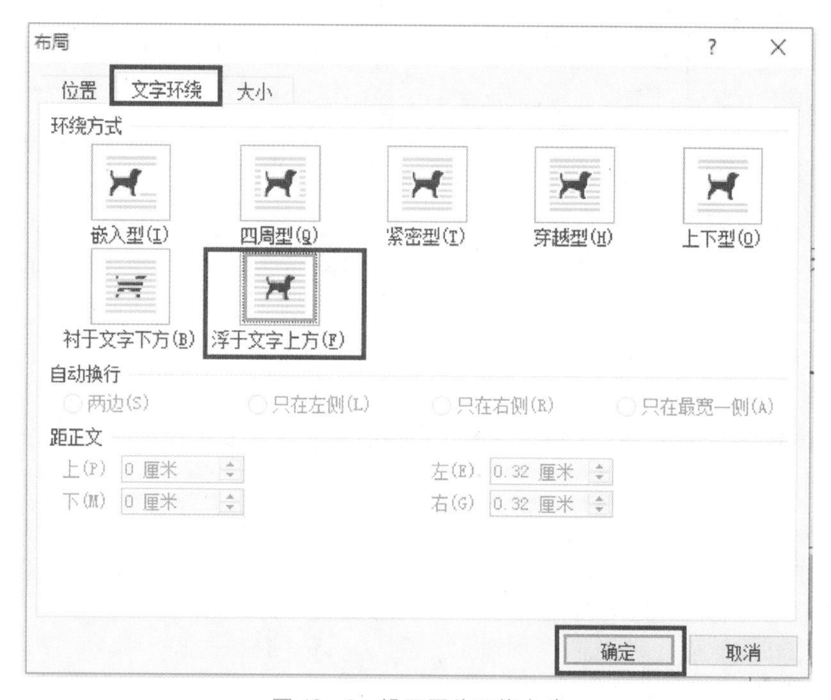

图 12 - 8　设置图片环绕方式

(5) 拖动图片到文档的左下角,如图 12 - 9 所示。

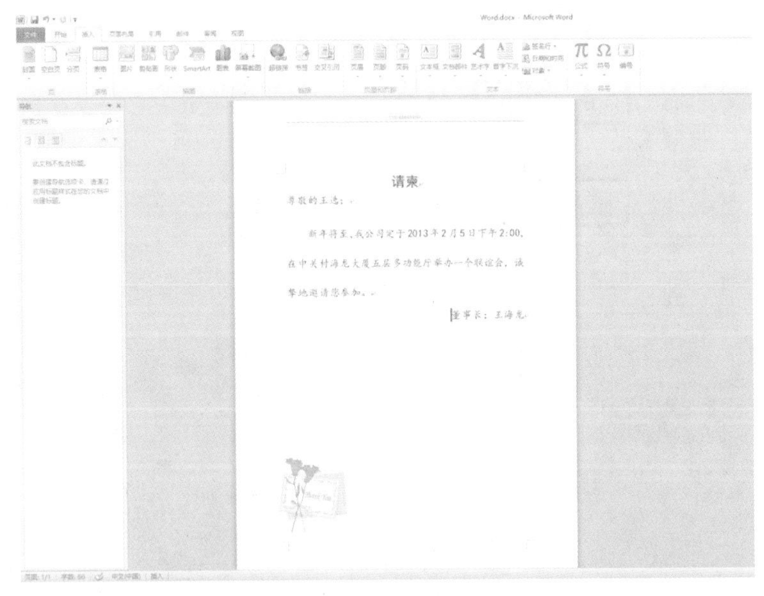

图 12 - 9　移动图片位置

12.1.3　易错点 3——分页符和分节符混淆

1. 现象

要求为文档的目录页添加格式为“Ⅰ,Ⅱ,Ⅲ,…”的页码,为正文页添加格式为“1,2,3,…”的页码,这个要求在实施过程中容易误操作,如果在目录页的结尾处插入分页符,然后在目录页和正文页分别插入页码,那么之后无论怎么修改,在文档中插入的都只能是同一种页码。

2. 问题解析

出现错误的原因是使用了分页符,分页符只是分页,前后还是同一节,没办法使用不同格式的页码;分节符是分节,可以在不同的节中设置不同的格式。以下情况均需要使用分节符:

(1) 文档编排中,某几页需要横排,或者需要不同的纸张、页边距等,那么将这几页单独设为一节,与前后内容不同节。

(2) 文档编排中,首页、目录等的页眉页脚、页码与正文部分需要不同,那么将首页、目录等作为单独的节。

3. 解决办法

改用分节符,然后在分节符前面的页面插入一种页码,转到分节符后面的页面,取消“链接到前一条页眉”的突出显示,再插入另外一种格式的页码。

可按如下步骤完成:

(1) 打开案例素材文件夹下的 Word. docx。

(2) 将插入点定位到正文的第 3 页标题文字“了解会计电算化与财务软件(一级标题)”

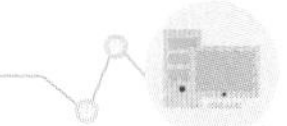

前，单击“布局”选项卡→“页面设置”组→“分隔符”下拉按钮，在菜单中执行“分节符”中的“下一页”命令，以便将目录置于一个单独的节中，如图 12－10 所示。

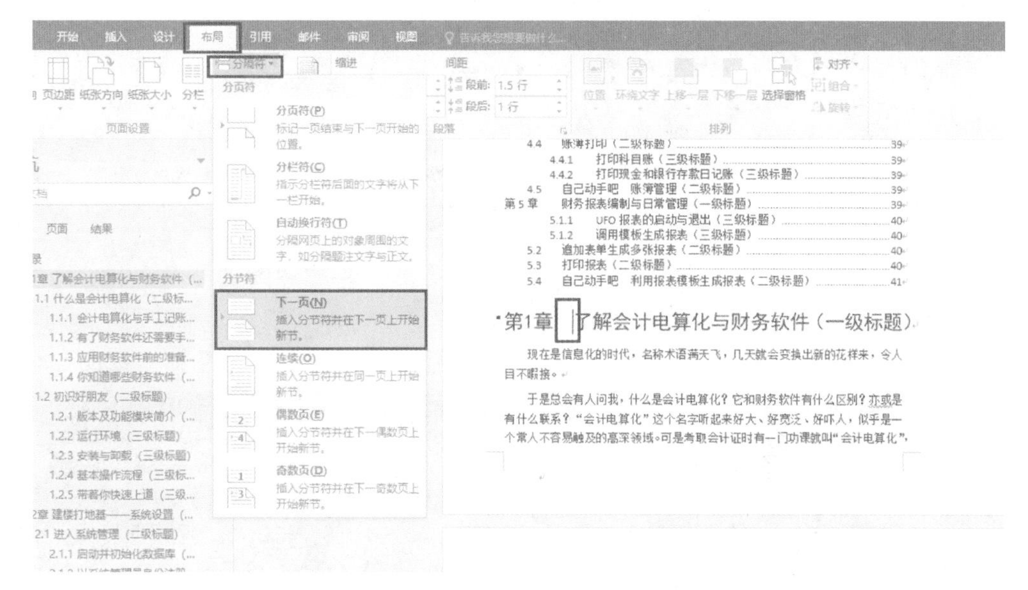

图 12－10　为文档分节

(3) 将插入点转到目录节第一页的页脚，单击“页眉和页脚工具→设计”选项卡→“页眉和页脚”组→“页码”下拉按钮，在菜单中执行“设置页码格式”命令，如图 12－11 所示。

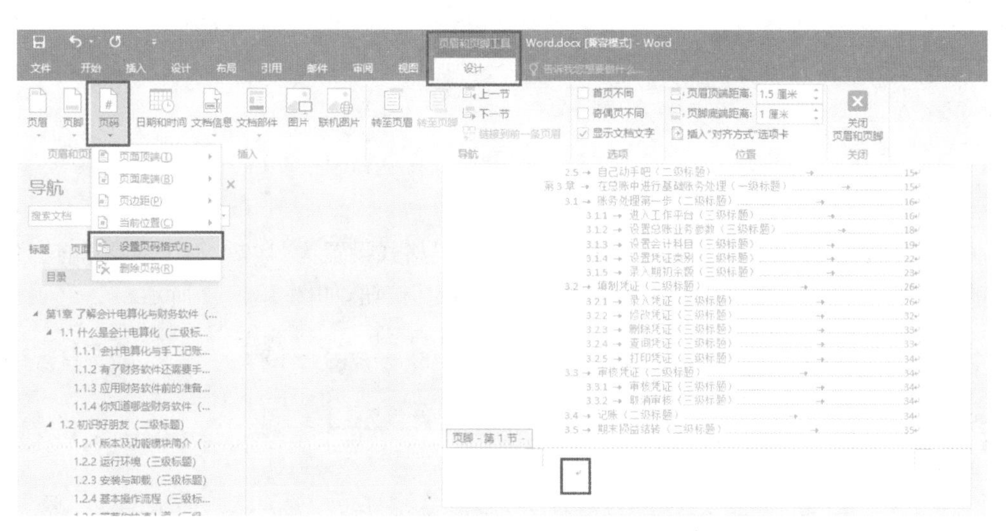

图 12－11　开启“页码格式”对话框

(4) 在弹出的“页码格式”对话框中，将编号格式设置为“Ⅰ，Ⅱ，Ⅲ，…”，不要勾选“包含章节号”复选框，选中起始页码为“Ⅰ”，单击“确定”按钮，如图 12－12 所示。

(5) 再次单击“页眉和页脚工具→设计”选项卡→“页眉和页脚”组→“页码”下拉按钮，在菜单中选中“页面底端”，在级联菜单中单击“普通数字 2”样式，为目录页插入页码，如图 12－13 所示。

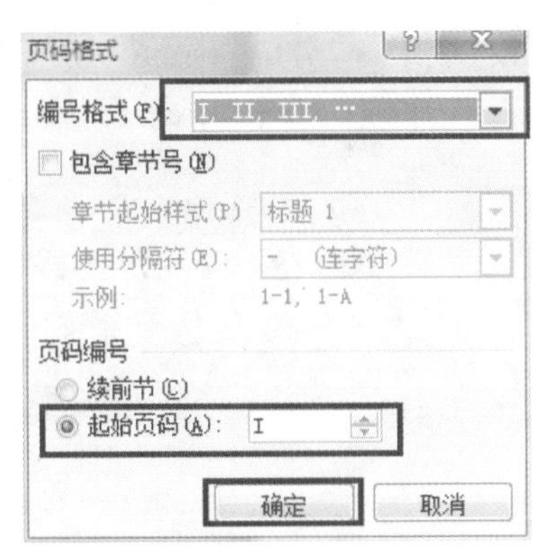

图 12 - 12　设置目录页页码格式和起始页码编号

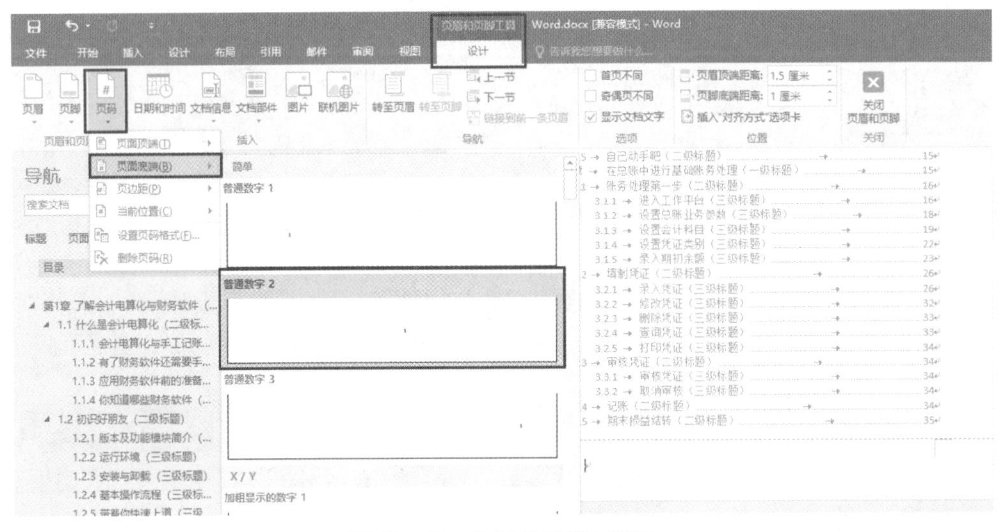

图 12 - 13　为目录页插入页码

(6) 将插入点转到文档正文首页的页脚,将页码格式设置为"1, 2, 3, …",不勾选"包含章节号"复选框,选中起始页码为"1"选项,单击"确定"按钮,如图 12 - 14 所示。

图 12 - 14　设置正文页页码格式和起始页码编号

12.1.4　易错点 4——邮件合并：不生成合并后文档

1. 现象

要求制作一批邀请函，要邀请的人员名单见“Word 人员名单. xlsx”，邀请函的样式参见“邀请函参考样式. docx”，设置页面边框为红“★”，将设计的主文档以文件名“WORD. DOCX”保存，并生成最终文档以文件名“邀请函. DOCX”保存。这个要求在实施过程中容易出现误操作，即操作者只完成了主文档“WORD. DOCX”的操作，而没有生成合并后文档“邀请函. DOCX”。

2. 问题解析

这个要求需要使用邮件合并功能完成，Word 的邮件合并可以将一个主文档与一个数据源结合起来，最终生成一系列输出文档。邮件合并的相关概念：

(1) 创建主文档：主文档是经过特殊标记的 Word 文档，它是用于创建输出文档的“蓝图”。其中包含了基本的文本内容，这些文本内容在所有输出文档中都是相同的，比如信件的信头、主体以及落款等。另外还有一系列指令(称为合并域)，用于插入在每个输出文档中都要发生变化的文本，比如收件人的姓名和地址等。

(2) 选择数据源：数据源实际上是一个数据列表，其中包含了用户希望合并到输出文档的数据。通常它保存了姓名、通信地址、电子邮件地址、传真号码等数据字段。

(3) 生成合并后文档：邮件合并的最终文档包含了所有的输出结果，其中，有些文本内容在输出文档中都是相同的，而有些会随着收件人的不同而发生变化。

利用“邮件合并”功能可以创建信函、电子邮件、传真、信封、标签、目录(打印出来或保存在单个 Word 文档中的姓名、地址或其他信息的列表)等文档。

3. 解决办法

先制作包含所有文件共有内容的主文档 Word，然后使用邮件合并功能在主文档 Word 中插入数据源“Word 人员名单. xlsx”中的信息，最后使用“完成并合并”功能生成合并后文档。

可按如下步骤完成：

(1) 打开案例素材文件夹下的 Word. docx。

(2) 将鼠标光标置于文中“尊敬的”之后。在“邮件”选项卡上的“开始邮件合并”组中，执行“开始邮件合并”下的“邮件合并分步向导”命令，打开“邮件合并”任务窗格，进入“邮件合并分步向导”的第 1 步。如图 12－15 所示。

(3) 在“选择文档类型”中选择一个希望创建的输出文档的类型，此处我们选择“信函”单选按钮，如图 12－16 所示。

(4) 单击“下一步：正在启动文档”超链接，进入“邮件合并分步向导”的第 2 步，在“选择开始文档”选项区域中选中“使用当前文档”单选按钮，以当前文档作为邮件合并的主文档。

(5) 接着单击“下一步：选取收件人”超链接，进入第 3 步，在“选择收件人”选项区域中选中“使用现有列表”单选按钮。

(6) 然后单击“浏览”超链接，打开“选取数据源”对话框，选择案例素材文件夹里的“Word 人员名单. xlsx”文件后单击“打开”按钮。此时打开“选择表格”对话框，选择默认选项后单击“确定”按钮即可，如图 12－17 所示。

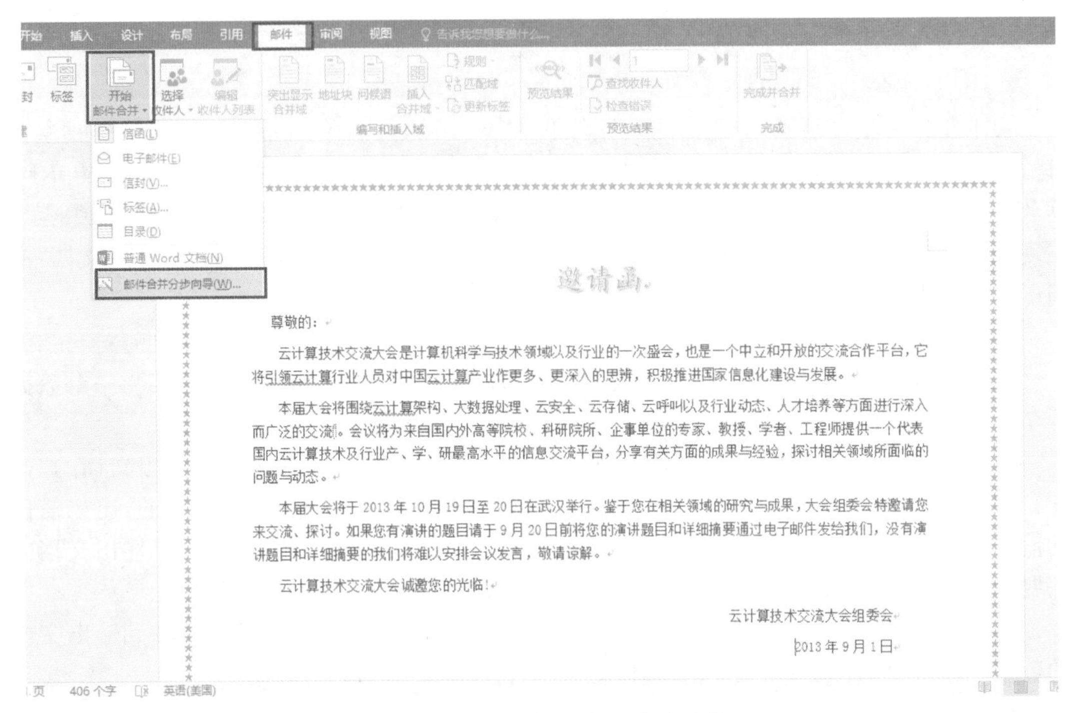

图 12-15　打开“邮件合并”任务窗格

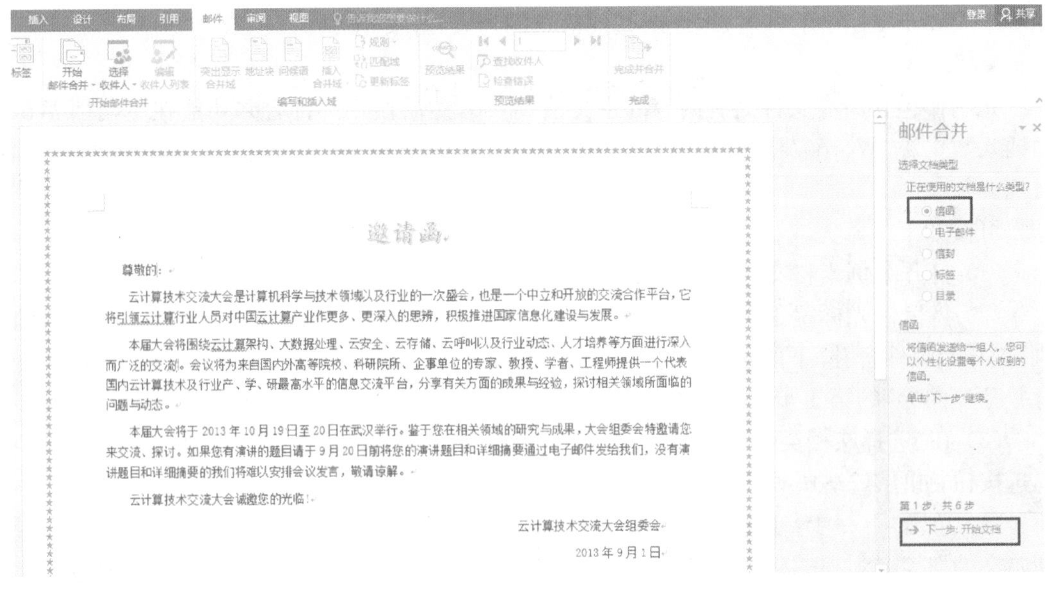

图 12-16　选择文档类型

(7) 进入“邮件合并收件人”对话框，单击“确定”按钮完成现有工作表的链接工作。

(8) 选择了收件人的列表之后，单击“下一步：撰写信函”超链接，进入第 4 步。在“撰写信函”区域中选择“其他项目”超链接。

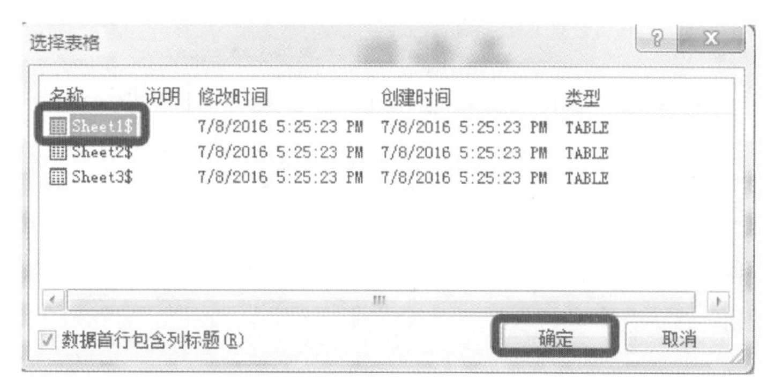

图 12－17　选择收件人表格

(9) 打开"插入合并域"对话框，在"域"列表框中，按照题意选择"姓名"域，单击"插入"按钮。插入完所需的域后，单击"关闭"按钮，关闭"插入合并域"对话框。文档中的相应位置就会出现已插入的域标记，如图 12－18 所示。

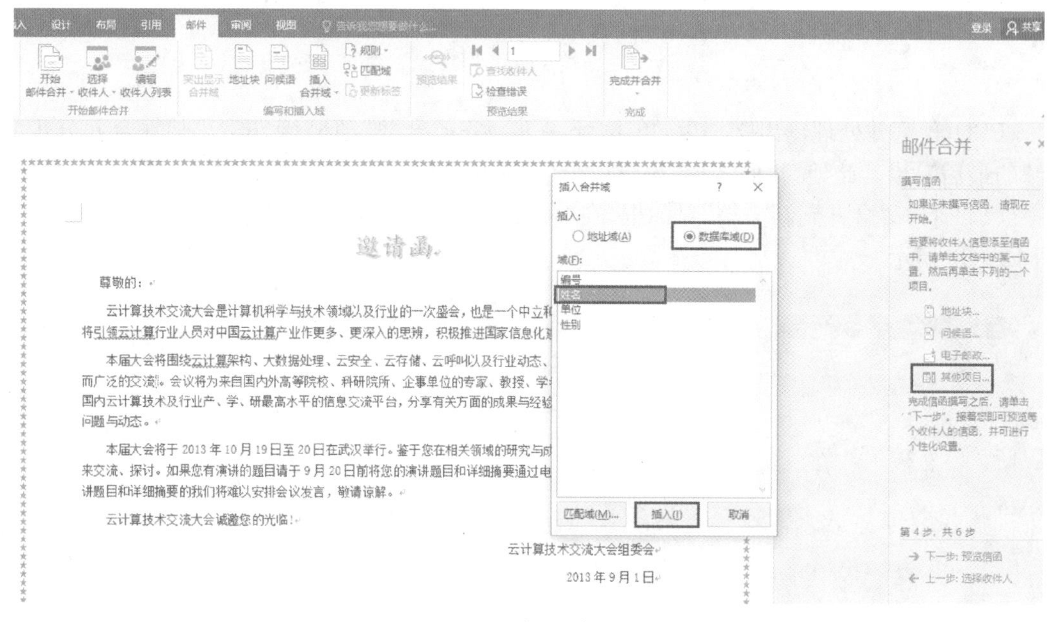

图 12－18　插入"姓名"域

(10) 在"邮件"选项卡上的"编写和插入域"组中，执行"规则"下拉列表中的"如果…那么…否则…"命令，打开"插入域"对话框。

(11) 在"域名"下拉列表框中选择"性别"，在"比较条件"下拉列表框中选择"等于"，在"比较对象"文本框中输入"男"，在"则插入此文字"文本框中输入"先生"，在"否则插入此文字"文本框中输入"女士"。设置完毕后单击"确定"按钮即可，如图 12－19 所示。

(12) 在"邮件合并"任务窗格中，单击"下一步：预览信函"超链接，进入第 5 步。在"预览信函"选项区域中，单击"＜＜"或"＞＞"按钮，可查看具有不同邀请人的姓名和称谓的信函。

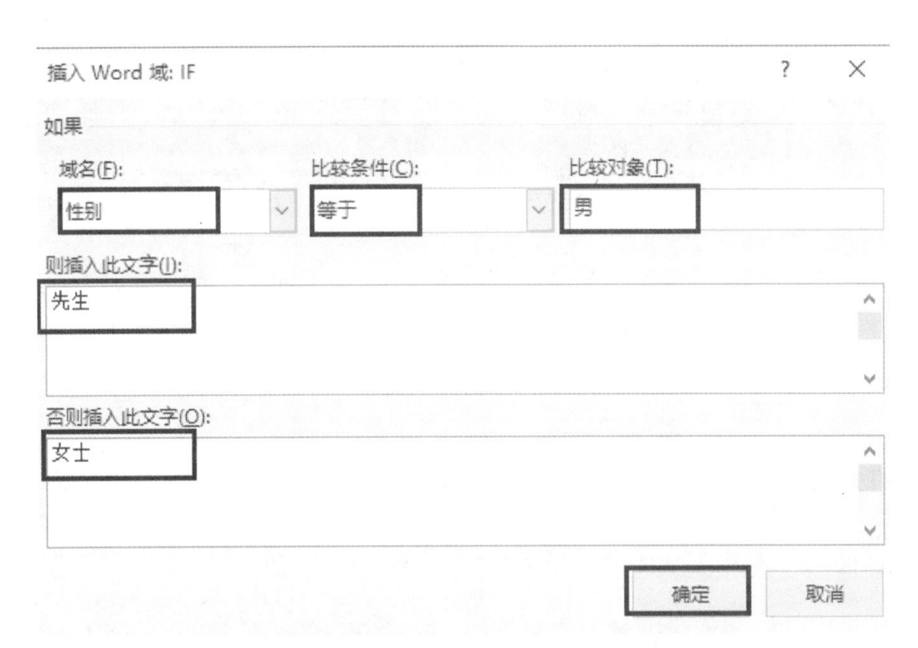

图 12－19　设置插入 Word 域：IF

(13) 预览并处理输出文档后，单击“下一步：完成合并”超链接，进入“邮件合并分步向导”的最后一步。此处，我们选择“编辑单个信函”超链接。

(14) 打开“合并到新文档”对话框，在“合并记录”选项区域中，选中“全部”单选按钮，如图 12－20 所示。

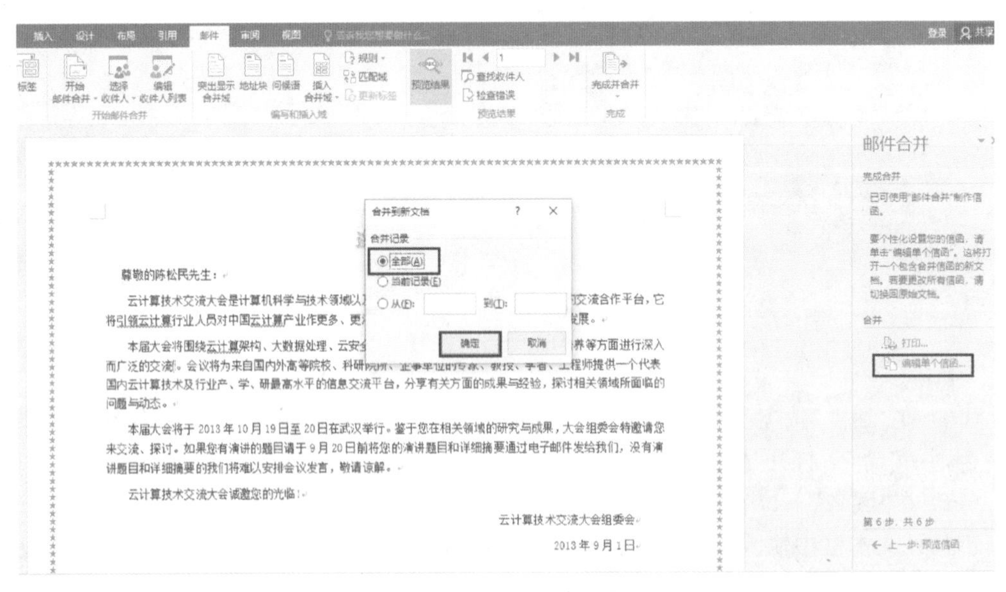

图 12－20　合并生成新文档

(15) 最后单击“确定”按钮，Word 就会将存储的收件人的信息自动添加到请柬的正文中，并合并生成一个新文档。

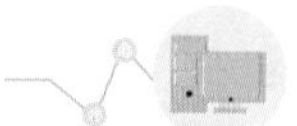

12.1.5 易错点 5——设置多级列表后未出现编号

1. 现象描述

已在“定义新多级列表”中成功地将对应的级别链接到样式上，然而应用了相应样式的标题却仍维持原样，并未在标题前出现编号值，如图 12 - 21 所示。

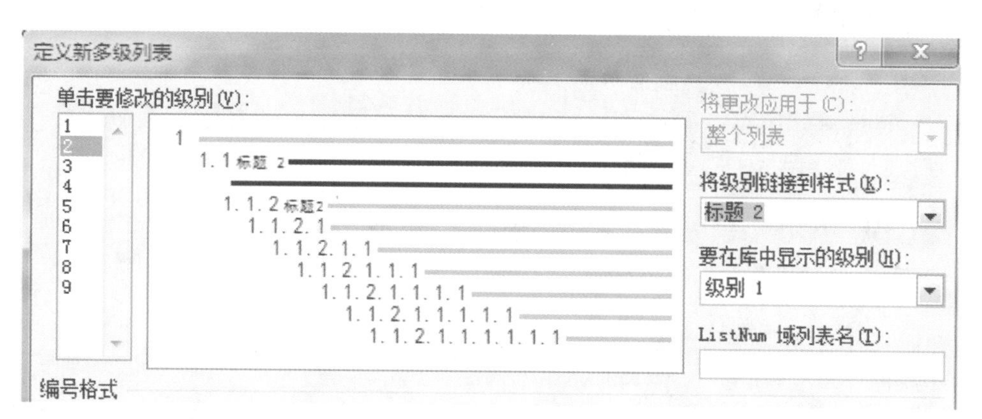

图 12 - 21 定义新多级列表

2. 原因解析

在设置“定义新多级列表”功能前，已经通过“将所选内容保存为新快速样式”的方法创建了一个名为“标题 2”的新样式，如图 12 - 22 所示。

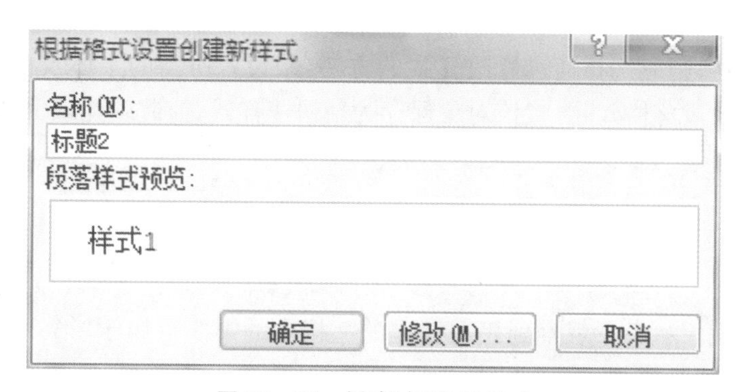

图 12 - 22 创建“标题 2”样式

此时操作者并未注意到在样式库中实际上已经存在一个名为“标题 2”的默认样式，这种操作会导致样式库中出现仅有微小差别的“同名样式”，造成混淆，如图 12 - 23 所示。

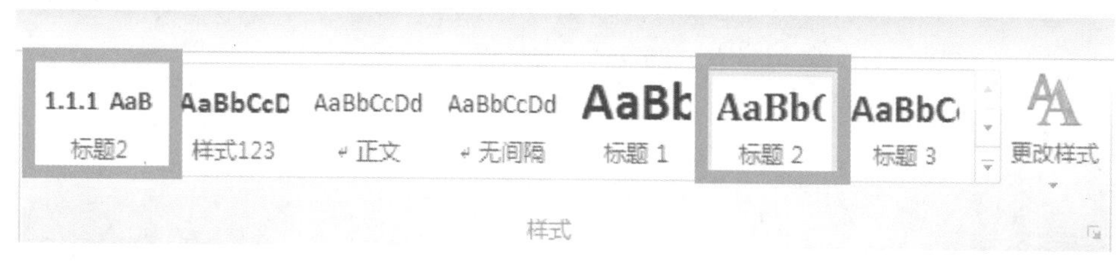

图 12 - 23 样式库

由于上述原因,操作者在设置"定义新多级列表"这一步时,就会很容易将对应的"级别"链接在其中的第一个"标题 2"样式上,而在实际使用时又将没有被链接到多级列表的另一个"标题 2"样式,应用在对象段落上,这种错位则最终会导致出现多级列表功能"失效"的错觉。

3. 解决办法

在设置"定义新多级列表"前,通过单击样式栏右下角的 按钮,查看并确认样式库中是否已存在题目所要求的标题样式,如图 12-24 所示。

图 12-24 样式库下拉列表

如果已经存在,则应选择通过修改样式的方法,来设置所需的字体及段落格式,而非先修改对象的字体及段落格式,再将该对象保存为新快速样式,如此就能最大程度上避免混淆和错位现象。

12.1.6 易错点 6——邻近的两页之间出现"跳节"现象

1. 现象描述

在页眉页脚编辑状态下观察到正在操作的文档中的第 2 页属于"第 2 节",而第 3 页却属于"第 4 节",中间跳了一"节",如图 12-25 所示。

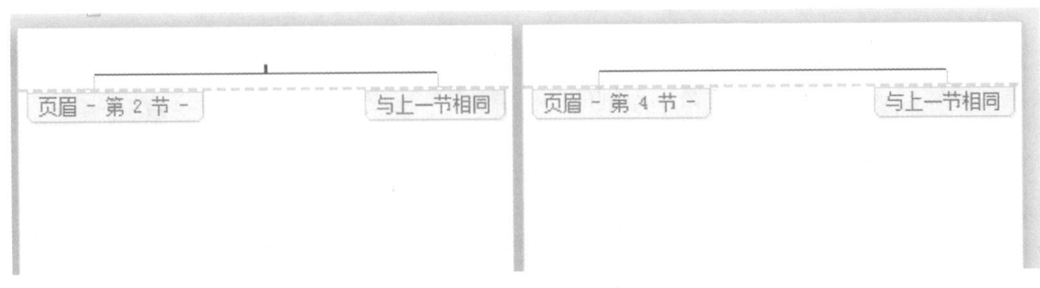

图 12-25 跳节现象

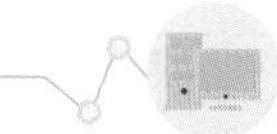

2. 原因解析

出现这种现象的原因在于，操作者在分节时多插入了一个“分节符(连续)”，即：其中一个为“分节符(下一页)”，另一个为“分节符(连续)”。从而出现了同一页内被两次分节的现象。

3. 解决办法

(1) 在“开始”选项卡下的“段落功能区”中找到并按下 ↵，使得 Word 页面能够显示段落标记和其他隐藏的格式符号，此时能在页面上直观地看到插入其中的每一个分节符。

(2) 找到发生“跳节”现象的两个间隔页中的第一页，就能找到多余的“(连续)分节符”，如图 12－26 所示。

图 12－26　找分节符

(3) 将光标放到“分节符(连续)”前，按 Delete 键删除该分节符，保留“分节符(下一页)”即可恢复正常，如图 12－27 所示。

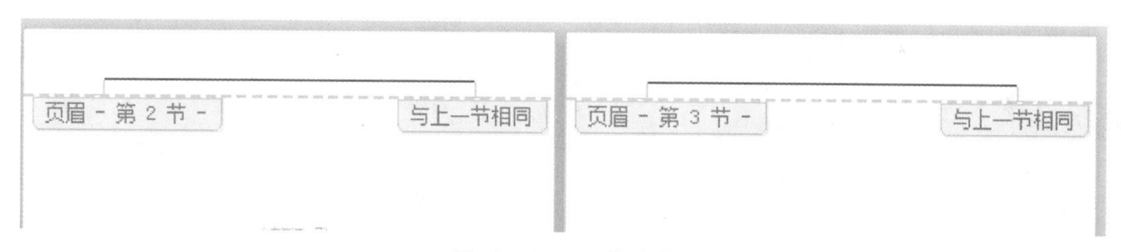

图 12－27　正常分节

12.1.7　易错点 7——在页眉中使用 StyleRef 域时，出现错误提示

1. 现象描述

在页眉中插入一个“StyleRef 域”文档部件，结果出现了“错误！文档中没有指定样式的文字”字样的错误提示，如图 12－28 所示。

错误!文档中没有指定样式的文字。

图 12－28　插入“StyleRef 域”文档部件出错

2. 原因解析

本页内并不存在设置了与“StyleRef 域”中指定“样式”的段落对象(例如“StyleRef 域”中指定的“样式”为“标题 1”,而本页内并不存在设置了“标题 1”样式的对象)。

3. 解决办法

(1) 重新进入页眉编辑状态,单选 StyleRef 并从右击选择“编辑域”,如图 12-29 所示。

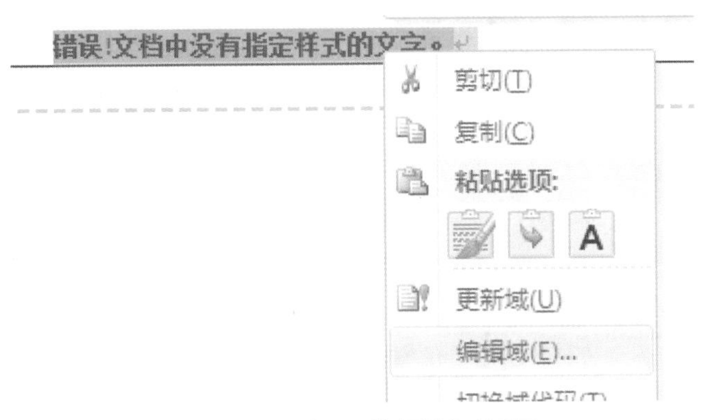

图 12-29 打开“编辑域”对话框

(2) 在“域属性”一栏中,重新选择与本页中需要显示在页眉区域文字所使用的相同样式的“样式名”,最后单击“确定”即可更新为正确的显示效果,如图 12-30 所示。

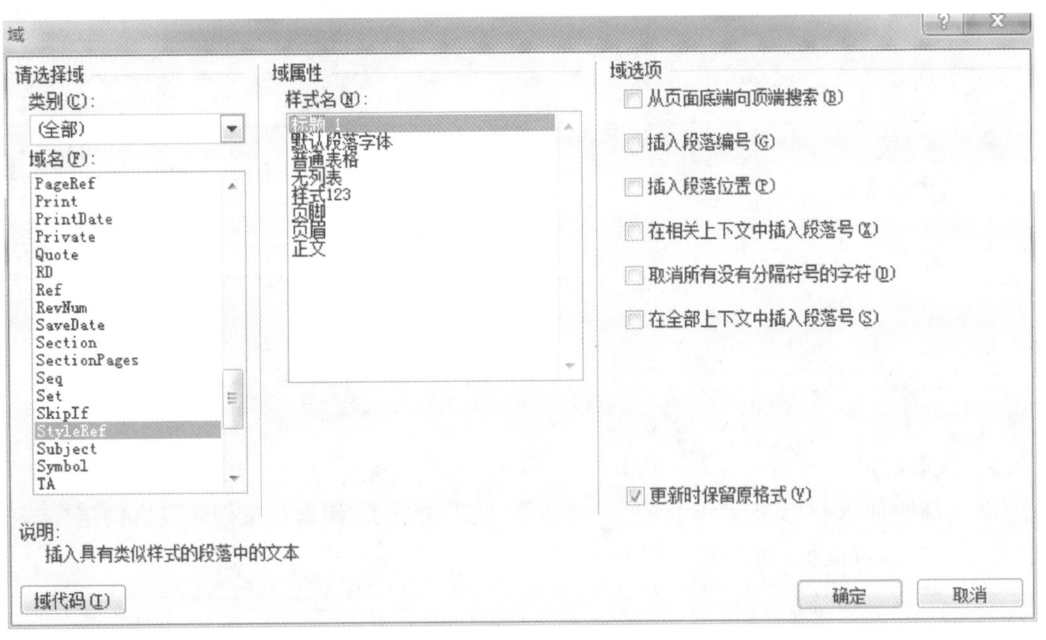

图 12-30 选择域属性

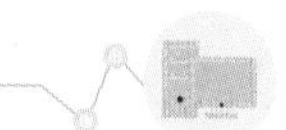

12.1.8　易错点 8——错误理解"StyleRef 域"的适用场景

1. 现象描述

操作者本意是要在页眉中添加一个"形状"对象，故选择先在页面内创建一个"形状"对象，在其中输入文字内容后，对该包含文字内容的"形状"对象，设置"样式"(如标题 1)，如图 12－31 所示。

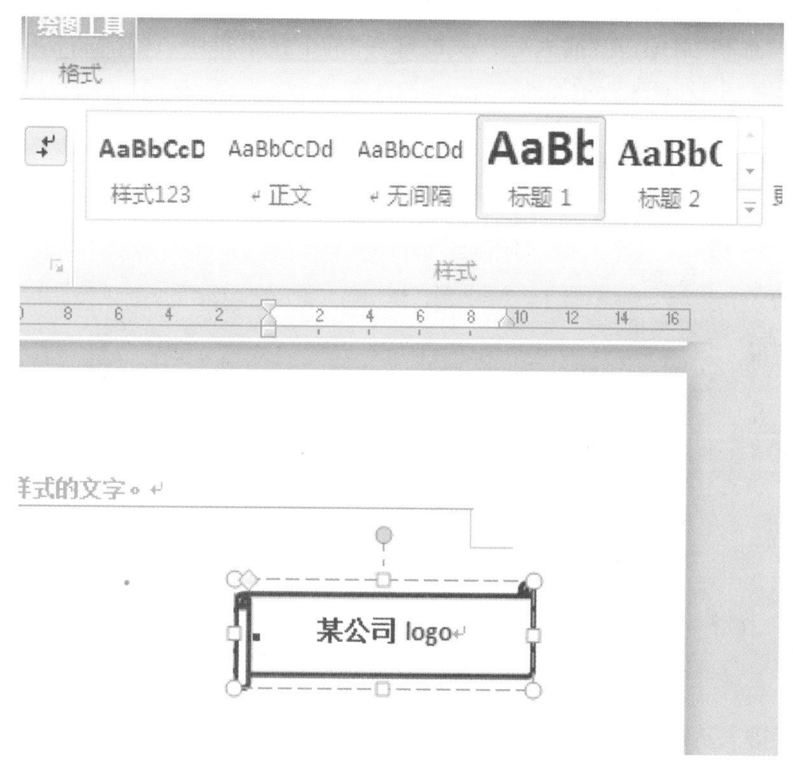

图 12－31　创建一个"形状"对象

在页眉中使用"StyleRef 域"，并指定其样式名为同样的"标题 1"，结果 StyleRef 域的位置仍然显示了错误提示，如图 12－32 所示。

图 12－32　页眉中"StyleRef 域"出错

2. 原因解析

错误理解了“StyleRef 域”的适用场景，StyleRef 域在 Word 中主要应用于页眉的自动生成，利用它可以实现自动从正文中提取标题文字来作为页眉。而“形状”对象并不能作为提取对象来使用。如果想将指定的“形状”对象在页眉中进行显示，应该使用“文档部件库”功能。

3. 解决办法

应将“形状”对象保存为“文档部件”：

(1) 选中“形状”对象，在“插入”→“文档部件”的下拉菜单中，选择“将所选内容保存到文档部件库”，如图 12-33 所示。

图 12-33 “新建构建基块”对话框

(2) 随后进入页眉编辑区域，在“插入”→“文档部件”的下拉菜单→“常规”中，选择刚才保存的“文档部件”，直接插入页眉即可，效果如图 12-34 所示。

图 12-34 页眉中插入文档部件

12.2 Excel 操作中的易错点

12.2.1 易错点 1——在条件格式中使用公式：容易忘掉“=”

1. 现象

要求通过条件格式为 Excel 表格中的偶数行填充浅紫色。这个要求在实施过程中容易

出现误操作，操作者在条件格式里面写入公式时常常会忘掉“＝”，这样即使公式正确，也没办法做出正确的结果。

2. 问题解析

出现问题的原因是在 Excel 里面输入公式时，正常情况下是在单元格里面输入“＝”，再输入函数名和参数，很少在其他弹出的对话框里面输入公式，一旦遇到和单元格里面输入公式不一样的情景，操作者容易忘掉在 Excel 里面所有的公式都是要以“＝”开始的这个规则，进而导致操作结果错误。

3. 解决办法

在条件格式的新建格式规则里面选择“使用公式确定要设置格式的单元格”，在公式栏里面输入公式“＝MOD(ROW(),2)＝0”，再将填充的颜色设置为浅紫色即可。

可按如下步骤完成：

(1) 打开案例素材文件夹下的 Excel. xlsx。

(2) 按 Ctrl＋A 组合键选择数据列表区域 A1：K32。

(3) 在“开始”选项卡上的“样式”组中，单击“条件格式”按钮，打开规则下拉列表，从下拉的列表中执行“新建规则”命令，打开“新建格式规则”对话框，如图 12－35 所示。

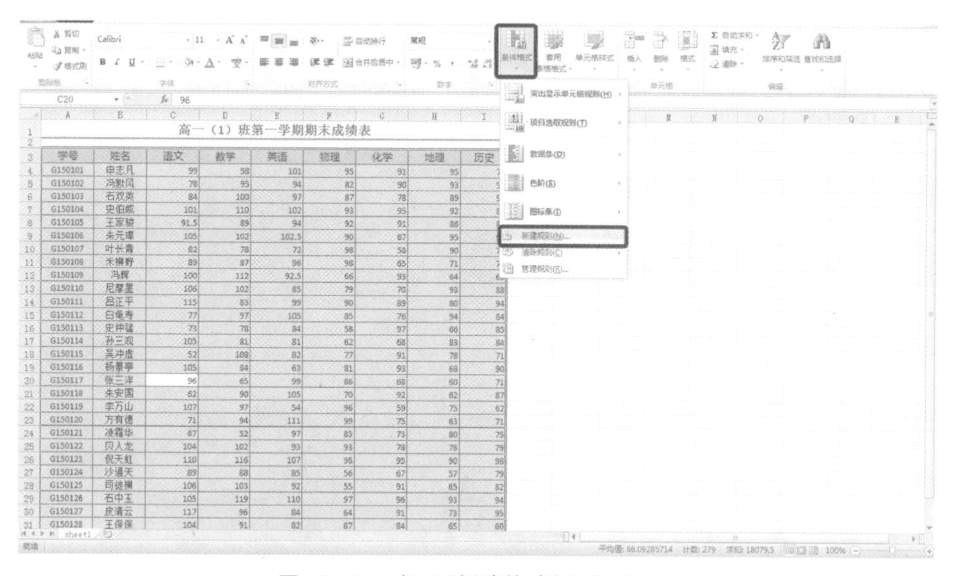

图 12－35　打开“新建格式规则”对话框

(4) 在“选择规则类型”列表框中选择“使用公式确定要设置格式的单元格”。在“为符合此公式的值设置格式”下方的文本框中输入公式“＝MOD(ROW(),2)＝0”，如图 12－36 所示。函数 ROW()用于获取光标所在当前行的行号，MOD()用于获取两数相除的余数。

(5) 单击“格式”按钮，打开“设置单元格格式”对话框。在“填充”选项卡下的“背景色”区域中选择某种浅紫色，如图 12－37 所示。

(6) 依次单击“确定”按钮，当前所选区域将会隔行以浅紫色进行填充。

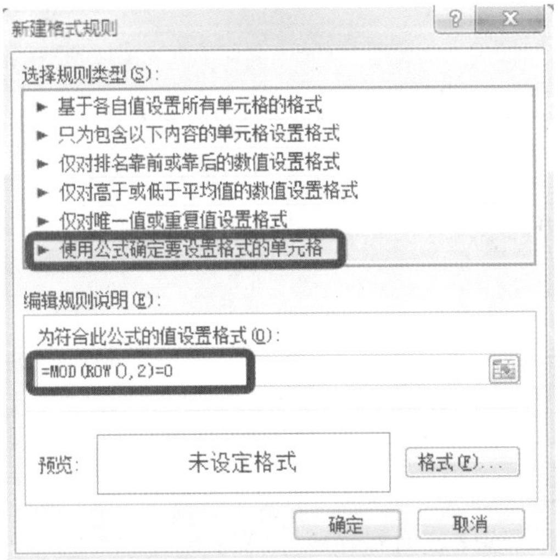

新建格式规则

选择规则类型(S):

► 基于各自值设置所有单元格的格式
► 只为包含以下内容的单元格设置格式
► 仅对排名靠前或靠后的数值设置格式
► 仅对高于或低于平均值的数值设置格式
► 仅对唯一值或重复值设置格式
► 使用公式确定要设置格式的单元格

编辑规则说明(E):

为符合此公式的值设置格式(O):

=MOD(ROW(),2)=0

预览:　未设定格式　格式(F)...

确定　取消

图 12-36　通过条件格式设置偶数行以某种颜色填充

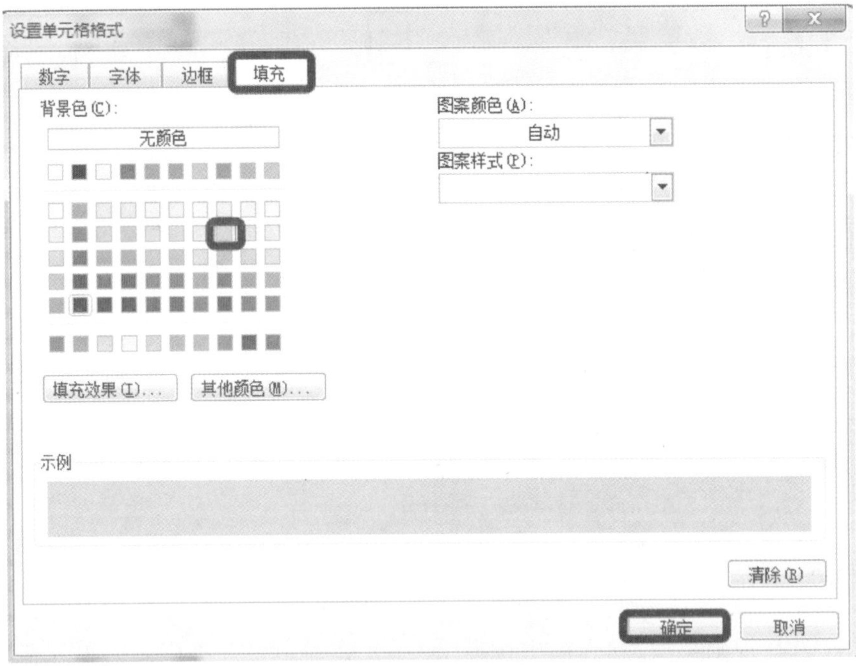

设置单元格格式

数字　字体　边框　填充

背景色(C):　无颜色

图案颜色(A):　自动

图案样式(P):

填充效果(I)...　其他颜色(M)...

示例

清除(R)

确定　取消

图 12-37　设置填充色为某种浅紫色

12.2.2　易错点 2——Rank 函数第二个参数的绝对引用易错

1. 现象

要求根据学生的总分计算班级排名,按降序排名。这个要求在实施过程中容易出现误操作,在 Excel 中计算排名可以使用 Rank()函数,Rank()函数有三个参数,Number, Ref 和

Order，其中第二个参数 Ref 是数字列表数组或对数字列表的引用，在当前案例中就是整个班级的成绩，因操作者在写第二个参数时直接使用相对引用，导致最终的排名错误，如图 12-38 所示。

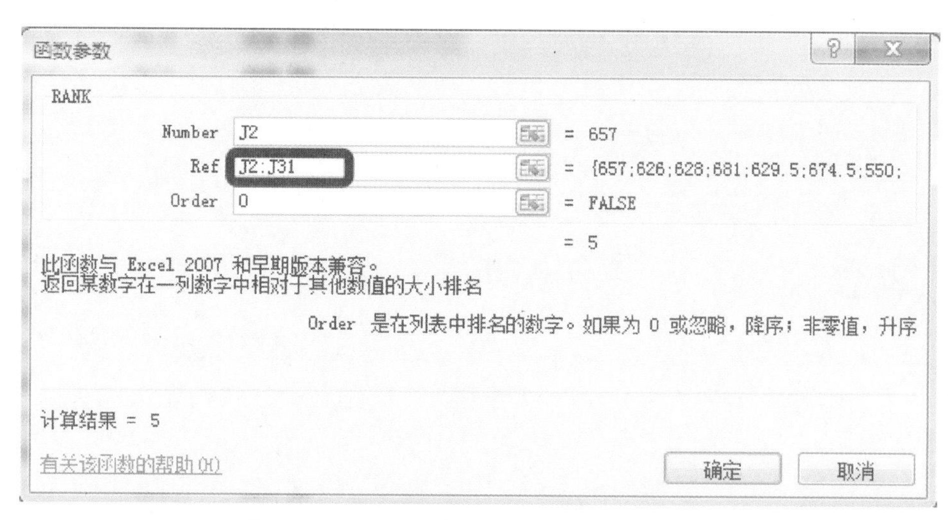

图 12-38　Rank( )函数中参数 Ref 的错误填写

2. 问题解析

出现问题的原因是在 Rank()函数中写第二个参数时需要绝对引用。Excel 中的绝对引用是指复制公式后的目标单元格严格按照原公式中的单元格地址进行计算，相对引用是指将单元格所在的列标和行标作为其引用。相对引用和绝对引用的区别是：复制公式时使用相对引用，则单元格引用会自动随着移动的位置相对变化；若公式中使用绝对引用，则单元格引用不会发生变化。

在本案例中要求计算每位学生总分的班级排名，需要将每位学生的分数和班级所有学生的分数进行比较，使用 Rank()函数时，第一个参数 Number 是当前进行排名的学生的分数，第二个参数 Ref 是班级所有学生的分数，第三个参数 Order 是排名的方式，本案例中取 0。由于对每位学生进行排名时，需要将该学生的分数和班级所有学生的分数进行比较，所以将 Rank()函数向下填充时，参数 Ref 引用的都必须是相同的数据区域，也就是班级所有学生的分数区域，根据相对引用和绝对引用的定义，需要使用绝对引用。如果参数 Ref 使用相对引用，那么将 Rank()函数向下填充时，参数 Ref 引用的数据区域也会依次向下移动，那么对位置靠下的学生进行排名时，就不是和全班的同学进行比较，而是和该同学的下面的同学进行比较，计算出的排名不正确。

3. 解决办法

在单元格中输入公式"=RANK(J2，J2：J31，0)"。

可按如下步骤完成：

(1) 打开案例素材文件夹下的 Excel. xlsx。

(2) 在单元格 K2 中输入函数"=RANK(J2，J2：J31，0)"，如图 12-39 所示。

(3) 双击单元格 K2 右下角的填充柄，完成公式的填充，并将排名列设为居中对齐。

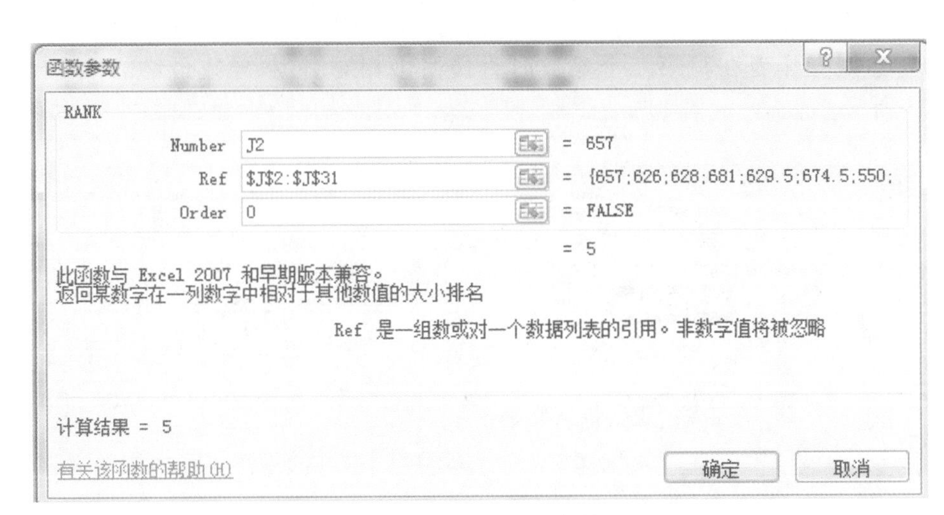

图 12-39　函数 Rank()参数设置

12.2.3　易错点 3——单元格中公式返回结果为：错误代码＃NAME?

1. 现象描述

在某个单元格中输入一项函数计算公式，其中的函数、常数均做了正确输入，但最终单元格的返回值却显示了错误代码“＃NAME?”，如图 12-40 所示。

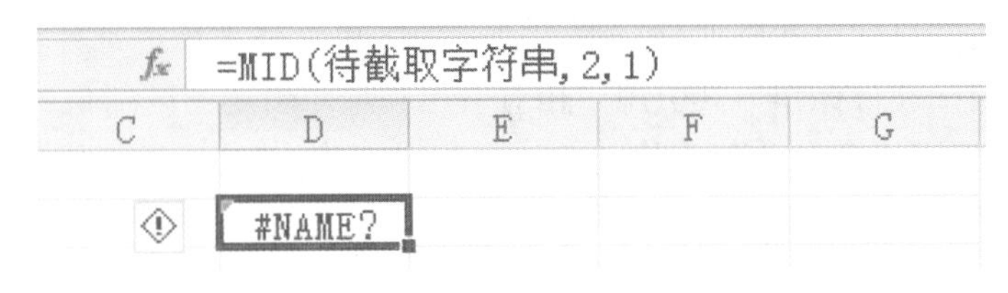

图 12-40　mid()函数出错

2. 原因解析

公式中引用的“名称”(待截取字符串)未事先被定义过，或“名称”不正确，导致引用的“名称”无法被公式识别。

3. 解决办法

(1) 在“公式”选项卡下“定义的名称”功能区，点开“名称管理器”并查看引用“名称”是否被预先定义过，如图 12-41 所示。

(2) 如果“名称管理器”中找不到名称相同的对象，则需要右上角“新建”按钮重新定义一个“名称”对象(在弹出的对话框中输入正确的“名称”和“引用位置”)，如图 12-42、图 12-43 所示。

(3) 再次点选公式所在的单元格，在公式栏中重新单击“√”刷新计算结果即可得到正确的返回值，如图 12-44 所示。

图 12－41　“名称管理器”对话框

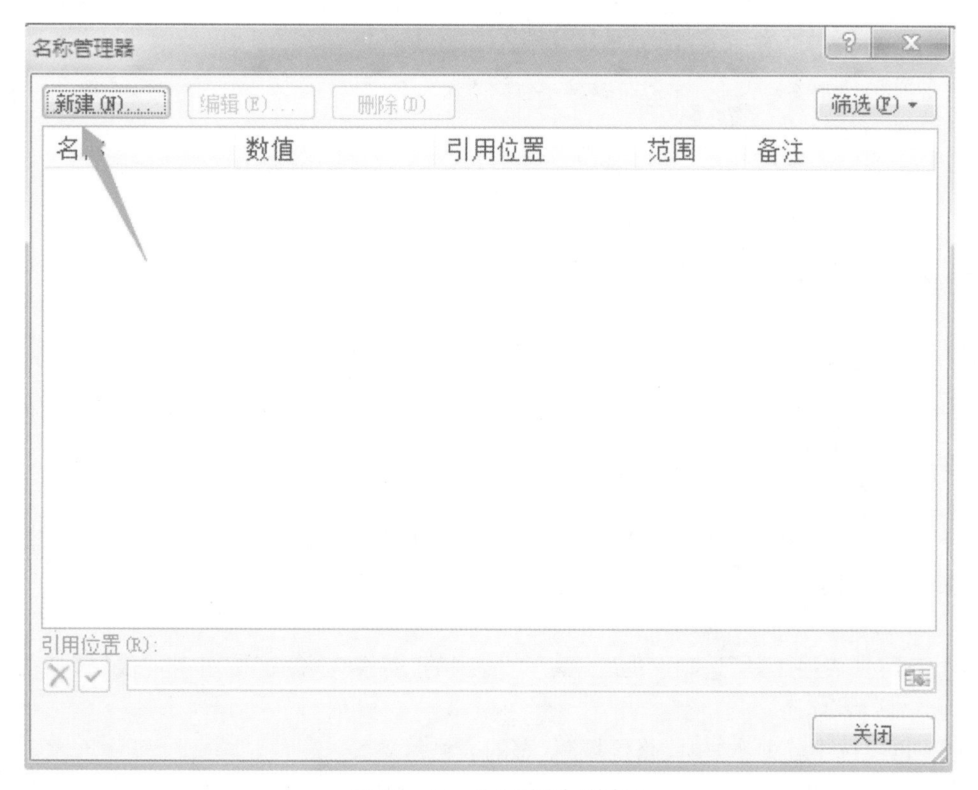

图 12－42　单击“新建”按钮

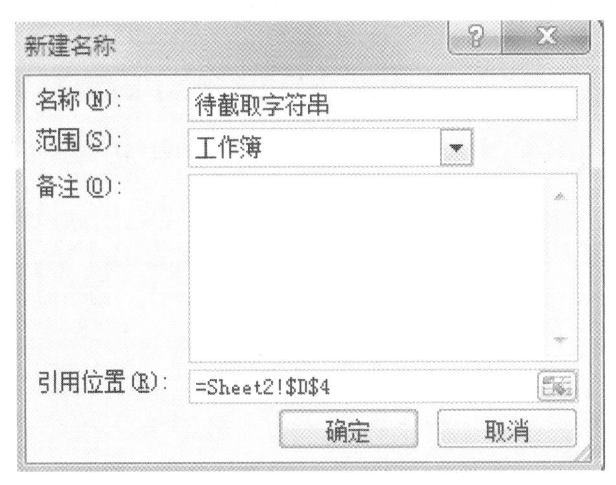

图 12-43 “新建名称”对话框

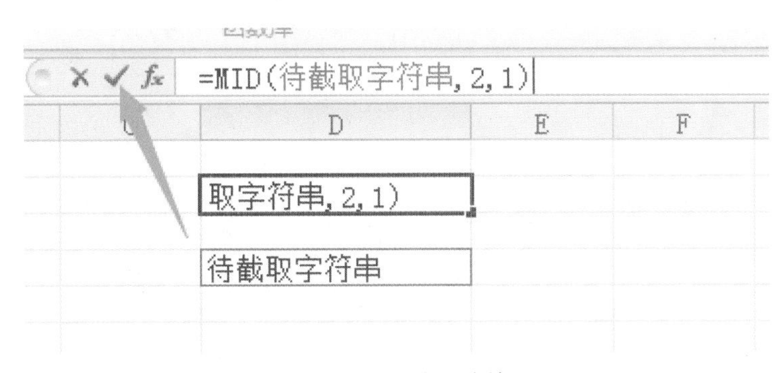

图 12-44 正确公式输入

12.2.4 易错点 4——分类汇总按钮呈灰色,无法使用

1. 现象描述

在执行分类汇总任务时,当选中待操作的单元格区域后,“分类汇总”按钮仍然呈现灰色不可选中状态,如图 12-45 所示。

2. 原因解析

分类汇总的对象必须是“单元格区域”,如果选中的单元格区域处于“表”对象状态,则分类汇总将无法执行。

3. 解决办法

(1) 通过“表格工具”选项卡的“工具”功能区的“转换为区域”按钮,将“表”转换为普通的“单元格区域”状态。

(2) 再次选中已处于“单元格区域”状态的表格对象。

(3) 此时“数据”选下卡中“分级显示”功能区下的“分类汇总”按钮已恢复到可执行状态,如图 12-46 所示。

(4) 按照分类汇总的操作方法,正常执行即可。

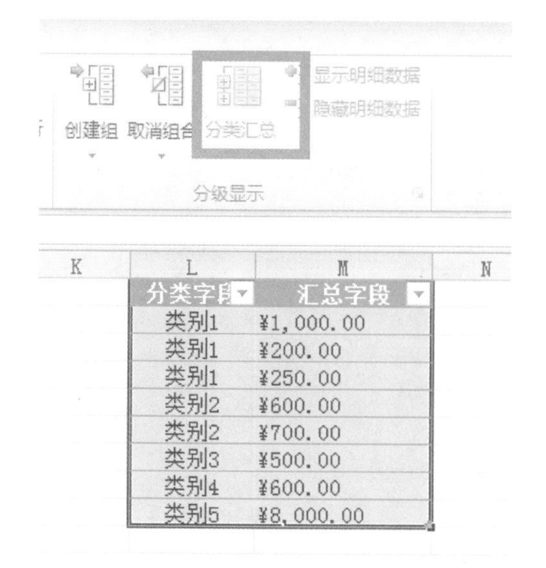

图 12－45　"分类汇总"按钮不可选中状态

图 12－46　"分类汇总"按钮可选中状态

12.2.5　易错点 5——分类汇总的执行结果混乱

1. 现象描述

按照分类字段对汇总字段执行分类汇总操作后，得到的结果不正确，具体表现为同一种类别并没有在汇总时被正确的归为一类进行统计，如图 12－47 所示。

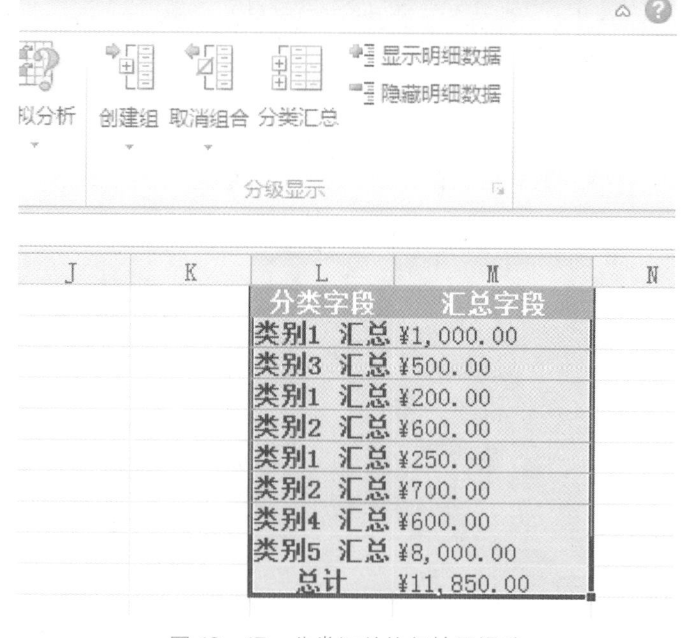

图 12－47　分类汇总执行结果混乱

2. 原因解析

操作者在执行分类汇总前，未对“分类字段”进行预排序，导致上述分类结果的出现。

3. 解决办法

(1) 再次打开“分类汇总”操作对话框，单击左下角“全部删除”按钮，将分类汇总结果清除，恢复到未分类汇总前的状态，如图 12－48 所示。

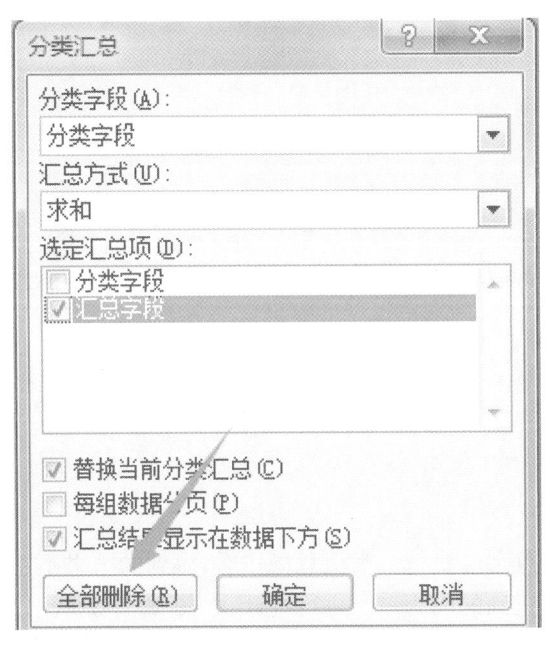

图 12－48 “分类汇总”对话框

(2) 再次执行分类汇总操作前，先对分类字段进行排序，完成后再开始分类汇总的操作，即可得到正确结果，如图 12－49 所示。

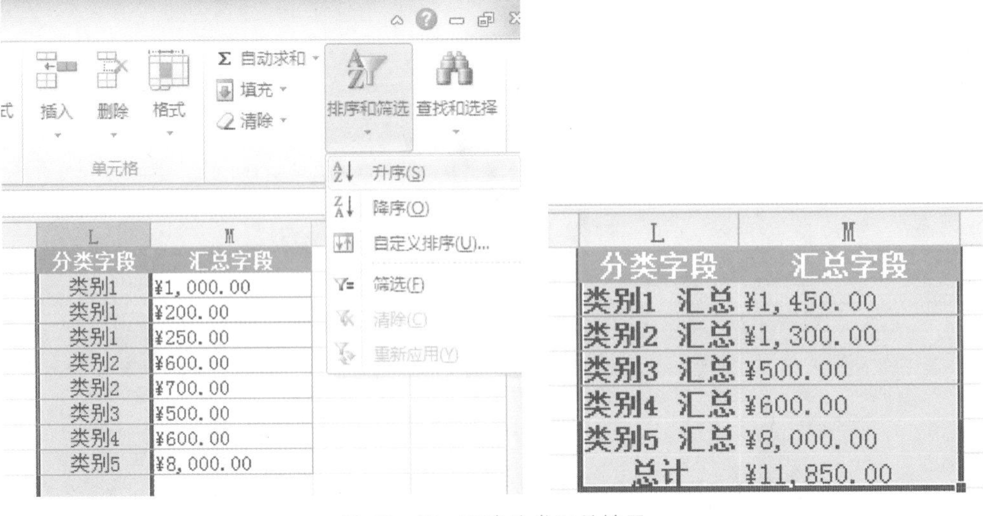

图 12－49 正确分类汇总结果

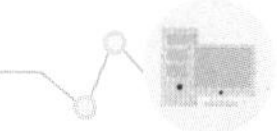

12.2.6　易错点 6——IF 函数参数规则混淆

1. 现象描述

要求按照"判断目标单元格的值是否为'男'，如果条件成立，则返回'先生'；如果条件不成立，则返回'女士'。"的判断逻辑，向 IF 函数输入参数，结果得到了如图 12－50 所示的报错提示。

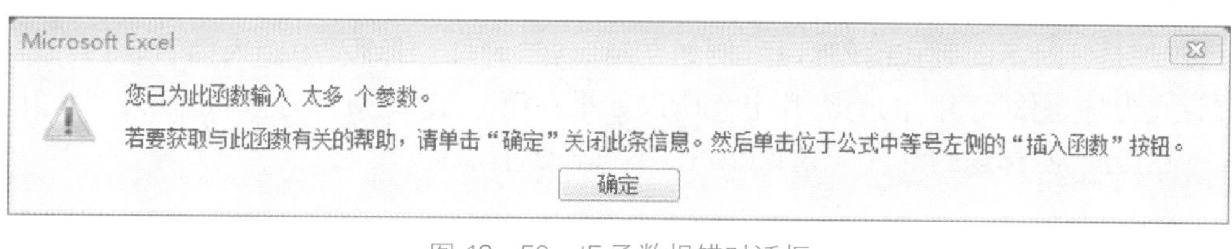

图 12－50　IF 函数报错对话框

2. 原因解析

(1) IF 函数的输入参数应该有 3 个，依次为：

参数 1：一个完整的条件判断语句(包含"判断对象"和"判断条件")。

参数 2：条件判断成立的情况下，返回的值。

参数 3：条件判断不成立的情况下，返回的值。

(2) 通过查看发生错误的函数，寻找错误原因"＝IF(A2,"男","先生","女士")"可以发现，在本应该输入 3 个参数的函数内，输入了 4 个参数，依次为：

参数 1：判断对象——A2 单元格

参数 2：判断条件——"男"

参数 3：条件判断成立的情况下，返回的值

参数 4：条件判断不成立的情况下，返回的值

显然，导致报错的原因是操作者把 IF 函数的输入逻辑与 SUMIF、COUNTIF 等函数的逻辑搞混淆了，以至于将"判断对象"和"判断条件"作为两个独立的参数，进行了参数输入。

3. 解决办法

使用如下避免混淆的记忆法：仅当使用 SUMIF、COUNTIF 等条件判断计算函数时，才需要把"判断对象"和"判断条件"作为两个独立的参数分开输入。在单一的条件判断 IF 函数中，应将"判断对象"和"判断条件"写成一个整体，正确的输入应该是"＝IF(A2＝"男","先生","女士")

12.3　PPT 操作中的易错点

12.3.1　易错点 1——使用幻灯片母版为所有幻灯片加上相同图片易错

1. 现象

要求为演示文稿中的每一张幻灯片加上同一个图片，这个要求在实施过程中容易出现误操作。可以使用幻灯片母版功能完成，但是部分操作者在操作过程中经常会将图片插入

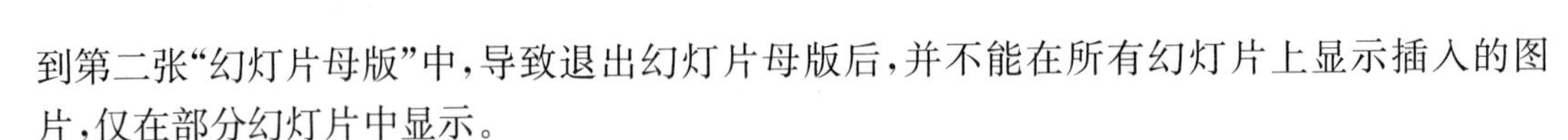

到第二张“幻灯片母版”中，导致退出幻灯片母版后，并不能在所有幻灯片上显示插入的图片，仅在部分幻灯片中显示。

2. 问题解析

出现问题的原因是在 PPT 中使用“幻灯片母版”为每一张幻灯片插入相同的内容时，切换到“幻灯片母版”后，PPT 默认定位在母版页的第二张，而要完成该操作，需要选择第一张标有“1”的“幻灯片母版”，如图 12－51 所示。在所有“幻灯片母版”中，在第一张标有“1”的“幻灯片母版”中插入内容，可以显示在演示文稿中所有的幻灯片上，而第二张以后的“幻灯片母版”都是针对不同版式的幻灯片，例如在第二张“幻灯片母版”中插入内容，将会显示在所有版式为“标题幻灯片”的幻灯片上。所以如果在第二张“幻灯片母版”中插入图片，图片仅显示在版式为“标题幻灯片”的幻灯片上，不符合要求。

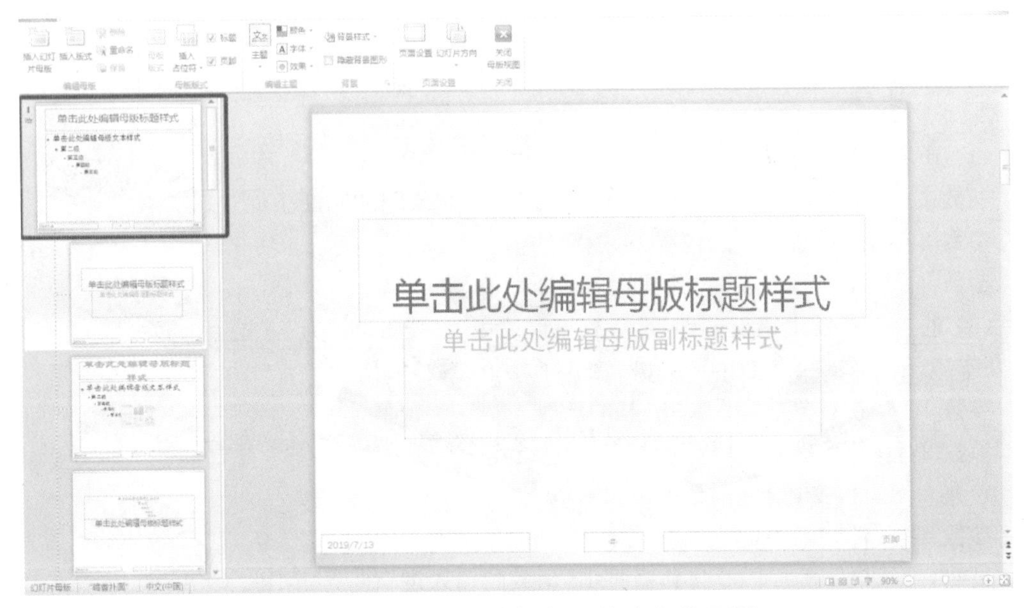

图 12－51　选择第一张标有“1”的“幻灯片母版”

3. 解决办法

切换到“幻灯片母版”，选择第一张标有“1”的“幻灯片母版”，插入图片即可。

可按如下步骤完成：

(1) 打开案例素材文件夹下的 PPT. pptx。

(2) 在演示文稿中执行“视图”选项卡的“幻灯片母版”选项命令，就可以切换到母版视图。

(3) 在窗口左侧栏中，单击选择位于第一张标有“1”的“幻灯片母版”。

(4) 在右侧的母版中插入图片“LOGO”，并将图片放置到幻灯片的左上角，图片将会出现在所有幻灯片母版的左上角，如图 12－52 所示。

(5) 单击“幻灯片母版”选项卡中的“关闭母版视图”按钮，退出母版视图。

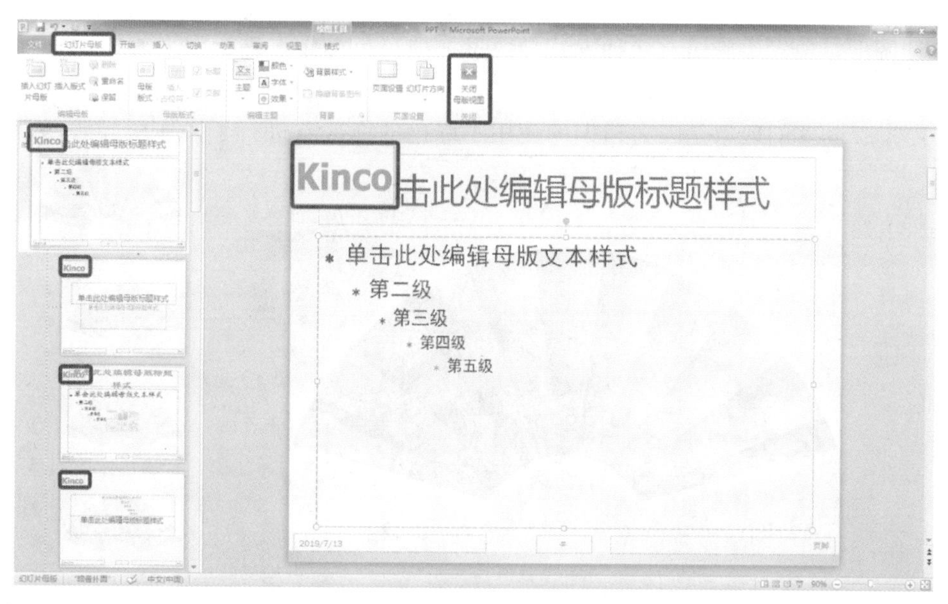

图 12－52　幻灯片母版插入图片

12.3.2　易错点 2——幻灯片中插入带文字的气泡图形，将其旋转后文字也跟着翻转

1. 现象描述

在幻灯片上插入绘画气泡图形对象，当需要将图形翻转 180°时，其中的文字也跟随翻转了 180°，如图 12－53 所示。

图 12－53　文字随图形旋转

2. 原因解析

要使图形对象发生旋转有两种方式。通过拖拽绿色操作点进行图形旋转,会产生对象整体翻转的效果。而拖拽黄色操作点进行的旋转,则只会影响定点的方向,文字不会受到影响,出现图 12－53 的现象是因为错误的使用了绿色的拖拽点进行了操作所导致,如图 12－54 所示。

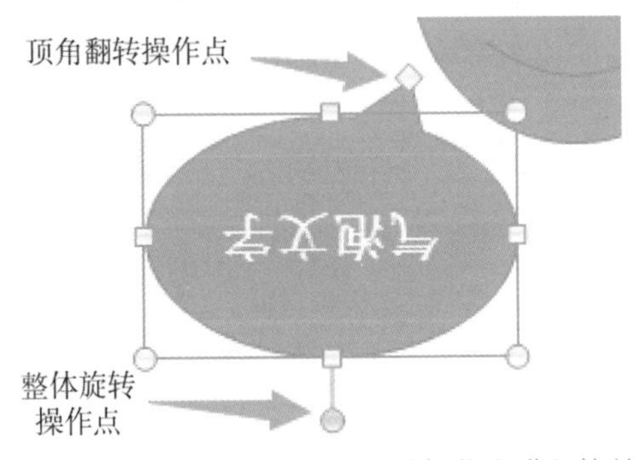

图 12－54　拖拽黄色顶角翻转操作点进行旋转

3. 解决办法

(1) 首先通过绿色操作点将图形整体旋转回原来的状态。

(2) 再使用黄色操作点将气泡的顶角,进行单独的拖拽以实现正确的显示效果,如图 12－55 所示。

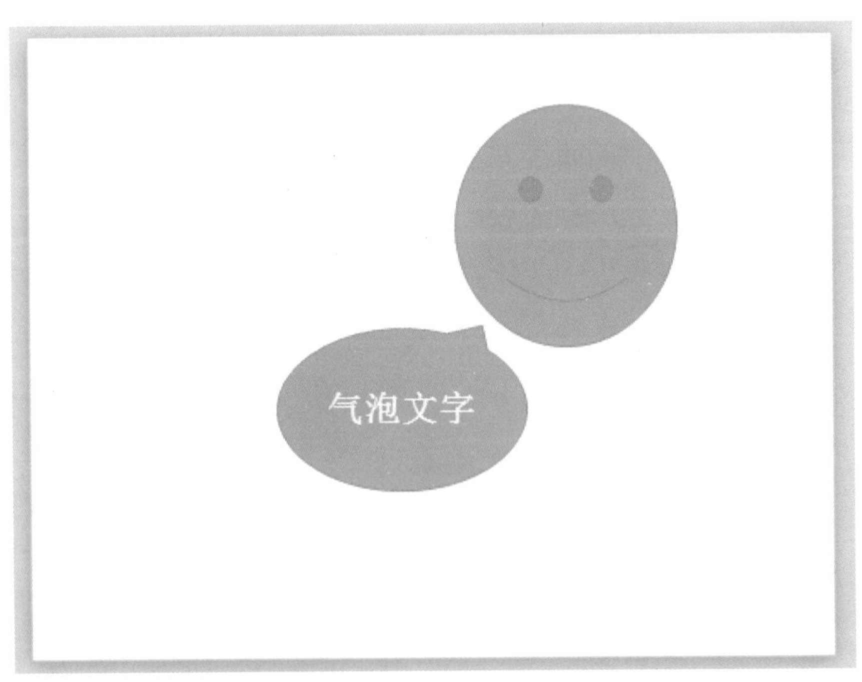

图 12－55　正确旋转结果

参 考 文 献

［1］金秋萍，卢鹏飞．大学信息技术基础（第3版）［M］．北京：国防工业出版社，2016．
［2］金秋萍，卢鹏飞，陈国俊，等．大学信息技术基础实验与习题（第3版）［M］．北京：国防工业出版社，2016．
［3］教育部高等学校大学计算机课程教学指导委员会．大学计算机基础课程教学基本要求［M］．北京：高等教育出版社，2016．
［4］全国计算机等级考试命题研究中心，未来教育教学与研究中心．全国计算机等级考试上机考试题库二级 MS Office 高级应用（2016年9月无纸化考试专用）［M］．成都：电子科技大学出版社，2016．
［5］全国计算机等级考试命题研究中心，未来教育教学与研究中心．2016年版全国计算机等级考试教程二级 MS Office 高级应用［M］．成都：电子科技大学出版社，2016．
［6］吉燕，赫亮．全国计算机等级考试二级教程——公共基础知识（2016版）［M］．北京：高等教育出版社，2016．
［7］未来教育教学与研究．全国计算机等级考试上机考试题库——二级 MS Office 高级应用［M］．成都：电子科技大学出版社，2018．
［8］全国计算机等级考试命题中心．全国计算机等级考试真题汇编与专用题库　二级 MS Office 高级应用［M］．北京：人民邮电出版社，2018．